国家科技支撑计划课题"近百年来我国极端天气
气候事件变化特征及其影响"（2007BAC29B02）

中国区域极端天气气候事件变化研究

主　编：管兆勇　任国玉

副主编：龚道溢　高　歌　邵雪梅

U0336486

气象出版社
China Meteorological Press

内 容 简 介

本书基于国家科技支撑计划课题"近百年来我国极端天气气候事件变化特征及其影响"的研究成果编撰而成。针对干旱、强降水、高温热浪和低温冷害以及台风等极端天气气候事件,系统详细地介绍了历史时期气候序列的重建与极端气候事件、观测资料误差和方法评价、近 100 年极端天气气候事件发生频率与趋势变化、极端天气气候事件的年代际变化、极端天气气候事件与大气和海洋状态异常、中国西部极端气候事件和极端天气气候事件的灾害性影响评估研究中取得的最新成果及进展。

本书可供气象科技工作者和有关院校研究生使用参考。

图书在版编目(CIP)数据

中国区域极端天气气候事件变化研究 / 管兆勇,任国玉主编. —北京 :气象出版社,2011.10
ISBN 978-7-5029-5323-2

Ⅰ.①中… Ⅱ.①管…②任… Ⅲ.①气候变化—研究—中国 Ⅳ.①P467

中国版本图书馆 CIP 数据核字(2011)第 217011 号

Zhongguo Quyu Jiduan Tianqi Qihou Shijian Bianhua Yanjiu
中国区域极端天气气候事件变化研究
管兆勇 任国玉 主编

出版发行:气象出版社
地 址:北京市海淀区中关村南大街 46 号
邮政编码:100081
网 址:http://www.cmp.cma.gov.cn
E-mail: qxcbs@cma.gov.cn
电 话:总编室:010-68407112,发行部:010-68409198
责任编辑:王萃萃
终 审:周诗健
封面设计:博雅思企划
责任技编:吴庭芳
印 刷 者:北京中新伟业印刷有限公司
开 本:787 mm×1092 mm 1/16
印 张:22.5
字 数:576 千字
版 次:2012 年 12 月第 1 版
印 次:2012 年 12 月第 1 次印刷
印 数:1～1000 册
定 价:78.00 元

本书如存在文字不清、漏印以及缺页、倒页、脱页等,请与本社发行部联系调换

序

气候变化与极端天气气候事件发生频率具有密切关系。政府间气候变化专门委员会（IPCC）公布的评估报告表明，过去 50 年中，全球许多地区极端天气事件特别是强降雨、高温热浪等事件频率呈现不断增多增强的趋势；而寒潮和低温等事件频率则出现减少趋势。在全球气候变化的背景下，未来的极端天气气候事件频率和强度还会发生不同程度的变化。

由于复杂的地形条件和显著的季风气候影响，中国的极端天气气候事件发生频率远高于其他国家。近 20 年来，中国气候变暖趋势也日益明显，部分地区极端强降水事件呈现趋多、趋强的趋势，北方特别是华北和东北地区极端气象干旱事件亦频繁发生。1998 年，中国的长江流域和松花江流域发生特大洪涝灾害；1997—2002 年间，华北地区和东北南部发生大范围严重干旱，其中 1999—2002 年连续发生异常干旱；2008 年 1 月，中国南方雨雪冰冻事件异常严重，造成重大社会和经济影响；2006 年盛夏，四川、重庆由于持续少雨，同期遭受罕见的高温热浪袭击，发生了 1951 年以来最严重的伏旱。据统计，中国每年因极端天气气候事件引发的各种气象灾害造成农作物受灾面积达 5000 万 hm^2，受暴雨、干旱、高温热浪、低温冷害、台风等重大气象灾害影响的人口达 4 亿人次。最近 20 年，每年旱涝等气象灾害所造成的经济损失约占国民经济总产值的 2.37%。因此，深入理解全球气候变化背景下我国气候转折和极端天气气候事件的变化特征、规律，进而利用各种技术对未来极端天气气候事件可能变化趋势做出科学预测和评价，对减缓和降低极端天气气候事件的负面影响具有十分重要的意义。

在科技部"十一五"科技支撑计划项目"我国主要极端天气气候事件及重大气象灾害的监测、检测和预测关键技术研究"中，设立了 02 课题"近百年来我国极端天气气候事件变化特征及其影响（2007BAC29B02）"，来自南京信息工程大学、国家气候中心等单位的近 60 位专家组成的研究队伍经过 4 年的辛勤努力，在"仪器记录前时期极端天气气候事件特征分析"、"极端天气气候事件的年代际转折特征及其信号识别"、"气候变暖背景下我国极端天气气候事件的变化趋势"、"极端天气气候事件变化的大气环流背景分析"、"重大极端天气气候事件的经济社会影响分析"等方面取得了一系列研究成果。

为了及时总结和交流本课题取得的研究成果，进一步推动我国在极端天气气候事件变化领域的研究，推动极端天气气候事件变化特征及其影响研究成果在业务中的推广应用,课题专家组带领全体课题组成员编撰了这本专著。

作为项目首席专家,我对 02 课题组全体研究人员在 4 年中的辛勤工作表示赞赏和感谢,对各位编写人员为本专著编辑所做出的努力表示敬意。希望 02 课题组全体同事在今后的工作中,继续关注相关领域新的科学和技术问题,并为"十一五"研究成果的推广应用作出新的贡献。

科技部"十一五"科技支撑计划项目
"我国主要极端天气气候事件及重大气象灾害的
监测、检测和预测关键技术研究"
项目首席专家　宋连春
2011 年 10 月 26 日

前　　言

　　极端天气气候事件是指发生概率非常小的天气气候事件。极端天气气候事件虽然是小概率事件，但对人类社会经济、自然生态系统影响很大。研究证实，人类活动导致了近 50 年来的全球普遍增温，气候系统自然波动也十分明显，一些极端天气气候事件发生的频率可能随着气候变化出现明显改变，其中一些可能会进一步增强，对地球环境、自然资源，特别是水资源、食物生产和人类自身安全构成重大威胁。因此，深入理解全球气候变化背景下气候转折和极端天气气候事件的变化特征、规律，进而利用各种技术对未来极端天气气候事件可能变化趋势做出科学预测和评价，对适应和减缓极端天气气候事件的负面影响具有十分重要的意义。

　　国内外对极端天气气候事件的时间变化特点进行了许多分析研究。这些包括采用过去 50 年左右气候资料和统计技术对主要极端天气气候事件年代变化特点和长期趋势的分析，以及采用气候模式模拟技术对未来可能气候极端事件发生频率变化的分析等。研究证实，在全球变暖背景下，20 世纪 60 年代以后，全球中高纬陆地地区极端冷事件(如降温、霜冻)逐渐减少，而极端暖事件(如高温、热浪)发生频率明显增加；20 世纪北半球大陆中高纬度大部分地区降水增加了 5%～10%，近 50 年暴雨的发生频率增加了 2%～4%；低纬度地区和中低纬度地区夏季的极端干旱事件增多；台风和热带气旋的强度显著加强，风暴路径有向极区移动的趋势；与海平面升高有关的极端事件(不含海啸)增多。

　　研究也发现，在各种温室气体排放情景下，未来 30 年的增温速率可能达到 0.2℃/(10a)，全球海平面将继续上升，许多极端天气气候事件发生的频率及强度将继续增多。在几乎所有的陆地，出现酷热日数和热浪增多的可能性极大，而寒冷日数和霜冻日数减少；极端降水量等级和频率在许多地区极可能上升，而且极端降水事件的间歇期也将会缩短，受干旱影响的地区可能增加，强台风的数量可能增加。

　　除了全球变暖对极端天气气候事件有直接影响之外，气候系统的年代际自然变化也可能对其有相当的贡献。研究表明，东亚夏季风降水存在比较明显的年代际变率。在此时间尺度上，20 世纪五六十年代我国华北地区夏季降水较多，江淮地区偏少；随后八九十年代华北降水显著减少，雨带集中于江淮流域。东亚夏季风降水的年代际变率肯定会影响极端天气气候事件的发生规律。

但是,目前对在全球气候变化背景下极端天气气候事件变化的很多科学问题了解得还很少。例如,人们对有些极端天气气候事件的变化趋势还不了解,对极端事件年代尺度的变化重视不够,对若干重大极端天气气候事件随气候态转折可能发生的变化缺乏研究,对极端天气气候事件的环流背景分析比较薄弱。目前对东亚夏季风年代际模态的形成机理还不十分清楚,而这类气候年代际自然变率位相转折对气候极端事件影响的研究更少,尤其是年代际模态的转折过渡时期,时间尺度为3~5年,气候极端事件有何种表现形式,目前基本上还不清楚。因此,过去的研究仍集中于对过去极端事件本身及其统计规律的描述和探讨,而对其发生、发展的气候背景、成因和机理研究还较少,难以系统、深入地认识极端事件的变化规律,以及全球变暖和气候自然变率对极端天气气候事件的分别的影响。

对极端天气气候事件引发的气象灾害,国内外灾害学界在灾害发生机理和灾情评估方面已经有了很多的研究成果。充分搜集、挖掘已有研究成果将是开展本课题的很大优势。我国民政、水利、农业、国土资源等部门近年来对气象灾害造成的灾情影响很重视,借鉴国外的研究思想和理论,开展了部分专项研究工作,为本课题提供了科研基础,但已有研究成果普遍是基于单一灾种对单一承灾体的影响为研究对象,尚未涉及多灾种对多种承灾体的综合影响研究。同时,今后还需要把气象灾害的灾情分析理论和技术全面引入农业、交通和水利等各领域,使气象灾害影响的评估技术逐步走向定量化、动态化,实现灾害影响评价由定性描述向定量表达的突破。

因此,深入研究过去100~50多年来我国极端天气气候事件发生规律,重点检测识别年代际尺度气候变率的转折变化信息和特征及影响;了解过去50多年来全球变暖对极端天气气候事件发生的影响,探究全球变暖背景下极端天气气候事件出现频率和强度发生变化的气候与环流背景,掌握多种极端天气气候事件引发的复合气象灾害灾情特点等,仍然是今后进一步开展极端天气气候事件及其影响的诊断、预测和评价业务的重要前提条件,需要联合攻关,增强科学研究和技术开发力度。

在科技部"十一五"科技支撑计划项目"我国主要极端天气气候事件及重大气象灾害的监测、检测和预测关键技术研究"中,设立了课题"近百年来我国极端天气气候事件变化特征及其影响(2007BAC29B02)",目的就是了解在全球变暖背景下我国极端天气气候事件及其灾害发展形势与时空分布特征,着重理解过去年代尺度上极端天气气候事件的异常和变化规律,认识重大极端天气气候事件频率和强度发生转折的气候与环流背景,了解重大极端天气气候事件引发的气象灾害时空变化特征。该课题包括五方面研究内容:(1)仪器记录前时期极端天气气候事件特征分析;(2)极端天气气候事件的年代际转折特征及其信号识别;(3)气候变暖背景下我国极端天气气候事件的变化趋势;(4)极端天气气候事件变化的大气环流背景分析;(5)重大极端天气气候事件的经济社会影响分析。

在 4 年时间里,课题组开展了大量工作,取得了一系列研究成果。课题组完成了对前器测时期极端天气气候事件特征的分析,获得了西部地区近 300 年来的干旱年表;完成了极端天气气候事件的年代际转折特征及其信号识别;获得了气候变暖背景下我国极端天气气候事件的发生频率与变化趋势的认识;完成了极端气候事件出现的环流背景分析,获得了极端降水事件包括洪涝/干旱、极端气温事件包括高温/低温的环流异常图像;获得了洪涝、干旱、高温、低温、台风等重大极端天气气候事件的经济社会影响分析结论。目前,相关研究成果在气候变化国家评估报告、中国气候变化适应战略研究报告、全国流域水资源规划修编、中国气候变化与水资源蓝皮书等报告编写中,得到较广泛应用。课题相关研究成果将对促进公共服务能力的提高发挥重要作用。

本书汇集了课题组的部分研究成果编撰而成。全书共分七章。第一章:历史时期极端气候事件与气候序列的重建(编写者:邵雪梅、黄磊、张永、张自银);第二章:观测资料误差和方法评价(编写者:郭军、任国玉、任玉玉、张爱英、高庆九);第三章:现代极端天气气候事件趋势变化(编写者:任国玉、任玉玉、张雷);第四章:极端天气气候事件的年代际变化(编写者:龚道溢、钱代丽、李明刚、钱云、杨静、蔡佳熙);第五章:夏季极端天气气候事件与大气环流和海洋状态异常(编写者:管兆勇、王黎娟、雷杨娜、蔡佳熙、金大超、韩洁、何洁琳);第六章:中国西部极端气候事件分析(编写者:徐海明、陈洪武、王传辉、杨霞、辛渝、李兰、左敏、刘银峰、张焕);第七章:极端天气气候事件的灾害性影响评估概述(编写者:高歌、陈云峰、景元书、赵珊珊、李丽华、赵海燕、高俊灵、邢开瑜、张娇艳)。全书由管兆勇、任国玉负责编辑和统稿。

全体课题组成员都对本书出版作出了贡献。各章主笔作者付出了大量心血和劳动,使得本书得以顺利完成。南京信息工程大学大气科学学院的王黎娟教授、李明刚博士、金大超博士等协助收集整理资料和统稿工作。科技部"十一五"科技支撑计划项目,"我国主要极端天气气候事件及重大气象灾害的监测、检测和预测关键技术研究"项目首席专家宋连春欣然为本书作序。气象出版社的责任编辑王萃萃对书稿进行了认真审阅和编辑。本书由科技部"十一五"科技支撑计划项目第二课题"近百年来我国极端天气气候事件变化特征及其影响"(2007BAC29B02)资助出版,还得到了江苏省优势学科建设工程的部分资助。

编者
2011 年 10 月

目　　录

第一章　历史时期极端气候事件与气候序列的重建

**概 述**

　　历史时期气候变化的序列与特征分析对揭示长期气候变化的规律,了解气候变化的归因,认识当前气候变暖及极端事件的强度在历史上的位置,以及预测气候的未来变化至关重要。但由于历史时期观测资料的缺乏,研究人员便利用气候的代用资料进行研究。常用的高分辨率代用资料包括树木年轮、历史文献、冰芯、石笋、珊瑚等。本章介绍利用树木年轮、珊瑚和冰芯等代用资料,进行的三个方面过去气候变化重建与分析工作,即利用树轮资料重建青海柴达木盆地东部过去 2800 a 来的极端干旱事件和研究祁连山地区过去 300 a 极端干旱事件时空分布;利用珊瑚骨骼氧同位素和珊瑚荧光度资料重建西太平洋海温序列,并研究其与过去 300 a 中国东部降水的关系;以及利用南半球的树轮、珊瑚、冰芯等资料重建了南极涛动指数并分析了其变化特征。上述研究对了解我国西北东部地区极端干旱事件的发生强度和频率,我国东部降水异常的原因,以及南半球和东亚地区气候变化和异常的部分原因提供了基础资料,也为决策者在气候变化的前提下制定应对措施提供了背景。

1.1　引言

　　干旱具有影响范围广、持续时间长、经济社会损失大等特点,是我国影响面较大、较为严重的自然灾害。近年来我国频繁出现严重的干旱事件,如 2008 年秋到 2009 年春,我国华北、黄淮、西北东北部及四川西部、西藏等地均遭遇了大范围的严重干旱(陈洪滨和范学花,2009)特别是对于我国西部干旱、半干旱区而言,大范围、持续性的严重极端干旱灾害会给经济社会、生态与环境造成严重影响,对极端干旱事件的发生特征进行研究有助于预测和评价将来可能发生的极端气候事件,可以为区域经济社会发展提供科学决策的依据,因此,对极端干旱事件发生特征的研究具有重要意义。

　　由于我国的气象记录只有百年左右的长度,难以满足对极端干旱事件、特别是对几十年一遇或百年一遇的严重极端干旱事件研究的需要。树木年轮是研究干旱事件的良好代用资料,如在美国(Woodhouse 和 Overpeck,1998;Cook 等,2004)和加拿大(George 等,2009)已经被成功地用于重建过去几百年到上千年干旱事件的历史。研究表明,在干旱、半干旱区,树木生长对干旱事件具有较好的响应,特别是当干旱发生的范围较大时,树轮宽度变化特征在空间上的相关性可以延伸很远;如在 99% 的置信度下,北美西部 65 个样点的树轮宽度年表间显著相关的平均距离达 992 km(Cropper 和 Fritts,1982)。在青藏高原东北部的干旱半干旱区,柴达木盆地祁连圆柏的一些窄轮在祁连山和阿尼玛卿山的祁连圆柏年表上也都有所体现(邵雪梅等,2007;Liang 等,2009)。20 世纪 20 年代我国北方地区的严重干旱在柴达木盆地、内蒙古、陕西华山的树木年轮上都有反映,青藏高原东北部和内蒙古中部树轮年表之间也存在着显著的相关关系(Liang 等,2006)。因此,利用干旱、半干旱区的树木年轮资料能够揭示大范围严重极端干旱事件的历史。

青海柴达木盆地的东缘山地分布有大量千年树龄的祁连圆柏,根据柴达木盆地祁连圆柏的树木年轮资料,已经重建了过去上千年以来的降水和土壤湿度的变化(Zhang 等,2003;Sheppard 等,2004;邵雪梅等,2004,2006;刘禹等,2006;Yin 等,2007)。柴达木盆地祁连圆柏年轮的宽窄变化对降水的多寡有明显的响应,特别是年轮中的窄轮对于干旱环境响应的可靠性要大于宽轮的(邵雪梅等,2007)。最近的研究指出(张德二,2010),根据柴达木盆地树轮资料重建的德令哈千年降水量序列(邵雪梅等,2004)在公元 1400—1950 年间共有 44 个极端低值年(干旱年),其中 30 例极端低值年有历史文献记录可供验证,其他的 14 例可以用来补充西部地区历史文献记录的缺失。该研究所采用的历史文献记录来自青海及其邻近的甘肃、宁夏等地,表明德令哈千年降水量序列中出现的极端低值不是局地现象,而是在相当大的范围内有重大干旱事件发生。因此,通过对柴达木盆地年轮宽度序列中极端窄轮的分析可以揭示大范围极端干旱事件的出现特征。最近,作者(Shao 等,2009)建立了柴达木盆地从公元前 1580 年到公元 2006 年共 3586 a 的祁连圆柏树轮宽度指数年表,是研究过去两三千年以来极端干旱事件变化的良好资料。由于轮宽年表在公元前 9 世纪中叶之前的样本量少于 10 个,年表的可靠性不如公元前 8 世纪以后的时段,因此,本章的第一部分是利用这一年表分析自公元前 800 年以来树轮所记录的青海柴达木盆地过去 2800 a 来的极端干旱事件的特征。

本章的第二部分是在青藏高原东北部祁连山地区建立一个由 12 个水分敏感的树轮序列组成的新的树轮网络,以此调查研究区内 1700—2005 年间极端干旱事件的发生频率、严重程度及时空演变特征,以及检查研究区极端干旱年份中全国范围内湿度状况的空间格局,以加深我们对研究区发生极端干旱事件的认识和理解。

本章的第三部分是研究西太平洋海温与我国东部降水异常的关系。热带西太平洋是全球海洋温度最高的海域,集中了全球最多的暖水体,称之为西太平洋暖池(简称暖池)。暖池的热状况对东亚季风、ENSO 系统有着重要的影响,是理解东亚气候变率需要重点考虑的一个因子(黄荣辉和李维京,1987;Nitta,1987;赵振国,1999)。由于海温观测资料的短缺,限制了对过去数百年暖池 SST(海面温度)变率(特别是其低频变率)及其对中国气候影响的研究。自 Knutson 等(1972)尝试利用珊瑚研究过去海洋气候环境以来,珊瑚应用取得了蓬勃的发展(Cole 等,1993;Evans 等,1998;Isdale 等,1998;Quinn 等,1998;Guilderson 和 Schrag,1999;Urban 等,2000;Cobb 等,2001;Tudhope 等,2001;McCulloch 等,2003;Fleitmann 等,2004;Ryuji 等,2005),珊瑚代用指标被广泛用于重建过去的海温、降水或径流,不过这些工作多侧重于利用单点珊瑚分析局地气候要素的变化。近来 Evans 等(2002)尝试利用多条珊瑚序列重建整个太平洋温度场的变化,Wilson 等(2006)则利用多条珊瑚序列重建整个热带海洋温度变化,为利用代用资料重建海温的集成研究提供了新的思路。本章试图利用已经开发的珊瑚代用指标,重建 1644 年以来西太平洋暖池强度指数,并探讨历史时期暖池 SST 变率与中国气候变化的联系。

最后,本章重建了过去 500 a 南极涛动指数。南半球副热带高压带与高纬地区之间气压场呈"跷跷板"式反位相变化的特征被称为南极涛动(Antarctic Oscillation,简称 AAO)(Gong

和 Wang,1999)。这是一种以纬向对称为主要特征的大气环流内在模态,也被称为南半球环状模(Thompson 和 Wallace,2000)或高纬度模(Rogers 和 Loon,1982),该模态不仅存在于海平面气压场,还表现在位势高度场、温度场、纬向风场等方面。AAO 不仅对南半球大尺度及区域性的气候变化起着重要作用(Reason 和 Rouault,2005;Cai 等,2005;Lovenduski 和 Gruber,2005),而且对包括我国在内的东亚地区的气候异常也有着重要影响(何金海和陈丽臻,1989;Nan 和 Li,2003;高辉等,2003;Wang 和 Fan,2005;范可和王会军,2006;鲍学俊等,2006)。

由于历史时期观测资料的缺乏,人们对 AAO 长期变化规律的认识还很有限。目前利用代用资料重建 AAO 指数的研究还不多见。Jones 和 Widmann(2003)利用树轮资料将南半球夏季(12—1 月)AAO 指数延长到 1743 年,然而其重建的序列使用的代用资料较少,仅利用了 9 个树轮序列。最近,Moreno 等(2009)利用南美巴塔哥尼亚(Patagonia)地区湖泊、沼泽沉积研究了过去 5000 年南半球西风活动强弱的变化(即反映了 AAO 的变化),然而其较低的分辨率缺乏对 AAO 年际及年代际变率特征的描述。本章的目标是尝试利用树轮、珊瑚、冰芯等多种代用资料,来重建一个较长的、反映年际及年代际变率的、南半球夏季南极涛动指数(DJF-AAO)。

1.2　资料与方法

1.2.1　青海柴达木盆地过去 2800 a 来的极端干旱事件研究所用资料与方法

本部分所使用的树轮资料采集于青海柴达木盆地东北部 200 多千米的范围内,这一地区的景观为干旱荒漠草原,在气候区划上属干旱、半干旱的高原气候区,年平均降水量为 150～200 mm。在盆地东部中山海拔高度约 3500～4000 m 带状区域内的阳坡和半阳坡上有祁连圆柏林地,本研究中用来建立树轮宽度定年年表的样本即采自本区域内。样本采用美国亚利桑那大学树轮实验室的骨架示意图方法(Stokes 和 Smiley,1968)进行交叉定年,对完成定年的样本进行年轮宽度量测,之后使用 COFECHA 计算机程序(Holmes,1983)对定年进行检验,确保定年结果准确无误。最后建立的树轮宽度总年表长度为 3586 a,本部分中的研究时段取为公元前 800 年到公元 2006 年。

公元前 800 年以来的 2800 多年长度的树轮宽度指数序列的均值为 0,标准差为 1。序列中树轮宽度指数越大,表示当年的年轮越宽;指数越小,表示当年的年轮越窄,越窄的年轮指示了更干旱的气候条件。为了对窄轮所指示的干旱事件的干旱程度进行更好地区分,我们根据年表的轮宽指数值进行划分,将轮宽指数小于均值(0)但大于一倍标准差(−1)的年份称为偏旱年,将轮宽指数小于等于一倍标准差(−1)但大于两倍标准差(−2)的年份称为大旱年,小于等于两倍标准差(−2)但大于三倍标准差(−3)的年份称为重旱年,小于等于三倍标准差(−3)但大于四倍标准差(−4)的年份称为特旱年,小于等于四倍标准差(−4)的年份称为超旱年。同时,由于干旱事件具有空间范围广、持续时间长等特点,极端干旱事件的持续时间越长,其发生的空间范围可能也越大,因此,我们对轮宽序列取多年滑动平均,重点分析持续时间长、影响范围广的严重干旱事件的变化,按照干旱的严重程度识别出 2800 a 来的主要极端干旱事件并进行分析。

我国有丰富的历史文献资料,这些资料记录了大量的干旱、洪涝、严寒等气候事件。本部分也参考了大量史书和《中国近五百年旱涝分布图集》(中国气象科学研究院,1981)、《中国三千年气象记录总集》(张德二,2004)和《青海自然灾害》(史国枢,2003)中对青海及邻近的甘肃、陕西、宁夏等西北地区干旱事件的文献记载,与柴达木盆地树轮资料所揭示的极端干旱事件进行对比分析。

1.2.2 祁连山过去300 a干旱事件研究所用资料与方法

1.2.2.1 研究区域

祁连山(36°30′—39°30′N,93°31′—103°E)位于青藏高原东北部(图1.1),是邻近地区重要的水源补给地。由于地处内陆,受西风带和亚洲季风的共同影响,为干旱和半干旱气候(高由禧等,1962)。根据祁连山自然保护区野外考察报告,该区年降水量为200~500 mm,自东南往西北方向逐渐减少,近70%的年降水量集中在5—8月。年平均气温为0.2~3.6℃,年蒸发量为1569~1788 mm。植被呈典型的垂直分布变化,从山脚下的沙漠植被类型向上逐渐演变为高海拔的高山森林、草甸。

表 1.1 样点信息和标准化树轮宽度年表的特征

代码	经度(°E)	纬度(°N)	海拔(m)	周期	树/芯	平均敏感度	树种	公共区间	信噪比	年份(eps>0.85)	来源*
CLH	103.80	37.30	2500	1639—2002	21/44	0.404	PT	1900—2002	80.9	1801	1
HX2	102.44	37.49	2826	1825—2003	21/46	0.301	SP	1910—2000	38.1	1846	2
BGH	102.31	37.69	2000	1896—2003	33/92	0.242	PC	1950—2003	116.3	1915	2
XDH	101.40	38.09	2755	1770—2005	22/40	0.267	PC	1920—2000	57.1	1789	5
DYK	100.25	38.52	3040	1780—2005	24/32	0.233	PC	1900—2000	14.7	1820	5
SDL2	99.95	38.43	3370	1091—2003	25/72	0.229	SP	1700—2000	30.1	1447	2
DDS3	100.81	39.04	2800	1484—2005	24/34	0.489	SP	1850—2000	34.7	1613	6
KL3	99.96	38.81	3000	1300—2005	19/37	0.347	SP	1850—2000	24.3	1510	6
KGM	99.73	38.79	2900	1848—2005	24/29	0.251	PC	1950—2000	32.7	1861	5
QF2	98.44	39.43	3060	1729—2003	18/52	0.475	SP	1900—2000	55.3	1760	3
JQ	98.48	39.77	2850	1780—2001	12/27	0.382	SP	1950—2000	29.3	1803	4
JG	97.86	39.61	2852	1727—2005	15/31	0.295	PC	1950—2000	36.2	1830	5

* 来源:1——Gao 等,2005,2——Liang 等,2010,3——Liang 等,2006,4——Tian 等,2007,5——Zhang,2009,6——本研究。

1.2.2.2 树轮数据

本研究采用来自祁连山的12个树轮年表,该数据集包括2个新年表和10个已发表的年表(表1.1)。所有年表均来自祁连山的中东部地区(图1.1),已发表年表由3个树种组成:祁连圆柏(*Sabina przewalskii* Kom.)、青海云杉(*Picea crassifolia* Kom.)和油松(*Pinus tabulaeformis* Carr.)。2个新的树轮样点(KL3和DDS3)位于祁连山森林下限,用生长锥取健康的祁连圆柏的树芯,样品经过风干、固定和打磨,用精确度为0.001 mm的Lintab轮宽量测仪进行轮宽测量,然后用Cofecha程序(Holmes,1983;Grissino-Mayer,2001)进行数据交叉定年的质量检验。为了去除生长趋势,首先用负指数和线性函数拟合原始轮宽序列,再将测量的轮宽和相应拟合曲线之间的比值作为轮宽指数,最后在 Arstan 程序(Cook,1985)中把每一个样点的轮宽指数进行平均产生一个标准轮宽年表。

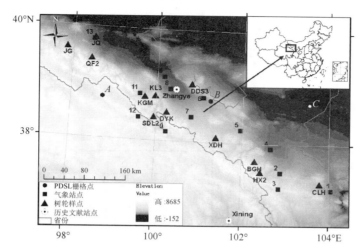

图 1.1 研究区树轮样点、气象站点、历史文献(干湿指数,CMA,1981)和
PDSI 栅格点(Cook 等,2010b)的位置

1.2.2.3 气象数据和历史文献资料

在树轮样点附近共有 13 个一级气象站,这些站点的数据可以从 CMA 的同化气候数据库中获得(http://new—cdc.cma.gov.cn:8081/dataSetLogger.do? changeFlag=dataLogger),所获得的数据已经经过严格的数据质量评估和质量控制(CMA,2003)。

表 1.2 13 个气象站点的信息

代码	序号	代码	名称	经度(°E)	纬度(°N)	时段	海拔(m)
52797	1	JT	景泰	104.05	37.18	1957—2006 年	1631
52784	2	GL	古浪	102.9	37.48	1959—2006 年	2073
52787	3	WS	乌鞘岭	102.87	37.2	1951—2006 年	3043
52679	4	WW	武威	102.67	37.92	1951—2006 年	1532
52674	5	YC	永昌	101.97	38.23	1959—2006 年	1976
52661	6	SD	山丹	101.08	38.8	1953—2006 年	1765
52656	7	ML	敏乐	100.82	38.45	1958—2006 年	2271
52652	8	ZY	张掖	100.43	38.93	1951—2006 年	1480
52657	9	QL	祁连	100.25	38.17	1957—2006 年	2787
52557	10	LZ	临泽	100.17	39.15	1967—2006 年	1454
52643	11	SN	肃南	99.62	38.83	1957—2006 年	2311
52645	12	YN	野牛沟	99.6	38.4	1960—2006 年	3320
52533	13	JQ	酒泉	98.49	39.77	1951—2006 年	1478

为了评估树轮记录气候信息的质量,我们采用基于历史文献的数个数据集来比较和检测本部分所建序列,其中包括:(1)中国过去 3000 年气象记录集;(2)青海省自然灾害;(3)中国气象灾害大典(甘肃、宁夏、青海卷);(4)中国近五百年旱涝分布图集,表 1.3 提供了这些数据集的基本信息。文献[1]~[3]定性描述记录了干旱事件,文献[4]中使用数值对旱涝灾害事件提供了定量的评估。另外,为了分析 1700—2000 年间中国中东部水分条件的空间特征,采用 CMA 数据集的更新版本(Hao 等,2009),缺失值通过内插方法来估计。这个数据集包括大部分处于中国的中东部的 120 个站点位置的干湿指数,1951—2000 年的干湿指数采用 5—9 月份降水数值计算。干旱和洪涝事件被分成 5 个等级(1~5),代表从严重洪水到严重干旱的气候状况。

表 1.3　本部分所用历史资料汇总

文献序号	作者	出版年份	历史时期	气候信息	空间范围	描述	原始资料
[1]	张德二等	2004	23rd centuBC— AD 1911 年	天气,气候条件,大气物理现象和相关的记录(干旱,洪水,雪,虫害,瘟疫,饥荒等)	中国(主要是东部)	摘选	7835 类历史文档
[2]	史国枢等	2003	AD 89— 2000 年	自然灾害(干旱和洪水,冰雹,地震,泥石流等)	青海省	摘选	青海省历史文献和气象记录
[3]	温克刚	2005	71 BC— AD 2000 年	气象灾害(干旱,洪水,沙尘,雪)	甘肃,青海,宁夏	摘选	历史文献和气象记录(甘肃,青海,宁夏)
[4]	CMA	1981	AD 1470— 1979 年	干旱和洪水	中国	旱涝分类图(5 类,1~5)	2100 多种当地地/区域的公报

1.2.2.4　统计分析

相关分析方法计算肃南和张掖两个气象站的月平均气温和降水资料与两个新的轮宽年表之间的树轮气候关系,分析影响 KL3 和 DDS3 样点树轮宽度的气候因素。统计分析中分别采用 1957—2005 年和 1951—2005 年期间前一年 9 月到当年 8 月(共 12 个月)的气温和降水数据。

根据已有研究(表 1.1),在 10 个已经发表的年表中,大多数年表与生长季前期各月的降水呈显著正相关,与同期各月气温呈负相关。为了检验生长季早期水分条件对树木生长的影响,12 个树轮序列都与附近气象站记录的 5—6 月降水和气温进行了相关分析。

1.2.2.5　建立祁连山区域轮宽指数

为了获取一个区域记录来反映研究区的干旱历史,我们对 12 个样点的轮宽序列进行了再处理。首先在轮宽序列上拟合 32 年的样条函数(Grissino-Mayer,2001),接着将某一年实测轮宽值与该年样条函数预测值相除,得到无量纲的轮宽指数。该过程可以去除 16 a 以上时间尺度上的低频信号。接下来利用自回归模型剔除序列中部分数据的自相关。通过平均值和标准差对各指数序列进行标准化,形成了能较好反映高频信息的祁连山 12 条标准化序列。该序列中高值对应宽轮,低值对应窄轮。为了表示研究区的整体状况,计算了 12 个标准化序列的算术平均值,形成一条综合轮宽指数序列,再将该序列进行标准化处理,最终得到综合轮宽指数(简称 TWI),用来反映区域树木生长变化。样本总体解释量(EPS)被用于评估有效年表的长度,本研究 EPS 阈值为 0.85。

为了评估 12 条标准序列对干旱的代表性,本书利用器测时期的几个严重干旱年(1962年、1968 年、1971 年、1974 年、1981 年、1995 年和 2001 年)内 12 个标准化序列的平均值和13 个气象站的降水数据标准化后的平均值进行了空间比较。同时,统计了 12 个标准化序列各年中具有负值序列个数,使用负值序列个数与同年序列总个数的比率作为干旱年空间一致性的表征。在本研究中,将这个比率序列定义为空间一致性指数(ISC)。当 ISC=1.0 时,表示研究区内所有树轮宽度序列当年均为窄轮;而 ISC 值越低,表示树轮序列间的空间一致性越差。

干旱对植物和农作物会产生不利影响。干旱的影响程度可以通过其强度和严重性表征,而后者综合考虑了强度和持续性。在本研究中,窄轮用来代表研究区域的干旱严重性。为分析干旱的严重性和频率,将 TWI 序列进行了等级划分。定义 -0.5δ 到 -1.5δ 为中等干旱(表示为 1),-1.5δ 到 -2.5δ 为严重干旱(表示为 2),小于 -2.5δ 为极端干旱(表示为 3)。为确保分类的可靠性,首先通过单样本 K-S 统计量检验 TWI 序列数据的正态分布特征。

1.2.2.6　聚类分析

在确定了研究区内的严重干旱年和极端干旱年后,采用了聚类分析方法将中国中东部在特定年的干湿空间变化进行了分类。聚类分析在气候学研究中被广泛使用,可以客观地把不同的个体按照相似程度分成几个特定的组,是一种有效的统计方法。本研究中用欧几里得距离(所有变量之间距离平方和的平方根)的凝聚分层技术作为距离度量(Jain 和 Dubes,1988)。在分层距离分析时,将最相似的个体进行合并。基于已有的研究(Unal 等,2003;Carnelli 等,2004;Friedrichs 等,2009),我们选择 Ward's 方法(Ward,1963)。该方法中,一对个体间的聚类关系选择的标准是平方和与聚类平均值的偏离值最小。在气候学研究中聚类分析多应用在利用某些气候特征来鉴别具有空间一致性的区域或位置(如 Stahl 和 Demuth,1999;Dezfuli,2011;Fu 等,2011)。500 年旱涝等级图集中干旱事件往往具有相似的空间模式(Hao 等,2009),本部分采用该方法对这些干旱事件(年)予以聚类。我们目的在于归类有类似空间结构的年份。Jain 和 Dubes(1988)指出选择合适数目的分类是聚类分析的一个关键而困难的内容。一些分类标准虽然客观,但是是根据研究目的和数据特征而建立的,在本部分中,我们出于以下考虑建立分类标准:(1)避免只有一个要素的最终聚类,因为这会减少聚类的代表性,因而比较理想的是建立要素相对均匀分布的几个聚类;(2)考虑到事件的总数和结果的合理解释性,在此将分为 3~5 类;(3)为尽可能确保聚类的一致性,选择 Ward's 法;(4)聚类的结果应有助于提出有机理意义且相对容易解释的空间模态。

1.2.3　西太平洋海温重建所用资料与方法

1.2.3.1　研究区域及其特征

目前对暖池范围尚无统一的定义,有些研究选择某一固定经纬度区域作为暖池范围

(McPhaden 和 Picaut,1990;黄荣辉和孙凤英,1994;张启龙等,2001;金祖辉和陈隽,2002;张增信等,2005);另外一些则采用某一海面温度阈值的等温线所包围的区域,例如 28℃、28.5℃或 29℃等温线(李克让等,1998;Wyrtki,1989;Wang 和 Enfield,2001;赵永平等,2002;Enfield等,2006);此外还有一些研究(邱东晓等,2007)尝试利用暖水体积来定义暖池范围及强度。为了将西太平洋暖池与印度洋暖池和东太平洋暖池分开,本部分将 30°N—30°S、100°E—140°W范围内、多年平均温度大于 28℃的区域定义为西太平洋暖池区域,即本部分的重建目标区域,如图 1.2 所示。取该区域内所有海温≥28℃的网格点温度的平均值作为暖池区温度指标(SST);取该区域内所有≥28℃的网格点数作为其面积指标(NUM),并计算得 1950—2006 年这一时间段内平均 SST 与面积指标相关系数为 0.88(显著性水平 $p<0.01$),这表明整体上是暖池面积与温度具有一致性变化,二者均能较好地代表暖池的强度,考虑到温度对珊瑚生长的物理意义,本部分中选定平均温度作为暖池的强度指标。

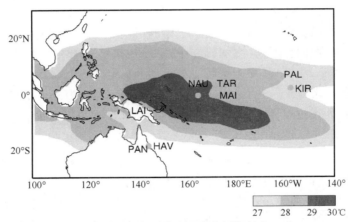

图 1.2　研究区域及珊瑚代用资料点

暖池区多年(1950—2006 年)平均海温为 28.94℃。由于暖池主体部分主要位于赤道两侧的热带地区,加上海陆分布格局及降水季节性的影响,使得 4 月、5 月、6 月是其一年中温度最高的几个月份,其中极大值出现在 5 月(图略)。这里取相对"暖相态"的 3—7 月作为重建的目标月份。

1.2.3.2　海温数据

本部分使用的海温数据是英国 Hadley 中心的 HadISST,其时间分辨率为月,空间分辨率为 1°×1°,序列开始时间为 1871 年。由于早期观测数据缺失严重,很多地区插值的结果误差较大。在大多数地区插值海温序列在 1950 年以后的不确定性最小(Rayner 等,2003;Smith 和Reynold,2003),因此选定 1950 年以来的 HadISST 作为海温观测值用于本部分暖池海温的重建工作。

1.2.3.3　珊瑚代用资料

本部分中所选珊瑚主要位于暖池及其毗邻区域(图 1.2),总共收集了 16 条研究区域内的珊瑚序列。由于气候时间序列普遍存在低频变化,这可能导致没有物理联系的指标间产生虚假的高相关,为降低珊瑚代用指标低频变化对海温低频变化的夸大,必须首先尽可能剔除包含虚假信号的代用资料。因此,本部分先重点检查高频变率,高频变率如果显著相关,且物理意义明确,再看其低频变化,只有高频和低频变化同时都有显著关系的代用资料,我们才采用。具体操作是,首先对各个珊瑚序列做高通滤波得到小于 10 a 周期的高频变化信息(采用气象上常用的 Butterworth 滤波器滤波,去掉了 10 a 以上尺度的变化,保留年际尺度变化);然后分别以月、季或年为分辨率(根据原始资料的分辨率)计算各个珊瑚序列高频数据、原始数据与暖池海温的高频及原始序列的相关性,挑选对暖池海温变化具有最好代表性的珊瑚序列和时间段(季节、月份)作为重建的代用指标,因为珊瑚一般生长在水面以下 10~30 m 深处,因此海表温度变化对珊瑚的影响存在着一定的滞后期(Gong 和 Luterbacher,2008)。通过以上筛选程序,最终选择 8 条对海温高频相关系数高(绝对值均大于 0.35)、并且显著性水平超过 95% 的珊瑚序列作为高频重建的代用资料;同时,这 8 条代用序列的原始数据(没有滤波)被用于暖池区温度低频变率的重建,各珊瑚地点、代码及序列长度见表 1.4。表 1.5 是标定时间段各代用指标与同期海温相关系数,可以看出,高频相关系数从 -0.39 到 -0.58,平均值为 -0.47,显著性水平均超过 95% 原始数据的低频相关系数从 -0.24 到 -0.61,平均值为 -0.51,除 KIR 序列以外(显著性水平为 90%),其他显著性水平均超过 95%。

表 1.4 代用资料列表

序号	站点名称	序列长度/A.D	分辨率	资料类型	纬度	经度	资料来源
1	HAV (Havannah)	1644—1986 年	Y	Flu	18.41°S	146.33°E	Isdale 等,1998
2	PAN(Pandora)	1737—1980 年	Y	Flu	18.49°S	146.26°E	Isdale 等,1998
3	MAI(Maiana)	1840—1994 年	B	$\delta^{18}O$	1.0°N	173°E	Urban 等,2000
4	LAI(Laing)	1885—1992 年	Q	$\delta^{18}O$	4.15°S	144.88°E	Tudhope 等,2001
5	PAL(Palmyra)	1886—1998 年	M	$\delta^{18}O$	5.52°N	162.08°W	Cobb 等,2001
6	NAU(Nauru)	1892—1994 年	Q	$\delta^{18}O$	0.5°S	166°E	Guilderson 等,1999
7	TAR(Tarawa)	1894—1989 年	M	$\delta^{18}O$	1.0°N	172°E	Cole 等,1993
8	KIR(Kiritimati)	1939—1993 年	M	$\delta^{18}O$	2.0°N	157.3°W	Evans 等,1998

注:M 表示月分辨率,B 表示双月分辨率,Q 表示季节分辨率,Y 表示年分辨率,Flu 表示珊瑚荧光。

表 1.5 标定时间段代用指标与 3—7 月暖池平均 SST 的相关系数 r

r	高通滤波相关	原数据相关	代用资料月份
HAV	-0.43*	-0.52**	年值
PAN	-0.50**	-0.51**	年值
MAI	-0.58**	-0.60**	3—6 月
LAI	-0.39*	-0.42*	7—12 月
PAL	-0.48*	-0.59**	3—5 月
NAU	-0.53**	-0.61**	4—6 月
TAR	-0.48*	-0.56**	3—5 月
KIR	-0.40*	-0.24	7—10 月
平均	-0.47	-0.51	

注:* 表示显著性水平为 95%,** 表示显著性水平为 90%,均为 Pearson 相关,双尾检验。

所选的 8 个珊瑚代用指标中有 6 个是珊瑚骨骼氧同位素(δ^{18}O),另外两个是珊瑚荧光度(Fluorescence)。珊瑚 δ^{18}O 是对海洋环境变化的良好记录(Guilderson 和 Schrag,1999),尽管珊瑚 δ^{18}O 既受到温度的影响,同时也受到降水的作用(Lough,2004),考虑到西太平洋暖池区降水与海温的高度相关(Tudhope 等,2001),δ^{18}O 总体上可以反映海水温度的变化。Isdale 等(1998)利用取自于 Havannah 和 Pandora 岛屿的珊瑚荧光重建热带地区径流与降水的变化,由于位于热带海洋上的降水主要来自对流活动,而高温有利于海表大气受热上升,使对流活动增加而导致降水增多,进而增加河流径流量,因此珊瑚荧光也被用来解释温度的变化(Wilson 等,2006)。需要注意的是,HAV 与 PAN、MAI 与 TAR 都相距很近,他们之间的高相关说明反映同一局地气候现象,独立性低,因此参照 Wilson 等(2006)的做法对其进行平均处理,分别作为一条新的序列使用。具体操作是:HAV 与 PAN 两条序列在共同时间段(1737—1980 年 A. D.)极差、方差均较一致,所以简单求二者平均得序列 HPA;而 MAI 与 TAR(共同时间段为 1895—1989 年 A. D.)两条序列的极差、方差均相差明显,因此是对二者标准化后求平均得到序列 MTA。

1.2.3.4 重建方法、标定与验证

确定好代用指标后,采用多元回归方法进行暖池强度指数的重建,即用珊瑚序列作解释变量、暖池海温序列作为被解释变量。由于全部珊瑚序列中截止时间最近的是 1980 年,所以取全部珊瑚序列与海温序列的公共时间段 1950—1980 年 A. D. 作为标定时间段,用全部 8 条高通滤波序列及原数据序列分别重建暖池高频海温指数和低频海温指数,重建时间段为 1644—1949 年 A. D. 。考察回归方程的解释方差(r^2)、标准误(SE)以及误差减少量(RE)统计量来验证重建序列的稳定性与可靠性。这里采用"留一法"(即每次从标定时段资料中留出一个用做验证的独立资料)交叉验证来计算 RE(Wilson 等,2006;Gong 和 Luterbacher,2008)。RE(Reduction of Error)最早由 Lorenz(1956)在检验气象预报是否比气候预报更好的时候提出的统计量,随后在回归重建气候研究方面得到广泛应用(Fritts,1976;Cook 和 Kairiukstis,1990;Cook 等,1994),Fritts(1976)研究指出 RE 是一个非常苛刻的检验统计量,其取值范围是($-\infty$,$+1.0$],$RE > 0$ 表示重建是有技巧的,$RE > 0.2$ 表示重建是可信的,$RE = 1$ 表示重建序列是完美的。

1.2.4 重建南极涛动指数所用资料与方法

1.2.4.1 标定资料

目前南半球的海平面气压(SLP)资料主要有三类:一是 NCEP/NCAR(Kalnay 等,1996)和 ERA40(Uppala 等,2005)两套再分析资料;二是基于航船记录和站点观测插值的全球网格 HadSLP2r(Allan 和 Ansell,2004)资料;三是地面台站观测资料。但很多研究指出,再分析资料(尤其是 NCEP 资料)南半球中高纬海平面气压数据中存在严重的虚假趋势(Bromwich 和 Fogt,2004;Jones 和 Lister,2007),使 AAO 变化趋势被放大了 2~3 倍(Marshall,2003);站点观测资料方面则存在着早期观测资料站点少、缺失多、分布不均的问题。因此直接将这些资料用于标定显然欠妥。

Marshall(2003)利用 12 个站点观测气压资料建立了 1957 年以来月值 AAO 指数(其站点分布如图 1.3 中五角星所示),Fogt 等(2009)则用 19 个站点观测气压资料建立了 1865(或 1905)年以来季节 AAO 指数(其中用于 DJF-AAO 重建的只有 9 个站);Visbeck(2009)则把南

半球气压观测站点划为四个区(南极区、南非区、南美区、澳大利亚—新西兰区),把每个区内站点观测气压等权重平均,再把南非、南美、澳大利亚—新西兰三个区平均气压合成一个气压序列,将其与南极区平均气压序列的差定义为 AAO 指数,得到 1884 年以来的季节 AAO 指数。从站点分布上来看,Marshall 所用到的 12 气象观测站点分布相对均匀,40°S 和 65°S 附近各有 6 个站点,这两个纬圈平均气压差即被定义为南极涛动指数(Gong 和 Wang,1999)。各个 AAO 指数相关性分析表明 Marshall 序列具有相对较高的可信度(Jones 等,2009)。综合考虑,本部分选择 Marshall-AAO 序列作为观测资料用于标定,并且把 Fogt、Visbeck 以及基于 HadSLP2r 资料得到的 AAO 序列(记为 HadSLP)作为参考用于重建结果的对比分析。

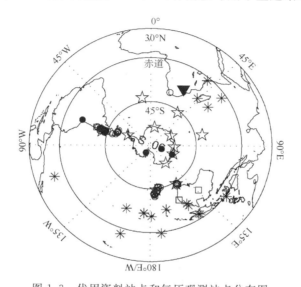

图 1.3　代用资料站点和气压观测站点分布图

(空心圆圈——树轮,星号——珊瑚,实心圆点——冰芯,实心倒三角——洞穴沉积,正方框——观测 SLP 站点;

五角星表示的是 Marshall 所用站点)

1.2.4.2　代用资料

不论是过去千年尺度气温与降水的重建,还是过去几个世纪环流指数的重建,最常用的代用资料主要有树轮、珊瑚、冰芯、石笋、历史文献等。不过树轮、冰芯等代用资料在南半球分布局限于很小范围的陆地地区,广大海洋区仍是空白。最近 Gong 等(2009)研究指出一些热带海域的珊瑚代用资料对北极涛动(AO)、南极涛动(AAO)均有着较好的记录,可以为 AAO 重建提供有用信息。

本部分所用的代用资料主要是位于南半球的树轮、珊瑚、冰芯等。树轮和冰芯资料是取自 Mann 等(2008)整理的代用资料集(网址:http://www.pnas.org/content/105/36/13252/suppl/DCSupplemental),这里只取其中的南半球树轮(142 个)和冰芯资料(14 个)。值得注意的是,南半球的冰芯资料中可获得的年分辨率只有 Quelccaya、Talos Dome 两个站,其余均为 5 a 或 10 a 以上分辨率的,Mann 等(2008)对这些冰芯资料进行了插值处理。珊瑚资料来自于国际古气候—珊瑚数据库(网址:http://www.ncdc.noaa.gov/paleo/corals.html),目前收集到的年分辨率、季节分辨率、双月以及月分辨率的珊瑚资料分别有 13 个、4 个、6 个、9 个(这些珊瑚序列起始年份不晚于 1910 年、截止年份不早于 1989 年),其中有 4 个珊瑚站点是位于赤道以北的热带地区。此外,还收集了 6 条重建的南美 Andes、澳大利亚 Tasmania 等地区的气温、降水及径流序列(网址:http://www.ncdc.noaa.gov/paleo/recons.html),2 个洞穴沉积序列(分别是位于南非的 Cold Air Cave 和位于南太平洋 Niue 岛的 Avaiki Cave,网址:http://www.ncdc.noaa.gov/paleo/speleothem.html),以及 15 个站点观测 SLP 序列(由美国 NOAA 地球系统实验室 Ryan Fogt 提供)(图 1.3),所有的这些资料组成一个原始代用资料集。

由于大气环流波动对局地及区域气候影响往往具有时间上的滞后性,第 t 年 AAO 异常也可能对 $(t+1)$、$(t+2)a$ 的树轮和珊瑚生长产生影响,因此我们把滞后 2 年的树轮和珊瑚代用资料也作为待选变量放入原始代用资料阵,这样每 1 个树轮和年分辨率的珊瑚序列就有 3 个可用变量同时放入原始代用资料集。对高分辨率(月、双月、季节)珊瑚代用资料,大致考虑 5 个月的滞后期,即从同期的 12 月持续到次年 7 月或者 8 月,即每条月、双月、季节分辨率的珊瑚序列就分别考虑 8 个、4 个、3 个不同时刻的变量。这样原始资料阵中就有 426($=142 \times 3$) 个树轮变量序列、147($=13 \times 3+4 \times 3+6 \times 4+9 \times 8$)个珊瑚变量序列、14 个冰芯变量序列、15 个站点 SLP 序列、6 个区域性气温与降水序列、2 个洞穴沉积序列,共 610 个备选变量。

1.2.4.3　代用资料的处理

代用资料在开发和定年过程中都会存在一些误差,因此我们对代用资料做三点权重滑动处理以减少标定误差的影响,权重分配为 1:2:1 比例(为了保持原来资料的长度,首尾年份不做滑动处理)。此外,由于代用资料普遍含有非气候变率的噪声,包括不连续、间断以及虚假的长期趋势,对代用资料做滤波处理则能降低非气候因子的影响。考虑到基于观测资料建立的 AAO 周期特征(图略),Fogt 等(2009)建立的 DJF-AAO 序列突出的年代际周期为 31.3 a、47 a;Visbeck(2009)建立的 JFM-AAO 序列突出的年代际周期为 20 a、40 a,我们将所有代用资料和用于标定的观测资料均做滤波处理,滤波后只保留 50 a 以下分量。

然后我们对经过以上处理的代用资料阵进行了筛选,以便挑选出较好的代用资料用来重建。为了使可用的代用资料尽可能得多,并且又兼顾标定时段有适当的长度,这里我们取 1957—1989 年(33 a)做标定时段。只有与观测的 AAO 序列在标定时段内有显著相关(显著性水平 $p>80\%$)的代用资料才保留进入后续分析,并按照各个代用资料开始年份由早到晚依次排列,得到一个新的代用资料阵。这样,有来自 133 个点的 263 个变量保留用于重建(表 1.6),其空间分布如图 1.3 所示。从站点分布图上可以看出,树轮代用资料主要位于南美洲南部、新西兰以及澳大利亚东南端;4 个冰芯中有 3 个位于南极洲、1 个位于南美洲;而海洋上的珊瑚代用资料分布相对较为均匀。

表 1.6　代用资料列表

代用资料类型	站点个数	变量个数
树轮	103 (142)	209 (426)
珊瑚	18 (32)	40 (147)
冰芯	4 (14)	6 (14)
洞穴沉积	1 (2)	1 (2)
温度降水序列	2 (6)	2 (6)
站点观测 SLP	5 (15)	5 (15)
合计	133 (211)	263 (610)

注:括号内为原始资料总数。

1.2.4.4　重建方法、标定与验证

对经过筛选而保留的代用资料做主成分分析(PCA),取累积解释方差前90%的主分量(PC)为候选因子;再建立这些显著PC与标定时段AAO回归方程。这里我们试验所有的PC组合,假设在某时段有n个显著相关的PC,则有$C_n^1+C_n^2+\cdots+C_n^n=2^n$个回归方程,每种方案好坏标准主要指标为$RE$,即得到$2^n-1$个$RE$值,取$RE$值最大的PC组合作为选用的最终方案,与标定时段观测AAO序列做多元回归来重建1957年以前的AAO指数。在验证重建序列稳定性与可靠性时采用“留一法”交叉验证来计算RE值(详见1.2.3.4)。

1.3　柴达木盆地东部2800 a来干旱事件研究的结果与分析

1.3.1　柴达木盆地东部2800 a来干旱事件的变化特征

根据前文划分的干旱程度的标准,我们以百年为单位,对每个世纪内出现的干旱年份进行了统计(表1.7),这样便于更直观地看出不同程度干旱事件的出现频次在时间上的分布特征。从表1.7可以看出,过去的28个世纪内共出现轮宽指数低于均值0的偏旱年份1164 a,出现频率为41.57%。其中,大旱年份共282 a,占10%左右,约为10 a一遇;重旱年份共68 a,占2.43%,约为40 a一遇;特旱年份共26 a,占0.93%,约为100 a一遇;轮宽指数小于等于-4的超旱年份共9 a,占0.32%,约为300 a一遇;轮宽指数小于等于-1的大旱以上程度的干旱年份出现总概率是12.75%,约为8 a一遇。

表 1.7　柴达木盆地过去28个世纪以来干旱事件发生情况统计

年份 (公元)	总干旱年 ($X<0$)	偏旱年($-1<$ $X<0$)	大旱年($-2<$ $X\leqslant-1$)	重旱年($-3<X$ $\leqslant-2$)	特旱年($-4<$ $X\leqslant-3$)	超旱年 ($X\leqslant-4$)
-800——701	37	21	12	4	0	0
-700——601	47	34	9	1	2	1
-600——501	43	28	11	3	1	0
-500——401	47	36	9	0	2	0
-400——301	43	28	12	2	0	1
-300——201	38	24	8	5	1	0
-200——101	38	21	14	3	0	0
-100——1	45	31	11	1	2	0
1—100	40	31	4	3	1	1
101—200	39	25	10	4	0	0
201—300	40	26	11	2	1	0
301—400	43	29	9	3	2	0

年份 (公元)	总干旱年 ($X<0$)	偏旱年($-1<$ $X<0$)	大旱年($-2<$ $X\leqslant-1$)	重旱年($-3<X$ $\leqslant-2$)	特旱年($-4<$ $X\leqslant-3$)	超旱年 ($X\leqslant-4$)
401—500	42	33	6	3	0	0
501—600	43	27	12	3	1	0
601—700	40	26	12	1	1	0
701—800	46	32	11	3	0	0
801—900	43	32	10	1	0	0
901—1000	40	24	14	1	0	1
1001—1100	37	25	7	4	1	0
1101—1200	47	32	13	1	0	1
1201—1300	37	23	9	2	2	1
1301—1400	42	29	9	3	1	0
1401—1500	44	26	14	4	0	0
1501—1500	43	34	5	1	3	0
1601—1700	40	23	12	3	1	1
1701—1800	39	23	13	2	1	0
1801—1900	39	26	7	3	2	1
1901—2000	42	30	8	2	1	1
28 个世纪	1164	779	282	68	26	9
百分比	41.57%	27.82%	10.07%	2.43%	0.93%	0.32%

从表 1.7 还可以看出,在世纪尺度的极端干旱事件的时间分布上,公元前 8 世纪是干旱年份总数较少、但大旱以上年份比例偏多的一个世纪,其中大旱以上年份共 16 次,占 21 世纪内干旱年份总数的 43%,是所有 28 个世纪内比例最高的。相反,公元 16 世纪是干旱年份总数较多、但大旱以上年份比例偏少的一个世纪,21 世纪内大旱以上年份共出现了 9 次,占干旱年份总数的 21%,是所有 28 个世纪内比例最低的。从公元 2 世纪到公元 9 世纪的连续 800 a 内没有出现任何一次超旱年份,其中公元 8 世纪和 9 世纪的连续两个世纪内也没有出现任何一次特旱年份,是 2800 a 来单年极端干旱事件出现频率最低的时期。

1.3.2　柴达木盆地 2800 a 来持续性严重极端干旱事件分析

为了更好地辨析出较为严重的持续性极端干旱事件,我们对轮宽指数的原始序列进行了 11 a 滑动平均,在时间序列中标出了较为严重的极端干旱事件中轮宽最低值的出现年份 (图 1.4),该年份的值代表了其前后各 5 a 的 11 a 平均,如公元 21 年的值代表的是公元 16 年 到公元 26 年的平均值。在图 1.4 的时间坐标轴上还标出了公元前 800 年以来我国历史上主 要朝代建立的时间,以便对比分析严重的极端干旱事件出现时的历史背景。

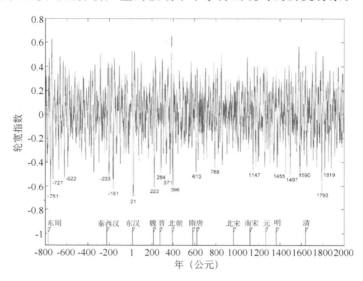

图 1.4　公元前 800 年以来柴达木盆地轮宽指数变化(11 a 滑动平均值)

从图 1.4 可以看出,2800 a 来柴达木盆地的轮宽变化存在较大的波动,反映出不同程度的 干旱事件频繁发生。按照轮宽指数滑动平均值的高低进行排序可以发现,出现在西汉末年、东 汉初年前后的公元 21 年左右的 10 a 干旱期是 2800 a 来最严重的极端干旱事件。从图中还可 以看出,严重极端干旱事件的出现还存在群发性和间歇性,其中魏晋南北朝时期和明清时期是 严重极端干旱事件的群发期,特别是在公元 3 世纪到 4 世纪末期的这 200 a 间和 15 世纪中叶 到 19 世纪中叶的这 400 a 间密集发生,而从公元 5 世纪到 12 世纪末的这 800 a 内严重极端干 旱事件的出现频率较小,仅出现了 3 次较为严重的干旱(613 年前后、788 年前后和 1147 年前 后)。下面我们对公元前 800 年以来的主要极端干旱事件作简要分析。

1.3.2.1　西周末年的极端干旱事件

公元前 8 世纪是极端干旱事件相对严重的一个世纪。周平王于公元前 770 年迁都洛邑, 东周建立;在平王迁都之前的一段时间内,干旱频繁发生。公元前 784 年到公元前 778 年的 7 a 里共出现了 5 个干旱年份,其中 4 a 为大旱以上程度,公元前 778 年为重旱。几年之后,再 次出现持续性严重干旱,从公元前 773 年到公元前 769 年的 5 a 里有 4 a 是干旱年,其中平王 迁都的公元前 770 年为大旱年。

据《史记》"周本纪"记载,周平王之前的周宣王末年、周幽王时期关中地区的干旱非常严 重,其中在公元前 780 年,洛、泾、渭三川都干涸了。《诗经》中对这一时期的严重干旱也有描述,其中"大雅·云汉"一章叙述的就是周宣王禳旱的情景,"大雅·召旻"一章叙述的是周幽王时期的天灾人祸,其中也写到了当时的干旱:"如彼岁旱,草不溃茂"。严重的干旱不仅使关中地区的农业生产受到严重影响,西北的游牧部落也频繁南侵,这可能都是促使平王迁都的重要因素。

1.3.2.2 西汉末年、东汉初年的严重持续性极端干旱事件

从公元 17 年到 26 年这 10 a 间出现了 2800 a 历史上最为严重的极端干旱。公元 17 年为偏旱年,公元 22 年后干旱程度加重,到公元 24 年为最重,这一年的轮宽指数低于 4.4 倍的标准差,为 700 a 一遇的超旱年份。严重的极端干旱一直持续到公元 26 年,《汉书》"王莽传"中也有这一段时期气候异常的大量记载:

(天凤元年,公元 14 年):四月,陨霜,杀草木,海濒尤甚。缘边大饥,人相食。

(天凤四年,公元 17 年):八月,莽亲之南郊,铸作威斗。铸斗日,大寒,百官人马有冻死者。

(天凤五年,公元 18 年):是岁,赤眉力子都、樊崇等以饥馑相聚,起于琅邪。

(天凤六年,公元 19 年):是时,关东饥旱数年。

(地皇二年,公元 21 年):秋,陨霜杀菽,关东大饥,蝗。

(地皇三年,公元 22 年):夏,蝗从东方来,蜚蔽天,至长安,入未央宫,缘殿阁。

从文献记载可见,这一时期的气候为异常寒冷干燥,蝗灾频发,《后汉书》"光武帝纪"中也写到:"莽末,天下连岁灾蝗,寇盗蜂起。地皇三年,南阳荒饥,诸家宾客多为小盗"。东汉光武帝刘秀是汉朝宗室,是南阳著名的大豪强,刘秀起兵造反的时间也是南阳出现严重饥荒的公元 22 年。在公元 26 年,也就是刘秀建立东汉王朝的第二年,饥荒仍在持续,出现了"九月,关中饥,民相食"的灾荒。极端的自然灾害加上社会动乱,使社会生产受到了严重的影响,田园荒芜,"初,王莽末,天下旱蝗,黄金一斤易粟一斛;至是野谷旅生,麻菽尤盛,野蚕成茧,被于山阜"。此后,一直到公元 29 年和 30 年,仍然频繁出现旱、蝗灾害记载:"夏四月,旱,蝗"。五月丙子,诏曰:"久旱伤麦,秋种未下,朕甚忧之"(《后汉书》"光武帝纪")。

严重的极端干旱灾害和政治上的动乱,使得西汉末年到东汉初年这一时期内人口锐减,根据范文澜(1978)《中国通史》中的统计,公元 2 年时西汉有 1223 万余户、5959 万余人的巨大人口,但经过这次罕见的极端灾害和剧烈的社会动荡,全国人口数量急剧减少,虽然经过东汉初期 30 多年的"光武中兴",人口仍然增加缓慢,到公元 57 年(汉光武帝建武中元二年)时,全国有 430 万户、2100 万人口,约为西汉末年的三分之一多;到公元 105 年(汉和帝元兴元年)时为 920 万户、5300 万人口,才开始接近西汉末年的人口数量。

1.3.2.3 魏晋时期的极端干旱事件

魏晋时期是极端干旱频发的阶段。魏文帝曹丕于公元 220 年正式称帝,从公元 221 年开始到 227 年的 7 a 里就出现了 5 个旱年,其中 225 年为特旱年。半个世纪之后,又出现了 3 世纪 80 年代(280s)的持续干旱,从公元 279 年开始到 291 年的 13 a 里 8 a 为旱年,其中 289 年为重旱年,282 年和 283 年为大旱年。近一个世纪之后,从公元 366 年开始到 377 年的 12 a 里出现了 10 个旱年,其中 369 年到 377 年为 9 a 连旱。接着,从公元 392 年开始到 397 年又出现了连续 6 a 的干旱,其中从 393 年到 396 年连续的 4 a 内有 2 个大旱年、2 个重旱年。

对于这一时期的严重干旱,竺可桢先生 1925 年在《东方杂志》第 22 卷第 3 期发表的《中国历史上气候之变迁》一文中就认为在魏晋时期的第 4 世纪(公元 301 年到 400 年)我国的旱灾

记录骤增,而雨灾记录骤减,相比之下,4世纪的旱灾较3世纪与5世纪多,而雨灾则较3世纪与5世纪少。据竺可桢先生统计,自晋成帝咸康二年(公元336年)到刘宋文帝元嘉二十年(443)的这108 a中旱灾记录达41次之多。从柴达木盆地的树轮资料记录来看,公元336年以来的100 a内出现了包括2个特旱年和4个重旱年在内的十几个大旱以上程度的干旱年份,而从概率分布来看,特旱年的出现概率不超过1%,重旱年的出现概率也仅为2.4%。可见,在柴达木盆地树轮记录中公元4世纪是较为干旱的时期,极端干旱事件频繁发生。

此外,这一时期还有不少关于沙尘暴的记载,如晋孝武帝太元八年(383年)春二月癸未"黄雾四塞",太元二十年(395年)十一月"黄雾四塞,日月晦冥",也反映了我国北方地区干旱的气候状况。研究发现,公元前3世纪左右在塔里木盆地周缘出现了数十个城邦小国,但到公元4—5世纪,一部分处于丝绸之路交通要道上的重要古城镇被废弃,如大约在公元330—400年间楼兰遗址群最先被废弃,海头、伊循、尼雅等古城也相继在公元4—5世纪衰落并消亡;几大遗址的废弃几乎同时发生,主要是由于遗址所依托的河流下游来水量的逐渐减少所致,这也意味着造成河流来水减少的原因是共同的,只能用气候变化才能够解释,与人为因素无明显关系,因为一世纪以后塔里木盆地人口数量减少,人类耗水量也相应减少。位于塔里木盆地南侧西昆仑山的古里雅冰芯资料也表明冰川积累量曲线自公元4世纪到6世纪呈现急剧的下降,表明这一时期降水量的迅速降低(舒强和钟巍,2003)。

1.3.2.4 明清时期的极端干旱事件

15世纪中叶以后极端干旱事件频繁出现,如1436年为重旱年,1450—1460年的11 a内8 a干旱,其中以1451年最为严重。1468—1472年5 a 4旱,其中1468年为大旱。1478—1484年的7 a内出现了4个大旱年,1492—1499年的8 a内又6 a干旱,其中1495年最为严重,为重旱年。从历史文献记载来看,15世纪下半叶我国西部地区也多次发生大旱,如《明实录》和《明史》中对西宁卫以及海东地区的干旱有如下记载(史国枢,2003):

明正统元年(公元1436年):四月,陕西西宁卫奏:本卫连年旱灾,粮价腾踊。《明实录》

明景泰二年(公元1451年):临洮饥。《明史》

明景泰六年(公元1455年):闰六月,临洮诸府数月不雨。《明实录》

明天顺四年(公元1460年):夏,西宁卫旱。《青海水旱灾害辑录》

明成化四年(公元1468年):陕西、宁夏、甘凉等处今岁亢旱饥馑,百姓流移,平凉以西,赤地千里。《明实录》

明成化十七年(公元1481年):六月,以旱灾免临洮等卫粮、草。《明实录》

明成化十八年(公元1482年):以旱灾免西宁等卫所屯粮草束。《明实录》

明成化二十一年(公元1485年):陕西连年灾伤,人畜死亡过半。《明实录》

明弘治六年(公元1493年):以旱灾免陕西西安等七府弘治六年夏税有差。《明实录》

明弘治七年(公元1494年):以旱灾免陕西西安等八府及西安左二十二卫所七年粮草十之三。《明实录》

明弘治九年(公元1496年):闰三月,以旱灾免陕西七府二十一卫所夏税子粒有差。《明实录》

对比可见,历史文献记载和柴达木盆地年轮所指示的极端干旱事件是较为一致的。

明朝万历年间也经历了一次极为严重的旱灾,从1584年开始的干旱到1588年发展到顶点,1588年是特旱年。接下来的几年内,从1590—1595年也有4个干旱年份。从1600年开始的干旱到 1602 年达到顶点,其中 1602 年的轮宽指数为－4.29,为 500 a 一遇的极端干旱事件。乾隆《西宁府新志》卷 15 记载,由于严重的干旱,公元 1602 年,"三月贵德所黄河水竭,至河州,凡二十七日"。

明朝末年的崇祯年间也经历了持续的干旱,从 1627—1634 年的 8 a 内出现了 6 个旱年,其中 1627 年和 1628 年为大旱年,1633 年为重旱年。周谷城著《中国通史》中转引崇祯初元(公元 1628 年)给事中马懋才的上疏云:"臣乡延安府自去年至今,一年已不见雨,草木枯焦。八九月间,人民争相采食山间之蓬草,至十月,蓬尽,则剥树皮而食,至年终,树皮又尽,则又掘山中之石块而食,不数日,则腹胀下坠而死。与其坐为饥死,何不为盗而死,尚得为饱死鬼乎?"正是在这种由干旱而引起的饥荒的背景下,终于爆发了明朝末年的农民大起义。

清朝最严重的干旱出现在 18 世纪末,从 1787 年开始的干旱持续到 1797 年,11 a 内 9 a 为旱年,其中 3 a 为大旱年,是东汉初年以来 10 a 尺度上最严重的干旱事件。在此之前,较为严重的极端干旱事件出现在 1741—1750 年,10 a 内出现了三个大旱年、一个重旱年。在此之后出现了两次持续时间较长的严重干旱:1813—1826 年的 14 a 内,9 a 干旱,其中 1816 年大旱,1824 年特旱;1874—1885 年的 12 a 内 8 个干旱年份,1877 年和 1884 年为重旱。

进入 20 世纪以来,没有出现过连续 5 a 以上的持续干旱期,但 5 a 以下的连续干旱时有发生。这其中,1908—1911 年持续干旱,但仅 1909 年为大旱;1916—1919 年持续干旱,1918 年为特旱;民国十八年(1929 年)前后的大旱也持续 4 a(1929—1932 年)。新中国成立后,1950—1953 年出现了 4 a 连旱,1961—1963 年出现了 3 a 连旱,此后再无 3 a 以上的连旱发生。

作者曾将所重建的柴达木盆地东部地区公元 1000 年以来的千年年降水(邵雪梅等,2004)的低频变化与祁连山中部反映温度变化的树轮宽度指数序列(刘晓宏等,2004)的低频变化进行过对比,统计冷干、冷湿、暖干和暖湿四种组合分别发生的具体持续时间,以得出过去千年气候变化的冷暖和干湿配置。对比发现,在过去千年中,这一地区的温湿配置以冷干和暖湿为主,并且冷干持续的时间最长,其次是暖湿,而暖干作为从暖湿向冷干或冷干向暖湿状态转变的过渡状态在时段上发生次数最少并在时间上最短。在小冰期时,该区的气候主要以冷干为主要特征。进入 20 世纪以来随着气温的上升,降水量也在增加,表现出暖湿的特征,表明该区的降水对全球气候变暖有较好的响应。

1.4 祁连山地区过去 300 a 极端干旱事件研究的结果和讨论

1.4.1 12 个树轮年表的气候意义

通过 KL3 和 DDS3 两个轮宽年表与气候要素的相关分析可以看出两样点树木生长与气候因素之间的关系在不同月份存在细微差别(图 1.5),但是在 5 月、6 月与降水均呈显著正相关、与气温负相关的一致模式,揭示在这两个样点树木生长确实对水分变化响应敏感,尤其在生长季的早期。在其他水分敏感的样点如祁连山、柴达木盆地东部和阿尼玛卿山(Shao 等,2005;Gou 等,2007;Liu 等,2009;Zhang 等,2010)也具有类似的关系。在形成层活动期间,当蒸散速率高并且树木生长旺盛时,对于树木来说,必须获得足够的水分。另外,生长季早期高温将加强树的生理活动,在干旱、半干旱水分条件十分有限的环境下,这可能造成生态水分胁迫(Fritts,1976),因此在生长季早期树轮指数与降水呈正相关、与温度呈负相关的组合模式是研究区域树木生长对水分敏感的一种重要指示。

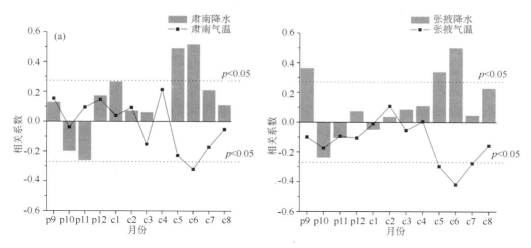

图 1.5　KL3(a)和 DDS3(b)样点树轮数据与附近气象站月气温和降水的相关系数

12 个树轮序列与 5—6 月降水和气温的相关分析显示,所有树轮序列与 5—6 月降水呈正相关关系;大多数树轮序列与 5—6 月气温呈负相关(图 1.6);JG、BGH 和 HX2 树轮序列与5—6 月降水和气温的相关系数相对较低($p<0.05$);但是,在 HX2 和 BGH 两样点发现 5—6 月树木生长与 PDSI 之间存在强的相关性(Liang 等,2010);根据 Zhang(2009)的研究,JG 样点树木生长与一种评估水分状况的气候指数(Barber 等,2000)有较强的正相关($r=0.628$),该指数基于在生长季期间降水的正向贡献、气温的负向贡献计算产生。因此,所有 12 个样点的树木生长可以确定对水分响应敏感。这样我们就可以建立一个拥有足够样点,且样点空间分布相对均匀的树轮网络,来分析区域干旱事件的时空特征。

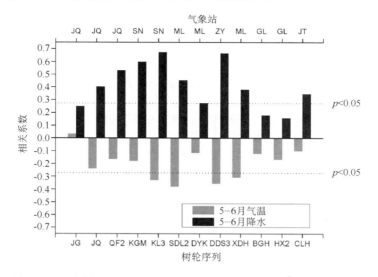

图 1.6　12 个树轮序列与附近气象站 5—6 月气温和降水的相关系数

1.4.2 新树轮网络的时空特征

图 1.7 展示本研究使用的 12 个标准化轮宽年表,根据这 12 个树轮序列的 EPS 值 (表 1.1),研究区域东部和西部的可靠年表主要开始于 19 世纪早期,而中部的可靠年表可进一步追溯到 17 世纪。与器测数据相比,研究区域树轮的干旱记录也有明显类似的空间分布特征(图 1.8),尤其在研究区的中部干旱最严重。树轮记录的干旱严重性与器测数据间具有较好的一致性,显示树轮网络能够用来代表区域极端干旱的空间特征和演变模式。

图 1.9a 为 TWI 序列,可以容易确定几次大范围的树木低生长的年份,如 1714 年 ($TWI = -2.78$)、1824 年(-3.01)、1884 年(-2.65) 和 1928 年(-3.16);同时,也有大范围的生长较快的年份,如 1736 年(1.87)、1804 年(1.82) 和 1924 年(2.42)。另外,11 a 滑动平均显示序列存在 10 a 时间尺度的波动,诸如 1802—1814 年间快的生长期和 1923—1936 年间慢的生长期。因为树轮样本量随时间变动,TWI 序列的可靠性会随着序列数目的减少而降低。接着将 TWI 序列与区域内 1955—2005 年间 5—6 月降水进行比较(图 1.10),13 个气象站的 5—6 月降水量首先通过长期平均和标准差进行标准化处理,再计算每一年的算术平均值形成区域 5—6 月降水序列。为了便于比较,图 1.8 的两个序列分别标准化到 1955—2005 的参考时期。

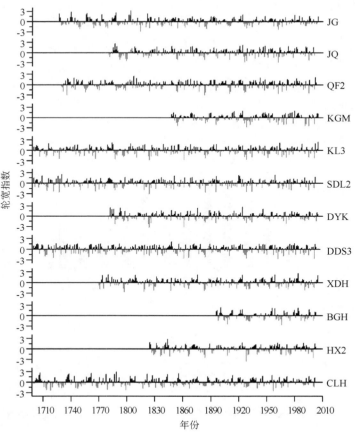

图 1.7 12 个样点的标准轮宽序列

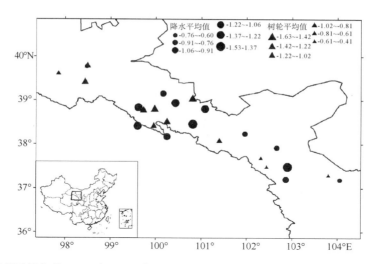

图 1.8　显著干旱年份(1962 年、1968 年、1971 年、1974 年、1981 年、1995 年和 2001 年)12 个
标准化树轮序列的平均值与气象站 13 个降水的标准序列平均值之间的比较,三角形是树轮
序列,实心圆是气象站,符号越大,干旱越严重

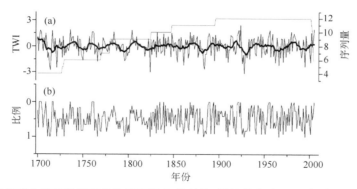

图 1.9　(a)区域主序列轮宽度指数(TWI)和序列量,黑粗线代表 11 a 滑动平均,暗灰直线代
表不同时期序列的数目;(b)1700—2005 年在一个给定年份里负值序列的比例

　　如图 1.10 所显示,TWI 序列与区域 5—6 月降水对应关系较好,特别在 1985 年以前。
1985 年后两序列间的差异变大,一致性变弱,尤其在相对较湿润的年份。1955—2005 年间,两
序列间的相关系数为 0.513,这在 99% 置信水平上较高。1955—1984 年间相关系数达 0.662
($p<0.01$),而在 1976—2005 年间相关系数只有 0.377($p<0.05$)。分析认为,后一个时段相
关系数较低的主要是由相对湿润年份较大的差别引起的,由于用来重建树轮网络的样点对水
分敏感,湿润年份树木生长将被更多因素影响而不仅仅只是水分条件。总之,在 TWI 序列里
低值年与器测时期的低降水年匹配较好,尤其对于突出的干旱年份如 1962 年、1968 年、1971
年、1974 年、1981 年、1995 年和 2001 年。这表明 TWI 序列能够很好地记录区域主要的干旱
信息,但是它在记录湿润条件方面会受到限制。
　　对不同树轮序列间区域变化性进行分析,1700—2005 年间空间一致性指数(ISC)有 13 a
为 1.0(图 1.9b),这说明,这 13 a 所有不同的序列和综合年表所反映的一致,揭示同样的水分
条件。对所有 TWI 值为负的年份,ISC 平均值为 0.72,表明在不同序列间的干旱条件存在较

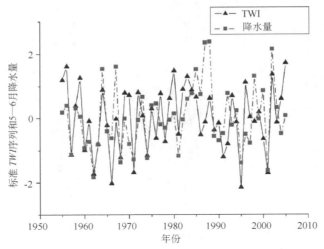

图 1.10　1955—2005 年间标准 *TWI* 序列和 13 个气象站 5—6 月平均降水之间的比较

高的空间一致性。*TWI* 和 *ISC* 序列间存在较好的一致性，相关系数为 $-0.92(p < 0.001)$，表明相对于较严重的干旱事件具有较高的空间一致性。

1.4.3　1700 年以来祁连山干旱事件的频率和严重性

单样本 K-S 检验结果显示，*TWI* 接近正态分布。根据前面对干旱级别的定义，将 *TWI* 序列转化成指数来反映干旱的不同程度。在 1700—2005 年间有 98 个干旱年份（表 1.8、图 1.11b），其中有 5 个极端干旱年(1714 年、1721 年、1824 年、1884 年和 1928 年)、78 个中等干旱年和 15 个严重干旱年。使用 30 a 移动窗口汇总干旱年的数目(Knight 等，2010)，发现在每 30 a 的周期里，至少可能发生 6 个干旱年，且在 1924—1954 年期间有高的干旱发生频率，而 1714—1765 年间干旱频率较低(图 1.11c)。

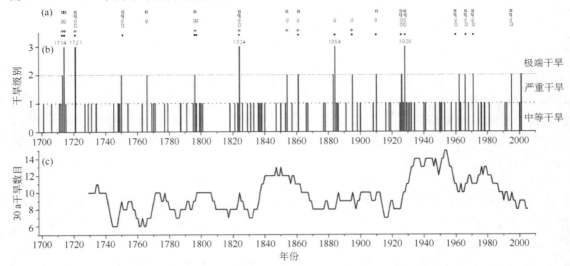

图 1.11　(a)历史文献中记录的干旱事件"·":CMA ,1981;"□":Shi,2003;"＊":Zhang,2004;"q":Wen,2005（由于空间有限,不同符号只标记相应的严重和极端干旱年）;(b)不同级别的干旱;(c)在前 30 a 移动平均窗口中干旱年份的数目（如 1730 年的值表示 1701—1730 年间干旱年份的数目）

进一步分析不同程度干旱发生的时间与以前干旱年份的间隔,发现干旱年份之间的时间间隔通常较短,一次干旱事件后 1 a 或 1～2 a 会再次发生(表 1.8),但在干旱年份之间有超过 10 a 的干旱期(1802—1817 年)。严重干旱和极端干旱有平均 16 a 的间隔,但它们常发生在干旱持续期间,持续时间最长的干旱事件发生在 1925—1932 年。

表 1.8　1700—2005 年间不同等级干旱的发生时间与以前发生干旱的间隔(a)

时期	1700—1799 年 A.D.				1800—1899 年 A.D.				1900—2005 年 A.D.			
严重性等级	中等	严重	极端	间隔	中等	严重	极端	间隔	中等	严重	极端	间隔
时间	1701 年				1800 年			0	1900 年			1
	1706 年			4	1801 年			0	1908 年			7
	1711 年			4	1818 年			16		1910 年		1
	1712 年			0	1821 年			2	1916 年			5
		1713 年		0	1823 年			2	1918 年			1
			1714 年	0			1824 年	0	1919 年			0
	1715 年			0	1826 年			1	1925 年			5
			1721 年	0	1829 年			2		1926 年		0
	1727 年			5	1831 年			1	1927 年			0
	1729 年			1	1833 年			1			1928 年	0
	1731 年			1	1836 年			2	1929 年			0
	1734 年			2	1837 年			0	1930 年			0
	1745 年			10	1838 年			0	1931 年			0
	1748 年			2	1840 年			1	1932 年			0
	1749 年			0	1847 年			6	1934 年			1
		1750 年		0	1850 年			2	1940 年			5
	1754 年			3	1853 年			2	1941 年			0
	1763 年			8			1854 年	0	1947 年			5
		1766 年		2	1857 年			2	1950 年			2
	1769 年			2			1861 年	3	1951 年			0
	1770 年			0	1866 年			4	1953 年			1
	1771 年			0	1867 年			0	1957 年			3
	1777 年			5	1877 年			9	1960 年			2
	1779 年			1	1878 年			0			1962 年	1
	1787 年			7			1883 年	4	1963 年			0
	1791 年			3			1884 年	0			1966 年	2
	1795 年			3	1885 年			0	1968 年			1
		1796 年		0	1886 年			0			1971 年	2
	1797 年			0	1891 年			4	1974 年			2

时期	1700—1799 年 A. D.				1800—1899 年 A. D.				1900—2005 年 A. D.			
严重性等级	中等	严重	极端	间隔	中等	严重	极端	间隔	中等	严重	极端	间隔
	1799 年			1	1895 年			3	1976 年			1
					1898 年			2	1978 年			1
									1981 年			2
									1991 年			9
									1992 年			0
											1995	2
									2000 年			4
										2001 年		0

不同程度的干旱其发生频率分别用 50 a 和 100 a 间隔来评估,如表 1.9 所示,在 20 世纪前 50 年干旱年的出现更频繁,而在 18 世纪和 19 世纪上半个世纪则有相对较少的干旱事件发生。在百年时间尺度上,每个世纪中等干旱的发生逐渐增多,较多的严重干旱发生在 20 世纪。虽然 20 世纪只有一个极端干旱年,但是总的干旱次数在过去的 300 a 内是最多的。

表 1.9 50 a 和 100 a 间隔的不同程度干旱的发生频率(a)

	周期	中等的	严重的	极端的	总数
50 a	1700—1749 年	12	1	2	15
	1750—1799 年	12	3	0	15
	1800—1849 年	14	0	1	15
	1850—1899 年	11	4	1	16
	1900—1949 a	15	2	1	18
	1950—1999 年	13	4	0	17
100 a	1700—1799 年	24	4	2	30
	1800—1899 年	25	4	2	31
	1900—1999 年	28	6	1	35

1.4.4 20 世纪 20—30 年代极端干旱事件的时空演变特征

20 世纪 20 年代晚期到 30 年代早期发生在中国北方的干旱事件引起较多关注(李文海等,1994;Xu,1997;Li 等,2006;Liang 等,2006)。这次多年干旱事件的空间范围覆盖中国的整个北方和西北及内蒙古的部分地区。由于那时中国内战不断、外国侵略困扰,缺乏历史文献去了解发生在北美沙尘暴之前的这次事件。基于前文构建的树轮网络,可以调查研究这次极端干旱事件的时空演变模式。根据 TWI 序列,在 1700—2005 年间此次事件是具有最长持续性的一次干旱,从 1925 年持续到 1932 年。然而,通过 12 个树轮序列可以发现该干旱事件的空间变化并不是一成不变的(图 1.12),图 1.12 显示干旱在 1925 年开始于研究区域的西部,随着时间迅速东移,1928 年达到最大程度,其严重性与全国范围的干旱状况紧密联系,此后这次干旱的严重性在研究区西部首先减弱,而中东部继续持续,1932 年只有研究区域的中部仍处于干旱状态,1933 年整个区域都恢复到正常或湿润状态。

年份	西部			中部						东部		
	JG	JQ	QF2	KGM	KL3	SDL2	DYK	DDS3	XDH	BGH	HX2	CLH
1924	○	○		○	○	○	○	○	○	○		
1925	·	●	●	·		·		·		·	·	
1926	●	●	●	●	●	·	·		·	·		·
1927	·	●	●	●	·	●	·	·			·	
1928	·	●	●	·	●	●	●	●		●	●	·
1929	·	○	·	·	·		·	·		·		·
1930	·	·		·	·		·			·	·	·
1931	·	·		·	·		·			·	·	
1932	·	●	·	●		·		·	·	·		·
1933	·			○	○				·			

黑圆圈: -4<数值≤-3
黑圆圈: -3<数值≤-2
黑圆圈: -2<数值≤-1
· : -1<数值≤0
· : 0<数值≤1
○ : 1<数值≤2
○ : 2<数值≤3

图 1.12　1925—1932 年间多年干旱事件的时空演变

黑圆圈(空圆圈)表示 12 个树轮序列中的正(负)值

1.4.5　我国中东部地区湿度状况的空间分布格局

通过建立研究区与东亚其他区域干旱条件的空间联系,可以了解干旱发生的物理机理过程。经聚类分析,我们将 TWI 序列记录的 1700—2000 年期间的 19 个严重干旱和极端干旱年(表 1.8)期间中国中东部湿度状况的空间特征进行归类,分成具有相对类似空间结构的三个空间模态(图 1.13):(Ⅰ)该空间型代表最大空间范围的干旱,覆盖了几乎整个中国中东部;(Ⅱ)干旱主要集中在中国西北和西南(甘肃、宁夏、内蒙古、云南、广西和贵州),干湿状况的西北—东南的条带走向表明从中国西南到东北呈现干湿交替的格局;(Ⅲ)除了本研究区域和中国北方的干旱之外,干旱主要发生在长江以南,而长江以北则是湿润区域,湿度状况的空间特征表现为从东南到西北的干旱—湿润—干旱格局。

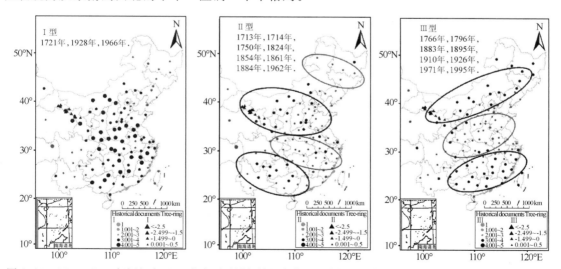

图 1.13　1700—2000 年间相应于 19 个主要干旱年份整个中国中东部水分条件的空间型。三角形代表树轮序列,实心圆圈代表干湿指数数据集里面的站点(CMA,1981;Hao 等,2009)。黑(灰)颜色表示干旱(湿润)条件,符号尺寸越大,严重性越强。因为这些年份的平均值包括在各个聚类里,因而计算 91 个站点每个模式的综合指数值

1.4.6 树轮记录和历史文献之间的比较

严重的干旱事件通常持续时间长和影响范围广,因此在中国有很好的历史文献记载。我们收集了 1.2.2.3 中提到的历史文献,发现几乎 *TWI* 序列所揭示的所有严重干旱和极端干旱,在研究区域和周围在历史文献中均有所记录(图 1.11a)。78 个中等干旱中的 70 个记录在历史文献之中有记录,然而它们发生的区域覆盖面积比较小。其中有一个极端干旱事件被多种历史文献记录的现象,这是因为对于极端干旱在大尺度上其一致性要比中等干旱和严重干旱要高。

但 *TWI* 和历史文献之间也存在一定的差异,例如根据 *TWI* 序列,发生在 1877 年和 1878 年的干旱属于中等强度,而历史文献记录至少在中国中北部是极端干旱,对陕西、甘肃、宁夏带来很大的影响,超过 1000 万人由于饥荒死亡(Wang,2009)。因而可以证实大尺度干旱事件可能有不同的空间结构,在一个区域发生干旱不代表这事件可以影响到整个区域。另一个例子是 1883—1884 年间,根据 *TWI* 序列这是一个极端干旱事件,500 a 干湿指数集显示那些靠近研究区域的省份 1883—1884 年间水分条件为正常或湿润,而在 CMA 数据集 120 个站点中张掖是离树轮序列最近的站,1882 年发生了一次中等干旱事件,同时在宁夏的临近地区、内蒙古东中部和中国北部也记录为中等干旱。此外,在祁连山南坡青海德令哈的一个树轮记录显示 1884 年发生了严重的干旱(Huang 等,2010),这与我们的研究具有部分一致性。

TWI 序列与张掖站记录的干湿指数之间的比较显示它们相互吻合很好,尤其在严重和极端的干旱年份。基于 3 a 滑动平均序列,两个明显的干旱期(近似 18 世纪 10 年代和 20 世纪 20 年代)和两个湿润期(近似 1880—1900 年和 20 世纪 80 年代)在两个序列中均有记录。我们发现张掖旱涝序列中有 56 a 发生了干旱,在这 56 a 中有 34 a 在 *TWI* 序列中为干旱年(约占 60.7%),同时旱涝记录中记录了 16 个严重干旱事件,在 *TWI* 序列中可以发现 10 个干旱事件与之相对应(约占 62.5%)。这些一致性证实 *TWI* 序列中干旱信号的可靠性。

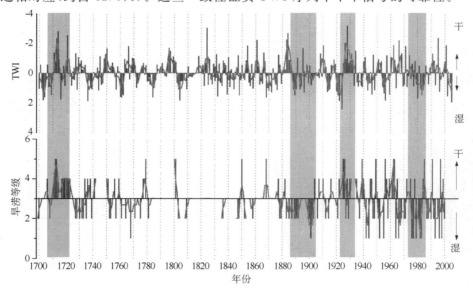

图 1.14 *TWI* 序列(上)和张掖旱涝指数序列(下)之间的比较

(灰曲线表示 3 a 滑动平均,阴影区域就是平滑的两序列较为一致的时期)

同时发现两序列间有几个时期(如 1720—1740 年、1740—1880 年和 20 世纪 90 年代)存在差异,有几个因素可以造成此种差异。首先,在 1740—1880 年间,历史文献有一些缺失。其次,TWI 序列代表了研究区域大约 500 km 内的水分变化情况,而张掖旱涝指数序列更多的反映局地旱涝信息。另外,在 TWI 和区域 5—6 月降水之间显著相关表明 TWI 序列主要反映晚春和初夏的水分变化,而历史文献记录的是整个生长季(5—9 月)的情况。最后,因为中国大多数历史文献更关注干旱对农业生产的影响,水分条件的记录可能是指水分来源而不是降水,诸如灌溉和流域内部水分调度,这在张掖及其周围地区尤其明显,这一地区的融水径流是农业灌溉的一个主要水源供给来源。

为了进一步证明 TWI 序列的有效性,我们从亚洲季风干旱数据图集里提取三个夏季 PDSI 栅格点数据(图 1.1 的 A、B、C 三点)。该数据集基于树轮数据建立,包括靠近本研究区域的样点。我们发现在 TWI 和三个 PDSI 序列之间有很好的一致性,与 A、B、C 三点的相关系数分别为 0.423、0.464 和 0.374。这些结果显示 TWI 能够很好地代表历史干旱事件的发生时间、强度等主要特征,在历史文献缺乏的中国西部地区起重要作用。

1.4.7 区域性干旱和大气环流之间可能的联系

在中国干旱的成因是非常复杂的,很多因素可以导致大区域范围的严重干旱事件,例如季风强度(Qian 等,2007;Ding 等,2008;Cook 等,2010a)、厄尔尼诺/南方涛动(ENSO)(Feng 和 Hu,2004;Tong 等,2006),热带海平面温度变化及大陆尺度的冰雪覆盖等(Ding 等,2009;Immerzeel 和 Bierkens,2010;Yim 等,2010)。中国中东部湿度状况的三个空间模态提供了区域干旱和大气环流间可能联系的信息。

中国中东部是受亚洲夏季风影响的最为强烈的区域,并且季风强度的变化能够造成区域降水量的异常。例如在东亚夏季风强(弱)时,长江中下游(MLYR)的降水通常低(高)于正常值,而华北地区的降水则高(低)于正常值(Ding 等,2008)。本研究依据图 1.13 中显示的三个空间模态,分析了器测时期各模态包含的干旱年发生时四种不同季风指数变化(表 1.10)。郭的夏季风指数(SMI)是基于 $10°—50°N$ 陆地($110°E$)和海洋($160°E$)之间海平面气压的平均差值计算(郭其蕴等,2004),强季风年与较大的海陆压力差异有关。我们使用 NCEP/NCAR 再分析数据(Kalnay 等,1996),计算了 1951—2004 年 6—8 月郭的 SMI 值,这段时期的该指数序列的平均值为 1.0。Li 和 Zeng(2002)计算了东亚季风影响区域($10°—40°N$ 和 $110°—140°E$)内各季节的 850 hPa 风场的标准化指数,构建了一个东亚夏季风指数(EASMI)。该指数与长江中下游地区夏季降水呈负相关。印度季风指数(IMI)是基于在 850 hPa 水平上热带印度洋和印度北部两区域之间的区域风场差异(Wang 和 Fan,1999),而西北太平洋季风指数(WNPMI)是基于在从中南半岛南部到菲律宾地区与包括亚热带中国东部和东海地区之间 850 hPa 风场的差异(Wang 等,2001)。Webster 和 Yang 季风指数(WYMI)作为度量南亚和东南亚季风强度的指数,该指数是基于热带东非至中南半岛地区在 850 hPa 风场和 200 hPa 风场之间的差异计算的(Webster 和 Yang,1992)。除了郭的 SMI 以外,其他指数均是经过标准化处理,高值指示强季风。

由于 1948 年以来在各个模态中分别只有一个或两个干旱事件,我们只能使用个例分析方法调查季风指数的变化。模态 I 代表全国范围的严重干旱,包括 1721 年、1928 年和 1966 年。这些年在以前的研究中均作为极端或异常的干旱而被提及(Zheng 等,2006;Shen 等,2007),

对于模态Ⅰ在器测时期的干旱事件(1966年)SMI接近于正常值,而所有其他的季风指数是负的,显示对于亚洲季风系统的所有子系统均呈现较弱态势。季风强度的整体减弱限制了水分从周围的海洋向整个内陆的传输,从而引起了大尺度的干旱事件。

表 1.10 在器测时期严重干旱和极端干旱年份的季风指数值

空间模态	年份	SMI	EASMI	IMI	WNPMI	WYMI
模态Ⅰ	1966 年	1.18	−0.739	−1.195	−1.133	−0.453
模态Ⅱ	1962 年	1.39	0.655	−1.050	0.165	−0.850
模态Ⅲ	1971 年	0.94	−0.868	0.173	−0.244	0.058
	1995 年	0.68	−1.240	−0.694	−1.367	−0.535

对于模态Ⅱ,采用1962年干旱作为一个例子,SMI指示该年一个强的季风年,EASMI也是正的。在此条件下季风雨带推进比正常年偏北,直到中国东北地区,同时弱的印度季风和在南亚和东南亚弱的季风强度限制了中国南方和西南的降水。Qian等(2002)考虑季风循环和西风带的影响提出一个概念的波列格局来解释中国东部降水异常的干湿空间格局。东亚季风和西风带之间的相互作用产生了从南到北的四个东西走向的干湿地带,几乎准确对应了模态Ⅱ里面的干湿交替格局。

在模态Ⅲ里,长江中下游和淮河区域经历了湿润状况,而干旱则发生在湿润区域的南北。SMI和EASMI都显示在1971年和1995年东亚季风较弱,而亚洲季风系统的其他组成在1971年是接近正常的,但在1995年是相对弱的。Yu和Lin(2007)把这格局作为MLYR区域与洪水事件联系的两个空间格局之一,他们分析了1951—2004年间多年的500hPa综合场,定义了相应的循环格局。当这格局发生时,南海高压与西北太平洋高压融合,在中国南海和东海形成一个强的高压系统,把暖湿气流带到中国东部。同时在乌拉尔山形成了一个深槽的冷空气,该系统与鄂霍次克海阻塞的发展有关,并沿着西北路径入侵到中国,与长江中下游和淮河区域的暖湿空气汇合,形成一个西南—东北走向的持续雨带,而这地带的南部和北部则降雨较少。

北太平洋副热带高压的西伸和北移的影响也是一个重要的因素,以前的研究发现当热带高压的位置是比正常情况偏东或偏南(偏西或偏北),干旱(洪涝)通常在中国北方(MLYR)发生(毕幕莹,1990;Ding,1991;Wang等,2000)。因此中国东部干湿区域的位置和走向应该源于东亚夏季风强度和西北太平洋副热带高压位置的综合影响(Qian等,2002;Nan和Li,2003;郭其蕴等,2004;Chou等,2009;Yu等,2009)。

作为重要的海洋大气耦合现象之一,在各个区域的研究中ENSO被认为是中国旱涝的主要起因之一,但是它的影响在空间和时间上是不一致的(Feng和Hu,2004;Tong等,2006)。我们分析 TWI 与重建的 ENSO 指数(Li等,2011)在1700—2005年期间的关系,发现对于在 TWI 序列里20 a严重的和极端的干旱,ENSO记录的综合平均值是接近0(ENSO = 0.069)。另外 TWI 和 ENSO 指数之间的交叉相关分析显示,即使计算滞后7 a的相关,两者之间也没有显著的统计意义上的联系,这意味着研究区域内干旱的发生和 ENSO 之间如果有关系,也可能是非常复杂的,除了 ENSO 以外还有许多其他因素影响区域干旱格局(Cook等,2010a)。例如一些研究工作指出了中高纬度环流系统对祁连山降水的可能影响(Liu等,2009;Zhang

等,2009;Zhao 等,2011)。

　　基于以上讨论,可以看出祁连山地区的一些干旱时间是和整个中国中东部的严重干旱事件相联系的,并且和亚洲夏季风强度变化有关,而其他干旱可能是区域性的或孤立的局地事件,可能与西风或其他因素相关。应该指出以上讨论并没有给出一个关于中国中东部湿度格局的详尽而全面的描述,我们的目的是分析祁连山和中国其他区域严重干旱事件之间可能的大尺度空间联系,来帮助我们理解主要干旱事件的复杂的驱动机制。

1.5　西太平洋海温序列的重建与近 300 a 中国降水异常分析结果

1.5.1　1644 年以来西太平洋暖池海温重建结果

　　图 1.15a 和图 1.15b 分别是基于高通滤波后的 8 个珊瑚代用指标重建的暖池 SST 高频序列和 8 个珊瑚代用指标原始数据(未滤波)重建的低频 SST 序列。表 1.11 是本节重建过程中标定与验证的统计量列表。可以看出,随着代用指标的增多回归方程解释方差增多,高频序列重建解释方差从 19%(只有一个代用指标的 1644—1736 年 A.D. 时段)增加到 59%(全部 8 个代用指标的 1938—1949 年 A.D. 时段),平均解释方差为 46%;原序列重建解释方差从 27%增加到 68%,平均解释方差为 55%。随着代用指标的增加,回归方程的标准误(差)整体在减小;高频重建部分 RE 是从 0.09 到 0.35 之间变化,平均值为 0.24,原序列重建 RE 在 0.18 到 0.46 之间变化,平均值为 0.34(RE 值的意义见上文所述)。从 r^2、SE、RE 三方面来看,整个序列的重建都是比较可靠的,其中以 1840—1949 年 A.D. 时段的不确定性最小。

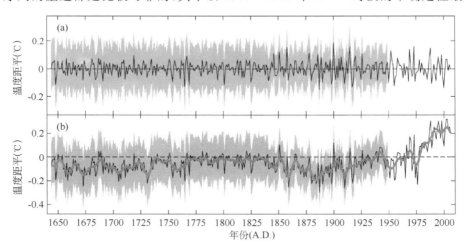

图 1.15　近 360 a 暖池海温距平(1644—1949 年 A.D. 为重建值,1950—2006 年 A.D. 为观测值)
(a)是基于 8 个高通滤波代用指标重建的高频序列,(b)是基于 8 个代用指标原始数据(未滤波)重建的低频温度序列,粗实线是低通滤波曲线。图中阴影部分表示±2 倍标准误的范围

　　基于珊瑚代用指标重建的暖池区低频温度序列(图 1.15b)表明,近 360 a 来暖池 SST 存在着明显的长期趋势变化,整体上表现为三个阶段:1644—1825 年 A.D. 时段呈显著上升趋势,增幅为＋0.04℃/(100 a);1826—1885 年有显著下降趋势为－0.24℃/(100 a);1886—2006 年 A.D. 时段有强烈上升趋势为＋0.28℃/(100 a),其中 1950 年以来的增温最为显著,

增幅达到＋0.67℃/(100 a)，是过去 360 a 来增温最强的；暖池 SST 序列在整体上(1644—2006 年 A.D.)呈显著增暖趋势，平均增幅为＋0.04℃/(100 a)，变化趋势的显著性均达到99%。同时暖池海温低频序列还表现出，18 世纪 70 年代以前年代际变化明显，此后到 19 世纪 40 年代变化比较平缓，之后又呈明显年代际波动且伴随着强烈增暖趋势。对比发现，重建的暖池海温与周天军等(2001)研究给出的 1871—1997 年时段的暖池海温，在年代际上有着较好的一致性，表现在 19 世纪 70 年代至 20 世纪 30 年代暖池海温偏低，20 世纪 50 年代以来海温波动中持续升高，这二者一致。功率谱分析表明，过去 360 多年暖池 SST 变率突出的周期包括～2.1 a、～2.3 a、～2.9 a、～3.6 a、～3.8 a 的高频周期，以及 80.7 a 的低频周期(图 1.16)，同时 10 a 以下的～5.4 a、～7.1 a 周期也较突出，但没有通过 95% 的显著性检验。在总计 360 a 中，暖池 SST 以 2.1 a 的高频周期最为稳定，自 1840 年以后，以～2.1 a、～2.7 a 周期最为显著，这可能是与暖池海温不断升高现象相联系的。

表 1.11　标定与验证的统计分析

代用指标个数	时间段	高频序列重建			原序列重建		
		r^2(%)	SE(℃)	RE	r^2(%)	SE(℃)	RE
8	1938—1949 年	59	0.070	0.23	68	0.071	0.35
7	1894—1937 年	58	0.071	0.20	67	0.072	0.33
6	1892—1893 年	56	0.068	0.26	67	0.072	0.33
5	1886—1891 年	55	0.067	0.33	65	0.071	0.46
4	1884—1885 年	53	0.068	0.35	60	0.074	0.45
3	1840—1883 年	43	0.073	0.32	52	0.079	0.44
2	1737—1839 年	26	0.082	0.16	31	0.094	0.21
1	1644—1736 年	19	0.086	0.09	27	0.096	0.18
平均		46	0.073	0.24	55	0.079	0.34

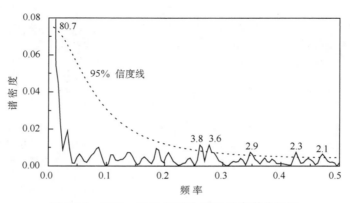

图 1.16　1644—2006 年暖池 SST 功率谱分析图

功率谱分析表明暖池 SST 变化以高频周期为主，这类似于厄尔尼诺—南方涛动(ENSO)的周期特征(王绍武等,2004)，说明暖池 SST 变率可能与 ENSO 有关。这里利用暖池 SST 年际变化的高频序列进一步检验其与 ENSO 的联系。图 1.17 所示是 1876—2002 年时段的暖池 SST 高频序列与前期南方涛动指数 SOI 的对比(SOI,即太平洋的塔西提岛气压与澳大利亚的达尔文气压之差,资料来源于澳大利亚气象局网站,网址:http://www.bom.gov.au/cli-mate/current/soihtm1.shtml),其中 1950—2002 年时段暖池 SST 为观测值,1876—1949 年时段为基于珊瑚代用指标重建的高频序列。相关性计算表明,西太平洋暖池 3—7 月温度变化与上年 12 月至次年 4 月平均 SOI 存在着显著反向变化关系,观测时间段二者相关系数为 -0.60、重建时间段二者相关系数为 -0.64,均达到 0.01 的显著性水平。重建的 SST 与 ENSO 的显著负相关关系与观测时段结果一致,表明暖池区 SST 与 ENSO 变率在年际尺度联系的稳定性,这从侧面也说明了重建的暖池 SST 高频结果的可靠性。

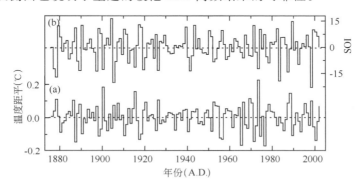

图 1.17　暖池海温高频序列(a)与南方涛动指数(b)

　　区域温度常受大的气候背景影响,暖池区海温长期变化也可能受此影响,为此我们比较了热带海洋温度及全球热带地区温度与暖池 SST 的关系,见图 1.18,其中(a)序列 1644—1949 年 A.D. 时段是基于珊瑚重建的暖池区 3—7 月温度值,1950—2006 年 A.D. 是 HadIS-ST 观测的温度值;(b)是 Wilson 等(2006)利用太平洋、印度洋内多条珊瑚代用指标重建的整个热带海洋平均年温度序列;(c)序列是 IPCC-AR4 给出的基于 HadCRUT3 的全球热带地区(南北纬 20°范围内)陆地气温和海温(Brohan 等,2006;IPCC,2007)。从图上可以看出,在公共时段内各个序列整体上呈现出较好的对应关系。相关性计算表明,重建的暖池区温度与重建的整个热带海洋温度序列在年际尺度上相关系数为 $+0.59$,在 10 a 尺度上相关系数达 $+0.67$($p<0.01$),但是在 1790—1830 年二者变化存在较大差异,从 19 世纪 30 年代以后两序列之间存在着显著性相关,相关系数为 $+0.81$($p<0.01$)。1850—2006 年 A.D. 年内暖池区 SST 与 HadCRUT3 的全球热带地区陆地气温和海温相关系数为 $+0.73$($p<0.01$)。从图中可以看出,19 世纪 50—70 年代(a)与(c)两序列有着一致的变化趋势,由相对暖态转冷再转暖;1896—1910 年 A.D. 期间,(a)与(c)都呈现出先是暖冷高频波动进而由暖相峰值快速转向冷相谷值、1955 年和 1956 年偏冷、1975—1977 年偏暖、1987 年和 1988 年相对暖到 1989 年相对冷、1998 年的偏暖,均有较好的一致性变化;在 20 世纪 40 年代,虽然三者都有一个相对暖锋值,但在时间上有差异,(b)和(c)序列峰值主要在 1940—1943 年,而(a)序列峰值主要在 1942—1944 年。通过以上分析可以看出,基于珊瑚代用指标重建的暖池海温序列与整个热带海洋温度、整个热带陆地气温和海温具有较高的一致性,表明暖池区 SST 也受到全球气候变化大背景的影响,尤其是在低频变化趋势上更为明显;同时三条温度序列也存在着一定的差

异,这种差异和不确定性一部分是由于所研究的区域及时间分辨率不同(暖池 SST 序列为 3—7 月均值,而整个热带海洋温度和 HadICRUT3 温度为年均值)造成的,另一方面也可能反映出暖池区 SST 的区域特性。

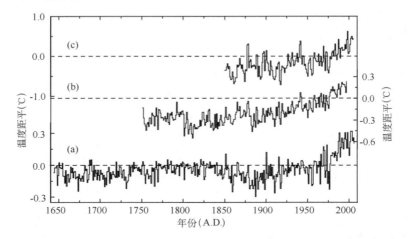

图 1.18　重建的暖池海温(a)与重建的整个热带海洋温度(b)、HadCRUT3 的全球热带陆地气温与海温(c)比较

1.5.2　历史时期暖池区 SST 与中国东部降水的关系

　　许多观测事实表明,西太平洋暖池对副热带高压和东亚季风有着重要的影响,进而影响中国大部分地区的温度和降水。黄荣辉和孙凤英(1994)研究指出,当暖池(范围相对较小,110°—140°E、10°—20°N)增暖,从菲律宾周围经南海到中印半岛上空的对流活动增强,西太平洋副热带高压的位置偏北,我国江淮流域夏季降水偏少;反之当菲律宾附近暖池区对流减弱时,江淮流域降水偏多,黄河流域的降水偏少,易发生干旱;同时当暖池增暖时,从东南亚经东亚到北美西海岸上空的大气环流异常呈现出东亚太平洋型遥相关,这个遥相关对东亚夏季气候有很大影响。龚振淞和何敏(2006)研究表明,当前期冬季赤道东太平洋海温、同期夏季西太平洋暖池和印度洋海温偏高时,热带季风偏弱,副热带季风偏强,冷暖气流在长江流域交汇,梅雨锋加强,有利于长江流域夏季降水偏多。

　　那么,整个西太平洋大暖池区历史时期 SST 与中国东部降水的关系如何呢? 这里选用基于历史文献重建(1880—1949 年 A.D.)和气象观测(1950—2005 年 A.D.)的 71 个站夏季降水量(王绍武等,2000;李振华等,2005)与重建暖池 SST 进行分析。结果表明,夏季降水量与暖池 SST 年际相关性在长江以南基本为正相关,长江以北基本为负相关,显著相关(相关系数 ≤−0.2,$p<0.01$)的 13 个站(图 1.19 中大圆圈标识的)主要位于黄淮流域。取这 13 个站平均值序列(各个站标准化距平之后再求平均)为黄淮流域夏季降水指标(图 1.19c),与暖池 SST(图 1.19a)进行相关性计算。观测时段(1950—2005 年 A.D.)二者相关系数为 −0.46,重建时段(1880—1949 年 A.D.)二者相关系数为 −0.44,显著性水平均超过 0.01;在年代际尺度上,暖池 SST 对黄淮夏季降水量的解释方差分别达到 72%(观测时段)和 67%(重建时段)。可以看出重建的暖池 SST 与黄淮流域夏季降水的关系与观测时段内基本一致,说明这种关系是稳定的,即当暖池 SST 偏高时,黄淮流域多为夏季降水偏少年份;相反,当暖池 SST 偏低时,黄淮流域夏季降水量往往偏多。

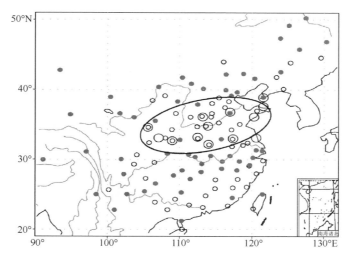

图 1.19　暖池区温度与中国夏季降水量、旱涝等级指数的相关系数分布图
（实心点表示暖池海温与旱涝等级指标呈正相关，空心圆圈表示暖池海温与旱涝等级指标呈负相关，大的空心圆圈表
示暖池海温与夏季降水量序列相关系数≤－0.2 的站点，椭圆区域为黄淮流域）

此外，我们利用《中国近五百年旱涝分布图集》（中国气象局气象科学研究院，1981；张德二和刘传志，1993；张德二等，2003）中给出的 120 个台站 1644—2000 年 A. D. 旱涝等级与暖池 SST 作进一步分析。由于 1950 年以前的旱涝等级是基于历史文献对旱涝灾害记载而重建的，且分辨率为年，因此其精确性不及夏季降水量序列，但考虑到我国大部分地区降水主要集中在夏季，因此旱涝级别对夏季降水还是具有较好的指示作用。为了便于理解，将旱涝等级标准化为 0～1，用来表示由旱到涝的变化，即 0 表示降水少、1 表示降水多。然后计算与暖池 SST 的相关性，分别用实心点表示暖池 SST 与旱涝指数呈正相关、空心圆圈表示二者呈负相关，结果如图 1.19 所示。正相关表示当暖池 3—7 月平均温度偏高时，该站点同年偏涝；相反，负相关表示当暖池海温偏高时，该站偏旱。从图上可以看出正相关和负相关的台站分布具有明显的区域性差异，总体上呈现东北—西南走向，并向内陆交替的趋势，东南沿海为负相关区，长江中下游至云贵高原一带为正相关区，淮河流域至黄河流域为负相关区，海河平原及以北为正相关区。从具体台站看，显著相关区也出现在黄淮流域，取区内 8 个代表站（与暖池 SST 相关性系数≤－0.2，$p<0.01$）的平均值序列作为该区旱涝等级指标（图 1.20 b），与暖池 SST 在观测时段相关系数为－0.46（1950—2000 年 A. D.），重建时段（1644—1949 年 A. D.）为－0.20，全序列相关性为－0.24，显著性水平均超过 0.01，这种关系在年代际尺度上更为明显，低通滤波后相关系数为－0.42。在年代际尺度上暖池 SST 与黄淮区旱涝指数整体上呈较好的反向变化关系，当暖池 SST 偏高，黄淮区往往偏旱，当暖池 SST 偏低，则黄淮区多为偏涝。旱涝等级相对偏旱的时段包括 1658—1673 年、1681—1698 年、1715—1725 年、1783—1793 年、1802—1812 年、1870—1890 年、1895—1910 年、1915—1950 年 A. D.，对应的暖池 SST 相对偏高（除 1870—1890 年 A. D. 外），而显著偏涝的 1745—1775 年 A. D. 时段对应的暖池 SST 相对偏低。但值得注意的是，1780—1860 年暖池 SST 保持稳定的偏暖状态，而旱涝等级序列波动大，并与暖池 SST 在年际尺度上对应关系较差，尚不清楚这一时段二者关系异常的原因，还需要对此作进一步研究。自 20 世纪 60 年代以来，不管是夏季降水序列还是旱涝等级序列，都呈现

明显的持续下降趋势,且对应着暖池 SST 的持续上升,这种趋势可能是受到全球变暖背景的影响。在更长周期的低频变化上,朱锦红等(2003)研究指出中国华北夏季降水有着 80 a 的振荡,这与暖池区 SST 变率 80.7 a 的长周期基本吻合。

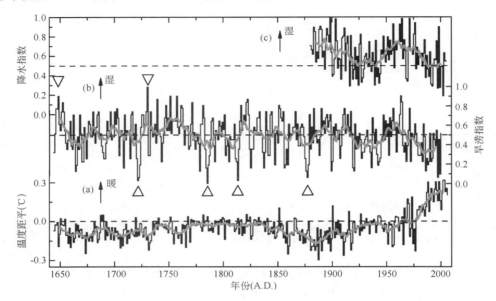

图 1.20 暖池区温度距平(a)、黄淮流域旱涝指数(b)及夏季降水量标准化值(c)
(1950—2006 年 A.D. 为观测值,1644—1949 年 A.D. 为重建部分,粗线为 11 点滑动曲线,△标注的是重建时段内
<−2σ 的年份,▽标注的是重建时段>+2σ 的年份)

与年代际尺度关系相比,年际尺度上重建的暖池海温与黄淮区降水和旱涝等级的关系比较弱。观测资料时段黄淮区夏季降水、旱涝等级指标与暖池 SST 高频信号的相关系数分别仅为−0.10、−0.13;重建时段,夏季降水序列(1880—1949 年 A.D.)、旱涝等级(1644—1949 年 A.D.)与暖池 SST 高频相关系数分别为−0.26、−0.07。说明年际尺度暖池的影响信号比较弱,这可能与影响降水年际波动的因子很多有关。不过需要强调的是,我们发现重建时段内(1644—1949 年 A.D.)一些旱涝极值事件,与海温有较好的对应关系,旱涝等级最干的 4 a(<−2σ,包括 1721 年、1785 年、1813 年、1877 年 A.D.),都对应暖池 SST 极大值;同时旱涝等级最涝的 2 a(>2σ,包括 1648 年、1730 年 A.D.),都对应暖池 SST 极小值(图 1.20),这说明暖池区 SST 异常对黄淮区极端旱涝事件的形成起到一定的作用。

1.6 南极涛动指数的重建及变率分析结果

1.6.1 重建结果及统计量指标

图 1.21 是重建的 1500 年以来南半球夏季的南极涛动指数(DJF-AAO)。其中 1500—1956 年为重建值,1957—2007 年为观测值,图中阴影部分表示的是重建序列±2 倍标准误,粗实线为低通滤波曲线。结合图 1.22a 和图 1.22e 可以看出,随着代用资料的增多,重建过程中的不确定性整体上呈减少趋势。此外,图 1.21 中显示出过去近 500 aDJF-AAO 指数有着明显的年际和年代际波动特征。从滤波后的年代际(10~50 a 尺度分量)曲线上可以看出,16 世纪

20—30 年代、16 世纪 70 年代、16 世纪 90 年代、17 世纪 90 年代、18 世纪 10 年代、18 世纪 40 年代、19 世纪 10 年代、19 世纪 40—50 年代、19 世纪 90 年代、20 世纪 10—20 年代、20 世纪 50 年代、20 世纪 90 年代等时段 AAO 以正位相为主,表明 DJF-AAO 偏强;相反,16 世纪 10 年代、16 世纪 60 年代、17 世纪 10—20 年代、17 世纪 50—70 年代、18 世纪 30 年代、1855—1765 年、1865—1885 年、20 世纪前 10 年、20 世纪 30—40 年代、20 世纪 60—80 年代等时段 AAO 以负位相为主,表明 DJF-AAO 偏弱。

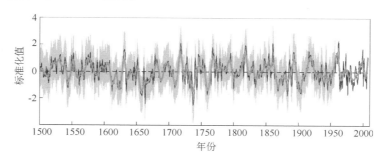

图 1.21　重建的 1500 年以来 DJF-AAO 标准化指数

(1500—1956 年为重建值,1957—2007 年为观测值,图中阴影部分表示±2 倍标准误的范围,粗实线为低通滤波曲线)

　　图 1.22 是重建 DJF-AAO 指数的几个统计量指标。图 1.22a 是重建所用到的代用资料数量(即经过初步筛选的,满足 $p>80\%$ 的备选代用资料集),从最初时段(1500—1518 年)的 41 个逐渐增加到最后时段(1894—1956 年)的 263 个。图 1.22b 是各个时段最终用于重建 DJF-AAO 指数的 PC 所占全部 PC 的解释方差,其取值范围为 $7.0\%\sim27.2\%$,平均值为 16.1%。可以看出,最终用于重建的 PC 所占的解释方差,并没有随着代用资料个数的增加而相应稳步增加,也没有表现出异常高低值或明显的阶段性突变特征,这表明在整个重建时段代

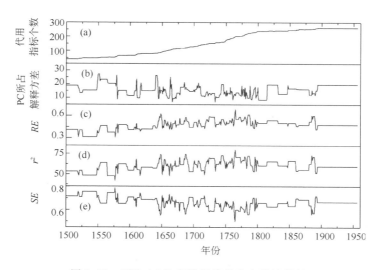

图 1.22　DJF-AAO 指数重建的几个统计指标

((a)表示的是重建所用到代用资料个数;(b)表示最终用于重建的 PC 占全部 PC 的解释方差;(c)是重建的回归方程误差减少量 RE;(d)是重建回归方程的解释方差 r^2;(e)是重建回归方程的标准误 SE)

用资料中的所用 PC 与 AAO 信号关系是相对比较稳定的。图 1.22c 是重建过程中的误差减少量(RE),可以看出,RE 值总体上随着代用资料的增多而增加,其最小值为 0.31、最大值为 0.68,平均值为 0.47。从 RE 指标上来看,DJF-AAO 的重建具有了较好的技巧,重建结果具有较高的可信度。图 1.22d 是重建过程中各时段回归方程的方差解释量(r^2),其变化趋势跟 RE 具有较好的一致性,RE 值高(低)时一般对应着 r^2 也较高(低),整个重建时段方差解释率变化范围为 42.2%～79.9%,平均值为 59.9%,可以看出整个重建时段都有着较高的方差解释率。图 1.22e 是重建过程中各个时段回归方程的标准误(SE),一个明显的特点是,SE 的变化与 RE 和 r^2 基本上呈现反相变化关系,RE、r^2 值增大(降低)多半对应着 SE 值的降低(增大),其最大、最小值分别是 0.79、0.50,平均值为 0.67。SE 值在整体上表现出随着代用资料个数的增加而减少,这表明代用资料的增多可在一定程度上减少重建序列的不确定性。综合 RE、r^2、SE 三个统计量指标来看,基于多代用资料重建的年际及年代际 DJF-AAO 序列具有了较高的可信度。

1.6.2　重建结果与其他 AAO 序列的对比

1.6.2.1　年际变率的对比

目前已有的 AAO 序列主要有 Fogt 等(2009)、Visbeck(2009)、Jones 和 Widmann(2003)等重建的序列,以及基于 HadSLP2r 资料得到的 AAO 序列,各序列情况在前面已经提到了,这里不再赘述。此外,IPCC-AR4 气候模式模拟的海平面气压场数据(网址:http://www-pcmdi.llnl.gov/),也给我们提供了可参考的较长 AAO 指数。已经有很多关于 IPCC-AR4 中耦合模式对大气涛动模拟能力的研究,Fogt 等(2009)研究指出多模式集合能模拟出近年来南半球夏季(DJF)和秋季(MAM)的 AAO 增强趋势;Miller 等(2006)研究指出 IPCC-AR4 多模式平均表现出南、北半球的大气涛动(AO、AAO)均有增强趋势,但各个模式之间的变化趋势相差很大。祝亚丽和王会军(2008)研究表明,24 个 IPCC-AR4 耦合模式中有 9 个模式对 AAO 具有相对较好的模拟能力,它们是 bccr-bcm2.0、cnrm-cm3、giss-model-e-h、giss-model-e-r、iap-fgoals1.0-g、miroc3.2-hires、mri-cgcm2.3.2a、ukmo-hadcm3、ukmo-hadgem1。我们取其中的 8 个模式(去掉 miroc3.2-hires,因为其开始年份为 1900 年,而其他 8 个模式都早于 1880 年),平均得到一个 1880 年以来的 DJF-AAO 序列用于与重建序列的对比分析,将其记作 IPCC-AR4。考虑到模拟数据的特点(祝亚丽和王会军,2008;Fogt 等,2009),这里与模式的对比只讨论大于 10 a 以上的年代际尺度分量。

图 1.23e "Reconstructed"表示的是本节重建的 DJF-AAO 序列,而图 1.23d、图 1.23c、图 1.23b 分别表示的是基于观测资料得到的 HadSLP、Fogt、Visbeck-AAO 序列,图 1.23a 是基于 8 个 IPCC-AR4 耦合模式海平面气压场平均的 DJF-AAO 序列。图中粗曲线是经过低通滤波的年代际尺度分量(10～50 a)。由于没有获得数据,对比分析中没有考虑 Jones 和 Widmann(2003)的重建序列,但图 1.23e 粗线表示的年代际变率中,可以明显看出 20 世纪初的增暖趋势、20 世纪 60 年代的高值期,这与 Jones 所指出的基本一致。全部比较的 5 条序列对比分析时段统一取为 1880—1999(除 Visbeck,其开始于 1887 年,由于该序列四季划分为1—3 月、4—6 月、7—9 月、10—12 月,所以用其 JFM 来代替 DJF 用于对比,并且开始时间校正为 1886 年以便和其他各个序列具有相同的 1—2 月)。从图 1.23 可以看出,在 1883 年、1890 年 Reconstructed、HadSLP、Fogt 三者都有明显的极小值,1888 年 Reconstructed、

HadSLP、Fogt、Visbeck 四者都为极大值；1907 年 Reconstructed、Fogt、Visbeck 为极大值，而 HadSLP 为极小值；1916 年 Reconstructed、HadSLP 为极大值，而 Fogt、Visbeck 为极小值；1923 年 Reconstructed、HadSLP、Visbeck 三者为极大值，而 Fogt 序列则不明显；1924 年 4 个序列均为极小值；1927 年 HadSLP、Fogt、Visbeck 三者为明显的极大值，而 Reconstructed 序列不明显；1940 年 Reconstructed、HadSLP 为极小值，而 Fogt、Visbeck 为极大值；1945 年 Reconstructed、Fogt 是极小值，而 HadSLP、Visbeck 却是极大值。总之，在年际尺度上，Reconstructed、HadSLP、Fogt、Visbeck 各序列有着一定相似性。总体上，其年际变化的相似性可由相关系数判断，见表 1.12。本节重建的 DJF-AAO 指数 Reconstructed 与 HadSLP、Fogt、Visbeck-AAO 在 1880—1956 年时段的高频相关系数分别为 0.13、0.20（显著性水平达 0.10）、−0.10；在观测时段（1957—1999 年）相关系数分别为 0.92、0.80、0.77，显著性水平均为 0.01。值得注意的是，均是基于观测资料的 HadSLP 与 Fogt、Visbeck 以及 Fogt 与 Visbeck-AAO 在 1957—1999 年时段的年际相关分别为 0.77、0.75、0.64，显著性水平均达 0.01；然而在 1880—1956 年时段，HadSLP、Fogt、Visbeck-AAO 之间虽然也达到了显著相关，但相关系数有了明显的减小（0.48、0.33、0.62）。这表明，都是利用观测 SLP 资料得到的 AAO 指数，其年际变率在 1957 年之后各序列具有高度的一致性（Marshall、HadsSLP、Fogt 三者更为接近），然而在 1957 年以前各序列之间存在较大差异。基于代用资料重建的 DJF-AAO 与 HadSLP、Fogt-AAO 具有较好的相关性。

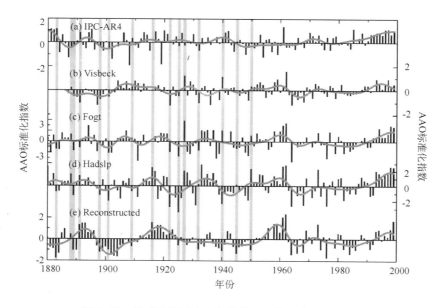

图 1.23　重建 DJF-AAO 与其他几个较短序列的对比

（(a) 是基于 8 个 IPCC-AR4 耦合模式 SLP 数据平均的 DJF-AAO 序列，(b) 是 Visbeck 利用站点观测 SLP 数据建立的 JFM-AAO 序列，(c) 是 Fogt 利用站点观测 SLP 数据建立的 DJF-AAO 序列，(d) 是基于 HadSLP2r 数据得到的 DJF-AAO 序列，(e) Reconstructed 表示的是本节重建的 DJF-AAO 序列，在 1957—1999 年观测时段为 Marshall 序列；(a)～(e) 中灰色曲线表示各序列的低通滤波值，即 10～50 a 的年代际分量）

表 1.12　各个 AAO 序列在不同时间尺度分量上相关系数

	尺度分量	HadSLP	Fogt	Visbeck	IPCC-AR4
Reconstructed	年际	0.13(0.92[b])	0.20[a](0.80[b])	−0.01(0.77[b])	—
	年代际	0.33(0.79)	0.55(0.86[a])	−0.07(0.75)	0.32(0.10)
HadSLP	年际	1	0.48[b](0.77[b])	0.33[b](0.75[b])	—
	年代际	1	0.48(0.94[a])	0.03(0.88[a])	0.13(0.58)
Fogt	年际		1	0.62[b](0.64[b])	—
	年代际		1	0.10(0.83[a])	0.10(0.52)
Visbeck	年际			1	—
	年代际			1	0.08(0.53)

注:相关系数计算时段为 1880—1956 年,括号内为 1957—1999 年时段的相关;年际尺度是指只含有 10 a 以下分量,年代际尺度是指含有 10 a 以上分量;a 表示显著性水平为 0.10,b 表示显著性水平为 0.01,均为 Pearson 相关,基于有效自由度的 t 检验。

1.6.2.2　年代际变率的对比

在年代际尺度上(图 1.23 中粗曲线所示),可以看出 Reconstructed、HadSLP、Fogt、Visbeck各序列在 20 世纪 50 年代后期至 70 年代,都有着波峰—波谷—波峰的波动,经历80 年代持平后又呈上升趋势。而在 19 世纪 80 年代—20 世纪 50 年代,也可以看出 Reconstructed、HadSLP、Fogt 在 19 世纪 90 年代—20 世纪 00 年代均表现出波峰—波谷的变化,而 Reconstructed 序列的振幅较 HadSLP、Fogt 偏强;在 20 世纪 10—20 年代,Reconstructed、HadSLP、Fogt 也都呈现了由波峰到波谷的变化,但 HadSLP 波动则超前约 3 a 左右,而同时 Visbeck 序列则表现了反相的波动趋势;在 20 世纪 30—40 年代,HadSLP 序列又呈现出一个波峰—波谷的振动,而 Reconstructed、Fogt、Visbeck 序列则表现为平缓的趋势;此外,基于 IPCC-AR4 耦合模式的 DJF-AAO 序列(图 1.23a),19 世纪 90 年代的波峰、20 世纪 00 年代的波谷也表现的非常明显。总体来看,在 10~50 a 的年代际尺度上各个序列既有相同趋势的变化,也有不同的波动。相关性分析表明(表 1.12),本节的重建序列 Reconstructed 与 HadSLP、Fogt、Visbeck-AAO序列在 1880—1956 年时段的年代际相关系数分别为 0.33、0.55、−0.07;在观测时段(1957—1999 年)相关系数分别为 0.79、0.86(0.10 显著性水平)、0.75。同时可以看出,均是基于观测资料的 HadSLP 与 Fogt、Visbeck 以及 Fogt 与 Visbeck-AAO 在 1957—1999 年时段的年代际相关系数分别为 0.94、0.88、0.83,显著性水平均达 0.10;然而在 1880—1956 年时段它们之间的相关性明显减小,分别为 0.48、0.03、0.10。这表明,都是利用观测资料得到的 HadSLP、Fogt、Visbeck 三个 AAO 序列在 1957 年之后的年代际波动基本一致,而在 1957 年以前有很大差异。相对而言,HadSLP 与 Fogt 序列在 1880—1956 年时段表现得更为一致。而 Reconstructed 与 HadSLP、Fogt 在 1880—1956 年时段具有较高的相关(0.33、0.55),即重建的 DJF-AAO 在年代际变率上与多数观测序列具有较高的一致性,表明重建序列在年代际尺度上具有较高可信性。值得注意的是,由于年代际南极涛动指数具有较高的自相关,我们采用了基于有效自由度的 t 检验,调整后的实际有效自由度只有 1.0~5.0 左右,所以一些高相关系数并未达到显著性水平。

　　此外,多模式平均的 IPCC-AR4 在年代际尺度上与观测的 Marshall、HadSLP、Fogt、Visbeck-AAO的相关(1957—1999 年)分别为 0.10、0.58、0.52、0.53,尽管相关未达到显著性水平,但波动的相似性在图中还是很明显的,说明模式模拟的 DJF-AAO 序列在年代际尺度上与观测的 HadSLP,Fogt,Visbeck-AAO 也有较好的一致性,而与 Marshall-AAO 相关性却较差(0.10),对此还不清楚是什么原因。在 1880—1956 年,IPCC-AR4 与 Reconstructed、Had-SLP,Fogt,Visbeck 的相关系数分别为 0.32、0.13、0.10、0.08,可以看出模拟的 AAO 在年代际上与重建序列具有较高的相关性。综合来看,多模式平均对 DJF-AAO 的年代际变率具有了一定的模拟能力,相信将来利用模式模拟过去长时间 AAO 的低频变率是可行的。

1.6.2.3　1500 年以来 DJF-AAO 变率特征

　　从图 1.21 中可以看出,重建的过去近 500 a DJF-AAO 指数有着明显的年际和年代际波动特征。功率谱分析表明(图 1.24),公元 1500 年以来的 DJF-AAO 序列有着突出的准周期变率,达到 0.10 显著性水平的准周期有 37.6 a、24.1 a、12.6 a、6.8 a、6.3 a、5.1 a、3.5 a、2.6 a、2.4 a、2.1 a,其中年际变率的 6.3 a、2.6 a、2.4 a 和年代际变率的 37.6 a、24.1 a 周期达到 0.05 显著性水平。

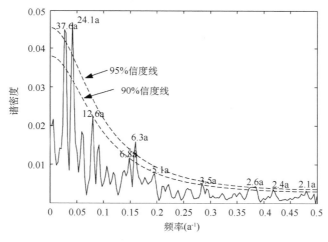

图 1.24　1500 年以来的 DJF-AAO 指数功率谱分析图
(图中虚线分别为 90%、95％置信度)

　　功率谱分析方法只能识别出整个序列的平均周期,而不能看出各周期分量在不同时段上的变化情况。为了更进一步探讨过去 500 a DJF-AAO 在各种时间尺度上的变率信号以及各个周期信号随时间的演变特征,我们对 DJF-AAO 指数做了 Morlet 小波分析(Torrence 和 Compo,1998),结果如图 1.25 所示。DJF-AAO 信号的强弱通过小波系数的大小来表示,等值线为正的用实线来表示,说明 AAO 偏强;等值线为负的用虚线来表示,说明 AAO 偏弱;小波系数为零则对应着强/弱的突变点,为了线条的简洁,这里省略了零等值线。小波系数变换图的总体特征表现为,不同时间尺度所对应的 AAO 信号强弱构成是不同的,小时间尺度(高频变率)的强弱变化表现为嵌套在较长时间尺度内(低频波动)的复杂的强弱构成。30~50 a 左右的低频振荡在图 1.25 上显示的非常明显,1500—1550 年、1600—1720 年、1800 年以来40 a 左右的周期信号非常突出,而 16 世纪 50—90 年代、18 世纪 20—90 年代,该尺度周期信号又相对较弱。若以纵坐标为 37.6 a 统计(功率谱分析中显著的周期),则过去 500 a DJF-AAO 序列有 28 个"十一"中心,即大致有 14 个振荡循环。若以纵坐标为 24.1 a 去统计(同上),则有 42 个"十一"中心,大致有 21 个振荡循环,但在 17 世纪 30—60 年代、19 世纪 20—70 年代、20 世纪 20—40 年代等时段,该周期信号相对较弱。而从整体平均上来讲,37.6 a、24.1 a 是年代际振动中主要的周期信号。同样,年际尺度的 6.3 a、2.6 a、2.4 a 周期振动也是随时间变化的,从小波分析(图 1.25)并结合年际变率曲线图(图略),可以看出 20 世纪 50 年代以来 DJF-AAO 的年际变率明显偏强。方差分析表明(均是对年际尺度分量而言),1950—2007 的方差为 0.56,是整个时段的方差的两倍(1500—2007 年时段方差为 0.28)。此外,1550—1600 年、1630—1670 年、1720—1780 年、1850—1910 年时段的 DJF-AAO 年际变率也明显偏强,它们对应的方差也高于平均值,分别为 0.37、0.42、0.54、0.50。

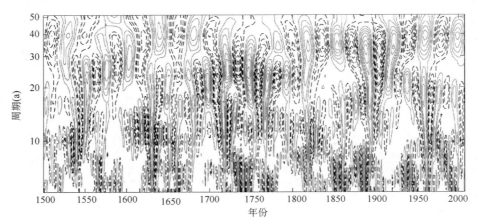

图 1.25　1500 年以来 DJF-AAO 序列的小波变换系数

(实线为正系数,表示 AAO 偏强;虚线为负系数,表示 AAO 表示偏弱;等值线间隔为 0.5,0 等值线没有画出)

上面揭示的 DJF-AAO 的年际、年代际变率可能与不同的影响因子有关。Thompson 和 Solomon(2002)基于南极平流层臭氧的卫星观测资料,研究指出最近几十年 AAO 的增长趋势可能与近来平流层的臭氧损耗有关;Shindell 和 Schmidt(2004)研究指出,除了臭氧以外,温室气体等其他强迫因子对 AAO 的变率也具有重要作用;Zhou 和 Yu(2004)基于大气耦合模式,研究指出 AAO 的年际变率受到来自热带太平洋强迫的影响;此外,一些其他自然因子如太阳活动,也可能影响 AAO 的变率(Kuroda 和 Kodera,2005)。先前的这些研究成果,对于理解 AAO 年际—年代际变率规律及其异常的成因起到很重要的作用,指出了探究的方向,但是 AAO 在不同时间尺度上的变率成因是非常复杂的,本节未能对此进行展开。结合重建的 AAO 长时间序列,探究其年代际变率的成因,需要更进一步的研究。

1.7　结论

本章首先利用在青海柴达木盆地东北部地区建立的祁连圆柏树轮宽度指数年表,分析了自公元前 800 年以来树轮所记录的该区 2800 a 来极端干旱事件的变化特征。研究发现,过去 2800 a 来该区的极端干旱事件具有群发性和间歇性的特点,其中魏晋南北朝时期和明清时期是极端干旱事件的频发期,而公元 5 世纪到 12 世纪的这 800 a 内极端干旱事件的出现频率较低。出现在西汉末年、东汉初年前后的持续性严重干旱是该区过去 2800 a 来最严重的极端干旱事件。

　　本章的第二项工作是由祁连山地区 12 条对水分响应敏感的树轮序列组成了一个树轮网络，并建立了该区域的轮宽指数序列。通过序列与器测数据对比发现，该序列能够准确地获取祁连山区历史时期的主要干旱事件的时空特征。研究发现在 1700—2005 年间发生过 98 次干旱事件，其中包含 15 次严重干旱事件，5 次极端干旱事件。过去 300 a 中干旱事件往往连续发生或者间隔 1~2 a 后再次发生。与 18 世纪、19 世纪相比，20 世纪中等的和严重的干旱发生变得更频繁。利用树轮网络，本研究分析了 20 世纪 20 年代晚期到 20 世纪 30 年代早期极端干旱事件的时空演变特征，显示该干旱事件在西部地区最先开始，并逐步向东部地区演变，并最终在西部地区最先消失。

　　通过与历史文献和器测数据的对比，我们发现区域树轮网络能够提供连续的干旱历史记录，可以很好地反映严重干旱事件的相关特征，如干旱的频率、强度和影响区域。在 1700—2000 年间的 19 个严重的和极端的干旱年中，中国中东部整体上存在 3 个空间模态，树轮网络记录的一些主要干旱事件为大范围的干旱事件，其中包括几次接近全国范围的严重干旱事件，而其他事件则具有区域性，或只是有限空间范围内的局部事件。干旱年份内我国湿度状况不同的空间模态显示了各个地区干湿特征之间的可能联系。本研究发现需要与大气循环模式有关的重建进行进一步评估，以便可以被很好地理解这些空间模态的形成机制。

　　本章的第三项工作是利用 8 条珊瑚代用指标分别重建了暖池 SST 高频序列和低频序列（原始值重建）。统计量指标（r^2，SE，RE）分析表明重建序列达到了较高的可信度。过去 360 a 来暖池 SST 有明显的阶段性趋势变化，1644—1825 年呈显著上升趋势，1826—1885 年有显著下降趋势，从 1886 年以后，又有强烈上升趋势，其中 1950 年以来的增温最为显著，增幅达到 0.67℃/(100a)，是过去 360 a 来增温最强的。功率谱分析表明，过去 360 a 来暖池 SST 变率以高频周期为主，包括~2.1 a、~2.3 a、~2.9 a、~3.6 a、~3.8 a 周期，同时也有一个显著的 80.7 a 低频周期（均超过 95％信度水平）。

　　暖池 SST 与我国东部夏季降水序列及旱涝等级指数的相关关系有着明显的区域性差异，其中显著负相关区出现在黄淮流域。观测时段（1950—2005 年 A.D.）的暖池 SST 与黄淮区夏季降水量相关系数达到 -0.46，重建时段（1880—1949 年 A.D.）二者相关系数为 -0.44（$p > 99％$），说明重建的暖池 SST 与该区域夏季降水关系是稳定的。这种关系在近 360 a 来的旱涝等级中也是显著的，重建时段（1644—1949 年 A.D.）区域平均旱涝等级与暖池 SST 相关系数为 -0.20，观测时段二者相关系数为 -0.46，全序列相关系数为 -0.24，年代际尺度上二者关系更为明显，低通滤波后相关系数为 -0.42（$p < 0.01$）。这说明过去 360 多年来，暖池区 SST 是影响黄淮地区夏季降水量年代际尺度波动的因子之一。重建的长时间暖池 SST 序列，对进一步分析历史时期我国东部旱涝气候变化机制提供了有用的信息。

　　最后，经过对原始代用资料的一系列筛选，最终选用 103 个树轮（209 个变量）、18 个站点珊瑚（40 个变量）、4 个站点冰芯（6 个变量）、1 个洞穴沉积（1 个变量）、2 个区域性温度降水指标（2 个变量）、5 个站点观测 SLP（5 个变量），共计 263 个变量作为代用资料，以 Marshall-AAO 指数作为标定资料（标定时段为 1957—1989 年），利用 PC-多元回归方法将南半球夏季南极涛动指数（DJF-AAO）延长到 1500 年 A.D.。考察方差解释率、误差减少量、标准误等统计量指标来评价重建序列的质量，较高的 r^2（平均值为 59.9％）、RE（平均值为 0.47）表明

DJF-AAO 指数的重建具有了较高的技巧。整体呈减少趋势的 *SE* 表明随着代用资料的增多可在一定程度上减少重建序列的不确定性。

将重建的 DJF-AAO 序列与基于观测资料建立的 HadSLP、Fogt、Visbeck-AAO 序列,以及基于 8 个 IPCC-AR4 耦合模式得到的 AAO 序列进行对比分析。结果表明本章重建的 AAO 序列与 HadSLP、Fogt-AAO 序列具有较好的相关性,在 1880—1956 年时段上其年际尺度的相关系数分别为 0.13、0.20(0.10 显著性水平),年代际尺度上相关分别为 0.33、0.55,表明重建结果具有了较高的可信性。值得注意的是,同样都是利用观测资料得到的南极涛动指数 HadSLP、Fogt、Visbeck,三者不论是年际变率还是年代际波动,在 1957 年之后基本上呈一致性变化,而在 1880—1956 年时段三者有明显差别。此外,8 个 IPCC-AR4 模式平均的 DJF-AAO 序列与本章重建序列、HadSLP、Fogt、Visbeck 在 1880—1956 年(1957—1999 年)时段的相关系数分别为 0.32(0.10)、0.13(0.58)、0.10(0.52)、0.08(0.53),表明多模式的平均对 AAO 年代际的变率模拟也具有了一定的水平,也说明将来通过模式模拟 AAO 长期变率是有可能的。

功率谱分析表明,过去 500 a DJF-AAO 指数有着明显的年际、年代际波动,其突出的年际变率周期有 2.4 a、2.6 a、6.3 a,突出的年代际波动周期有 24.1 a、37.6 a,均达到 0.05 显著性水平。进一步的小波分析表明过去 500 a DJF-AAO 在各种时间尺度上的变率及周期信号有明显的随时间而演变的特征。而 AAO 年际、年代际变率及其随时间演变的成因,还需要进一步的研究。

参考文献

鲍学俊,王盘兴,谭军. 2006. 南极涛动与江淮梅雨异常的时滞相关分析. 南京气象学院学报,**29**(3):348-352.

毕慕莹. 1990. 近 40 年来华北干旱的特点及成因//旱涝气候研究进展. 北京:气象出版社. 23-32.

陈洪滨,范学花. 2009. 2008 年极端天气和气候事件及其他相关事件的概要回顾. 气候与环境研究,**14**(3):329-340.

范可,王会军. 2006. 南极涛动的年际变化及其对东亚冬春季气候的影响. 中国科学(D 辑),**49**(5):554-560.

范文澜. 1978. 中国通史(2). 北京:人民出版社:1-735.

高辉,薛峰,王会军. 2003. 南极涛动年际变化对江淮梅雨的影响及预报意义. 科学通报,**48**(增刊 2):87-92.

高由禧等. 1962. 东亚季风的若干问题. 北京:科学出版社. 1-49.

龚振淞,何敏. 2006. 长江流域夏季降水与全球海温关系的分析. 气象,**32**(1):56-61.

郭其蕴,蔡静宁,邵雪梅,等. 2004. 1873—2000 年东亚夏季风变化的研究. 大气科学,**28**(2):206-218.

何金海,陈丽臻. 1989. 南半球中纬度准 40 天振荡及其与北半球夏季风的关系. 南京气象学院学报,**12**(1):11-18.

黄磊,邵雪梅,刘洪滨等. 2010. 树轮记录的青海柴达木盆地过去 2800 年来的极端干旱事件. 气候与环境研究,**15**(4):379-387.

黄荣辉,李维京. 1987. 夏季热带西太平洋上空的热源异常对东亚上空副热带高压的影响及其物理机制. 大气科学,**12**(特):107-116.

黄荣辉,孙凤英. 1994. 热带西太平洋暖池的热状态及其上空的对流活动对东亚夏季气候异常的影响. 大气科学,**18**(2):141-151.

黄荣辉,孙凤英. 1994. 热带西太平洋暖池上空对流活动对东亚夏季风季节内变化的影响. 大气科学,**18**(4):456-465.

金祖辉,陈隽. 2002. 西太平洋暖池区海表水温暖异常对东亚夏季风影响的研究. 大气科学,**26**(1):57-68.

李克让,周春平,沙万英. 1998. 西太平洋暖池基本特征及其对气候的影响. 地理学报,**53**(6):511-519.

李文海,陈歠,刘仰东等. 1994. 中国近代十大灾荒. 上海:上海人民出版社.

李振华,朱锦红,蔡静宁等. 2005. 历史上的淮河洪水. 气象,**31**(6):24-28.

刘晓宏,秦大河,邵雪梅等. 2004. 祁连山中部过去近千年温度变化的树轮记录. 中国科学(D辑),**34**(1):89-95.

刘禹,安芷生,马海州等. 2006. 青海都兰地区公元850年以来树轮记录的降水变化及其与北半球气温的联系. 中国科学(D辑),**36**(5):461-471.

邱东晓,黄菲,杨宇星. 2007. 东印度洋-西太平洋暖池的年代际变化特征研究. 中国海洋大学学报,**37**(4):525-532.

邵雪梅,黄磊,刘洪滨等. 2004. 树轮记录的青海德令哈地区千年降水变化. 中国科学(D辑),**34**(2):145-153.

邵雪梅,梁尔源,黄磊等. 2006. 柴达木盆地东北部过去1437a的降水变化重建. 气候变化研究进展,**2**(3):122-126.

邵雪梅,王树芝,徐岩等. 2007. 柴达木盆地东北部3500年树轮定年年表的初步建立. 第四纪研究,**27**(4):477-485.

史国枢. 2003. 青海自然灾害. 西宁:青海人民出版社:1-567.

舒强,钟巍. 2003. 四—五世纪气候暖干事件对塔里木盆地人类文明兴衰的影响. 中国历史地理论丛,**18**(2):35-41.

王绍武,龚道溢,叶瑾琳等. 2000. 1880年以来中国东部四季降水量序列及其变率. 地理学报,**55**(3):281-293.

王绍武,朱锦红,蔡静宁等. 2004. 近500年ENSO时间序列的建立与分析. 自然科学进展,**14**(4):424-430.

温克刚. 2005. 中国气象灾害大典. 北京:气象出版社.

张德二,李小泉,梁有叶. 2003. 《中国近五百年旱涝分布图集》的再续补(1993—2000年). 应用气象学报,**14**(3):379-388.

张德二,刘传志. 1993. 《中国近五百年旱涝分布图集》续补(1980—1992年). 气象,**19**(11):41-45.

张德二. 2004. 中国三千年气象记录总集. 南京:凤凰出版社,江苏教育出版社:1-3666.

张德二. 2010. 历史文献记录用于古气候代用序列的校准试验. 气候变化研究进展,**6**(1):70-72.

张启龙,翁学传,颜廷壮. 2001. 西太平洋暖池海域SST场的时空特征. 海洋与湖沼,**32**(4):349-354.

张增信,刘宣飞,腾代高. 2005. 西太平洋暖池海温分布型及其与东亚大气环流的关系. 南京气象学院学报,**28**(6):746-754.

张自银,龚道溢,何学兆等. 2009. 1644年以来西太平洋暖池海温重建. 中国科学(D辑),**39**(1):106-115.

赵永平,吴爱明,陈永利等. 2002. 西太平洋暖池的跃变及其气候效应. 热带气象学报,**18**(4):317-326.

赵振国. 1999. 中国夏季旱涝及环境场. 北京:气象出版社:1-112.

中国气象局(CMA). 2003. 地面气象观测规范. 北京:气象出版社.

中国气象局(CMA)气象科学研究院. 1981. 中国近500年旱涝分布图集. 北京:地图出版社.

中国气象局气象科学研究院. 1981. 中国近五百年旱涝分布图集. 北京:地图出版社:1-332.

周谷城. 1957. 中国通史(下). 上海:上海人民出版社:1-512.

周天军,宇如聪,李薇等. 2001. 20世纪印度洋气候变率特征. 气象学报,**59**(3):257-270.

朱锦红,王绍武,巧珍. 2003. 华北夏季降水80年振荡及其与东亚夏季风的关系. 自然科学进展,**13**(11):1205-1209.

祝亚丽,王会军. 2008. 基于IPCC AR4耦合模式的南极涛动和北极涛动的模拟及未来变化预估. 气象学报,**66**(6):994-100.

Allan R J, Ansell T J. 2004. A new globally complete monthly historical mean sea level pressure data set

(HadSLP2):1850—2004. *J Clim*,**19**(22):5816-5842.

Barber V,Juday G,Finney B. 2000. Reduced growth of Alaska white spruce in the twentieth century from temperature-induced drought stress. *Nature*,**405**:668-673.

Brohan P,Kennedy J J,Harris I,*et al*. 2006. Uncertainty estimates in regional and global observed temperature changes: A new dataset from 1850. *J Geophys Res*,**111**,D12106,doi:10. 1029/2005JD006548.

Bromwich D H,Fogt R L. 2004. Strong trends in the skill of the ERA-40 and NCEP/NCAR reanalyses in the high and middle latitudes of the southern hemisphere,1958—2001. *J Clim*,**17**:4603-4619.

Cai W J,Shi G,Li Y. 2005. Multidecadal fluctuations of winter rainfall over southwest Western Australia simulated in the CSIRO Mark 3 coupled model. *Geophys Res Lett*,**32**,L12701,doi:10. 1029/2005GL022712.

Carnelli A L,Theurillat J P,Madella M. 2004. Phytolith types and type-frequencies in subalpine-alpine plant species of the European Alps. *Rev Palaeobot Palyno*,**129**(1-2):39-65.

Chou C,Huang L F,Tseng L, *et al*. 2009. Annual cycle of rainfall in the Western North Pacific and East Asian sector. *J Clim*,**22**:2073-2094.

Cobb K M,Charles C D,Hunter D E. 2001. A central tropical Pacific coral demonstrates Pacific, Indian, and Atlantic decadal climate connections. *Geophys Res Lett*,**28**(11):2209-2212.

Cole J E,Fairbanks R G,Shen G T. 1993. Recent variability in the Southern Oscillation: Isotopic results from a Tarawa atoll coral. *Science*,**260**(5115):1790-1793.

Cook E R. 1985. *A Time-series Analysis Approach to Tree-ring Standardization*. PhD dissertation:Tucson: the University of Arizona.

Cook E R,Anchukaitis K J,Buckley B M,*et al*. 2010a. Asian monsoon failure and megadrought during the last millennium. *Science*,**328**(5977):486-489.

Cook E R, *et al*. 2010b. Monsoon Asia Drought Atlas (MADA). IGBP PAGES/World Data Center for Paleoclimatology. Data Contribution Series # 2010-037. NOAA/NCDC Paleoclimatology Program, Boulder CO, USA.

Cook E R,Briffa K R,Jones P D. 1994. Spatial regression methods in dendroclimatology: A review and comparison of two techniques. *Int J Climatol*,**14**:379-402.

Cook E R,Kairiukstis L A. 1990. *Methods of Dendrochronology:Applications in the Environmental Sciences*. New York:Springer.

Cook E R,Woodhouse C A,Eakin C M,*et al*. 2004. Long-term aridity changes in the Western United States. *Science*,**306**:1015-1018.

Cropper J P,Fritts H C. 1982. Density of tree-ring grids in western North America. *Tree-Ring Bulletin*,**42**: 3-9.

Dezfuli A. 2011. Spatio-temporal variability of seasonal rainfall in western equatorial Arica. *Theor Appl Climatol*,**104**:57-69.

Ding Y. 1991. *Monsoons over China*. Dordrecht:Kluwer Academic Publishers:419.

Ding Y,Sun Y,Wang Z,*et al*. 2009. Inter-decadal variation of the summer precipitation in China and its association with decreasing Asian summer monsoon Part II: Possible causes. *Int J Climatol*, **29** (13): 1926-1944.

Ding Y H,Wang Z Y,Sun Y. 2008. Inter-decadal variation of the summer precipitation in East China and its association with decreasing Asian summer monsoon. Part I: Observed evidences. *Int J Climatol*,**28**(9): 1139-1161.

Enfield D B,Sang-Ki L,Wang C Z. 2006. How are large western hemisphere warm pools formed?. *Progr Oceanogr*,**70**(2-4):346-365.

Evans M N, Fairbanks R G, Rubenstone J L. 1998. A proxy index of ENSO teleconnections. *Nature*, **394** (6695):732-733.

Evans M N, Kaplan A, Cane M A. 2002. Pacific sea surface temperature field reconstruction from coral δ^{18}O data using reduced space objective analysis. *Paleoceanography*, **17**(1):1007, doi:10.1029/2000PA000590.

Feng S, Hu Q. 2004. Variations in the teleconnection of ENSO and summer rainfall in Northern China: A role of the Indian ssummer monsoon. *J Clim*, **17**(24):4871-4881.

Fleitmann D, Burns S J, Ulrich N, *et al*. 2004. Palaeoclimatic interpretation of high-resolution oxygen isotope profiles derived from annually laminated speleothems from Southern Oman. *Quat Sci Rev*, **23**(7-8): 935-945.

Fogt R L, Perlwitz J, Monaghan A J, *et al*. 2009. Historical SAM variability. Part II: 20th century variability and trends from reconstructions, observations, and the IPCC AR4 Models. *J Clim*, **22**(20):5346-5365.

Friedrichs D A, Neuwirth B, Winiger M, *et al*. 2009. Methodologically induced differences in oak site classifications in a homogeneous tree-ring network. *Dendrochronologia*, **27**(1):21-30.

Fritts H C. 1976. *Tree Rings and Climate*. London: Academic Press.

Fu C B, Yu J J, Zhang Y C, *et al*. 2011. Temporal variation of wind speed in China for 1961—2007. *Theor Appl Climatol*, **104**(3-4):313-324.

Gao S Y, Lu R J, Qiang M R, *et al*. 2005. Reconstruction of precipitation in the last 140 years from tree ring at south margin of the Tengger Desert. *China Chin Sci Bull*, **50**(21):2487-2492.

George S S, Meko D M, Girardin M P, *et al*. 2009. The Tree-ring record of drought on the Canadian Prairies. *J Clim*, **22**(3):689-710.

Gong D Y, Kim S J, Ho C H. 2009. Arctic and Antarctic Oscillation signatures in tropical coral proxies over the South China Sea. *Ann Geophys*, **27**:1979-1988.

Gong D Y, Luterbacher J. 2008. Variability of the low-level cross-equatorial jet of the western Indian Ocean since 1660 as derived from the coral proxies. *Geophys Res Lett*, **35**, doi:1029/2007GL032409.

Gong D Y, Wang S W. 1999. Definition of Antarctic oscillation index. *Geophys Res Lett*, **26**(4):459-462.

Gou X, Chen F, Cook E, *et al*. 2007. Streamflow variations of the Yellow River over the past 593 years in western China reconstructed from tree rings. *Water Resour Res*, **43**, W06434.

Grissino-Mayer H D. 2001. Evaluating crossdating accuracy: A manual and tutorial for the computer program cofecha. *Tree-Ring Res*, **57**(2):205-221.

Guilderson T P, Schrag D P. 1999. Reliability of coral isotope records from the western Pacific warm pool. A comparison using age-optimized records. *Paleoceanography*, **14**(4):457-464.

Hao Z, Zheng J, Ge Q. 2009. Variations in the Summer Monsoon rainbands across Eastern China over the past 300 years. *Adv Atmos Sci*, **26**(4):614-620.

Holmes R L. 1983. Computer-assisted quality control in tree-ring dating and measurement. *Tree-Ring Bulletin*, **43**:69-78.

Huang L, Shao X, Liu H, *et al*. 2010. A 2800-year tree-ring record of severe sustained extreme drought events in Qaidam Basin. *Climatic and Environmental Research*, **15**(4):379-387.

Immerzeel W W, Bierkens M F P. 2010. Seasonal prediction of monsoon rainfall in three Asian river basins: The importance of snow cover on the Tibetan Plateau. *Int J Climatol*, **30**:1835-1842, doi:10.1002/joc.2033.

IPCC. 2007. *Climate Change 2007: The Physical Science Basis*. New York: Cambridge University Press: 237-336.

Isdale P J, Stewart B J, Tickle K S, *et al*. 1998. Palaeohydrological variation in a tropical river catchment: A reconstruction using fluorescent bands in corals of the Great Barrier Reef. *Australia Holocene*,**8**(1):1-8.

Jain A R,Dubes R C. 1988. *Algorithms for Clustering Data*. Englewood Cliffs:Prentice Hall.

Jones J M,Fogt R L,Widmann M,*et al*. 2009. Historical SAM variability. Part I:Century length seasonal reconstructions. *J Clim*,**22**:5319 – 5345.

Jones J M,Widmann M. 2003. Instrument- and tree-ring-based estimates of the Antarctic oscillation. *J Clim*, **16**:3511-3524.

Jones P D,Lister D H. 2007. Intercomparison of four different southern hemisphere sea level pressure data-sets. *Geophys Res Lett*,**34**,L10704,doi:10. 1092/2007GL029251.

Kalnay E,Kanamitsu M,Kistler R,*et al*. 1996. The NCEP/NCAR 40-year reanalysis project. *Bull Amer Metero Soc*,**77**(3):437-471.

Knight T A,Meko D M,Baisan C H. 2010. A bimillennial-length tree-ring reconstruction of precipitation for the Tavaputs Plateau Northeastern Utah. *Quaternary Res*,**73**:107-117.

Knutson D W,Buddemeier R W,Smith S V. 1972. Coral chronometers:Seasonal growth bands in reef corals. *Science*,**177**(4045):270-272.

Kuroda Y,Kodera K. 2005. Solar cycle modulation of the southern annular mode. *Geophys Res Lett*,**32**, L13802,doi:10. 1029/2005GL022516.

Li J,Gou X,Cook E R,*et al*. 2006. Tree-ring based drought reconstruction for the central Tien Shan area in northwest China. *Geophys Res Lett*,**33**(7):L07715,doi:10. 1029/2006gl025803.

Li J,Xie S P,Cook E R,*et al*. 2011. Interdecadal modulation of El Niño amplitude during the past millennium. *Nature Climate Change*,**1**:114-118.

Li J,Zeng Q. 2002. A unified monsoon index. *Geophys Res Lett*,**29**(8):1274,doi:10. 1029/2001GL013874.

Liang E Y,Liu X H,Yuan Y J,*et al*. 2006. The 1920s drought recorded by tree-rings and historical documents in the semi-arid and arid areas of Northern China. *Climatic Change*,doi:10. 1007/s10584-006-9082-x.

Liang E Y,Shao X M,Liu X H. 2009. Annual precipitation variation inferred from tree rings since A. D. 1770 for the western Qilian Mts northern Tibetan Plateau. *Tree-Ring Res*,**65**(2):95-103.

Liang E Y,Shao X,Eckstein D,*et al*. 2010. Spatial variability of tree growth along a latitudinal transect in the Qilian Mountains northeastern Tibetan Plateau. *Can J Forest Res*,**40**:200-211.

Liu W,Gou X,Yang M,*et al*. 2009. Drought reconstruction in the Qilian Mountains over the last two centuries and its implications for large-scale moisture patterns. *Adv Atmos Sci*,**26**(4):621-629.

Lorenz E N. 1956. Empirical orthogonal functions and statistical weather prediction. *Statistical forecasting project report No*1, M. I. T.. Boston:Cambridge Press:49.

Lough J M. 2004. A strategy to improve the contribution of coral data to high-resolution paleoclimatology. *Palaeogeography,Palaeoclimatology,Palaeoecology*,**204**(1-2):115-143.

Lovenduski N S,Gruber N. 2005. Impact of the southern annular mode on Southern Ocean circulation and biology. *Geophys Res Lett*,**32**,L11603,doi:10. 1029/2005GL022727.

Mann M E,Zhang Z H,Hughes M K,*et al*. 2008. Proxy-based reconstructions of hemispheric and global surface temperature variations over the past two millennia. *P Natl Acad Sci USA*,**105**(36):13252-13257.

Marshall G J. 2003. Trends in the southern annular mode from observations and reanalyses. *J Clim*,**16**(24): 4134-4143.

McCulloch M,Fallon S,Wyndham T,*et al*. 2003. Coral record of increased sediment flux to the inner Great Barrier Reef since European settlement. *Nature*,**421**(6924):727-730.

McPhaden M J,Picaut J. 1990. El Nino-Southern Oscillation displacements of the Western Equatorial Pacific Warm Pool. *Science*,**250**(4986):1385-1388.

Miller R L,Schmidt G A,Shindell D T. 2006. Forced annular variations in the 20th century Intergovernmental Panel on Climate Change Fourth Assessment Report models. *J Geophys Res*,**111**,doi:10. 1029/2005JD006323.

Moreno P I,Francois J P,Villa-Martínez R P,*et al.* 2009. Millennial-scale variability in Southern Hemisphere westerly wind activity over the last 5000 years in SW Patagonia. *Quat Sci Rev*,**28**:25-38.

Nan S N,Li J P. 2003. The relationship between the summer precipitation in the Yangtze River valley and the boreal spring southern hemisphere annular mode. *Geophys Res Lett*,**30**(24):2266,doi:10. 1029/2003GL018381.

Nitta T. 1987. Convective activities in the tropical western Pacific and their impact on the northern hemisphere summer circulation. *Meteorol Soc Jpn*,**65**:373-390.

Qian W H,Lin X,Zhu Y F,*et al.* 2007. Climatic regime shift and decadal anomalous events in China. *Climatic Change*,**84**:167-189,doi:10. 1007/s10584-006-9234-z.

Qian W,Kang H S,Lee D-K. 2002. Distribution of seasonal rainfall in the East Asian monsoon region. *Theor Appl Climatol*,**73**:151-168.

Quinn T M,Crowley T J,Taylor F W. 1998. A multicentury stable isotope record from a New Caledonia coral:Interannual and decadal sea surface temperature variability in the southwest Pacific since 1657 AD. *Paleoceanography*,**13**(4):412-426.

Rayner N A,Parker D E,Horton E B,*et al.* 2003. Global analyses of sea surface temperature,sea ice,and night marine air temperature since the late nineteenth century. *J Geophys Res*,**108**,D14,doi:10. 1029/2002JD002670.

Reason C J C,Rouault M. 2005. Links between the Arctic Oscillation and winter rainfall over western South Africa. *Geophys Res Lett*,**32**,L07705,doi:10. 1029/2005GL022419.

Rogers J,Loon H V. 1982. Spatial variability of sea level pressure and 500mb height anomalies over the Southern Hemisphere. *Mon Wea Rev*,**110**(10):1375-1392.

Ryuji A,Tsutomu Y,Yasufumi I. 2005. Interannual and decadal variability of the western Pacific sea surface condition for the years 1787—2000:Reconstruction based on stable isotope record from a Guam coral. *J Geophys Res*,**110**,doi:10. 1029/2004JC002555.

Shao X M,Huang L,Liu H,*et al.* 2005. Reconstruction of precipitation variation from tree rings in recent 1000 years in Delingha,Qinghai. *Sci China Ser D*,**48**(7):939-949.

Shao X M,Wang S Z,Zhu H F,*et al.* 2009. A 3585-year ring-width chronology of Qilian juniper from the northeastern Qinghai-Tibetan Plateau. *IAWA J*,**30**:379-394.

Shen C M,Wang W C,Hao Z X,*et al.* 2007. Exceptional drought events over eastern China during the last five centuries. *Climatic Change*,**85**:453-471.

Sheppard P R,Tarasov P E,Graumlich L J,*et al.* 2004. Annual precipitation since 515 BC reconstructed from living and fossil juniper growth of northeastern Qinghai Province,China. *Clim Dynam*,**23**:869-881.

Shindell D T,Schmidt G A. 2004. Southern hemisphere climate response to ozone changes and greenhouse gas increases. *Geophys Res Lett*,**31**(18):209.

Smith T M,Reynolds R W. 2003. Extended Reconstruction of Global Sea Surface Temperatures Based on COADS Data (1854—1997). *J Clim*,**16**(10):1495-1510.

Stahl K,Demuth S. 1999. Linking streamflow drought to the occurrence of atmospheric circulation patterns. *Hydrolog Sci J*,**44**(3):467-482.

Stokes M A,Smiley T L. 1968. *An Introduction to Tree-ring Dating*. Chicago:University of Chicago Press: 1-73.

Thompson D W J, Solomon S. 2002. Interpretation of recent southern hemisphere climate change. *Science*, **296**:895-899.

Thompson D W J, Wallace J M. 2000. Annular modes in the extratropical circulation. Part I: Month to month variability. *J Clim*, **13**(5):1000-1016.

Tian Q, Gou X, Zhang Y, et al. 2007. Tree-ring based drought reconstruction (AD 1855—2001) for the Qilian Mountains, Northwestern China. *Tree-Ring Res*, **63**(1):27-36.

Tong J, Zhang Q, Zhu D M, et al. 2006. Yangtze floods and droughts (China) and teleconnections with ENSO activities (1470—2003). *Quatern Int*, **144**:29-37.

Torrence C, Compo G P. 1998. A practical guide to wavelet analysis. *Bull Am Meteorol Soc*, **79**(1):61-78.

Tudhope A W, Chilcott C P, McCulloch M T, et al. 2001. Variability in the El Nino-Southern Oscillation through a glacial-interglacial cycle. *Science*, **291**:1511-1517.

Unal Y, Kindap T, Karaca M. 2003. Redefining the climate zones of Turkey using cluster analysis. *Int J Climatol*, **23**:1045-1055.

Uppala S M, Kallberg P W, Simmons A J, et al. 2005. The ERA-40 reanalysis. *Quart J Roy Meteor Soc*, **131**: 2961-3012.

Urban F E, Cole J E, Overpeck J T. 2000. Influence of mean climate change on climate variability from a 155-year tropical Pacific coral record. *Nature*, **407**(6807):989-93.

Visbeck M. 2009. A station-based Southern Annular Mode index from 1884 to 2005. *J Clim*, **22**:940-950.

Wang B, Fan Z. 1999. Choice of South Asian summer monsoon indices. *Bull Amer Meteor Soc*, **80**:629-638.

Wang B, Wu R, Lau K-M. 2001. Interannual variability of Asian summer monsoon: Contrast between the Indian and western North Pacific-East Asian monsoons. *J Climate*, **14**:4073-4090.

Wang C, Enfield D B. 2001. The tropical Western Hemisphere warm pool. *Geophys Res Lett*, **28**(8): 1635-1638.

Wang H J, Fan K. 2005. Central-north China precipitation as reconstructed from the Qing dynasty: Signal of the Antarctic atmospheric oscillation. *American Geophysical Union*, **32**(10):1029.

Wang S, Ye J, Qian W. 2000. Predictability of drought in China. In: Wilhite D A (ed). *Drought, Volume I, A Global Assessment*. London: Routledge:100-112.

Wang X. 2009. Study on the great drought of Guangxu's Reign in recent three decades. *Journal of Institute of Disaster-Prevention Science and Technology*, **11**(4):110-114.

Ward J H. 1963. Hierachical grouping to optimize an objective function. *J Am Stat Assoc*, **58**:236-244.

Webster P J, Yang S. 1992. Monsoon and ENSO: Selectively interactive systems. *Quart J Roy Meteor Soc*, **118**:877-926.

Wilson R, Tudhope A, Brohan P. 2006. Two-hundred-fifty years of reconstructed and modeled tropical temperatures. *J Geophys Res*, 111.

Woodhouse C, Overpeck J T. 1998. 2000 years of drought variability in the Central United States. *Bulletin of the American Meteorological Society*, **79**(12):2693-2714.

Wyrtki K. 1989. Some thought about the west Pacific warm pool. Proceeding of the Western Pacific international meeting and workshop on TOGA-COARE. New Caledonia: France institute of the scien. *Tific research for the development on the cooperation*, 99-109.

Xu G C. 1997. *Climate Change in Arid and Semi-arid Regions of China*. Beijing: China Meteorological Press.

Yim S Y, Jhun J G, Lu R, et al. 2010. Two distinct patterns of spring Eurasian snow cover anomaly and their impacts on the East Asian summer monsoon. *J Geophys Res*, 115.

Yin Z Y, Shao X M, Qin N S, et al. 2007. Reconstruction of a 1436-year soil moisture and vegetation water use history based on tree-ring widths from Qilian junipers in northeastern Qaidam Basin, northwestern China. *Int J Climatol*, **28**(1):37-53.

Yu S Q, Lin X C. 2007. Characteristics of two general circulation patterns during floods over the Changjiang-Huaihe River Valley. *Acta Meteorologica Sinica*, **21**(3):366-375.

Yu S, Shi X, Lin X. 2009. Interannual variation of East Asian summer monsoon and its impact on general circulation and precipitation. *J Geogr Sci*, **19**:67-80.

Zhang Q B, Cheng G D, Yao T D, *et al*. 2003. A 2326-year tree-ring record of climate variability on the northeastern Qinghai-Tibetan Plateau. *Geophys Res Lett*, **30**(14):1739-1741.

Zhang Y X. 2009. The response of Qinghai Spruce (Picea crassifolia) to climate factors since the last half of the 20th century at Qilian Mountains. PhD dissertation:Beijing:Institute of Tibetan Plateau Research.

Zhang Y, Gou X, Chen F, *et al*. 2009. A 1232-year tree-ring record of climate variability in the Qilian Mountains, Northwestern China. *IAWA J*, **30**(4):407-420.

Zhang Y, Tian Q, Gou X, *et al*. 2010. Annual precipitation reconstruction since AD 775 based on tree rings from the Qilian Mountains, Northwestern China. *Int J Climatol*, **31**:371-381.

Zhang Z Y, Gong D Y, He X Z, *et al*. 2009. Reconstruction of the western Pacific warm pool SST since 1644 AD and its relation to precipitation over East China. *Sci China Ser D-Earth Sci*, **52**(9):1436-1446.

Zhao L J, Yin L, Xiao H L, *et al*. 2011. Isotopic evidence for the moisture origin and composition of surface runoff in the headwaters of the Heihe River basin. *Chinese Sci Bull*, **56**:406-416.

Zheng J, Wang W C, Ge Q, *et al*. 2006. Precipitation variability and extreme events in Eastern China during the past 1500 years. *Terr Atmos Ocean Sci*, **17**(3):579-592.

Zhou T J, Yu R C. 2004. Sea-surface temperature induced variability of the Southern Annular Mode in an atmospheric general circulation model. *Geophys Res Lett*, **31**(24):206.

第二章 观测资料误差和方法评价

 **概 述**

　　各种地面观测资料和再分析资料是研究全球大气环流、气候变化检测的基础,尤其是地面气温资料的质量和可靠性在气候变化研究以及全球变暖研究中起着非常重要的作用。本章系统地评价了我国全部气象观测站的地面气温资料序列的质量,并确定了我国地面气温参考站遴选的依据、原则和方法,由于乡村站遴选方法差异明显,再加上使用的站点数量和密度不同,不同研究结果具有较大的差异,对单站、区域尺度、全球/半球等不同空间尺度上地面气温序列中城市化影响的性质和强度进行了总结评估。本章还评估了 NCEP/NCAR 和 ERA-40 再分析资料集对我国地表气温、气压的再现能力,ERA-40 与地面温度观测资料在数值、距平以及变化趋势上非常接近,对我国温度长期变化趋势的再现能力要优于 NCEP/NCAR 资料;两种再分析资料可以再现我国气压年际变化特征,对我国气压的再现能力在东部优于西部,低纬度地区优于高纬度地区,并且 ERA-40 的再现能力要优于 NCEP/NCAR。

2.1 引言

　　全球和区域气候变化检测需要可靠的地面观测资料,地面气温观测资料的质量和可靠性尤其关键。但是,器测时期的气温资料存在着诸多问题。其中一个重要问题是,由于城市发展造成的台站观测资料偏差,显著影响了对气温变化趋势的估计。例如,Hansen 等(1999)、Jones 等(2003)和美国国家气候资料中心(NCDC)(Karl 等,1995;Easterling 等,1996;Peterson 等,1998)等在建立全球近地面平均气温序列时对资料的非均一性问题有所考虑,其他区域平均气温序列研究也对此给予重视(Rhoades 等,1993),但对于城市化因素的影响,这些作者没有给予充分考虑(Hughes 等,1996;Houghton 等,2001;Kalnay 等,2003;Ren 等,2008)。城市化影响问题不解决,就无法得到代表大区域或全球平均的气温序列,气候变化的检测研究也就难以得出令人信服的结论。

　　我国拥有相对完整的地面气候观测系统(张人禾等,2008)。但是我国的城市化进程异常迅速,对城镇气象台站的地面气温记录造成了显著影响(Oke,1973;Portman,1993;余晖等,1995;朱瑞兆等,1996;林学椿等,2003;Zhou 等,2004;陈正洪等,2005;初子莹等,2005;任国玉等,2005c;张爱英等,2005;周雅清等,2005;Ren 等,2007),目前根据国家站地面资料建立的全国或区域平均气温序列,在很大程度上还保留着城市热岛效应引起的偏差,难以代表基准气候状态和区域气候变化趋势,需要在未来的分析中给予认真对待。由于城市区域只占地球表面很小一部分,城市化对地面气温的影响仅代表一种局地人为气候效应,对于全球和区域气候变化检测、预估和影响研究来说，城市都不具有代表性，需要了解城市之间占陆地面积 99% 以上的旷野和乡村区域的气候变化趋势。因此，对于全球和区域气候变化研究，需要把城市化引起的地面气温等气候要素趋势作为系统误差，予以剔除。

不同地区的城市发展过程和阶段不同，城市化对地面气温记录的影响也有差异。气象站地面气温记录中的城市化影响对区域空间尺度非常敏感。本章按研究区域的空间尺度，将地面气温记录中城市化影响的分析评价划分为单站案例研究、区域尺度研究和全球/半球尺度研究，分别评述针对这些空间尺度研究的进展情况。

目前，获得具有一定时间长度的区域背景平均气温序列有两个途径：一是在观测站网中剔除那些受城市化影响严重的台站，这是以牺牲具有较长连续记录的资料序列为代价的，其后果是往往无法获得足够长的区域和全球平均气温序列；二是对检测出有城市化增温偏差的台站资料序列进行订正，但由于缺乏必要的邻近参考站长序列资料，这种订正的效果通常也不尽如人意。尽管如此，为了获得具有一定时间长度的气温序列，第二个途径几乎是目前气候变化检测研究者唯一的选择。上述两个途径实际上都需要获得代表区域背景气候变化的台站资料，但第一个途径是在剔除受到城市化影响严重的台站后获得的，通常是把附近居民点人口总数或密度大于规定阈值的台站剔除掉。实践表明，为了获得具有一定数量的长序列站点，所选的观测网中往往仍存留许多城市站，不能作为严格意义上的背景站；第二个途径则是通过设立若干标准，主动遴选背景或参考气候站，再利用这些台站资料检测和订正目标站的城市热岛效应影响，所用标准除台站附近居民点人口总数或密度外，有时还考虑其他直接或间接表征城市化水平的指标。

本章的目的是，从具有较长时间记录的全国气象观测站网中，遴选出一定数量的地面气温参考站。有了这样一个参考站网资料，希望可以对近几十年来城市化导致的国家站或城市站地面气温的增温偏差进行评价和适当订正。参考站网资料也可直接用来分析最近 50 a 来全国范围的地面气温变化和变率规律。

长期以来，全球大气环流、气候变化以及气候诊断等研究基本是基于各种观测资料进行的。随着 NCEP/NCAR 和 ERA-40（欧洲中期天气预报中心 40 a 再分析，即 ECMWF 40 Year Reanalysis）两套再分析资料集的问世，这些研究取得巨大进展。由于在再分析过程中两份资料集的模式、同化系统以及资料来源存在差异，使得两份资料集并不完全一致：赵宗慈和罗勇（1999）指出 ERA-40 再分析资料模拟的降水空间分布更接近观测实际，而 NCEP/NCAR 再分析资料模拟的降水量更接近观测实际；Guan 和 Yamagata（2001）发现，NCEP/NCAR 与 ERA-40 再分析资料集的地表气压在 1979—1993 年期间的相关很低；而岳阳等（2005）、秦育婧等（2006）发现两种客观分析资料给出的哈得来环流的强度存在明显差异。作为两种重要且被广泛应用的再分析资料集，存在诸多不一致之处，这给各方面的科学研究带来了不确定性。因此，对于再分析资料质量及可信度问题的研究引起了研究人员的重视，其中徐影等（2001）、魏丽和李栋梁（2003）、施晓辉等（2006）、周顺武和张人禾（2009）对 NCEP/NCAR 再分析温度场、气压场、风速以及降水和位势高度资料在我国气候研究中的可信度进行了初步分析，同时，对于 NCEP/NCAR 和 ERA-40 两种再分析资料的质量以及在我国气候研究中的可信度问题也从各个方面进行了比较。本章利用我国参与国际交换的 194 站观测温度、气压资料，采用线性分析、小波分析和自然正交分解等方法，从观测资料数值变化、年际以及年代际周期变化、线性趋势及其空间分布的相似性等方面对两种再分析资料集进行对比分析，进一步分析再分析资料在我国气候研究中的适用性。

2.2 资料和方法

采用如下三种资料作为分析对象：(1)NCEP/NCAR 再分析月平均资料集，主要用到其中的海平面气压(简称 NS)、地表气压(简称 NP)，以及月平均 2 m 气温(简称 NT)；(2)ECMWF 公布的 ERA-40 再分析资料中的海平面气压(简称 ES)、2 m 气温(简称 ET)；(3)中国气象局气象科学数据共享资料网(http://cdc.cma.gov.cn/)提供的中国 194 站地表气压(简称 OP)、气温(简称 OT)，时间长度为 1951—2006 年。

由于 1958 年之前中国地区观测站较稀少，缺测站点较多，之后测站数量迅速增多且相对稳定，而 NCEP/NCAR 再分析资料在 1958 年之前的部分高层资料比现在标准观测时间晚 3 h 得到(Kistler 等，2001)，这一时段的资料比后 40 a 的资料在可靠性上要差；ERA-40 资料集时段为 1957 年 9 月到 2002 年 8 月。考虑到这些因素，如果不作特殊说明，本章的研究时段均指 1958—2001 年的夏季(6—8 月)，对于气压观测资料中的奇异点均做缺测处理。为了减少资料插值过程中有可能产生的误差，本章对再分析资料没有进行进一步插值处理，而是利用 Grads 软件中 Cressman 插值函数将站点资料插值到与再分析资料相同分辨率的网格点上进行分析。

本章中地面气温资料是由国家气象信息中心提供的各级站网的观测资料，其中国家级地面气象站网 700 个左右，一般站网 1800 多个，所有台站加起来共 2615 个。使用小波分析、线性趋势分析、EOF 等方法评价资料中的误差。

2.3 地面气温参考站点遴选依据与方法

2.3.1 我国地面气温参考站点遴选的依据、原则和方法

2.3.1.1 思路和原则

我国有国家级地面气象站网 700 个左右，一般站网 1800 多个，所有台站加起来共 2615 个。从哪个站网中确定参考站，对于保证遴选结果的代表性和可信性至关重要。Jones 等 (1990)曾使用我国东部有限的台站(主要是国家基准气候站，部分为国家基本气象站)资料，把附近居民点人口少于 10 万人的台站作为参考站。在这个区域，目前这种规模的城镇站在国家站里极为稀少；另一方面，这种台站城镇化造成的增温也是很明显的，一些甚至比大中城市站的城市化增温还大。Li 等(2004)使用了全部国家站资料，比 Jones 等(1990)采用的资料数量明显增多，并对资料进行了均一化订正。但我国国家站多数也是城镇站，东部地区尤其如此，从中遴选和确定参考站仍然非常困难。由于这个原因，这两项研究均未能发现中国城镇化对地面气温变化趋势具有显著影响。这同近年来许多其他作者通过采用全部站网资料确定参考站所获得的分析结果存在较大差异(陈正洪等，2005；任国玉等，2005b；周雅清等，2005；Ren 等，2008)。

从包括一般站网的所有台站中遴选参考站是必须的。包括了一般站后，全部站网资料的数量和密度均比仅使用国家站资料增加 3 倍左右，东部城市和人口密集的区域增加幅度还要

大。更重要的是,由于一般站更可能建立在乡镇附近,这样就可以保证获得足够数量的脱离了城市化影响的参考站点。

在遴选地面气温参考站的过程中,规定以下五条原则。这些原则参考了 WMO 确定全球气候观测系统(GCOS)陆地表面站网(GSN)的原则和思路,但由于目的不同,一般比后者要求更为严格。

(1)资料序列足够长,时间连续性高。连续记录的长序列参考站资料是比较评价目标站城市热岛偏差的前提条件。理想情况下,参考站观测时间长度应该与目标站完全一致,例如目标站有 80 a 观测记录,参考站资料序列也达到 80 a。但由于参考站很多将从一般站网中选取,而一般站建站时间通常较晚,获得与目标站观测记录长度一致的参考站十分困难。在这种情况下,参考站的观测长度一般比目标站的短。由于评价和分析是在全国和区域尺度上开展,规定统一的参考站观测起始时间点是必要的。这要照顾到多数候选站的记录长度,也要考虑所获得的目标站城市热岛增温趋势结果是有意义的。

(2)迁站次数少,迁站等造成的资料非均一性可以证实和订正。迁站是造成地面气温序列非均一性的主要原因之一。频繁的迁站将产生一系列非均一性断点,给资料序列的连续性和可靠性造成影响。由于检测技术的局限和原数据的可获得性等问题,不是每一个断点都能够识别和确认,订正起来也就十分困难。因此,作为参考站的候选台站,最好没有经历迁站。在最近的 50 a 中,没有迁站记录的台站数量较少,国家站中不足 33%,一般站中不足 35%。如果要求均无迁站记录,候选站的数量将大大减少。在这种情况下,只好规定迁站的次数尽可能少,并具备完善的台站沿革记录,以便对断点进行可靠检测和订正。

(3)避开各类人口密集的城市地区,选择附近人类活动程度对广大区域有代表性的台站。这是最重要的,也是难以做到的。近年的许多分析都发现,大中城市和特大城市台站记录的地面气温趋势中,城市化的影响十分显著。根据这一原则,参考站应该位于真正的乡村、农田、旷野和各种自然生态群系内,但在我国这样的台站凤毛麟角。现实与理想的差距比较大,目前能够做到的也只能是尽最大可能,选择那些在全部台站网中比较好的站点。因此,一些参考站不可避免地仍将坐落于乡镇甚至小城市等居民区附近。已有的分析说明,城市规模越大,台站附近城市化增温也越显著。乡镇和小城市站虽然可能仍受到城市化的影响,但和其他各类规模城市站比较,其同期的总增温和热岛增温率是最小的(Karl 等,1988;赵宗慈,1991;周雅清等,2005)。这为选择附近居民点人口较少的台站提供了依据。

(4)达到一定数量,空间分布相对均匀。地面气温变化和变率在空间上的持续性比较好,但比城市尺度大的各种区域性因子仍然使其具有较明显的空间差异。为了充分反映这种区域差异性,所选的参考站需要达到一定数量,在空间分布上也要相对均匀。遵循这一原则有时可能要求在难以寻找参考站的地区适当降低标准。这样做是为了在区域范围内能够对目标站的城市热岛偏差进行评价。例如,在我国东部的平原地区,许多原来台站所在乡镇已经发展成为小城市,真正位于乡镇的台站极少。在这种情况下,就需要综合考虑台站所在地人口、经济水平和具体位置等条件来选择一定数量的参考站。

(5)对于各类自然和人工环境具有代表性。这一原则与上一条原则有密切联系。在参考站密度和分布达到要求的情况下,各类大的自然和人工环境一般可以获得记录。在山区和沿海等自然环境梯度较大的区域,气温变化和变率的空间差异不一定也大,这和气候学上的气温分布特征不同。因此,仅就气候变化研究来说,这些区域参考站的密度与其他区域可以相近。

2.3.1.2 步骤和方法

在具体遴选参考站前,收集整理了全部台站的基础信息和历史沿革信息(不包括港、澳、台地区台站)。台站总数为 2615 个。台站基础信息和历史沿革资料来自中国气象局国家气象信息中心,主要包括台站经纬度、海拔高度、台站详细地址、记录年限、缺测情况、迁站信息等;台站附近居民点的常住人口数取自国家统计局 2000 年全国人口普查结果;台站附近居民点人工建筑分布情况,特别是台站周围方圆 12 km² 范围内的人工建筑面积比率,观测场距附近居民区地理中心的直线距离等,主要根据 Google Earth(谷歌地球)和大比例尺地图资料估计获得。

在这些基础台站信息资料的基础上,根据上述基本原则,采用以下标准和程序遴选参考站(图 2.1)。

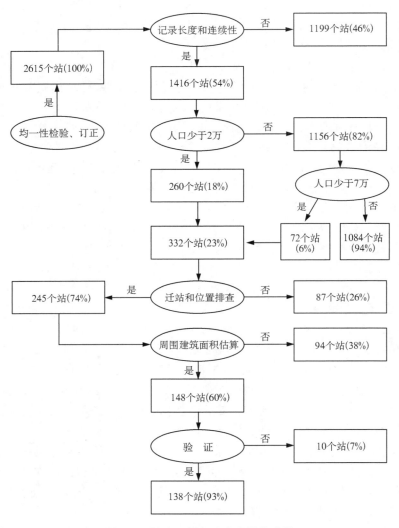

图 2.1 遴选地面气温参考站的步骤

(1)首先规定所有备选的参考站地面气温记录必须达到 45 a 以上,并确定起始记录年份不晚于 1961 年。此外,参考站气温资料的连续性也非常重要,因此规定备选的参考站月平均气温无缺测记录。满足这两个条件的站台共有 1416 个,占全部台站数量的 54%。

(2)采用 2000 年全国人口普查的人口统计数据,首先规定参考站所在居民点的常住人口数小于 2 万人。这样的台站一般都是村镇。在备选的 1416 个台站中,满足这一条件的台站数量只有 260 个,大部分位于中西部地区,东部较为稀疏。在经济发达的平原地区,常住人口数低于 2 万的台站尤其稀少。

在这种情况下,在东北三省、华北平原、长江中下游、东南沿海和四川盆地等地区共 16 个省(直辖市)放宽人口标准,规定站点所在或附近居民点常住人口不超过 7 万。在备选的台站中,这些地区台站附近居民点常住人口多于 2 万但少于 7 万的站点共有 72 个。综合考虑全国范围内人口小于 2 万的站点,以及东部经济发达地区人口少于 7 万的站点,总共得到 332 个乡镇台站。这些台站成为进一步遴选参考站的基础。

(3)已有研究表明,台站附近居民点人口数量有时不能完全反映城市化对观测点气温的影响,小城镇尤其如此。位于小城镇甚至乡村的台站,如果观测场位于人工建筑区域内,城镇化(包括城市热岛效应)的影响仍然很明显。观测场周围的局地环境变化需要给予关注。因此,在上述 332 个站的基础上,又根据台站基础信息资料对这些站点进行了排查。

首先根据站点具体位置信息剔除了位于村镇中心或太靠近建成区的台站。这个阶段还考虑了台站迁移次数,规定参考站自 1961 年以来迁站次数不超过 2 次,每次迁站水平距离不超过 5 km。对于经纬度相差在 1°左右的临近站点,根据人口数、台站位置信息及地区经济增长情况等综合做出判断,保留那些符合上述标准的台站,以保证所选台站空间分布的相对均匀性。在河北、山西、湖北、吉林、黑龙江、江苏、湖南、浙江及西藏西部等站点较少的地区,适当降低迁站次数与迁站距离标准,以保证各省台站数和空间分布的均匀性。经过此次排查后,全国共保留 245 个站点。

(4)利用 Google Earth 的遥感图片资料和大比例尺地图资料,对以上 245 个站点附近的观测环境逐一进行检验。Google Earth 的遥感图片资料空间分辨率差异很大,一些图片分辨率高,可以清晰地查看到观测场内百叶箱的位置,及其附近的房屋等人工建筑,而其他的粗分辨率图片则只能观察台站相对于城镇建成区域的位置。在这个过程中,主要是查看观测场周围人工建筑面积的相对比例。规定以观测场为中心、以 2 km 为半径的区域内,即环绕观测场方圆约 12 km² 范围内,人工建筑面积所占比例不超过 33%。有 3 个站由于所在区域站点稀疏,观测场周围等量范围内人工建筑面积所占比例少于 40%。

此轮筛选还舍去站点分布相对密集的几个台站。这主要是根据遥感资料和实地调研情况,舍去观测场附近观测环境以及资料序列连续性和均一性相对较差的站点。这一轮筛选后,在全国范围内得到 148 个台站,作为反映背景气温变化的参考站点。

(5)最后,从 148 个站中随机抽取 60 个,邀请当地专业技术人员根据独立的资料和信息对其观测环境情况进行检验。检验主要考虑附近居民点的常住人口和建成区面积、台站相对于附近居民点的方位和距离、以台站为中心的方圆 12 km² 范围内人工建筑物所占比例等。结果表明,这些台站中 80% 以上基本符合标准,其中观测场周围 12 km² 范围内人工建筑面积所占比例不超过 40% 的台站有 49 个,占全部检验台站数量的 82%。少量台站与根据 Google Earth 遥感图片和大比例尺地图资料获得的结果有一定出入,但差异较小。台站附近居民点的常住人口和建成区面积、观测场相对于附近居民点地理中心的直线距离等参数,一般也和实际情况符合。

在检验过程中,删除了 7 个明显与原来估计结果不符的台站,其中多数是由于观测场周围 12 km² 范围内人工建筑面积所占比例明显超过 40%,或东部地区台站附近居民点常住人口超过 7 万人。此外,在中、西部所选台站略密集的地区,进一步根据上述标准舍弃了 3 个站点。

因此,最后保留下来作为地面气温参考站的共有 138 个,其分布情况见图 2.2。在黑龙江中南部、吉林中部、安徽北部、江苏北部、河南东部、新疆南部和西藏西部,参考站点仍然较稀少。其中东部省份参考站点稀少地区全部位于平原上,是我国经济发展迅速、城市化程度很高的区域。但总体上看,本节所获得的参考站点空间分布在多数地区还是比较均匀的,而且对各个自然气候单元和行政区域的代表性也较好。在这些台站中,附近居民点常住人口全部在 7 万人以下,其中 76% 在 2 万人以下,96% 在 5 万人以下。

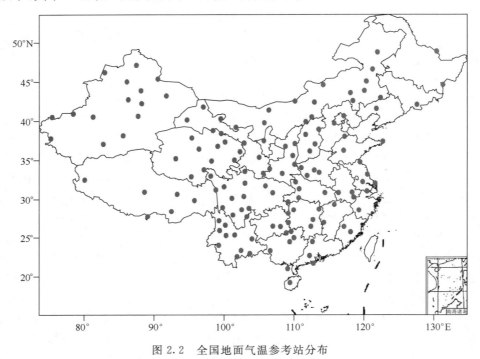

图 2.2　全国地面气温参考站分布

2.3.1.3　小结

地面气温变化特征是气候变化研究的关键科学问题。我国具有相对密集的气象观测网,这个观测网在长期的气象业务和科研中发挥了巨大的作用。但是,我国现有气象台站网当初不是为气候变化研究设计的。气候变化研究要求地面气温观测资料序列具有长期性、连续性、均一性和代表性。频繁的迁站和观测环境的改变对我国地面气温资料序列的均一性和代表性造成了严重影响。从根本上改变这种现状要求建立全新的基准气候观测系统,但这无法满足当前的研究需要。

当前的研究工作仍需要利用现有的观测站网资料。为此,有必要对现有观测网中的台站进行甄别,遴选出可用于地面气温变化研究的站点。本节在这方面进行了尝试。在确定了基本原则以后,提出了遴选地面气温参考站的具体方法和步骤,最后确定了 138 个参考站。这些台站是目前所可能获得的、能够大体代表背景地面气温变化的地点,其长期地面气温资料可用作其他台站城市化增温偏差评价和订正的参考,也可直接用于我国地面气温变化的分析。

本节所遴选的地面气温参考站在东部平原地区还较稀少,将来应结合更详细的台站信息加以补充。还需要指出的是,这里给出的参考站还不是真正意义上区域背景气温站,因为他们仍然存在局地较强人为干扰问题;这些台站也不能用作基准气候站,因为本节所确定的遴选原则和标准在实际执行过程中不得不一再打折扣,同时这些原则和标准也主要是针对气温变化研究提出的,降水和风速等其他要素变化研究将有不同的要求。但是,本节所提出的遴选思路和方法,对于国家基准气候站网的设计或将具有一定借鉴意义。

2.3.2　城市化对地面气温变化趋势影响研究综述

2.3.2.1　单站案例研究

单站案例研究大多是通过对比某个城市站和附近村镇站地面气温观测资料序列的差异,确定城市化对气温变化趋势的影响(Roden,1966;Magee 等,1999;Comrie,2000;Kim 和 Baik,2002;林学椿等,2005;季崇萍等,2006;田武文等,2006;朱家其等,2006;Ren 等,2007;张尚印等,2007)。还有研究利用探空资料(850 hPa)作为背景观测序列,对比分析气象站地面气温记录中的城市化影响(吴息等,1994;Ernesto,1997)。

对北美和东亚案例城市站的研究大多在近几十年的地面气温序列中发现了明显的城市化增温现象。例如,Roden 等(1966)发现 1861—1964 年美国西部的三个大城市站增温趋势显著,而乡村站和小城镇站没有明显的增温;此外,在美国 Fairbanks(Magee 等,1999)和 Tucson(Comrie,2000)城市站的气温序列中均发现了明显的城市化增温;相对于乡村站,韩国首尔在 1973—1996 年有 0.56℃ 的增温(Kim 和 Baik,2002);近年来对北京、天津、上海、武汉、昆明等地区的研究均发现显著的城市热岛增温(林学椿等,2005;初子莹和任国玉,2005;季崇萍等,2006;田武文等,2006;朱家其等,2006;张尚印等,2007;Ren 等,2007;He 等,2007;Jones 等,2008;李书严等,2008;郭军等,2009;王学锋等,2010;何萍等,2009);北京地区的两个国家基本、基准站(北京站和密云站)城市化增温率为 0.16℃/(10a),占同期两站平均增温的 71%,成为观测的气温变化的主要原因(初子莹和任国玉,2005);对北京和武汉两个案例城市的研究表明,年平均地面气温变化趋势的 65%～80% 可由增强的城市热岛效应解释(Ren 等,2007);Kataoka 等(2009)发现,1951—2005 年汉城、东京和台北等大城市站由于城市化造成的增温为 1.0～2.0℃,但改用城市周围 CRU 的网格化数据序列来代替乡村站序列,得出的城市化增温比实际的城市化增温明显偏小,说明在 CRU 网格数据集中也仍然存在部分城市化影响。

对欧洲城市的研究有不同的结果。例如,Böhm(1998)在维也纳三个城市站气温序列的分析中,仅发现一个站在 1951—1995 的 45 a 中有 0.6℃ 的城市化增温;Jones 等(2008)对维也纳和伦敦城市站与邻近乡村站 1961—2006 年地面气温序列的对比研究发现,城乡站点增温速率没有显著差异。但是,其他研究则表明 20 世纪初至 20 世纪中叶,欧洲城市化对器测气温记录有明显影响(Balling,1998;任玉玉,2008)。Jones 等(2008)的研究也发现,近几十年欧洲城市站气温记录在数值上明显高于乡村站,由于城乡站大致位于相似高度,这暗示城市化增温可能主要发生在研究时段之前。

单站案例研究可以提供不同类型城市站城市化增温速率及其季节性等细节信息,对于了解局地尺度地面气温记录在多大程度上受到城市化影响有帮助。但是,受站点具体位置和城市规模影响,这类研究结果一般不适宜推广到区域及大陆尺度。

为了检测区域和全球平均地面气温变化趋势,在城市化对地面气温记录影响很大的区域,需要对这种影响的偏差进行订正,获得消除了城市化影响的单站地面气温资料序列。但是,迄今对城市化影响的订正研究还比较少,目前还没有令人满意的订正方法。已有的工作主要可以分为利用模型和利用乡村站序列进行订正两种。

案例城市研究多利用模型进行订正。常用模型可以简单归纳为数学模型和物理模型两类(卢曦,2003)。单个城市可以利用社会经济参数(如建成区面积、人均公路里程、能源消耗量、每千人公交车数量、私人汽车数量等)对城市热岛强度进行统计回归处理(陈志等,2004;孙越霞和张于峰,2004),得到订正值。除此之外,还有研究者利用物理模型或者中尺度模式模拟城市热岛效应,从理论上揭示热岛效应产生和发展的机制(卢曦,2003;陈燕等,2004)。但这些模型大多是对某一城市简化后的情景模拟,与实际情况还有差别,且通用性较差。

2.3.2.2 区域尺度研究

区域尺度研究一般是通过各种方法筛选出研究区的乡村站,然后对比不同类型台站的区域平均地面气温序列,认为不同气温序列之间的差异即为城市化对区域气温序列的影响,并对其进行相应分析。显然,选择一定数量的地面气温乡村站是开展这类研究的关键。但对于怎样选择乡村站,以及选择多少乡村站,不同的研究者采用了不同的策略和标准,对于同一地区获得的分析结果往往也有较明显的差异。城市化对区域平均气温序列的影响研究大多集中在美国和东亚地区。

北美的早期研究主要依靠人口作为区分城市和乡村站的依据,对城乡气温变化的差异进行分析。研究发现,美国本土或北美地区地面气温观测记录中确实存在明显的城市化影响。Cayan 和 Douglas(1984)对 1933—1980 年美国西南地区的研究发现,城市站 30~50 a 的线性趋势比非城市站、700 hPa 无线电探空仪和海平面温度的趋势高 1.0~2.0℃。Kukla(1986)分析了北美洲 34 对城乡对比站的温度变化差异,认为 1941—1980 年的增暖(0.3~0.4℃)中约有 30%(约 0.12℃)是由城市化影响造成的;Karl 等(1988)利用人口与城市热岛强度之间的统计关系,分析美国 HCN(Historical Climate Network)、CRUT(Climatic Research Unit Temperature)(Jones 等,1986)和 GISS(Goddard Institute for Space Studies)(Hansen 和 Lebedeff,1987)三套地面气温数据集中的城市化影响,发现 HCN 序列中 1901—1984 年城市热岛的影响为 0.06℃,而且人口低于 1 万的聚落也可以观测到城市化对气温的正向影响,随聚落人口规模增加(>1 万,>10 万,>100 万),城市化影响的程度也随之增加(0.11℃,0.32℃,0.91℃);CRUT 美国地区 20 世纪的平均气温序列中城市化造成的温度偏差为 0.1℃;Hansen 和 Lebedeff(1987)温度序列中的城市化增温为 0.3~0.4℃,大于同期美国地面气温的总体变化趋势(Karl 和 Jones,1989)。

随着新技术的推广,新的数据、方法不断地被应用于研究中。例如,一些学者开始利用遥感获取的夜间灯光影像,结合大比例尺地图、人口数据等资料遴选乡村站点,对美国地面气温记录中的城市化影响进行了分析,但得到的结论并不一致。例如,Gallo 等(1999)依靠夜间灯光强度、地图与人口以及对观测者的调查等方法遴选分类美国的乡村、郊区、城市站点,分析对比各自气温序列差异,发现台站筛选方法会影响区域气候变化研究的结果。Peterson 等(2003)对比美国 40 组城市和乡村站 1989—1991 年地面气温记录,发现不存在显著的差异,并认为那些发现城市化对地面气温观测记录有显著影响的研究,可能是因为没有采用均一化订正的数据造成的。

此外,Epperson 等(1995)使用高空和卫星观测资料对城市化对全美地面气温观测的影响进行回归分析,认为截止 20 世纪 80 年代末城市化对月最低、平均、最高气温的影响值分别为 0.40℃、0.25℃和 0.10℃。Kalnay 等(2003)使用 NCEP/NCAR 再分析资料和实测资料的气温变化趋势差来指示实测资料中城市化或土地利用等因素对地面气温变化的影响,发现 1950—1999 年城市化或土地利用对气温变化的影响为 0.27℃/(100a)。

还有研究分析了城乡地面气温差异的影响因素。例如,Gallo 等(1993a,1993b,1999)利用遥感资料对城乡地面气温差异进行的研究发现,植被指数(NDVI)与城乡最低气温的差异之间存在线性关系,地表辐射温度与之也有类似的关系,不过相关性稍差。NDVI 能够解释月城乡最低气温差异变化的 37%,人口可以解释 29%,NDVI 每增加 0.1,最低气温的差别就降低 0.9℃,3—6 月,地表辐射温度对城乡温差的拟合效果较好,而 7—10 月 NDVI 的效果更好一些。

中国大陆地区是另一个研究热点区域。Wang 等(1990)对中国各类台站地面气温记录的分析发现,1954—1983 年中国城市热岛强度为 0.23℃,东部地区城市站(0.36℃/(30a))和乡村站(0.24℃/(30a))有明显的增温差异;赵宗慈(1991)对不同等级城市气温变化的研究也发现,1951—1989 年大城市的增温 0.48℃,全国平均增温 0.2℃,小城市站(乡村站)增温 0.04℃,差异明显;Portman(1993)使用华北地区 21 个城市站和 8 个乡村站 1954—1983 年资料进行的对比研究则认为,城市与乡村气温序列有显著的差异。

自 20 世纪 90 年代开始,学者们开始关注中国城市化对地面气温序列的影响,但得到的结论有较大的差异。Jones 等(1990),Li 等(2004)和 He 等(2007)对中国地面气温序列的研究均没有发现显著城市化影响。朱瑞兆等(1996)认为,城市热岛效应对我国地面气温观测记录有明显影响;黄嘉佑等(2004)发现,中国南方沿海地区热岛效应造成的年平均气温与自然趋势的差值约为 0.064℃/a,其中秋季最低;Zhou 等(2004)和 Zhang 等(2005)认为城市化和土地利用变化因素对地面气温记录造成了明显影响;周雅清等使用台站附近聚落区人口和站址具体位置等信息,从华北地区所有气象台站中选择乡村站,对比分析不同类型台站与乡村站平均地面气温序列的差异,发现 1961—2000 年城市热岛效应加强因素引起的国家基本、基准站年平均气温增暖达到 0.11℃/(10a),占全部增暖的 37.9%(周雅清和任国玉,2005)。

新的方法也被应用于中国地区背景气候场的计算和分离。Zhou 等(2004)和 Zhang 等(2005)借鉴 Kalnay 等(2003)的方法,利用 NCEP/NCAR 再分析资料计算研究区未受城市影响的背景气温变化;黄嘉佑等(2004)通过分析高空大气环流的自然变化与城市气温自然变化的关系,提取气温变化中的自然背景值,从而得到城市热岛效应引起的气温变化;He 等(2007)利用所选择的乡村站资料插值计算城市所处位置的气温数值,对比 1990—2000 年城市站记录与插值所得数值的差异发现,冬季黄、淮、海平原和长江三角洲地区的城市化影响最大,但就全国平均而言城市化对气温记录的影响不明显;Jones 等(2008)利用中国东部海面温度作为背景温度,对比分析发现 CRUT 气温序列中 1951—2004 年中国东部地区的城市化增温为 0.11℃/(10a),占全部增温的 40%,尽管他们仍不认为这种影响是显著的。

最近,张爱英等(2010)采用更严格的标准遴选乡村站(任国玉等,2010),应用经过均一化订正的月平均气温数据,通过对比分析中国 614 个国家基本、基准站和乡村站地面气温变化趋势,发现 1961—2004 年间全国范围内国家基本、基准站地面年平均气温序列中的城市化增温率为 0.076℃/(10a),占同期全部增温的 27.33%。在他们划分的全国 6 个区域中,除北疆区外,其他地区年平均城市化增温率均非常显著,江淮地区尤其明显,其年平均热岛增温率达到

0.086℃/(10a),城市化增温贡献率高达 55.48%。城市化造成的全国全部国家级台站地面增温幅度在冬季和春季最明显,而城市化增温贡献率在夏季和春季最大。这项研究表明,在目前中国大陆广泛应用的地面气温数据集中,城市化造成的增温偏差是很显著的。

在中国更局地区域的案例研究中,大多发现城市热岛强度增强因素对当地平均地面气温记录具有不可忽略的影响,需要在气候变化检测和原因分析中给予更多注意(朱瑞兆和吴虹,1996;曾侠等,2004;陈正洪等,2005;刘学锋等,2005;张爱英和任国玉,2005;白虎志等,2006)。我国华中地区和西南地区尽管总体变暖趋势较弱,但国家站地面气温记录中的城市化影响同样十分显著(陈正洪等,2005;唐国利等,2008)。

表 2.1 列出了针对中国地区地面气温资料序列中城市化影响研究的若干代表性结果。由于所用资料、乡村站选择标准和分析时段与地区不同,这些研究结果存在比较明显的差异。但是,大多数研究,特别是近年采用更密集台站网资料和更严格乡村站遴选标准的研究,一般表明城市化对我国各类城市站和国家级台站地面年和季节平均气温观测记录具有明显的影响。

表 2.1 对中国地面气温资料中城市化影响的部分研究结果

参考资料	研究区域	研究时段	站点类型	温度变化 (℃/(10a))	城市化增温 (℃/(10a))
Wang 等(1990)	东部地区	1954—1983 年	乡村站	0.08	—
			城市站	0.12	0.04
Jones 等(1990)	东部地区	1954—1983 年	乡村站	0.08	—
			城市站	0.13	0.05
			CRU 格点	0.06	−0.02
赵宗慈(1991)	全国	1951—1989 年	>100 万人	0.07	0.06
			100 万~50 万人	0.12	0.11
			50 万~10 万人	0.05	0.04
			1 万~10 万人	0.03	0.02
			<1 万人	0.01	—
			基准站	0.05	0.04
Portman (1993)	华北平原	1954—1983 年	乡村站	−0.02	—
			小城市站	0.02	0.04
			大城市站	0.08	0.10
黄嘉佑等(2004)	南方沿海地区	1951—2001 年 (气候自然变化 与城市热岛 效应之和)	>100 万人	0.29	0.38
			100 万~50 万人	0.31	0.46
			50 万~30 万人	0.31	0.45
			30 万~10 万人	0.27	0.50
			10 万~3 万人	0.33	0.55
			<3 万人	0.29	0.64

续表

参考资料	研究区域	研究时段	站点类型	温度变化 (℃/(10a))	城市化增温 (℃/(10a))
Li 等(2004)	全国	1954—2001 年	基准基本站		<0.0012
周雅清等(2005)	华北地区	1961—2000 年	乡村站	0.18	—
			基本基准站	0.29	0.11
			小城市站	0.25	0.07
			中等城市站	0.28	0.10
			大城市站	0.34	0.16
			特大城市站	0.26	0.08
陈正洪等(2005)	湖北	1961—2000 年	乡村站	0.03	—
			基本基准站	0.12	0.09
			全部站点	0.14	0.11
唐国利等(2008)	西南地区	1961—2004 年	乡村站	0.06	—
			基本基准站	0.12	0.06
任玉玉等(2008)	中东部	1951—2004 年	乡村站	0.17	—
			基本基准站	0.23	0.06
张爱英等(2009)	全国	1961—2004 年	乡村站	0.20	—
			基本基准站	0.28	0.08
白虎志等(2006)	甘肃	1961—2002 年	城市站	0.38	0.15
			乡村站	0.23	—
			基本基准站	0.29	0.06

综合已有的研究,城市化对器测时期地面气温的影响在不同地区、不同时间有不同表现。城市化对气温序列具有显著性影响开始的时间不同,同一时间段城市化影响的强度也有所不同。例如,周雅清和任国玉(2005)和 Portman(1993)研究结果的对比说明,华北平原地区城市化对地面气温序列的绝对影响可能具有随时间上升的趋势。按此趋势逆推,在 1950 年以前华北地区气温序列中城市化的影响当很小。而 Balling 等(1998)对欧洲长序列气温记录的研究发现,在 1890—1950 年的 60 a 中,地面气温增温与城市化或者其他区域因子有明显的相关。任玉玉(2008)的研究发现,中国中东部地区气温记录中出现显著城市化影响的时间晚于欧洲地区。在张爱英(2009)的研究中,也发现中国地面气温序列中的城市化影响有着明显的区域差异。

此外,一些研究者对韩国、日本等其他东亚地区器测气温记录进行的分析也大多发现了明显的城市化影响。Cho 等(1988)对 1911—1985 年地面气温数据的分析发现,韩国城市区域扩张与增温趋势之间有明显的关系,其中日最低气温数据与插值的格点数据比较会有 2.0℃ 左右的偏差(Yun 等,2001;Choi 等,2003)。Chung 等(2004)对比韩国区域 1951—1980 年和

1971—2000 年的地面气温序列发现,除 4 月外,城市化对各月平均气温变化均有显著的影响,影响范围在 0.3~0.6℃,认为区域气候变化的研究必须建立在剔除了城市化影响的资料集的基础上。日本气候中心也发现了城市化对日本气温记录的显著影响(Japan Meteorological Agency,2007)。

在其他大陆地区,对阿根廷和南非地区 CRUT 记录的研究也发现了明显的城市化影响(Camilloni 和 Barros,1995,1997;Hughes 和 Balling 等,1996),说明 CRUT 数据对当地平均气温上升趋势的估计偏高了。另外,Camilloni 和 Barros(1995)对美国、阿根廷和澳大利亚的研究认为城乡的温度差异与乡村站温度呈负相关。乡村站增温的时段,部分站点的城乡温差出现下降的趋势;在乡村站降温的时段,这种负相关更加明显。

利用统计模型对区域尺度城市化影响偏差进行订正时,大多采用人口数据进行拟合分析,得到城市热岛强度。例如,Karl 等(1988),Choi 等(2003)分别利用人口对美国和韩国气温记录中的城市化增温偏差进行了订正。黄嘉佑等(2004)也发现中国南方沿海地区台站城市热岛效应与人口数之间存在显著相关。但是,统计模型的通用性较差,不同地区城市人口与城市热岛强度之间的关系差异明显(Oke,1976,1982)。而且人口数据在不同地区的统计口径和统计时间不同,数据连续性较差,对研究结果的可信性均具有一定影响。有研究认为,人口只能部分地解释站点之间的差异(Gallo 等,1993b;Peterson 和 Owen,2005)。

因此,利用周围乡村站序列对目标城市站序列进行订正是最合理的。这种方法主要是依据乡村站趋势值对城市站的线性增温趋势做订正,计算城市站序列和乡村站序列气候倾向率的差异,即城市化增温;假定城市化增温在研究时段内是线性增加的,逐年计算订正值,得到剔除城市化影响后的气温序列(Portman,1993;周雅清和任国玉,2005)。

综上所述,在近几十年城市化发展迅速的地区,城市热岛效应对区域气温记录有较为明显的影响。考虑到城市区域范围有限,对相关地区开展区域尺度气候变化检测研究和气候变化影响研究时,需谨慎选择气象站点,或者采用经过城市化影响订正的站网地面气温资料。

2.3.2.3 全球/半球尺度研究

随着空间尺度的扩大,特别是在全球或者半球尺度上,研究的难度也越来越大。主要原因是不同国家和地区的城市化进程差异明显,很难采用统一的标准和方法遴选乡村站。目前的研究多利用人口或者卫星夜间灯光资料对观测台站所在聚落区进行分类,将位于人口较少、夜间灯光强度弱的区域的站点作为乡村站;或者通过对案例区的研究结果推测全球或者半球的情况。

Karl 等(1988)利用人口数据筛选乡村站进行研究发现,剔除 1970 年人口超过 10 万的站点后,全球 20 世纪(Hansen 数据集)平均的增温趋势大约降低 0.1℃,城市化对全球范围的影响远小于对美国地区的影响。Jones 等(1986,1989)利用 Karl 的方法对美国序列中城市化增温进行计算,结果显示在 1920—1980 年由于城市化造成的气温偏差为 0.08℃。Jones 等(1990)没有发现中国东部、澳大利亚东部、俄罗斯和美国四个地区 CRUT 数据与乡村站记录有明显差异,因此,Jones 等认为 CRUT 数据集中城市化影响较小。此外,对比这几个典型地区人口增长情况,他们推测该数据集中 20 世纪北半球陆地年平均气温序列中由城市引入的增温不超过 0.05℃,不到全球陆地平均增温的 1/10。这个结论具有深远的影响,IPCC SAR、TAR 和 AR4 均采用了这一研究结论,并认为在全球尺度上城市化造成的增温比观测到的全部增温趋势小一个数量级。IPCC AR4 认为城市热岛效应的影响是存在的,但这种影响具有局地性,不会对近 50 a 或近 100 a 的全球升温造成影响,在全球陆地上小于0.06℃/(100a)(IPCC,2007)。

迄今多数全球尺度研究支持 Jones 等(1990)的结论。Easterling 等(1997)认为,就全球平均来说,20 世纪城市热岛效应对最高、最低气温升高的贡献均不超过 0.01℃/(10a);Peterson 等(1999)利用地图和卫星夜间灯光资料选择乡村站,建立全球平均陆地气温序列。所建序列与全部站点所建序列在趋势上没有显著的差异。Hansen 等(1999,2001)对 5 万人以上的城市依据附近乡村站的记录进行订正,对比乡村站、小城镇站和未订正的城市站序列以及未进行城市化订正的全部站点序列,指出城市化对 20 世纪地面气温趋势的影响不会超过 0.1℃,相比于全球变暖,城市化的影响有限;大部分格点的城市化影响订正小于或者约等于 0.1℃;此外,Hansen 认为城市化在区域尺度的影响要比在全球尺度的影响明显。

一些相关研究也得到城市化对全球器测时期地面气温没有显著影响的结论。例如,Parker(2005)发现全球和区域不同风速下地面气温变化的趋势没有显著的差异,结合已有的研究结论,即城市化影响在静风条件下最明显,大风条件下最小,Park 认为城市化对观测到的增温影响很小。

但是,Wood(1988)对 Jones 等(1986)广泛应用于半球或全球变暖研究中的地面气温序列提出了质疑,认为此数据集在建立过程中还存在很多的不确定性,城市化的影响可能还保留在现有温度序列中。

目前对全球尺度上的城市化影响进行的订正主要依靠可靠的乡村站序列。Hansen 等(1999,2001)在建立全球序列时,对城市站序列的订正采用了两段式方法,即在上述区域订正方法基础上分两个时间段分别依据乡村站观测进行线性订正,使订正后城市站与乡村站序列差异最小。但是,总体上,在全球和半球尺度上开展城市化影响偏差订正的工作还很少,一些研究者因此参照各个区域尺度评价结果,仅在平均气温序列的误差分析时考虑这种随时间增大的偏差。

因此,在全球和半球大陆尺度上,城市化对平均地面气温序列的影响可能比较弱。不同陆地地区之间存在较显著的差异,这种差异不仅体现在相同时期城市化增温速率和对总增温贡献的程度上,也体现在显著城市化影响开始出现的时间上。欧洲和美国等发达国家最显著城市化影响出现的时间可能比中国等发展中国家和地区来得早。

2.3.2.4 小结

综上所述,单站序列的对比分析多发现明显的城市化影响;在区域尺度分析上,美国和东亚地区常用的地面气温数据集中,城市化影响也是很明显的。一些研究没有发现这种影响,主要是因为研究者采用的乡村站序列代表性不够;在全球和半球尺度上,多数研究认为城市化的影响可能比较小,但是否小到可以忽略不计的程度,目前还没有确定的研究结论。现有研究还表明,城市化对地面气温序列的影响随时间和区域有不同的表现,在包括中国在内的东亚地区,近半个世纪长序列地面气温趋势中城市化的影响是非常显著的;但在欧洲等发达国家和地区,城市化的明显影响可能主要发生在 20 世纪中期之前。

有研究者认为,城市站点多在公园和机场,而公园具有"冷岛"效应,机场多在郊区,因此城市站记录到的城市热岛效应影响应该不明显(Peterson,2003)。这种情况在美国等西方国家可能发生,但城市热岛效应主要是城市边界层内热空气穹窿笼罩作用的结果,市内公园和郊区机场可能仍然无法完全摆脱城市化影响(徐祥德等,2003)。另外,Peterson(2003)还提出,在气温资料经历了均一化订正以后,城市化影响也明显变弱了。但是,这种情况也没有出现在中国和欧洲。中国华北(任国玉等,2005a;周雅清和任国玉,2005)和全国(张爱英,2009)地面气温资料在均一化订正后,其城市化影响往往还被恢复了。Parker(2005)的研究也认为均一化订正对城市热岛强度的计算不会产生显著的影响。

目前对地面气温序列中城市化影响的研究仍存在一些问题。首要的问题还是乡村站的遴选原则和方法。综观国内外有关城市化对地面气温序列影响的研究,所采用方法多种多样。但遴选出不受城市影响的乡村站,对城乡站气温序列的趋势差异进行研究,是当前研究城市化对地面气温序列影响偏差问题的最可靠方法(Brohan 等,2006)。

显然,单站基础上的城、乡站序列对比研究是最可靠的方法,结果具有较高可信性。但是,这类研究的关键是临近目标站的乡村站或参考站的遴选,目前的遴选方法和标准很不一致,分析结果有较大差异。

在城、乡站对比研究中选择乡村站的方法可分为以下四种:(1)就近选择:根据台站位置和聚落规模,通过主观判断就近选择城市附近村镇气象站(程胜龙,2005;季崇萍等,2006;田武文等,2006),或者利用同站探空资料,设定对流层低层为参考观测序列(吴息等,1994;Ernesto,1997);(2)根据人口遴选乡村站:规定附近聚落人口总数或者人口密度小于某一阈值的台站为乡村站(Jones 等,1990;赵宗慈,1991;Portman,1993;朱瑞兆和吴虹,1996;黄嘉佑等,2004;周雅清和任国玉,2005);(3)利用卫星影像资料选择:根据卫星夜间灯光强度或大比例地图等资料选择目标站附近的乡村站(Hansen 等,1999,2001;Peterson 等,1999);(4)数学方法:根据EOF 分析和空间插值等温线等方法识别乡村站(Winkler 等,1981;黄嘉佑等,2004;初子莹和任国玉,2005)。

前三种方法依靠各种来源数据对台站附近聚落进行分类,识别出乡村聚落,进而间接选择乡村站。利用人口指标选择乡村站的参数设置比较主观,而且既不能反映观测场周边环境对观测记录的影响,也不能客观反映"乡村站"是否处于附近城市热岛效应的影响区域内,因此得到的参考站可能并不是典型的乡村站;城市夜间灯光的强度受经济发展水平、消费观念和城市扩张方式的影响,在不同国家和地区之间缺乏可比性,而且也不能反映测站观测场附近的环境情况;利用数学方法划分城市影响区可以直接地反映台站是否受城市化影响,但是大部分地区站点密度不够,进行空间插值的误差较大。

由于乡村站遴选方法差异明显,再加上使用的站点数量和密度不同,不同研究结果往往具有较大的差异。我国东部平原地区人口密度大,气象站点的设置与欧美不同,很少设置在真正的乡村或机场,台站地面气温观测记录对城市化比较敏感,因此乡村站的选择方法就尤为关键。在已有的研究中,乡村站选择标准很不统一。在利用人口资料的研究中,对乡村站人口数的限定有 1 万、5 万和 10 万等几种,对迁站、观测场具体位置等的要求也不一致。例如,以 5 万人口作为乡村站的上限(山东省除外),同时考虑站址具体位置,周雅清和任国玉(2005)从华北地区全部站点(包括国家级台站和一般站)中仅选择 22%的站点作为乡村站;而 Li 等(2004)把 10 万以下人口同时测站在"郊区"作为遴选标准,各地选出的乡村站数量在国家级台站中均超过 50%,其中东北和华北地区、长江中下游地区乡村站数量占国家级台站数的比例更分别超过 70%和 57%。乡村站遴选标准的不同导致了研究结果的显著差异。

研究表明,在聚落由 1 万到 10 万人口的逐步发展中,气象站点地面气温记录始终有城市化影响(乔盛西和覃军,1990);Karl 等(1988)认为,1 万左右人口的聚落附近气象站就会感受到城市化影响。因此,相对宽松的乡村站选择标准无疑会将部分城市化影响引入到乡村站序列中,导致目标站地面气温变化中城市化影响的估计结果偏低(Ren 等,2008)。

使用 NCEP/NCAR 等再分析资料和实测资料的趋势差,来分析地面实测资料中城市化或土地利用等因素对气温变化的影响,最近得到几个研究组的采纳(Kalnay 和 Cai,2003;Zhou 等,2004;Zhang 等,2005)。这种方法有一定合理性。但由于参考序列和目标序列不是同一性质的资料,NCEP/NCAR 再分析资料中也没有考虑云的因素,地面热量收支平衡当中还存在一定误差(Trenberth,2004),加之所使用的地面观测资料没有对由于仪器和观测时间变更所造成的非均一性进行订正(Vose 等,2004),这些研究受到不少质疑。但是,这种方法经过改进有潜力作为检测城市化影响的一个有效技术之一。

未来的研究需要寻找能直观精确反映测站与城市影响区相对位置和测站周围环境的乡村站点遴选方法,并对其他观测站点进行客观分类,准确地评价城市化对各类台站地面气温观测记录的影响。采用详细的站史资料和精准的站址经纬度位置资料,以及高分辨率卫星、航空图片资料和大比例尺地图资料,结合历史人口和城市土地利用变化资料,有望获得有代表性的乡村站点。在单站和区域尺度上,上述各种资料都比较容易获得;在全球和半球陆地尺度上,利用高分辨率卫星遥感资料,开发遴选乡村站的通用方法,可能是比较现实的选择。

最后,已有的研究在空间和时间覆盖上还有很大的局限性。目前尚没有覆盖全球各个区域的可靠分析结果,也缺少对 20 世纪中期以前城市化影响的系统评价。由于城市化对气温序列的影响在不同时间、不同地区有不同的表现,因此今后还需要开展对几个热点地区以外区域的独立研究,得到覆盖全球陆地所有地区的研究结果和经过城市化影响偏差订正的数据集,以供相应的气候变化检测、气候模式检验和气候变化影响研究使用。当然,在检测出明显的城市化影响以后,如何合理有效地订正这种局地人类活动影响的偏差,仍是一个需要深入研究的问题。

2.4　测站资料与再分析资料的比较

2.4.1　中国东部夏季气压气候变率:测站资料与再分析资料的比较

2.4.1.1　突变前后气压场差异

已有研究表明,全球气候在 20 世纪 70 年代中期发生了一次突变,这次突变在海温、大气环流、温度、降水以及 ENSO 变化中均有反映。根据公认的 1976 年的突变,本节对三种资料集在 1958—2001 年间的气压场做 1976 年前后的差异比较。OP 显示我国东部气压升高,在升高区域中有小片降低区域,空间分布不是很规律,有显著差异的是我国华北西部,西北东部以及长江以北部分地区。再分析资料结果均显示 1976 年后我国气压一致升高,其中 ES 升高中心在青藏高原东北部、南疆以及青海附近,除东北及华南南部,其余地区均显著升高。NP 和 NS 在全国范围内均显著增加,变化中心在内蒙古西北部,沿 105°E 有一条南北向带状区域,其气压升高比同纬度地区高。ES 的变化量与观测资料更为接近,而 NP、NS 远高于其他两种资料。

2.4.1.2　夏季东亚热低压指数变化

本节采用方之芳和张丽(2006)所定义的(35°—55°N,90°—115°E)范围作为夏季东亚热低压指数计算区域,用本站气压和海平面气压的区域平均值作为东亚热低压指数,其中 OP 长度取 1958—2006 年,NP 和 NS 取 1948—2006 年,ES 为 1958—2001 年。本节中各资料平均值均为 1958—2001 年在相应区域中 44 a 的平均。

首先计算(35°—55°N,90°—115°E)范围内 ES 和 NS 的区域平均(分别记为 E-MSL,N-SLP)作为东亚热低压指数;并且由于观测资料只有我国境内数据,因此同时计算该范围在我国境内的格点上 ES,NS,NP 和 OP 的区域平均(分别记为 E-CMSL,N-CSLP,N-CPRES 和 OBSP)。由图 2.3 可见,E-CMSL 和 N-CSLP 的数值及变化趋势分别与东亚热低压指数 E-MSL 和 N-SLP 相当一致。N-CSLP 与 N-CPRES 尽管在数值上不同,但其变化曲线和距平值也是相当一致的(图 2.4),因此在以下分析中将以 N-CSLP、N-CPRES 和 E-CMSL 作为东亚热低压指数,与该范围内观测资料 OP 计算所得东亚热低压指数 OBSP 进行比较。

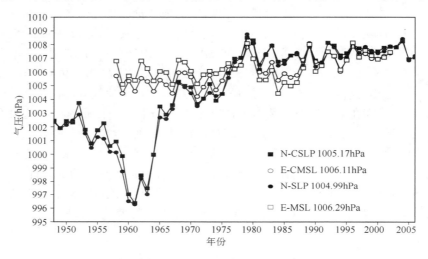

图 2.3 (35°—55°N,90°—115°E)与该区域在中国境内部分的
区域平均海平面气压(夏季东亚热低压指数)变化

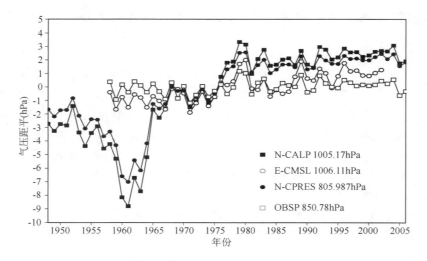

图 2.4 夏季东亚热低压指数距平(单位:hPa)

　　由图 2.4 可见,观测资料显示东亚热低压指数变化较为平稳,指数距平基本在 ±1 hPa
范围内,1976 年后东亚热低压比之前有所减弱;而再分析资料均显示 1976 年后东亚热低压
显著减弱,以 NCEP 资料变化最为显著。其中 OBSP 在 20 世纪 70 年代中期以前多低于其
平均值,之后多高于平均值;E-CMSL 在 1976 年前低于其平均值,之后多高于其平均值,而
其距平值与 OBSP 距平值相当,变化曲线也较为一致;N-CSLP、N-CPRES 变化趋势一致,在
1976 年前均低于其均值,之后均高于均值。N-CPRES 远低于 OBSP,与 OBSP 相比,在
1965 年前无论是 N-CPRES 还是其距平值,差异均较大,而在 1965—1976 年其距平值略低
于观测资料 OBSP 的距平值;在 1976 年之后,N-CPRES 距平值大于 OBSP 距平值,与观测
资料之间差异在减小,意味着 NCEP 在 1976 年之后质量有所提高。1965 年后 4 个指数的
变化趋势类似。N-CSLP 和 E-CMSL 变化具有类似特征。这一点在温度资料中也有所体
现,其原因可能是由于卫星资料引入同化系统中而引起的资料质量的改善(Kistler 等,
2001;Greatbatch 等,2006)。值得注意的是,在 1965 年前 NCEP 热低压指数与观测资料和
ERA-40 热低压指数差异较大,显著偏低。这与 Inoue 和 Matsumoto(2004)以及 Zhao 和 Fu
(2009)的结论比较一致,反映了所谓的地表气压问题(PSFC,surface pressure,1948—
1967 年间部分地表气压转换时出现错误而导致该地区气压显著偏高或者偏低的现象,
Kistler,1998)。相比之下,以 ERA-40 气压资料更接近气压的真实变化。

　　对夏季东亚热低压指数的小波分析(Torrence 和 Compo,1998)(图略)表明,OBSP 和
E-CMSL 具有较为相似的周期变化,OBSP 在 20 世纪 70 年代中期至 90 年代初期 3~4 a 的
周期较为显著,而 E-CMSL 在 60 年代末期到 90 年代中期有较为显著的 3~4 a 周期特征。
N-CPRES 周期特征与 OBSP 和 E-CMSL 有显著差异,几乎看不到 3~4 a 周期的特征,有虚
假的 14 a 左右周期,N-CSLP 小波分析结果与 N-CPRES 几乎相同(图略)。

　　在对温度资料的比较分析中(高庆九等,2010b),取观测站点相对比较多且分布较为均
匀的中国中东部地区(20°—40°N,105°—120°E)的温度作为研究对象,分析了该区域温度变
化,在此取同一区域的气压值分析如下(图 2.5)。

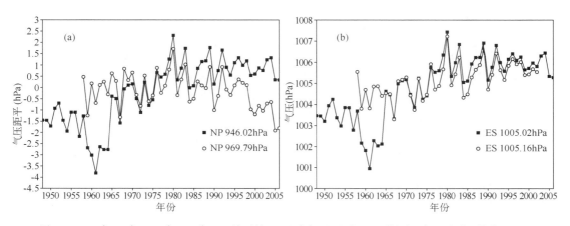

图 2.5　(20°—40°N,105°—120°E)区域平均(a)地表气压距平和(b)海平面气压变化(单位:hPa)

由图 2.5 可见,OP 明显偏高,其年代际变化特征没有 NP 明显,1976 年后 NP 距平大于 OP 距平,海平面气压(NS,ES)在 1965 年后不管是在数值还是变化趋势上基本一致(两者的平均值也很接近),而在 1958—1965 年差异较大,这与夏季东亚热低压的比较结果相同,反映了所谓的 PSFC 问题;对该区域气压平均序列的小波分析(图略)显示,3 种资料均在 20 世纪 70 年代中期至 90 年代中期有较显著的 3~4 a 周期特征。NCEP 资料 3~4 a 的年际变化周期与观测资料比较一致,这点与东亚夏季热低压不同,说明 NCEP 资料在较低纬度比高纬度质量要好。NP 和 NS 的周期特征十分相似(图略)。

此外需要注意到的是,NP 与 OP 的差异在中高纬度地区大于中低纬度,这一点与徐影等(2001)的结论是一致的(图 2.4 和图 2.5a)。

2.4.1.3 线性趋势和方差分析

由于我国东部地区站点分布较多也较为均匀,因此以下研究范围主要指中国东部地区(100°E 以东)。

(1)线性趋势分析

OP 线性分析(图略)结果显示,我国东北、华北以及华中地区气压有升高趋势,四川、云贵以及华南小部分地区有降低趋势;NP 显示我国气压有升高趋势,且这种趋势十分显著,以内蒙古为中心,沿 105°E 自北向南有一大值带,气压升高的趋势沿着这个带分别自东北向西南和自西北向东南逐渐降低;NS 和 NP 趋势系数分布基本相似,NS 略大于 NP。ES 显示气压有升高趋势,自西向东升高趋势逐渐减弱;NP 线性变化趋势最大,OP 最小。这说明两种再分析资料在对气压变化长期趋势的研究中,不确定性更大,这一点与徐影等(2001)、赵天保和符淙斌(2009)的结果类似。

(2)方差分析

去掉各资料集中气压线性趋势后做方差分析,以观察变化和差异较大的区域分布情况(以下未做特别说明则所用资料均为去除线性趋势后的资料,其中 NS 与 NP 结果相似,图略)。

OP 方差(图 2.6a)相对于再分析资料变化来说比较零散,其中变化较大的区域为黑龙江北部、四川西北部、甘肃南部、广西一带及山东半岛一带,黑龙江北部方差变化最大。ES、NP(NS)反映气压变化的空间分布比较规律,变化大的区域在中国北方,方差的空间分布从北向南逐渐降低,中心均在内蒙古中部一带。NP(图 2.6b)和 NS(图略)的方差分布十分相似,且变化明显大于 ES(图 2.6c)。图 2.6d 显示 NP 对我国北方地区气压变化估计偏高,对我国长江中下游地区、华南和山东半岛气压变化的反映略有不足。

2.4.1.4 本站气压场时空变化特征

为比较再分析资料对观测资料年际和年代际变化特征的再现能力,对去掉线性趋势后的站点资料做自然正交分解(EOF),气压场前 10 个特征向量反映原场 90%信息,收敛较慢,前两个特征向量通过 North 显著性检验(表 2.2)。

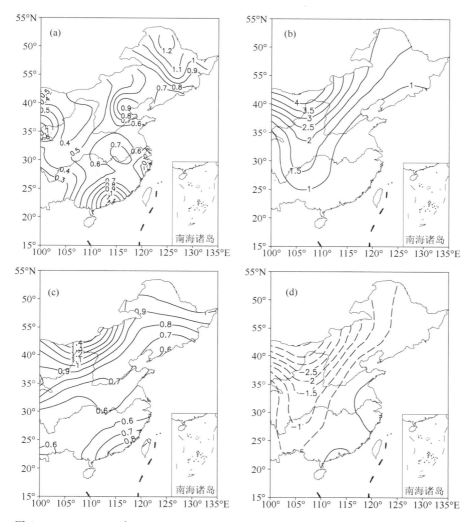

图 2.6　1958—2001 年(a)OP、(b)NP 和(c)ES 的方差分析及(d)OP 与 NP 的方差差异

表 2.2　本站气压自然正交分解前两个模态方差贡献

序号	特征值	方差贡献	累计方差贡献
1	1990	0.508	0.508
2	501	0.128	0.636

(1)本站气压场空间分布特征

第一特征向量全国均为正值,反映我国气压一致的变化趋势,其中我国 105°E 以东为高值变化区,其变化幅度向西逐步减小,该分布与本站气压方差变化比较大的区域较为一致;第二特征向量表示我国东北、华北与川陕和江淮以南地区气压变化的反向特征。

(2)本站气压场时间分布特征

第一时间系数表现出明显的年际变化特征,20 世纪 70 年代初期到 90 年代中期 3～4 a 周

期变化较为显著;第二时间系数同样表现为 60 年代末到 70 年代初 3 a 左右周期和 80 年代的
4~6 a 年际变化特征,年代际变化特征不明显。

(3)EOF 时间系数与再分析资料的相关分析

在去除了长期变化趋势后,两套再分析资料在年际和年代际时间尺度上与观测资料的相
似程度如何? 将 OP 的 EOF 时间系数分别与去除线性趋势的两种再分析资料作相关分析(陈
海山等,2004),以了解在时间系数所反映的时间变化尺度上,NP、ES 与 OP 的相似程度及其
空间分布,以及这种空间分布与 EOF 特征向量是否在空间上一致。

结果(图 2.7)表明,第一模态对应的时间系数(EOF-T1)与 ES 在全国均为正相关,与特征
向量符号一致,并且均达到显著,但比第一特征向量的空间分布更有规律:以长江中下游地区
为中心,向西和南北两侧相关程度逐渐减小;其中大值中心与图 2.6a 中方差大值中心较为一
致,表明夏季气压变化较大是由年际变化造成的。EOF-T1 与 NP、NS 的相关系数分布十分相

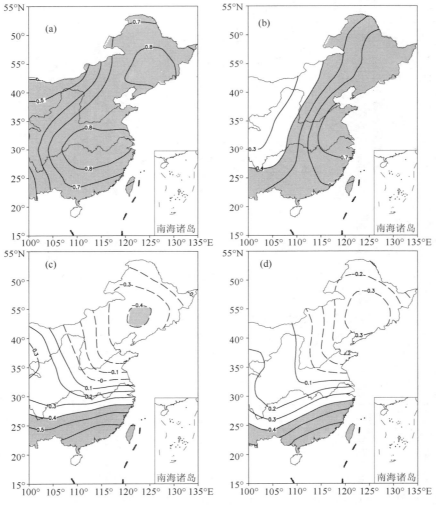

图 2.7 地表气压观测资料经 EOF 分析前两个模态对应的时间系数与 ES((a)、(c))和 NP((b)、(d))
的相关系数空间分布:(a)、(b)是第一特征向量;(c)、(d)是第二特征向量。阴影表示通过 99%信度检验

似,也是全国均为正相关区,从内蒙古东部120°E向西南方向至云南附近105°E,以东为显著正相关区;反映出我国东部地区气压的年际变化特点。第二时间系数EOF-T2与ES、NP和NS的相关在华北、东北为负相关,其余地区为正相关,其中与ES在吉林中部、华南相关显著;与NP和NS在华南相关显著,但与ES相比,相关程度略低。

以上分析表明,两种再分析资料均能再现我国气压年际变化特征,但ES的反映能力要优于NP,而气压观测资料中并没有两个再分析资料中显著的年代际变化特征。

2.4.1.5　空间相似性分析

将OP插值到同样分辨率的网格点后,与再分析资料NP、ES分别做相关分析。由空间相似性分析(图略)可见,ES与观测资料的相关均能达到显著性程度,并且东南部相关高于西北部,NP与观测资料的相关仅在东南部有高相关区,从内蒙古东部120°E向西南方向至云南附近105°E,以东为显著正相关区。说明两种再分析气压资料对我国气压的再现能力在东部优于西部,低纬度地区优于高纬度地区。

2.4.1.6　小结

本节针对中国194站地表气压、NCEP/NCAR和ERA-40再分析月平均数据集中的气压资料分析比较没有明确结论的情况,分析了中国区域夏季地表气压的气候变率,尤其是对比了再分析资料的再现能力,主要结论如下。

(1)三种资料均显示我国东部气压升高,ES的变化量与观测资料相当,NP、NS远高于其他两种资料;在1965年之前NP、NS与OP、ES差异较大,显著偏低。1976年之后两种资料间的差异在减小。

(2)观测资料显示气压变化不大,而再分析资料ES、NP(NS)反映气压变化较大,以我国北方变化最为明显,从北向南逐渐降低,中心均在内蒙古中部一带。NP(NS)方差最大,NP对我国北方地区气压变化估计偏高,对我国长江中下游地区、华南和山东半岛气压变化的反映略有不足。

(3)再分析资料可以再现我国气压年际变化特征,对中国区域气压的再现能力在东部优于西部,低纬度地区优于高纬度地区。

(4)三种气压资料为一致的线性增高趋势,NP线性变化趋势最大,OP最小,北方大于南方。无论是NP(NS)还是ES,两种再分析资料在对气压变化长期趋势时空演变的研究中,不确定性均较大。

(5)OP和ES具有较为相似的周期变化,在20世纪70年代中期到90年代初期3~4 a的周期较为显著,而NP周期特征与OP、ES有显著差异,有虚假的14 a左右周期特征。1976年前后的年代际突变特征在NCEP资料中异常显著,OP的年代际变化特征没有NP明显。以ES更为接近气压的真实变化。

此外,在本节的研究中,由于没有海平面气压观测资料和ERA-40地表气压资料,无法对这两类资料在数值大小上进行比较,这是本节的局限性;而对于观测资料中,由于迁站对资料所造成的影响,在本节中并没有进行详细分析和订正,而是默认上报并参与国际交换的194站资料正确。这是本节的不足之处。此外,未来还可使用其他再分析资料如日本气象厅(JMA)组织和发展的20多年(1979年至今)全球大气再分析资料计划(JRA25)与已有的结果进行比较。

2.4.2 两种再分析资料中夏季地表气温与中国测站资料的差异

2.4.2.1 中国中东部地区平均气温变化

选取站点较多且分布较均匀的中国中东部地区（20°—40°N, 105°—120°E）作为重点分析区域。OT 长度取 1958—2006 年，NT 取 1948—2006 年，ET 取 1958—2001 年。平均值均为 1958—2001 年的 44 a 平均。

三种资料集的温度变化（图 2.8a）显示区域平均值差异较大，其中 OT 的平均值最高，NT 最低。NT 比同为地面 2 m 温度的 ET 还低 1.78℃，相差达 7.47%。在 19 世纪 60 年代中期到 90 年代中期，OT 温度偏低，大多低于平均值，在 60 年代中期之前和 90 年代中期之后温度偏高，大多高于平均值；ET 的变化和 OT 较一致，而 NT 在 1965 年之前与其他两种资料差异较大，这可能与温度被归为 B 类资料（Kistler 等, 2001）有关，即同化时背景温度场受到"PSFC"问题（surface pressure, 1948—1967 年期间部分地表气压转换时出现错误而导致该地区气压显著偏高或者偏低的现象）（Kistler, 1998）影响而导致温度出现偏差；1965 年之后，三种资料的变化趋势比较相似，其中 NT 表现出明显的年代际变化特征，在 1976 年之前基本低于平均值，之后基本高于平均值，且有持续增高的趋势，在 20 世纪 90 年代以后尤甚，其他两种资料在 1976 年前后的这种年代际变化趋势则不十分明显。相关分析表明，OT 与 ET 的相关高达 0.962，随时间变化的特征基本一致，而 NT 与观测资料的相关虽也达到 0.593，远远超过 0.001 的显著性水平，但与 ET 相比，相关程度偏低。此外，由三种资料区域平均温度距平曲线（图 2.8b）可以看出，OT、ET 的距平非常接近，变化趋势也基本一致，而 NT 距平在 1965 年之前与其他两种温度资料的距平差异非常大，在 1976 年之后距平大于其他两种资料的距平，即 NT 与其他两种资料的差异在减小。而我们注意到，在 20 世纪 70 年代中后期，卫星资料开始引入到 NCEP/NCAR 再分析资料的同化系统中（Kistler 等, 2001; Greatbatch 和 Rong, 2006），因此，1965 年之后 NT 资料的距平值有一定的可信度。

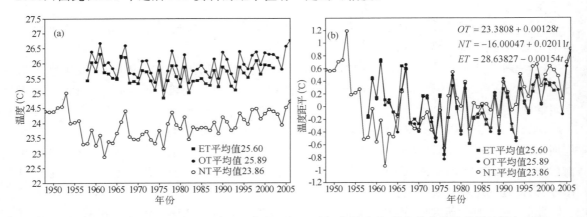

图 2.8 区域平均（20°—40°N, 105°—120°E）温度(a)及温度距平(b)的变化曲线及其线性回归方程

对三种资料区域平均的线性分析显示（图 2.8b）OT 和 NT 均为线性增温，而 ET 为降温，其中 OT 线性增温趋势与李庆祥和李伟（2007）计算的我国夏季平均温度的线性趋势相当，而 NT 增温的幅度远远大于 OT，达到了 0.2℃/(10a)，OT 与 ET 线性变化程度相当但符号相反，结合图 2.9a、b 可以发现在进行平均的区域内 ET 比 OT 的降温趋势要强烈一些，这或许

可以解释上面这两种资料区域平均趋势系数符号相反的原因。同时，为了检验 1965 年之前的结果是否会对整体结果产生影响，做了 1965—2001 年该区域平均的线性趋势分析，结果如下：

$$T_O = 8.87457 + 0.00858t$$

$$T_N = -11.26153 + 0.01773t$$

$$T_E = 17.86489 + 0.00388t$$

其中，T_O、T_E、T_N 分别表示观测温度及两种再分析资料 2 m 温度的区域平均，t 表示时间（年份）。

可以看出，三种资料的线性趋势均为增温，与 1958—2001 年的趋势相比，ET 和 OT 均增加，NT 的趋势减小，但 NT 仍远远大于 ET 和 OT，ET 的升温趋势是最小的。

1958—2001 年三种区域平均温度序列标准 Morlet 小波分析（Torrence 和 Compo，1998）结果显示：OT 与 ET（图略）的周期特征十分相似，其中 4～8 a 周期一直存在，在 20 世纪 60 年代初期到 70 年代中期较显著；70 年代中后期到 80 年代初以及 90 年代，3～4 a 周期十分显著，其中 ET 在 60 年代 4～8 a 周期比观测资料更显著。NT 的小波分析结果与观测资料及 ET 分析结果较为一致的特征是，70 年代中后期及 90 年代的 3～4 a 周期显著，而 70 年代之前虽然也有 4～8 a 周期，但不显著，与其他两种资料的周期特征相比，差别较大。总体来说，OT 和 ET 的周期特征较相似，变化较一致，而 NT 所显示的周期特征与观测资料及 ERA-40 均有一定差别，尤以 70 年代之前为甚。

2.4.2.2　温度线性趋势及方差比较

（1）线性趋势分析

气温线性趋势系数（图 2.9）表明，OT 与 ET 线性变化的空间模态及变化趋势十分相似：我国北方（华北、东北和内蒙古东部）以及华南沿海有增温趋势，其中 ET 在东北、华北和内蒙古东部的升温略小于 OT，而在华南沿海的升温趋势两者相当；在新疆西北部和青藏高原地区也为增温趋势；在长江中下游、江南以北到黄河下游以南地区（25°—35°N，105°—120°E）为降温趋势（但 ET 降温范围略偏北，降温程度略大于 OT），这些与 Kaiser 和 Qian（2002）、Li 和 Dong（2009）的分析结果较为一致；升温和降温趋势相当；NT 显示我国 110°E 以东增暖，中心位于渤海湾附近，在新疆西北部和青藏高原也有增暖趋势，其他地区为降温。NT 和 ET 在我国西北地区（90°E 以西）线性变化的空间分布十分相似。NT 的线性变化趋势远大于 OT 和 ET 的趋势。考虑到 OT 资料中没有去除城市化作用对温度资料的影响，任国玉等（2005a，2008）的研究认为，城市化进程对温度影响较大，对华北地区的研究表明（周雅清和任国玉，2005），经过适当订正后，气温线性趋势会有一定程度的下降。但由于再分析资料中城市化影响的估计并未给出，因此上述分析中 ET 在东北、华北和内蒙古东部的升温趋势与 OT 的差异在考虑了城市化影响后可能会有所变化。而 NT 与 OT 和 ET 的差别较大，这不仅体现在线性趋势的空间分布上，也反映在数值的大小上，这在上节的分析中已有反映。这种线性变化趋势有较大差异的原因可能与 NCPE/NCAR 再分析资料的模式参数化方案和同化方案有关，而这种差异在其他要素中亦可能存在，未来将对这种差异做进一步的验证。上述分析表明，ET 对我国气温变化长期趋势的反映能力较好，而 NT 较差，具有不确定性。

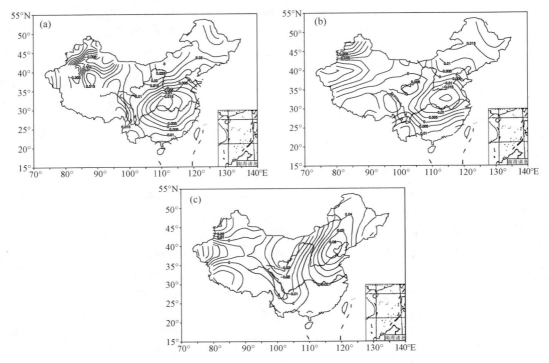

图 2.9　1958—2001 年 (a)OT、(b)ET 和 (c)NT 的线性趋势(单位:℃/a)

（2）方差比较

去掉各资料集中气温长期变化趋势后,进行方差计算,以考察资料中年代际和年际变化差异较大区域的分布特征(以下未做特别说明则所用资料均为去除线性趋势后的资料,且以 OT′、ET′ 和 NT′ 表示)。

方差计算结果(图略)均显示我国夏季气温变化大的区域在中国北方,方差空间分布表现为由北向南逐渐降低,体现了纬度效应的影响。OT′ 方差大值中心在内蒙古东北部、长江中下游和新疆北部,而 ET′ 在内蒙古、华北和长江中下游地区也有方差较大区域;NT′ 的中心在内蒙古一带,华北有相对大值中心,其等方差线基本平行于纬线,而 ET′ 不同之处在我国东部,等方差线向南弯曲,变化大值区包含了长江中下游地区。此外,两种再分析资料 NT′ 与 ET′ 反映的内蒙古、东北以及新疆地区温度变化大于观测资料。与观测资料 OT′ 相比,对于长江中下游地区,NT′ 偏弱,但 ET′ 则略强。

以上分析表明,两套再分析资料对我国北方(30°N 以北)的温度变化估计均偏高;对我国南方(30°以南),ET′ 的反映略偏高,NT′ 偏低。在新疆西部地区,NT′ 的估计远远高于观测温度,也高于 ET′;而在东北、华北、内蒙古,两种再分析资料的再现能力相当。

2.4.2.3　空间相似性分析

将站点的夏季温度资料插值到同样分辨率的网格点上,与两种再分析温度资料分别作相关分析。由空间相似性分析可见,两套再分析资料与 OT′ 的相关系数均通过 99% 的信度检验,空间分布上较为接近,能反映实际温度的分布特征,但 ET′ 与实际温度分布的相似程度要高于 NT′,尤其是在我国长江中下游、东北和华北地区。

2.4.2.4 温度的时空变化特征

为了比较温度年际和年代际分量的时空变化特征,并比较再分析资料对观测资料年际和年代际变化特征的再现能力,本节对观测资料进行自然正交分解(EOF),温度场前 14 个正交函数反映了原始场 90%的信息,收敛速度较慢,其中前三个特征向量通过 North 显著性检验(表 2.3)。

表 2.3 温度观测资料经 EOF 分析的前三个模态的方差贡献

序号	特征值	方差贡献率	累计方差贡献率
1	1280	37.4%	37.4%
2	487	14.3%	51.7%
3	295	8.7%	60.4%

(1)温度场的空间分布

EOF1(图略)表现为全国一致变化的特征,中心位于内蒙古东部、辽宁和吉林一带,从中心向四周递减,反映全国为一致的增温或降温。结合时间系数(图 2.10a)可知,20 世纪 70 年代之前、90 年代中期之后全国偏暖,而中间时期全国偏冷。EOF2(图略)显示出我国南北方温度反位相变化的特征,中心分别位于长江中下游及东北到内蒙古东部;当东北、华北增暖时,长江中下游地区降温,该特征在 90 年代后尤为显著。EOF3(图略)显示出东北和长江中下游地区与内蒙古和华南、西南地区温度反相变化的特征,即从北向南呈现出一+一+的分布特征,中心分别位于东北北部、内蒙古中部、长江中下游和云贵高原南部和东部一带。

(2)温度场的时间变化特征

第 1 时间系数(EOF-T1)表现出年代际变化的特征(图 2.10a),小波分析结果(图 2.10d)显示 8～12 a 周期在 20 世纪 70 年代末开始较显著,90 年代中期之后 3 a 周期较显著。EOF-T2 表现出年际变化的特征(图 2.10b),小波分析结果(图 2.10e)显示 80 年代中期后 2～3 a 周期显著,且周期有逐渐增加的趋势,而 70 年代之后 6～10 a 周期显著。EOF-T3(图 2.10c、f)同样表现出年际变化的特征,70 年代到 90 年代 6～8 a 周期显著,且在 60 年代中期 4 a 周期和 90 年代初期 3 a 周期较显著。

结合空间分布可见,我国温度的年代际变化特征是全国一致的升温或者降温,而年际变化特征则表现出南北方反位相变化特征。

(3)EOF 时间系数与再分析资料的相关分析

2.4.2.3 节分析了再分析资料与观测资料在空间分布上的相似程度,结果表明在去除了长期变化趋势后,两套再分析资料与实际观测资料在空间分布上较为接近,能反映出实际温度的分布特征,但是在年际和年代际时间尺度上,两种再分析资料与观测资料的相似程度如何?因此,我们将 EOF 时间系数分别与去除线性趋势的两种再分析资料做相关分析(陈海山等,2004),以了解在时间系数所反映的时间变化尺度上再分析资料与观测资料的相似程度及其空间分布,以及这种空间分布与 EOF 特征向量是否在空间上一致。

结果表明,相关系数分布(图略)与 EOF 空间向量分布十分相似,EOF-T1 与再分析温度资料均为正相关,与特征向量的符号一致,而达到显著相关的地区为我国北方(30°N 以北),不包括新疆西北部和黑龙江北部的小部分地区;与 ET′的相关系数大于与 NT′的相关系数,且相

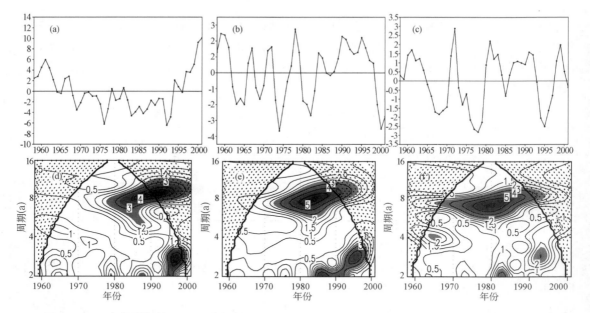

图 2.10　温度观测资料经 EOF 分析的(a)~(c)时间系数及其(d)~(f)标准 Morlet 小波分析结果

((a)、(d)为第 1 特征向量；(b)、(e)为第 2 特征向量；(c)、(f)为第 3 特征向量。阴影表示通过 90%信度检验的去噪能谱)

关系数的中心与特征向量中心较一致，位于辽宁、吉林地区及青海甘肃一带。NT' 与 ET' 相比，通过信度检验的范围略小，不包括黄河中游的河南及山西部分地区。这说明我国北方温度的年代际变化特征较显著。对照方差分析结果可以发现，通过显著性检验的地区同时也是我国夏季温度变化较大的地区(不包括新疆西北部)，体现了纬度效应，同时表明夏季温度变化大多是由年代际变化造成的。ET' 与 NT' 相比，在研究我国北方(30°N 以北)温度的年代际变化时，前者较好，这与黄刚(2006)、徐影等(2001)的结果一致。

EOF-T2 与再分析温度资料的相关分析(图略)表明，我国长江中下游及以南地区(25°~33°N，105°E 以东)为正相关，东北北部和内蒙古东部为负相关，与特征向量符号一致，反映了这两个地区温度的反位相变化特征，且以年际变化为主；EOF-T2 与两种再分析资料相关系数的空间分布和数值大小十分接近，表明这两种资料在研究我国长江中下游及以南地区(25°~33°N，105°E 以东)和东北北部的温度年际变化时能力相当。

EOF-T3 与再分析温度资料的相关分析(图略)表明，我国吉林和黑龙江以及长江中下游地区为负相关，其他地区为正相关，且与特征向量符号一致；通过显著性检验的地区仅为东北和青藏高原的东北部，两地区的温度变化呈现出反位相变化特征，且年际变化较显著。

对照方差分析结果可发现，长江、黄河中下游之间地区的方差变化是年际变化和年代际变化共同造成的。ET' 和 NT' 均能反映出我国温度的变化，但前者更准确；在研究我国北方(30°N以北)温度年代际变化时，ET' 较好；在研究我国温度年际变化时两种再分析资料能力相当，适合于分析长江中下游以及东北地区温度的年际变化；而新疆西北部方差较大区域仅在 NT' 中略有反映。

2.4.2.5 1976年前后的温度场差异

IPCC评估报告(Houghton等,1996)指出:在1976年前后全球地表温度有明显差异。众多研究结果认为1976年前后发生过一次年代际突变。因此,本节比较了三种资料集在1976年前后的差异(图2.11)。观测温度资料(图2.11a)显示在26°—35°N、105°E以东及新疆中南部为降温,其他地区升温;ET(图2.11b)与OT(图2.11a)的空间分布较相似,26°N以北到华北、内蒙古西北部、甘肃、新疆中南部降温,其他地区升温;NT(图2.11c)的特征为105°E以东、青藏高原、新疆西北部升温,内蒙古西北部、甘肃、宁夏一带降温,升温中心位于渤海湾一带。从升、降温幅度来说,ET与观测资料相当,而NT的变化幅度远远高于其他两种资料。因此,分析气温年代际变化时,使用ET更能反映突变的实际情况。

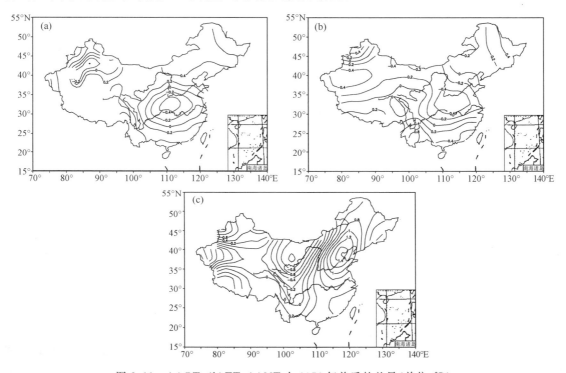

图2.11 (a)OT、(b)ET、(c)NT在1976年前后的差异(单位:℃)

2.4.2.6 小结

针对中国194站气温资料(OT)、NCEP/NCAR(NT)和ERA-40(ET)再分析月平均温度资料,采用线性分析、方差分析、小波分析以及EOF等方法,对比研究了三种资料的变化特征及其差异,结论如下:

(1)在数值上,ERA-40温度资料与观测资料较接近,而NCEP/NCAR温度资料比观测资料低,且1965年之前与观测值的差异较大;ERA-40温度资料与观测资料的相似性优于NCEP/NCAR温度资料,具有20世纪60年代中期到90年代中期多低于平均值,此前和之后多高于平均值的特点,4 a和6 a的周期特征显著;而NCEP/NCAR温度资料以1976年为界的年代际变化特征十分显著。因此,在对地面温度进行周期分析时,建议使用ET资料。OT、ET的距平及其变化趋势非常接近,而NT距平在1965年之前与其他两种温度资料距平的差异非常大。在使用 NT 的原始资料时应慎重,而 1965 年之后的 NT 距平值有一定的可信度。

(2)ERA-40 温度资料对我国温度长期变化趋势的再现能力要优于 NCEP/NCAR 温度资料,与实际观测资料的线性趋势及空间模态十分类似,尤其是在我国长江中下游、东北、华北地区以及青藏高原地区的变化量相当;而 NCEP/NCAR 温度资料在研究我国温度长期变化中具有不确定性,且其变化趋势远远大于观测值和 ERA-40 温度资料。因此,使用时应注意 NT 在区域和长期趋势中所反映的不确定性及差异。ET 对我国南方(30°N 以南)温度变化的估计略偏高,而 NT 偏低。在新疆西部地区,NT 的估计远远高于观测温度,也高于 ET。在东北、华北、内蒙古以及青藏高原地区,两种再分析资料对温度变化的再现能力是相当的。

(3)ERA-40 和 NCEP/NCAR 的温度资料均能反映出我国温度的时空变化特征,但前者更加准确;在研究我国北方(30°N 以北)温度年代际变化时,ERA-40 较好;在研究我国温度年际变化时,两种资料的表现能力相当。

(4)三种温度资料均显示 1976 年前后我国的温度有明显差异。其中 ERA-40 温度与观测资料十分一致,在(25°—35°N,105°—120°E)区域有降温趋势,而在其他地区有升温趋势,NCEP/NCAR 温度与观测资料的趋势不完全一致;从升温、降温幅度来说,ET 与观测资料相当,而 NT 的变化幅度则远远高于其他两种资料。因此,分析气温年代际变化时,使用 ET 较可靠,更能反映出突变的实际情况。

此外需要注意的是,在 1965 年之前 NCEP/NCAR 温度资料也存在类似于"PSFC"的问题。

2.5 总结

气候变化研究要求地面气温观测资料序列具有长期性、连续性、均一性和代表性。快速的城市化进程改变了观测环境,造成气象台站的频繁迁站,对我国地面气温资料序列的均一性和代表性造成了严重影响。NCEP/NCAR 和 ERA-40 等再分析资料对地面温度、气压具有一定的再现能力,但在气候变化研究中仍存在一定的偏差。本章系统地评价了我国地面观测资料的质量和两种再分析资料模拟地面气象要素的能力,得到主要结论有以下几点。

(1)以全球气候观测系统(GCOS)陆地表面站网(GSN)的原则和思路为参考,建立了我国地面气温参考站的标准、步骤和方法,在我国现有的观测站网中,遴选出 138 个台站作为地面气温变化研究的站点。这些台站是目前所可能获得的、能够大体代表背景地面气温变化的地点,其长期地面气温资料可用作其他台站城市化增温偏差评价和订正的参考,也可直接用于我国地面气温变化的分析。

(2)对地面气温序列中城市化影响研究的首要问题就是乡村站的遴选原则和方法。不同的乡村站遴选方法和标准,再加上使用的站点数量和密度不同,研究结果往往具有较大的差异。在区域尺度分析上,城市化对地面气温序列的影响随时间和区域有不同的表现。在全球和半球尺度上,多数研究认为城市化的影响可能比较小,但是不同陆地地区之间存在较显著的差异,这种差异不仅体现在相同时期城市化增温速率和对总增温贡献的程度上,也体现在显著城市化影响开始出现的时间上。

(3)两种再分析资料都可以再现我国气温、气压时空变化特征。ERA-40 温度资料对我国温度长期变化趋势的再现能力要优于 NCEP/NCAR 温度资料,与实际观测资料的线性趋势及空间模态十分类似,尤其是在我国长江中下游、东北、华北地区以及青藏高原地区的变化量相当;再分析资料可以再现我国气压年际变化特征,对我国气压的再现能力在东部优于西部,低纬度地区优于高纬度地区,并且 ERA-40 的再现能力要优于 NCEP/NCAR 气压资料。

(4)NCEP/NCAR 气温、气压在 1965 年以前均与观测值差异较大,使用时应慎重。

参考文献

白虎志,任国玉,张爱英等. 2006. 城市热岛效应对甘肃省温度序列的影响. 高原气象,25(1):90-94.

陈海山,朱伟军,邓自旺等. 2004. 江苏冬季气温的年代际变化及其背景场分析. 南京气象学院学报,27(4):433-442.

陈燕,蒋维楣,吴涧等. 2004. 利用区域边界层模式对杭州市热岛的模拟研究. 高原气象,23(4):5419-528.

陈正洪,王海军,任国玉等. 2005. 湖北省城市热岛强度变化对区域气温序列的影响. 气候与环境研究,10(4):771-779.

陈志,俞炳丰,胡海洋等. 2004. 城市热岛效应的灰色评价与预测. 西安交通大学学报,38(9):985-988.

程胜龙. 2005. 城市化对兰州气温变化影响的定量分析. 气象,31(6):29-34.

初子莹,任国玉. 2005. 北京地区城市热岛强度变化对区域温度序列的影响. 气象学报,63(4):534-540.

方之芳,张丽. 2006. 夏季 NCEP 资料质量和 20 世纪 70 年代东亚热低压的突变. 高原气象,25(2):179-189.

高庆九,管兆勇,蔡佳熙. 2010. 中国东部夏季气压气候变率:测站资料与再分析资料的比较. 气候与环境研究,15(4):491-503.

高庆九,管兆勇,蔡佳熙等. 2010b. 两种再分析资料中夏季地表气温与中国测站资料的差异. 大气科学,34(4):471-482.

郭军,李明财,刘德义. 2009. 近 40 年来城市化对天津地区气温的影响. 生态环境学报,18(1):29-34.

何萍,陈辉,李宏波等. 2009. 云南高原楚雄市热岛效应因子的灰色分析. 地理科学进展,28(1):25-32.

黄刚. 2006. NCEP/NCAR 和 ERA-40 再分析资料以及探空观测资料分析中国北方地区年代际气候变化. 气候与环境研究,11(3):310-320.

黄嘉佑,刘小宁,李庆祥. 2004. 中国南方沿海地区城市热岛效应与人口的关系研究. 热带气象学报,20(6):713-722.

季崇萍,刘伟东,轩春怡. 2006. 北京城市化进程对城市热岛的影响研究. 地球物理学报,49(1):69-77.

李庆祥,李伟. 2007. 近半个世纪中国区域历史气温网格数据集的建立. 气象学报,65(2):293-300.

李书严,陈洪滨,李伟. 2008. 城市化对北京地区气候的影响. 高原气象,27(5):1102-1109.

林学椿,于淑秋,唐国利. 2005. 北京城市化进展与热岛强度关系的研究. 自然科学进展,15(7):882-886.

林学椿,于淑秋. 2003. 北京地区气温的年代际变化和热岛效应. 气候变化与生态环境研讨会论文集,85-97.

刘学锋,于长文,任国玉. 2005. 河北省城市热岛强度变化对区域地表平均气温序列的影响. 气候与环境研究,10(4):763-770.

卢曦. 2003. 城市热岛效应的研究模型. 环境技术,5:43-46.

乔盛西,覃军. 1990. 县城城市化对气温影响的诊断分析. 气象,16(11):17-20.

秦育婧,王盘兴,管兆勇等. 2006. 两种再分析资料的 Hadley 环流比较. 科学通报,51(12):1469-1473.

任国玉. 2008. 气候变暖成因研究的历史、现状和不确定性. 地球科学进展,23(10):1084-1091.

任国玉,初子莹,周雅清等. 2005a. 中国气温变化研究最新进展. 气候与环境研究,10(4):701-716.

任国玉,郭军,徐铭志等. 2005b. 十年来中国大陆近地面气候变化的基本特征. 气象学报,63(6):942-956.

任国玉,徐铭志,初子莹等. 2005c. 近 50 年中国地表气温变化的时空特点. 气候与环境研究,10(4):717-727.

任国玉,张爱英,初子莹等. 2010. 我国地面气温参考站点遴选的依据、原则和方法. 气象科技,38(1):78-85.

任玉玉. 2008. 城市化对北半球陆地气温观测记录的影响. 北京:北京师范大学.

任玉玉,任国玉,张爱英. 2010. 城市化对地面气温变化趋势影响研究综述. 地理科学进展,**29**(11):1301-1310.

施晓晖,徐祥德,谢立安. 2006. NCEP/NCAR 再分析风速、表面气温距平在中国区域气候变化研究中的可信度分析. 气象学报,**64**(6):709-722.

孙越霞,张于峰. 2004. 城市热岛现象的分析与机理研究. 暖通空调,**34**(12):24-28.

唐国利,任国玉,周江兴. 2008. 西南地区城市热岛强度变化对地面气温序列影响. 应用气象学报,**19**(6):722-730.

田武文,黄祖英,胡春娟. 2006. 西安市气候变暖与城市热岛效应问题研究. 应用气象学报,**17**(4):438-443.

王学锋,周德丽,杨鹏武. 2010. 近 48 年来城市化对昆明地区气温的影响. 地理科学进展,**29**(2):145-150.

魏丽,李栋梁. 2003. NCEP/NCAR 再分析资料在青藏铁路沿线气候变化研究中的适用性. 高原气象,**22**(5):488-494.

吴息,王少文,吕丹苗. 1994. 城市化增温效应的分析. 气象,**20**(3):7-9.

徐祥德,卞林根,丁国安等. 2003. 城市大气环境观测工程技术与原理. 北京:气象出版社:11-43.

徐影,丁一汇,赵宗慈. 2001. 美国 NCEP/NCAR 近 50 年全球再分析资料在我国气候变化研究中可信度的初步分析. 应用气象学报,**12**(3):337-347.

余晖,罗哲贤. 1995. 气温长期演变趋势中城市化的可能影响. 南京气象学院学报,**18**(3):450-454.

岳阳,管兆勇,王盘兴. 2005. 两种再分析资料间 Hadley 环流双层结构的差异. 南京气象学院学报,**28**(5):695-703.

曾侠,钱光明,潘蔚娟. 2004. 珠江三角洲都市群城市热岛效应初步研究. 气象,**30**(10):12-16.

张爱英. 2009. 国家基本基准站地面气温序列中城市化影响的检测与订正. 中国气象科学研究.

张爱英,任国玉. 2005. 山东省城市化对区域平均温度序列的影响. 气候与环境研究,**10**(4):743-762.

张爱英,任国玉,周江兴等. 2010. 中国地面温度变化趋势中的城市化影响偏差. 气象学报,**68**(6):957-966.

张人禾,徐祥德. 2008. 中国气候观测系统. 北京:气象出版社,291.

张尚印,徐祥德,刘长友等. 2007. 近 40 年北京地区强热岛事件初步分析. 高原气象,**25**(6):1147-1159.

赵天保,符淙斌. 2009. 应用探空观测资料评估几类再分析资料在中国区域的适用性. 大气科学,**33**(3):634-648.

赵宗慈. 1991. 近 39 年中国气温变化与城市化影响. 气象,**17**(4):14-16.

赵宗慈,罗勇. 1999. 区域气候模式在东亚地区的应用研究:垂直分辨率与边界对夏季季风降水影响. 大气科学,**23**(5):522-532.

周顺武,张人禾. 2009. 青藏高原地区上空 NCEP/NCAR 再分析温度和位势高度资料与观测资料的比较分析. 气候与环境研究,**14**(3):284-292.

周雅清,任国玉. 2005. 华北地区地表气温观测中城镇化影响的检测和订正. 气候与环境研究,**10**(4):743-753.

朱家其,汤绪,江灏. 2006. 上海市城区气温变化及城市热岛. 高原气象,**25**(6):1154-1160.

朱瑞兆,吴虹. 1996. 中国城市热岛效应的研究及其对气候序列影响的评估. 北京:气象出版社:239-249.

Balling R C,Vose R S,Weber G R. 1998. Analysis of long-term European temperature records:1751—1995. *Climate research*,**10**:193-200.

Brohan P,Kennedy J J,Harris I,*et al*. 2006. Uncertainty estimates in regional and global observed temperature changes:A new dataset from 1850. *J. Geophysical Research*,**111**,D12106,doi:10. 1029/2005JD006548.

Böhm R. 1998. Urban bias in temperature time series:A case study for the city of Vienna,Austria. *Climatic Change*,**38**:113-128.

Camilloni I,Barros V. 1995. Influencia de la Isla Urbana de calor en la estimaci'on de las tendencias seculares de la temperatura en argentina subtropical. *Geof'isica Internacional*,**34**:161-170.

Camilloni I,Barros V. 1997. On the urban heat island effect dependence on temperature trends. *Climatic Change*,**37**:665-681.

Cayan D R,Douglas A V. 1984. Urban influences on surface temperatures in southwestern United States during recent decades. *J. Climate Appl. Meteor.*,**23**:1520-1530.

Cho H M,Cho C H,Chung K W. 1988. Air temperature changes due to urbanization in Seoul area. *J Korean Meteor. Soc.*,**24**:27-37.

Choi J,Chung U,Yun J I. 2003. Urban-effect correction to improve accuracy of spatially interpolated temperature estimates in Korea. *J. Appl. Meteor.*,**42**:1711-1719.

Chung U,Choi J,Yun J I. 2004. Urbanization effect on observed change in mean monthly temperature between 1951—1980 and 1971—2000 in Korea. *Climate change*,**66**:127-136.

Comrie A C. 2000. Mapping a wind-modified urban heat island in Tucson,Arizona (with comments on integrating research and undergraduate learning). *Bull. Amer. Meteor. Soc.*,**81**:2417-2431.

Easterling D R,Horton B,Jones P D. 1997. Maximum and minimum temperature trends for the globe. *Science*,**277**:364-367.

Easterling D R,Peterson T C,Karl T R. 1996. On the development and use of homogenized climate data sets. *J. Climate*,**9**:1429-1434.

Epperson D L,Davis J M. 1995. Estimating the urban bias of surface shelter temperatures using upper-air and satellite data. Part II:Estimation of the Urban Bias. *J. Appl. Meteorol.*,**34**:358-370.

Ernesto J. 1997. Heat island development in Mexico City. *Atmospheric Environment*,**31**(22):3821-3831.

Gallo K P,McNab A L,Karl T R,*et al*. 1993a. The use of a vegetation index for assessment of the urban heat island effect. *Int. J. Remote Sens.*,**14**:2223-2230.

Gallo K P,McNab,A L,Karl T R,*et al*. 1993b. The use of NOAA AVHRR data for assessment of the urban heat island effect. *J. Appl. Meteorol.*,**32**:899-908.

Gallo K P,Owen T W,Esaterling D R,*et al*. 1999. Temperature trends of the U. S. historical climatology based on satellite-designated land use and land cover. *J. Climate*,**12**:1344-1348.

Greatbatch R J,Rong P P. 2006. Discrepancies between different northern hemisphere summers atmospheric data products. *J. Climate*,**19**(1):1261-1273.

Guan Zhaoyong,Yamagata Toshio. 2001. Interhemispheric oscillation in the surface air pressure field. *Geophys. Res. Lett.*,**28**(2):263-266.

Hansen J,Lebedeff S. 1987. Global trends of measured surface air temperature. *J Geophys. Res.*,**92**:13345-13372.

Hansen J,Ruedy R,Glascoe J,*et al*. 1999. GISS analysis of surface temperature change. *J. Geophys. Res*,**104**:30997-31022.

Hansen J,Ruedy R,Sato M,*et al*. 2001. A closer look at United States and global surface temperature change. *J Geophys. Res*,**106**:23947-23964.

He J F,Liu J Y,Zhuang D F,*et al*. 2007. Assessing the effect of land use/land cover change on the change of urban heat island intensity. *Theor. Appl. Climatol.*,**90**:217-226.

Houghton J T,Ding Y. 2001. *Climate Change:Scientific Basis,IPCC TAR Working Group* 1. Cambridge University Press.

Hougton J T,Filho L G M,Callander B A,*et al*. 1996. *Climate change* 1995:*The IPCC Second Assessment*. Cambridge:Cambridge University Press,572 pp.

Hughes W S,Balling R C. 1996. Urban influences on South African temperature trends. *Int. J. Climatol.*,**16**(8):935-940.

Inoue T,Matsumoto J. 2004. A comparison of summer sea level pressure over East Eurasia between NCEP-NCAR reanalysis and ERA-40 for the period 1960—1999. *J. Meteor. Soc. Japan*,**82**(3):951-958.

IPCC. 2007. The Fourth Assessment Report:Working Group I Report: "The Physical Science Basis". http://www. ipcc. ch/ipccreports/ar4-wg1. htm

Jones P D. 2003. Moberg A Hemispheric and large-scale surface air temperature variations: An extensive revision and an update to 2001. *J. Climate*,**16**:206-223.

Jones P D,Groisman P Y,Coughlan M,*et al*. 1990. Assessment of urbanization effects in time series of surface air temperature over land. *Nature*,**347**:169-172.

Jones P D,Kelly P M,Goodess C M,*et al*. 1989. The effect of urban warming on the northern hemisphere temperature average. *J. Climate*,**2**:285-290.

Jones P D,Lister D H,Li Q. 2008. Urbanization effects in large-scale temperature records,With an emphasis on China. *J. Geophys. Res.* , **113**, D16122,doi:10. 1029/2008JD009916.

Jones P D,Raper S C B,Bradley R S,*et al*. 1986. Northern hemisphere surface air temperature variations: 1851—1984. *J Clim. Appl. Meteor*,**25**:161-179.

Kaiser D P,Qian Y. 2002. Decreasing trends in sunshine duration over China for 1954—1998: Indication of increased haze pollution? *Geophys. Res. Lett.* ,**29**(21):2042. doi:10. 1029/2002GL016057

Kalnay E,Cai M. 2003. Impact of urbanization and land-use change on climate. *Nature*,**423**:528-531.

Karl T R,Derr V E,Easterling D R,*et al*. 1995. Critical issues for long-term climate monitoring. *Climatic Change* ,**31**:185-221.

Karl T R,Diaz H F,Kukla G. 1988. Urbanization: its detection and effect in the United States climate record. *Journal of Climatology*,**1**:1099-1123.

Karl T R,Jones P D. 1989. Urban bias in area-averaged surface air temperature trends. *American Meteorological Society*,**70**(33):265-270.

Kataoka K,Matsumoto F,Ichinose T,*et al*. 2009. Urban warming trends in several large Asian cities over the last 100 years. *Sci Total Envirn*,**407**(9):3112-3119.

Kim Y H,Baik J J. 2002. Maximum urban heat island intensity in Seoul. *J. Appl. Meteor.* ,**41**:651-659.

Kistler R. 1998. Reanalysis PSFC problem 1948—1967[EB/OL]. (1998-06-07) [2008-01-16].

Kistler R,Kalnay E,Collins W,*et al*. 2001. The NCEP-NCAR 50-year reanalysis: Monthly means CD-ROM and documentation. *Bull. Amer. Meteor. Soc.* ,**82**(2):247-268.

Kukla G,Gavin J,Karl T R. 1986. Urban warming. *J. Climate Appl. Meteor.* ,**25**:1265-1270.

Li Q,Zhang A,Liu X,*et al*. 2004. Urban heat island effect on annual mean temperature during the last 50 years in China. *Theor. Appl. Climatol.* ,**79**:165-174.

Li Qingxiang,Dong Wenjie. 2009. Detection and adjustment of undocumented discontinuities in Chinese temperature series using a composite approach. *Adv. Atmos. Sci.* ,**26**(1):143-153.

Magee N,Curtis J,Wendler G. 1999. The urban heat island effect at Fairbanks, Alaska. *Theor. Appl. Climatol.* ,**64**:39-47.

Oke T R. 1973. City size and the urban heat island. *Atmos. Environ.* ,**7**:769-779.

Oke T R. 1976. The distinction between canopy and boundary-layer urban heat islands. *Atmosphere*,**14**:268-277.

Oke T R. 1982. The energetic basis of the urban heat island. *Quart. J. Roy. Meteor. Soc.* ,**108**:1-24.

Parker D E. 2005. A demonstration that large-scale warming is not urban. *J. Climate*,**19**:2882-2895.

Peterson T C. 2003. Assessment of urban versus rural in situ surface temperatures in the contiguous United States: No difference found. *J. Climate*, **16**:2941-2959.

Peterson T C, Easterling D R, Karl T R, *et al*. 1998. Homogeneity adjustments of in situ atmospheric climate data: A review. *Int. J. Climatol.*, **18**:1495-1517.

Peterson T C, Gallo K P, Lawrimore J, *et al*. 1999. Global rural temperature trends. *Geoohysical Research Lett*, **26**(3):329-332.

Peterson T C, Owen T W. 2005. Urban heat island assessment: Metadata are important. *J. Climate*, **18**: 2637-2646.

Portman D A. 1993. Iden. Tifying and correcting urban bias in regional time series: surface temperature in China's northern plains. *J. Climate*, **6**:2298-2308.

Ren G Y, Zhou Y, Chu Z, *et al*. 2007. Implications of temporal change in urban heat island intensity observed at Beijing and Wuhan Stations. *Geophys. Res. Lett.*, **34**, L05711, doi:10. 1029/2006GL027927.

Ren G Y, Zhou Y, Chu Z, *et al*. 2008. Urbanization effects on observed surface air temperature trends in North China. *J. Clim.*, **21**:1333-1348.

Rhoades D A, Salinger M J. 1993. Adjustment of temperature and rainfall records for site changes. *Int. J. Climatol.*, **13**:899-913.

Roden G I. 1966. A modern statistical analysis and documentation of historical temperature records in California, Oregon, and Washington, 1821—1962. *J. Appl. Meteorol.*, **5**:3-24.

Torrence C, Compo G P. 1998. A practical guide to wavelet analysis. *Bull. Amer. Meteor. Soc.*, **79**(1): 61-78.

Trenberth K E. 2004. Rural land use change and climate. *Nature*, **427**:213.

Vose R S, Karl T R, Easterling D R, *et al*. 2004. Impact of land use change on climate. *Nature*, **427**:213-214.

Wang W C, Zeng Z, Karl T R. 1990. Urban heat island in China. *Geophys. Res. Lett.*, **17**:2377-2380.

Winkler J A, Skaggs R H, Baker D G. 1981. Effect of temperature adjustments on the Minneapolis-St. Paul urban heat island. *J. Appl. Meteor.*, **20**:1295-1300.

Wood F B. 1988. Comment: On the need for validation of the Jones *et al*. Temperature trends with respect to urban warming. *Climatic Change*, **12**: 297-312.

Yun J I, Choi J Y, Ahn J H. 2001. Seasonal trend of elevation effect on daily air temperature in Korea. *Korean J Agric For Meteor.*, **3**:96-104.

Zhang J, Dong W, Wu L, *et al*. 2005. Impact of land use changes on surface warming in China. *Adv. Atmos. Sci.*, **22**(3):343-348.

Zhao Tianbao, Fu Congbin. 2009. Intercomparison of the summertime subtropical high from the ERA-40 and over east Eurasia and the western North Pacific. *Advances in Atmospheric Sciences*, **26**(1):119-131.

Zhou L M, Dickinson R E, Tian Y H, *et al*. 2004. Evidence for a significant urbanization effect on climate in China. *Proc. Natl. Acad. Sci. U. S. A.*, **101**:9540-9544.

第三章　现代极端天气气候事件趋势变化

 **概　述**

　　近年的研究表明,1951年以来中国大陆地区极端气候事件频率和强度发生了一定变化,但不同类型和不同区域极端气候变化存在明显差异。从全国范围看,与异常偏冷相关的极端事件如寒潮、冷夜和冷昼天数、霜冻日数等,显著减少减弱,偏冷的气候极值减轻;与异常偏暖相关的暖夜、暖昼日数明显增多,暖夜日数增多尤其明显,但高温事件频数和偏热的气候极值未见显著长期趋势;全国平均暴雨和极端强降水事件频率和强度有不显著增长,24 h最大降水量也略有增多,特别是长江中下游和东南地区、西部特别是西北地区有较明显增长,而华北、东北中南部和西南部分地区减少减弱;全国多数地区雨日数量特别是小雨频数明显下降,偏轻和偏强降水的强度略有增加;全国遭受气象干旱的范围呈较明显增加趋势,其中华北和东北地区增加更为显著;登陆和影响我国的热带气旋、台风频数有所下降,其造成的降水总量有较明显减少;北方地区的沙尘暴事件从总体上看有显著减少减弱趋势;全国平均风速和大风日数下降趋势显著;我国东部部分地区夏季雷暴发生的处理和分析方法方面进行改进,部分要素观测资料的非均一性问题需要处理,观测环境改变和城市化对地面气温等要素变化趋势的影响偏差需要进行订正。

　　最近几年,对中国大陆极端气候事件频率变化趋势开展了许多研究。这些研究使用了国际常用的极端气温和降水指数(表3.1和表3.2),也对台风、沙尘暴、雷暴等极端天气气候事件变化进行了研究(任国玉等,2010)。多数研究使用了国家基准气候站和基本气象站1956年以来的日气温和降水观测资料,少数研究使用了所有长序列台站观测资料。多数分析工作没有采用经过均一化订正的日气温和降水资料,但也有个别工作采用了经过均一化的日气温资料。分析表明,采用经过一般质量控制的资料与均一化处理的气温资料,对极端气温事件变化分析结果影响不大。

3.1　极端气温事件

　　周雅清和任国玉(2010)最近对中国主要极端气温指数趋势变化情况进行了系统分析,分析结果与早先研究结论基本一致。这里以该项分析为主,结合早期研究工作,对中国极端气温事件变化主要结论进行介绍。

3.1.1　气温极值

　　国内学者应用各种方法和资料,对中国地面极端气温变化进行了研究(翟盘茂和任福民,

1997；严中伟和杨赤，2000；Yan 等，2002；Qian 和 Lin，2004；龚道溢和韩晖，2004；杨萍等，2010；周雅清和任国玉，2010）。最近的分析结果与早期研究基本一致，20 世纪 50 年代以来，全国年平均最高气温有较明显的增加趋势，增加速率大约为 0.16℃/(10a)，且气温升高主要发生在 20 世纪 90 年代以后（王翠花等，2003；唐红玉等，2005；周雅清和任国玉，2010）。平均最高气温北方增加明显，南方大部分台站变化不明显；增加最多的地区包括东北北部、华北北部和西北北部，青藏高原增加也很明显（严中伟和杨赤，2000；Zhai 和 Pan，2003；唐红玉等，2005；周雅清和任国玉，2010）。就季节平均最高气温来看，冬季的增加最为明显，对年平均最高气温的上升贡献最大；夏季平均最高气温增加最弱。

　　比之于最高气温，近 50 a 来年平均最低气温在全国范围内表现出更为一致的显著增加趋势。全国年平均最低气温上升趋势远较年平均最高气温变化明显，上升速率约为 0.29 ℃/(10a)。北方地区上升更显著，且上升速率有随纬度增加趋势（任福民和翟盘茂，1998；唐红玉等，2005；周雅清和任国玉，2010）。与年平均气温变化趋势相似，年平均最低气温增加最明显的地区是东北、华北、西北北部和青藏高原东北部等地区。各季节平均最低气温均呈增加趋势，冬季增加最明显，对年平均最低气温的上升贡献最大。

　　最高气温和最低气温的变化在不同区域之间存在差异。西北地区东部夏季平均最高气温有下降趋势，中部除冬季外所有季节平均最高气温都显著下降，北部冬季最高气温上升；季节平均最低气温在西北东部一般上升，但夏季下降（马晓波，1999）。南方地区的长江中下游夏季平均气温下降明显，主要是由最高气温明显下降造成的（任国玉等，2005）。在我国北方地区，黄河下游区域年、春季和夏季高温日最高气温的平均值出现较明显的下降趋势（张宁等，2008）。

　　因此，我国平均最高气温和平均最低气温都是以冬季的增暖最为明显。冬季气温的明显上升，是导致暖冬年份增多的主要原因（陈峪等，2009）。无论是年还是季节，平均最低气温的增暖幅度均明显大于平均最高气温（任国玉等，2005；唐红玉等，2005；王绍武等，2005；翟盘茂等，2007；钱维宏等，2007；陈正洪，2009）。在过去的半个多世纪，年平均最低气温开始显著升高的时间明显早于最高气温，后者主要在 20 世纪 80 年代中期以后表现出明显的上升趋势（王菱等，2004；任国玉等，2005；钱维宏等，2007）。

　　由于平均最低气温增加一般比平均最高气温增加偏早、偏强，我国年平均日较差呈总体下降趋势。下降幅度较大的地区主要在东北、华北东北部、新疆北部和青藏高原。全国各季平均日较差均呈下降趋势，但冬季的下降趋势最为明显（唐红玉等，2005）。又由于冬季平均最低气温上升比夏季平均最高气温上升快，我国多数地区气温极值的年内变化趋向和缓。

　　从中国区域极端气温的变化情况看，1956—2008 年期间极端最高、最低气温的极大值和极小值都呈上升趋势，极小值的升高更明显一些，极端最低气温升高趋势最大，为 0.6 ℃/(10a)（周雅清和任国玉，2010）。分析我国极端气温的年代际变化发现（图 3.1），近 53 a 极端最低气温整体呈波动上升，20 世纪 80 年代中后期上升尤为明显，但进入 21 世纪以来，除 2007 年异常偏高外，一般处于平稳甚至下降态势；最高气温的极小值在 20 世纪 80 年代后期之前变化不明显，之后缓慢上升，进入 21 世纪后的变化与极端最低气温有相似性；而最低气温和最高气温的极大值在 1994 年前变化都比较平稳，之后迅速上升，进入 21 世纪以后仍然保持在较高水平。

　　从空间分布看，极端最高气温（图 3.2a）在大部分地区为上升趋势，华北北部和新疆北部上升趋势较明显,达到 0.4℃/(10a)以上,而下降区域主要集中在东北南部、华北平原、长江中上游和西南地区;最低气温的极大值(图 3.2b)与极端最高气温(图 3.2a)的空间分布相比,下降趋势集中的区域基本一致,但范围缩小,上升趋势的范围扩大,40°N 以北的地区增加趋势都在 0.4℃/(10a)以上;与最高(低)气温的极大值相比,极小值的上升趋势范围更广,强度也更大。最高气温的极小值(图 3.2c)在绝大部分地区都是升高的,特别是在北方、长江中下游和西南地区西部,升高的趋势都在 0.4℃/(10a)以上,只有零星站点有下降;极端最低气温(图 3.2d)则在全国范围内都是大幅上升的趋势,大部分地区升高趋势都在 0.5℃/(10a)以上,东北、华北和西北地区中北部以及新疆北部升高趋势达 1.0℃/(10a)以上。

综上所述,极端最高(低)气温的极大(小)值整体都呈上升趋势,最高(低)气温的极小值是在 20 世纪 80 年代中后期之后变化开始比较明显,而极大值则是在 20 世纪 90 年代中期后迅速升高。一个值得注意的现象是,极端最低气温和最高气温的极小值进入 21 世纪以来一般处于平稳甚至下降态势,而最低气温和最高气温的极大值在进入 21 世纪以后仍然保持在较高水平上。从趋势的空间分布看,北方地区极端气温的极大值都有比较明显的上升,而在长江中下游和西南地区有下降趋势;极小值则在全国范围都有明显上升,极端最低气温上升尤为显著。

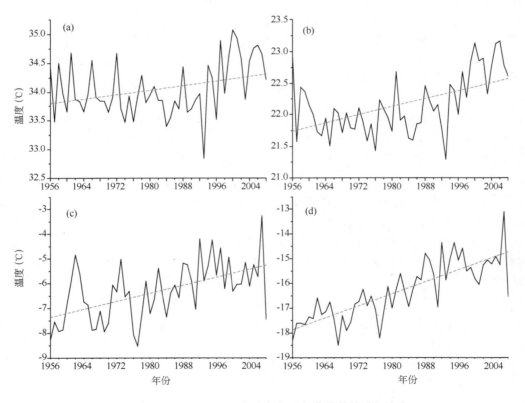

图 3.1　1956—2008 年中国气温极值指数的时间演变
(a)极端最高气温;(b)最低气温极大值;(c)最高气温极小值;(d)极端最低气温

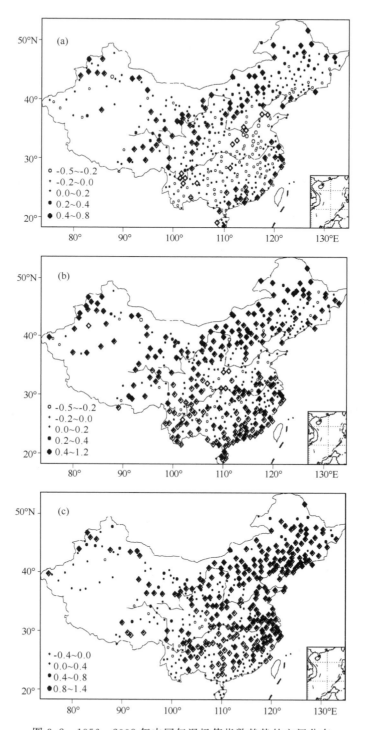

图 3.2　1956—2008 年中国气温极值指数趋势的空间分布

（a）极端最高气温（TXx）；（b）最低气温极大值（TNx）；（c）最高气温极小值（TXn）；（d）极端最低气温（TNn）

（●表示正趋势，○表示负趋势，◇表示趋势显著性通过 95% 信度检验）

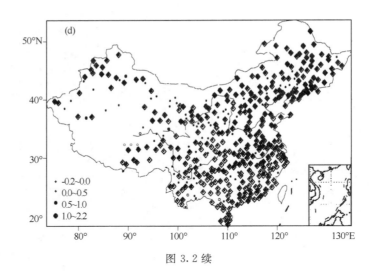

图 3.2 续

3.1.2 冷暖事件

冷暖事件与气温极值记录有密切关系,其随时间的变化特点与后者也十分相似。任国玉等(2010)对有关中国极端冷暖事件变化的研究进行了总结,周雅清和任国玉(2010)则对全国部分冷暖气候事件的变化进行了更新分析。

1951 年以后全国平均高温日数有弱的减少趋势,但 20 世纪 90 年代中期以后有一定增加。在不同地区,高温日数的变化趋势不同,长江中下游和华南地区有显著的减少趋势,中国西部的部分地区则有增加趋势(Zhai 和 Pan,2003)。最近的分析发现,中国年均极端高温的频数在近 50 a 中趋于上升,而年均极端低温的频数则有所减少,这与近年多数观测分析结果一致(章大全和钱忠华,2008)。在空间分布上,除西南地区部分站点外,近 50 a 中国大部分地区极端低温事件的年均发生频数趋于减少,而极端高温事件发生频率的变化则呈现出东南沿海减少、西北内陆增加的分布特点(章大全和钱忠华,2008)。

Ding 等(2009)的分析表明,中国高温热浪事件频数变化具有较强年代际变动特点,西北地区 20 世纪 90 年代后具有突然增长趋势;东部地区 20 世纪 60 年代前极热事件偏多,20 世纪 70—80 年代偏少,90 年代以后呈增多和增强趋势,但长期线性趋势不明显。中国大部分地区寒潮事件频率明显减少、强度减弱(Zhai 和 Pan,2003;丁一汇和任国玉,2008;Ding 等,2009)。封国林等(2009a)对中国逐日最高气温资料进行分析发现,中国中部和华北地区极端气温事件序列具有较明显的长程相关性,存在较强的记忆性特征,揭示出极端高温事件在这些地区更易发生;而云贵、内蒙古中部、甘肃和沿海地区长程相关性较弱,区域性差异明显。

破纪录事件是极端气候的特殊表现形式。在气候变暖背景下,破纪录高温事件发生频次呈现不断增加的特点(封国林等,2009b)。近半个世纪我国破纪录高温事件略有增多,而破纪录低温事件明显减少;在破纪录事件强度上,高温事件强度在高纬度地区略有增强,而低温事件强度在高纬度地区及新疆、青藏高原则有一定趋弱,但在南方大部地区却呈现较明显的增强趋势(熊开国等,2009)。万仕全等(2009)利用极值理论(EVT)中的广义帕雷托分布(GPD)研究气候变暖对中国极端暖月事件的潜在影响,发现气候变暖对极端暖月的变率和高分位数有明显影响,响应的空间分布集中在青藏高原中心区域和华北至东北南部的季风分界线附近,而其他地区对气候变暖的响应并不明显。

表 3.1　常用极端气温指数

序号	代码	名称	定义	单位
1	FD0	霜冻日数	日最低气温(TN)<0℃的全部日数	d
2	ID0	结冰日数	日最高气温(TX)<0℃的全部日数	d
3	TXx	月极端最高气温	每月内最高气温的最大值	℃
4	TNx	月最低气温极大值	每月内最低气温的最大值	℃
5	TXn	月最高气温极小值	每月内最高气温的最小值	℃
6	TNn	月极端最低气温	每月内最低气温的最小值	℃
7	TN10p	冷夜日数	日最低气温(TN)<10%分位值的日数	d
8	TX10p	冷昼日数	日最高气温(TX)<10%分位值的日数	d
9	TN90p	暖夜日数	日最低气温(TN)>90%分位值的日数	d
10	TX90p	暖昼日数	日最高气温(TX)>90%分位值的日数	d
11	WSDI	热日持续指数	每年至少连续 6 d 日最高气温(TX)>90%分位值的日数	d
12	CSDI	冷日持续指数	每年至少连续 6 d 日最低气温(TN)<10%分位值的日数	d

　　周雅清和任国玉(2010)分析了 1956—2008 年中国区域冷(暖)昼(夜)事件的时空变化,发现近 53 a 我国冷夜(昼)日数明显减少,线性趋势达到 7.9 d/(10 a)[2.8 d/(10a)],暖夜(昼)日数明显增多,增加的趋势达到 7.0 d/(10a)[4.1 d/(10a)]。从区域平均时间序列看(图 3.3),冷昼和冷夜日数的时间演变态势大致相似,20 世纪 50 年代后期减少,60 年代有所增加,70 年代到 80 年代中期变化相对平稳,之后迅速减少,但由于冷夜日数波动幅度很小,因此下降趋势更为明显;暖昼和暖夜日数的时间演变也大致相似,1987 年前变化不大,之后迅速增加,暖夜日数增加更明显。Zhai 和 Pan(2003)根据高于(低于)参考期 95%(5%)阈值定义的暖昼和暖夜日数也是从 20 世纪 80 年代中期后开始急剧变化的。还需要指出,与冷事件频率的减少比较,暖事件的增加一般要弱。

　　从趋势的空间分布看,冷昼日数(图 3.4a)在东北和华北北部减少比较明显,达到 5 d/(10a)以上,增多的区域主要分布在西南地区;而冷夜日数(图 3.4b)除西南地区东部的个别台站为弱的增加趋势外,绝大部分地区都明显减少,且减少趋势基本都在 5 d/(10a)以上,北方以及长江中下游和西南地区西部在10 d/(10a)以上。暖昼日数(图 3.4c)除华北地区南部和西南地区东部的部分台站有减少外,其余大部分地区都明显增加,其中华北北部、西北、西南西部和华南沿海地区增加显著,在 5 d/(10a)以上,西南地区西部和华南沿海少数台站在 10 d/(10a)以上。暖夜日数(图 3.4d)变化趋势的空间分布与冷夜日数相反,全国有零散的减少趋势,其余绝大部分地区都明显增多,且增多的趋势基本上都在 5 d/(10a)以上,西北、华北、

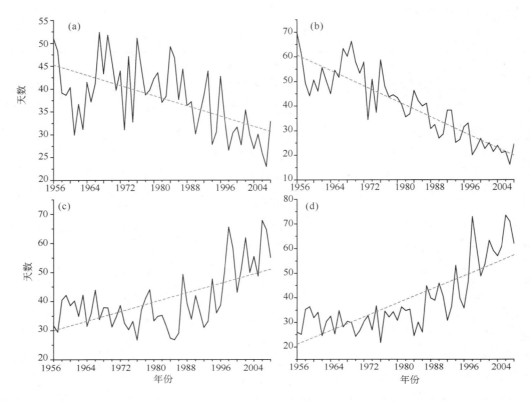

图 3.3　1956—2008 年中国气温相对指数的时间演变

（a）冷昼日数（TX10p）；（b）冷夜日数（TN10p）；（c）暖昼日数（TX90p）；（d）暖夜日数（TN90p）

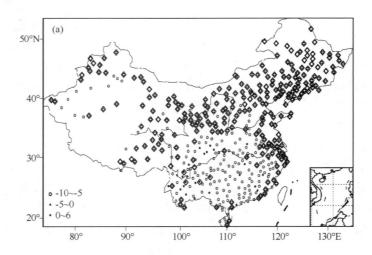

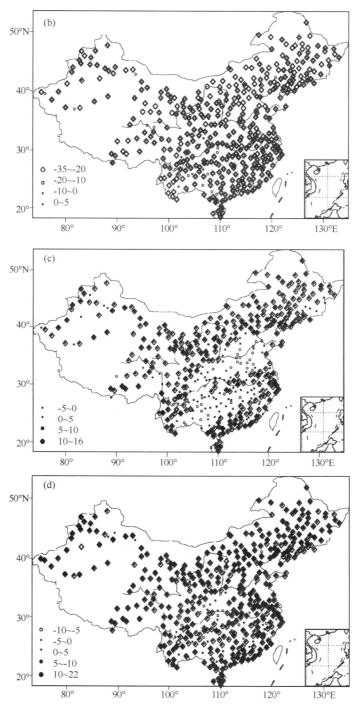

图 3.4　1956—2008 年中国气温相对指数趋势的空间分布
（a）冷昼日数（TX10p）；（b）冷夜日数（TN10p）；（c）暖昼日数（TX90p）；
（d）暖夜日数（TN90p）；图例同图 3.2

西南、青藏高原、华南沿海部分台站在 10 d/(10a)。

以上给出的冷昼(夜)日数减少区域与 Qian 和 Lin(2004)的研究结论基本一致,但冷昼日数明显减少的范围更大,同时增加的范围明显缩小,而冷夜日数虽然明显减少和微弱增加的范围没有太大区别,但减少的趋势明显增强。同样,暖昼(夜)增加的区域也大致相同,但暖昼明显增多的区域更广。Qian 和 Lin(2004)研究的时段为 1961—2000 年,且剔除了人口在 50×10^4 以上的城市台站,因此上述差异一方面可能表明相对冷(暖)指数的减少(增加)趋势近 10 a 来有所加强,另一方面也说明城市化对极端气候的影响是不可忽视的。

冷昼和冷夜日数减少主要是发生在冬季,其次是春、秋季。冬季冷昼日数在全国范围都明显减少,近一半台站减少趋势达到 5 d/(10a)以上,明显减少的区域主要集中在北方和华东地区,秋季冷昼日数在全国绝大部分地区是减少的,但减少趋势一般在 5 d/(10a)以下,明显减少的区域分布在西北地区东部和青藏高原,增加的趋势主要出现在长江以南,春、夏季减少趋势的区域明显减小,尤其夏季近一半台站为增加趋势。而冷夜四季在全国绝大部分地区都是明显减少的,特别是冬季,近一半的台站减少趋势在 10 d/(10a)以上;其余三季则在我国北方的大部分台站减少非常显著,而增加趋势仅出现在春、夏季我国的中东部。暖昼增加最显著的季节出现在秋季,其次为冬季和夏季,秋季除零散分布一些减少趋势外,基本上都是增加趋势,其中华南沿海的部分地区增加尤为显著,冬季我国中东部有少数减少趋势,而显著增加的区域主要分布在青藏高原东部和西南地区西部,夏季与冬季的分布大致相似,但更加两极分化,增加显著的台站和减少趋势的台站都比冬季要多,春季减少区域与冬季基本一致,但增加显著的区域却明显减小。暖夜四季在全国基本上都是增加趋势,且华北、新疆西部和西南地区增加非常显著,而夏、秋季在华南增加也十分显著,夏季增加显著的台站更为密集,因此夏季暖夜增加的趋势也最为明显。由此可见我国冷(暖)昼(夜)的趋势变化有较强的季节性和区域性。

3.1.3 霜冻、冰冻事件

Zhai 和 Pan(2003)的研究结果表明,中国整体来看,霜冻日数(日最低气温小于 0℃)显著减少。Qian 和 Lin(2004)对 1961—2000 年以来中国的极端气温进行了详细的研究,得到了类似的结论,大陆地区霜冻日数显著减少,华北、东北地区生长季长度增加,北方大部分地区霜冻期缩短,原来一些冷空气爆发的主要地区持续冷日数都减小。周雅清和任国玉(2010)采用国际常用的标准,对中国内地的霜冻和结冰日数进行了更新研究,发现 1956—2008 年,全国霜冻日数和结冰日数明显减少(图 3.5)。霜冻日数 20 世纪 80 年代中期前为平稳中略有下降,1987 年后迅速减少,近 53 a 减少的趋势达到 3.0 d/(10a),比 Zhai 和 Pan(2003)得到的 1951—1999 年估计值 −2.4 d/(10a)降幅要大一些,表明霜冻日数近 10 a 来仍在持续减少。同样地,结冰日数也表现为减少趋势,而且也是在 20 世纪 80 年代中期发生了显著变化,但结冰日数变化比霜冻日数变化要缓和。

从趋势的空间分布来看,霜冻日数在全国范围内都是明显减少的(图 3.6a)。这个结果与 Zhai 和 Pan(2003)以及 Qian 和 Lin(2004)的研究结论是一致的。结冰日数主要出现在 32°N 以北的地区,以减少趋势为主,减少显著的区域主要集中在我国北方的中东部,减少显著的范围和程度比霜冻日数要小得多(图 3.6b)。

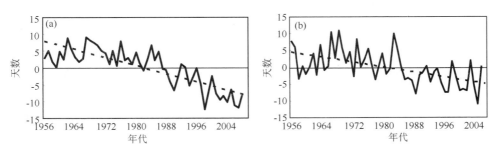

图 3.5　1956—2008 年中国气温绝对指数距平的时间演变
(a)霜冻日数;(b)结冰日数

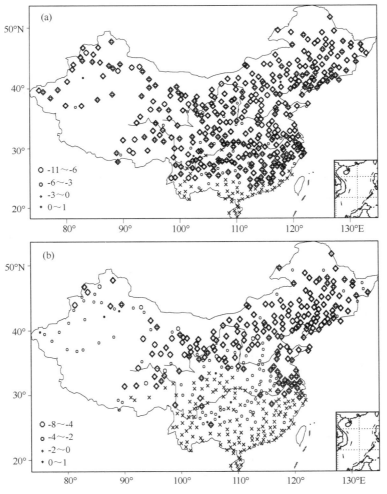

图 3.6　1956—2008 年中国气温绝对指数趋势的空间分布
(a)霜冻日数;(b)结冰日数

3.1.4 城市化影响问题

研究发现,城市化对中国地面年和季节平均气温长期趋势变化具明显影响(Ren 等,2008;张爱英等,2010)。平均气温与基于日最高、最低气温记录的极端气温指数具有十分密切的关系,因此城市化对中国极端气温指数序列必然也产生显著影响(周雅清和任国玉,2009;张雷等,2011)。下面首先介绍有关城市化对平均气温影响的最新研究(任国玉等,2010b;张爱英等,2010;任玉玉等,2011),之后简要介绍城市化对极端气温变化影响的初步分析结论(周雅清和任国玉,2009;张雷等,2011)。

早在 20 世纪 90 年代初,一些学者就注意到城市化对中国地面气温记录可能存在的影响。Wang 等(1990)对中国各类台站地面气温记录的分析发现,1954—1983 年中国城市热岛强度为 0.23℃,东部地区城市站(0.36℃/30a)和乡村站(0.24℃/30a)有明显的增温差异;赵宗慈(1991)对不同等级城市气温变化的研究也发现,1951—1989 年大城市增温 0.48℃,全国平均增温 0.2℃,小城市站(乡村站)增温 0.04℃,差异明显;Portman(1993)使用华北地区 21 个城市站和 8 个乡村站 1954—1983 年资料进行的对比研究则认为,城市与乡村气温序列有显著的差异。

20 世纪 90 年代开始,多数研究开始关注中国城市化对地面气温序列的影响,但得到的结论有较大的差异。Jones 等(1990)、Li 等(2004)和 He 等(2007)对中国地面气温序列的研究均没有发现显著城市化影响。朱瑞兆等(1996)认为,城市热岛效应对中国地面气温观测记录有明显影响;黄嘉佑等(2004)发现,中国南方沿海地区热岛效应造成的年平均气温与自然趋势的差值约为 0.064℃/a,其中秋季最低;Zhou 等(2004)和 Zhang 等(2005)认为城市化和土地利用变化等因素对地面气温记录造成了明显影响;周雅清等(2005)使用台站附近聚落区人口和站址具体位置等信息,从华北地区所有气象台站中选择乡村站,对比分析不同类型台站与乡村站平均地面气温序列的差异,发现 1961—2000 年城市热岛效应加强因素引起的国家基本、基准站年平均气温增暖达到 0.11℃/(10a),占全部增暖的 37.9%。

新的方法也被应用于中国地区背景气候场的计算和分离。Zhou 等(2004)和 Zhang 等(2005)借鉴 Kalnay 等(2003)的方法,利用 NCEP/NCAR 再分析资料计算研究区未受城市影响的背景气温变化;黄嘉佑等(2004)通过分析高空大气环流的自然变化与城市气温自然变化的关系,提取气温变化中的自然背景值,从而得到城市热岛效应引起的气温变化;He 等(2007)利用所选择的乡村站资料插值计算城市所处位置的气温数值,对比 1990—2000 年城市站记录与插值所得数值的差异发现,冬季黄淮海平原和长江三角洲地区的城市化影响最大,但就全国平均而言城市化对气温记录的影响不明显;Jones 等(2008)利用中国东部海面温度作为背景温度,对比分析发现 CRUT 气温序列中 1951—2004 年中国东部地区城市化增温为 0.11℃/(10a),占全部增温的 40%,尽管他们仍不认为这种影响是显著的。

最近,张爱英等(2010)采用更严格的标准(任国玉等,2010c)遴选乡村站,应用经过均一化订正的月平均气温数据,通过对比分析中国 614 个国家基本/基准站和 138 个乡村站地面气温变化趋势,发现 1961—2004 年全国范围内国家基本/基准站地面年平均气温序列中的城市化增温率为 0.076℃/(10a),占同期全部增温的 27.33%。在他们划分的全国 6 个区域中,除北疆区外,其他地区年平均城市化增温率均非常显著,江淮地区尤其明显,其年平均热增温率达到 0.086℃/(10a),城市化增温贡献率高 55.48%。城市化造成的全国全部国家级台站的增温幅度在冬季和春季最明显,而城市化增温贡献率在夏季和春季最大。这项研究表明,在目前中国大陆广泛应用的地面气温数据集中,城市化造成增温偏差是很显著的。

在中国更多区域的案例研究中,大多发现城市热岛强度增强因素对当地平均地面气温记录有不可忽略的影响,需要在气候变化检测和原因分析中给予更多注意(陈正洪等,2005;曾侠等,2004;张爱英和任国玉,2005;刘学锋等,2005;白虎志等,2006)。中国华中地区和西南区尽管总体变暖趋势较弱,但国家站地面气温记录中的城市化影响同样十分显著(陈正洪等,2005;唐国利等,2008)。

表 2.1 列出了针对中国地区地面气温资料序列中城市化影响研究的若干代表性结果(任玉玉等,2011)。由于所用资料、乡村站选择标准和分析时段与地区不同,这些研究结果存在比较明显的差异。但是大多数研究,特别是近年采用更密集站网资料和更严格乡村站遴选标准的研究,一般表明城市化对中国各类城市站和国家级台站地面年和季节平均气温观测记录具有明显的影响。

综合已有的研究,城市化对器测时期地面气温的影响在不同地区、不同时间有不同表现。城市化对气温序列具有显著性影响开始的时间不同,同一时间段城市化影响的强度也有所不同,例如,周雅清和任国玉(2005)和 Portman(1993)研究结果的对比说明,华北平原地区城市化对地面气温序列的绝对影响可能具有随时间上升的趋势。按此趋势逆推,在 1950 年以前华北地区气温序列中城市化的影响应当很小。Balling 等(1998)对欧洲长序列气温记录的研究发现,在 1890—1950 年的 60 a 中,地面气温增温与城市化或者其他区域因子有明显的相关。任玉玉(2008)的研究发现,中国中东部地区气温记录中出现显著城市化影响的时间晚于欧洲地区。张爱英等(2010)的研究中,也发现中国地面气温序列中的城市化影响有着明显的区域差异。

周雅清和任国玉(2009)采用经过非均一性检验和订正的 255 个地面台站平均气温、平均最高和最低气温资料,分析了华北地区 1961—2000 年不同类型气象台站的气温变化趋势,并检验了城市化因素对这些台站气温变化趋势的影响,结果如下。

(1)根据全部台站和国家基准、基本站资料获得的年平均气温、最高和最低气温一般都呈增温趋势,尤其以最低气温增温最为显著。国家基本、基准站 1961—2000 年期间年平均最低气温上升 1.52℃,年平均气温上升 1.12℃,年平均最高气温升高 0.8℃。最高和最低气温上升幅度的差异使得年平均日较差表现出明显的下降,在 40 a 间减少了 0.72℃。四季的平均气温、最高和最低气温变化趋势也以增温为主,其中冬季的增温幅度最大,夏季最小。春、夏、冬 3 个季节的平均最低气温上升很快,平均最高气温增加较慢,日较差均表现为明显减少趋势。但秋季平均气温、最高和最低气温变化趋势基本相同,日较差变化趋势微弱,没有通过 5% 统计显著性检验。

(2)根据所有台站资料获得的年和季节平均气温、最低气温变化趋势空间分布中,存在若干明显的局地高、低值中心,分别与大、中城市站和乡村站有较好的对应关系;最高气温趋势则基本呈西高东低、北高南低的态势,局地高、低值中心不明显。乡村站附近日较差变化趋势一般为正值或不明显,而城市台站附近日较差一般呈显著减少趋势。因此,城市化对平均气温和最低气温变化趋势、日较差变化趋势产生了明显影响。

(3)城市化影响致使各类城市站和国家基准、基本站的年平均气温和年平均最低气温显著增加。年平均最低气温序列中的城市化增温最显著,各类城市台站的城市化增温都在

0.18℃/(10a)以上,城市化增温对全部增温贡献达到 50% 以上;在国家基本、基准站观测的年平均气温上升趋势中,城市化造成的增温为 0.11℃/(10a),对全部增温的贡献率亦可达39.3%;各类台站的最高气温序列中不存在明显的城市化增温影响;此外,城市化还导致乡村站以外的各类台站日较差减小,其中国家基本、基准站年平均日较差的绝对减少以及相对于乡村站的下降都非常明显,应完全是由于城市化影响造成的。

(4)就季节而言,各类台站的四季平均气温和最低气温序列中城市化影响均造成增温。城市化增温以冬季为最大,夏季最小,但城市化增温贡献率则以夏、秋季为最大,冬季最小。这表明,虽然城市化影响致使各类台站冬季平均气温和最低气温显著上升,但大尺度的背景升温可能仍比城市化造成的增暖来得大,而夏、秋季观测到的增温则主要是由城市化影响引起的。城市化对各类台站最高气温上升的影响在春、夏季比较明显,秋、冬季城市化影响则致使平均最高气温出现微弱下降趋势。各类台站季节平均日较差变化相对于乡村站均呈现下降趋势,其中秋、冬季的下降完全是由于城市化影响引起的。

(5)比较 1981—2000 年与 1961—2000 年两个时段的变化发现,最低气温后 20 a 除大城市站的城市化影响减小外,其余各级城市站的城市化影响都有所增强;对平均气温而言,规模较小城市站类别的城市化对平均气温和最低气温的影响有所增强,而规模较大城市站类别的城市化影响则有所下降。由于包括乡村站在内的所有类别台站后 20 a 增温速率都很显著,所以其城市化影响贡献率都明显减小。最高气温后 20 a 城市化影响除了小城市站和基本、基准站没有明显变化外,其他各类台站均增强了。对于气温日较差而言,所有类型台站后 20 a 城市化影响比 40 a 都有所增强。

最近,张雷等(2011)采用北京地区 6 个气象站 1960—2008 年逐日最高、最低气温资料,分析了北京站和 5 个乡村站平均的极端气温指数变化趋势,并检验了城市化因素对北京站极端气温指数变化趋势的影响及贡献率。他们的初步分析得到以下结论。

(1)北京站年极端气温指数序列中,霜冻日数、冷夜日数、冷昼日数和平均气温日较差均显著减少,暖夜日数、暖昼日数、平均最高气温和平均最低气温均显著上升,这些指数的趋势变化均通过了 0.01 显著性水平检验,其中霜冻日数、冷夜日数、暖夜日数、平均最低气温、平均气温日较差的变化趋势比冷昼日数、暖昼日数、平均最高气温的变化趋势更明显,说明基于日最低气温的极端气温指数比基于日最高气温的极端气温指数的变化趋势更显著。这些结果与过去多数研究结论是一致的。北京地区 5 个乡村站各极端气温指数虽也发生了一定变化,但这种变化主要与平均最高气温的明显上升有关,表现为结冰日数减少、冷昼日数减少、暖昼日数增加、气温日较差增大,而与最低气温有关的各项极端气温指数变化趋势均不明显。

(2)北京站年霜冻日数、冷夜日数、暖夜日数和平均最低气温等极端气温指数序列中的城市化影响非常显著,分别为 −5.78 d/(10a)、−17.83 d/(10a)、14.76 d/(10a) 和 0.70℃/(10a),对应的城市化影响贡献率均为 100%;而年结冰日数、高温日数、冷昼日数、暖昼日数和平均最高气温等极端气温指数序列中的城市化影响一般很弱,分别仅为 0.80 d/(10a)、−0.26 d/(10a)、−0.85 d/(10a)、−1.04 d/(10a) 和 −0.04℃/(10a),对应的城市化影响贡献率为 37.23%、98.15%、21.08%、18.10%、17.71%;由于平均最低气温序列中的城市化影响显著,因此北京站平均气温日较差受城市化影响显著减小,减少幅度达到 −0.73℃/(10a),其城市化影响贡献率为 100%。

(3)城市化致使北京站的冷夜日数、平均气温日较差四季均显著减少,暖夜日数、平均最低气温四季均显著增加,其中冬季的平均最低气温和气温日较差趋势变化中的城市化影响最明显,而夏季的暖夜日数趋势变化中的城市化影响最显著;冷昼日数、暖昼日数和平均最高气温等极端气温指数的城市化影响在各季节均未达到显著性水平。

可见,北京站基于日最低气温的极端气温指数变化趋势受城市化影响严重,而基于日最高气温的极端气温指数受城市化影响很小,早先发现的"气温非对称性变化"现象(如:谢庄等,1996;陈正洪等,2007),主要是由于城市化造成夜间最低气温显著上升所引起的。

因此,城市化不仅对于地面平均气温,而且对于极端气温事件频率和强度等指数序列,也具有很明显的影响。这种影响在北京这样的大都市区域气象台站尤其显著,在华北这样城市化十分突出的区域尺度上,也十分明显,值得开展进一步的研究。

3.2　极端强降水事件

3.2.1　暴雨和大雨

对我国降水量极值变化趋势的分析表明,1951—1995 年期间全国平均 1 d 和 3 d 最大降水量没有出现明显的变化,华北 1 d 和 3 d 最大降水量极端偏高的区域明显下降,西北西部 1 d 和 3 d 最大降水量极端偏高的区域明显扩展(翟盘茂等,1999)。最近的分析表明了相似的结果,1956—2008 年期间全国平均 1 d 最大降水量同样没有明显的趋势变化,但可以发现显著的年代际变化。从 20 世纪 50 年代中到 70 年代后期,最大降水量有减少现象;而从 70 年代后期到 1998 年最大降水量有明显上升趋势,此后则重又下降(陈峪等,2010)。

表 3.2　常用极端降水指数

序号	代码	名称	定义	单位
1	RX1day	1 d 最大降水量	每月最大 1 d 降水量	mm
2	RX5day	5 d 最大降水量	每月连续 5 d 最大降水量	mm
3	SDⅡ	降水强度	年降水量与降水日数(日降水量≥1.0 mm)比值	mm/d
4	R10	中雨日数	日降水量(PRCP)≥10 mm 的日数	d
5	R20	大雨日数	日降水量(PRCP)≥20 mm 的日数	d
6	R50	暴雨日数	日降水量(PRCP)≥50 mm 的日数	d
7	CDD	持续干期	日降水量连续<1 mm 的最长时间	d
8	CWD	持续湿期	日降水量连续≥1 mm 的最长时间	d
9	R95p	强降水量	日降水量>95%分位值的总降水量	mm
10	R99p	极端降水量	日降水量>99%分位值的总降水量	mm

从全国总体来看,1956—2008 年我国有暴雨出现地区的年平均暴雨日数为 2.1 d。1998 年出现暴雨日数最多,全国平均为 2.7 d;1978 年最少,全国平均为 1.7 d(图 3.7)。自 1956 年以来,全国平均暴雨日数呈不显著的增多趋势(未通过 0.1 显著性水平检验),气候趋势为 0.02 d/(10a)。全国暴雨最多年代出现在 20 世纪 90 年代,2001—2008 年仍处在气候平均值以上,

70 年代为近 53 a 暴雨最少的年代。

从 1956—2008 年暴雨日数趋势系数的全国分布(图 3.8)可以看出,我国常年有暴雨的台站主要位于东半部地区,其中南方流域多数站点年暴雨日数呈增加趋势,个别站点(长江、东南诸河流域)增加趋势显著;黄河、海河、辽河流域多数站点年暴雨日数呈减少趋势,黄河、海河部分站点趋势显著。此外,四川盆地存在年暴雨日数显著减少的区域。将常年有暴雨的区域作为一个整体来看,暴雨日数增加和减少的站点数分别为 226 个和 171 个,分别占全部站点数量(397 站)的 56.9% 和 40.1%,暴雨日数增加的站点多于减少的站点。在增加的站点中,有 33 站通过 0.1 显著性水平检验,其中 15 站通过 0.05 显著性水平检验;在减少的站点中,有 27 站通过 0.1 显著性水平检验,其中 13 站通过 0.05 显著性水平检验。

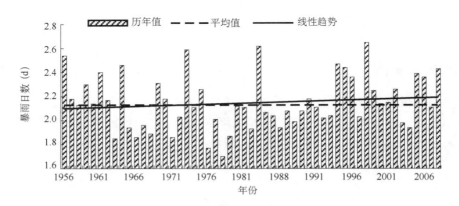

图 3.7   1956—2008 年中国平均暴雨日数历年变化

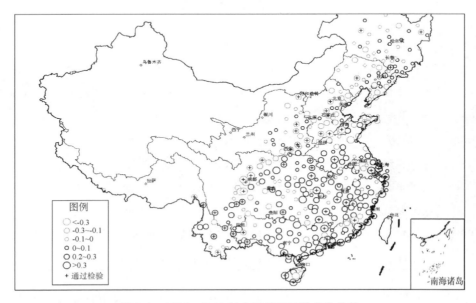

图 3.8   1956—2008 年中国暴雨日数变化趋势

(实心圆代表趋势通过 0.1 显著性水平检验)

1956—2008 年,我国南北方流域(不包括西北诸河流域)暴雨日数呈现相反的变化特征。南方多数流域年暴雨日数呈增加趋势,珠江流域呈显著增加趋势,增幅为 0.18 d/(10a),淮河和长江流域暴雨日数增幅较小;西南诸河流域年暴雨日数呈显著减少趋势,但减少速率较小,为 0.04 d/(10a)。北方流域年暴雨日数均呈减少趋势,海河、黄河流域减少趋势显著,海河流域减少速率达 0.11 d/(10a)(表 3.3)。

从年代际变化看,多暴雨年,北方流域大多出现在 20 世纪 60 年代,南方流域多数出现在 2001—2008 年;少暴雨年,北方流域多出现在 90 年代以后,南方流域则多出现在 70 年代以前。松花江流域暴雨最多出现在 90 年代,但自 1999 年开始,暴雨日数连续 10 a 在气候平均值以下,这是 53 a 中暴雨最少的时段。辽河流域 20 世纪 60 年代为暴雨最多的时期,70 年代降至各年代最少,此后有所增加。黄河流域年暴雨日数年代际变化特征和海河流域相似,以 60 年代最多,此后基本呈逐年代减少趋势,2001 年以来降至各年代最少。淮河流域暴雨日数年际波动明显,由 20 世纪 60 年代开始减少,80 年代降至最少,90 年代增多,2001 年以来增至最多。长江流域 70 年代暴雨日数最少,至 90 年代达到各年代最多,但 2001 年以来又明显减少。珠江流域暴雨日数基本呈逐年代增加趋势。西南诸河流域年代际波动较大,呈增减相间的变化态势,20 世纪 80 年代为各年代中最多,而 90 年代又降至各年代最少。总体上,北方流域年暴雨日数为由多转少的变化态势,南方流域则由少转多。

表 3.3　我国九大流域平均年暴雨日数趋势系数及气候趋势(1956—2008 年)

流域	趋势系数	气候趋势(d/(10 a))
松花江	−0.139	−0.02
辽河	−0.138	−0.05
海河	−0.301**	−0.11
黄河	−0.333***	−0.04
淮河	0.046	0.02
长江	0.131	0.05
东南诸河	0.212	0.14
珠江	0.269**	0.18
西南诸河	−0.270**	−0.04

注:"＊＊"表示通过 0.05 显著性水平检验;"＊＊＊"表示通过 0.01 显著性水平检验。

3.2.2　极端强降水

不少学者利用各种绝对和相对阈值标准定义极端强降水事件(表 3.2),分析过去 50 a 极端降水事件频率和强度的变化情况(Zhai 等,2005;支蓉等,2006;闵屾和钱永甫,2008;Feng 等,2008;邹用昌等,2009;陈峪等,2010)。这些分析一般表明,过去半个世纪我国有暴雨出现地区的年平均暴雨日数呈微弱增多趋势,但趋势不显著。从区域上看,华北和东北大部暴雨日数减少,而长江中下游和东南沿海地区一般增多。

造成极端偏湿状况的连续降水日数变化与总降水量和极端强降水频率变化具有相似的空间分布特征(Bai 等,2007)。根据百分位值定义的强降水频数和降水量与暴雨日数变化趋势相似,但可以发现西部大部分地区强降水频数和降水量有比较明显的增多(Zhai 等,2005;杨宏青等,2005;苏布达等,2006,2007;邹用昌等,2009)。我国多数地区秋季极端强降水减少,冬季一般增多,夏季南方和西部增多,而北方减少(Wang 和 Yan,2009)。Qian 等(2007)对降水进行分级后分析发现,全国小雨普遍减少,而暴雨和大暴雨有所增多。极端降水量与降水总量的比值在全国多数地区有所增加,说明降水量可能存在向极端化方向发展的趋势(闵屾和钱永甫,2008;杨金虎等,2008)。Zhang 等(2008)发现,我国北方地区极端强降水与总降水频数的比值在 20 世纪 70 年代末、80 年代初发生了比较明显的跃变。

许多研究指出,我国多数地区不仅极端强降水量或暴雨降水量在总降水量中的比重有所增加,极端强降水或暴雨级别的降水强度也增强了(Zhai 等,2005;孙凤华等,2007;陈晓光等,2008)。这种现象不仅出现在降水量和极端强降水增加的南方和西部,甚至出现在降水量和极端强降水减少的华北和东北(翟盘茂和潘晓华,2003;孙凤华等,2007)。除西部地区外,我国大部地区降水日数有显著的减少。由于降水日数的减少,多数地区降水强度有所增加;在长江中下游和华南沿海地区,年降水量的增加主要是由降水强度增加造成的,而北方地区年降水量的减少主要源于降水日数的显著减少(翟盘茂等,2007)。西部地区年降水量的增加是降水频率和平均降水强度共同增加的结果(严中伟和杨赤,2000;龚道溢和韩晖,2004)。全国多数地区降水日数的减少在秋季更为明显(王大钧等,2006)。

3.2.3 暴雪事件

我国东北和西北北部、内蒙古、青藏高原等地区,冬半年会受到严重暴雪事件影响。了解最近几十年暴雪事件频率和强度的变化规律,对于气候变化检测和气象灾害预测也具有重要意义。但是,针对极端强降雪变化的研究还较少。

最近,刘玉莲等(2010)对黑龙江省 1961—2006 年暴雪时空变化特征进行了初步分析。他们采用了全省具有连续观测记录的 63 个台站逐日降雪资料,分析得到以下初步结果:

(1)黑龙江省暴雪分布具有东多西少、山地多平原少的特点,最多处在三江平原、东南山区,最少在西部松嫩平原;暴雪量和暴雪日数 10 月最大,其次是 3 月,11 月和 4 月数值也较大,隆冬季节暴雪发生频率和暴雪降水量反而较小,说明在秋季和春季过渡季节发生强降雪事件的可能性比较高;

(2)1961—2006 年全省平均暴雪量和暴雪日数仅呈微弱增加趋势,趋势变化不显著,但存在明显的年际和年代变化特征(图 3.9);进入 21 世纪,全省暴雪量和暴雪日数比前 4 个年代明显增多,但无暴雪台站比例也增加,说明暴雪局地性更强,最大暴雪强度更大,致灾性明显;分析还发现,20 世纪 70 年代末以来暴雪量和暴雪日数的年际波动幅度增大,其中包括 1980年、1993 年、2006 年的异常大雪年;

(3)在所分析时段,1 月和 3 月全省平均暴雪量增多趋势显著;东部一些台站年暴雪量和暴雪日数趋于明显增加,西南部和西部多数台站略有减少;因此,暴雪的演变趋势是少的地方更少,多的地方更多,春季东部的增多导致局地性暴雪灾害加剧。

赵春雨等(2010)利用 1961—2007 年降雪初始日期、终止日期以及降雪初、终日间天数资料,详细地分析了辽宁省降雪初始日期、终止日期以及降雪初、终日间天数的时空变化情况和周期性特征。其研究表明,辽宁省降雪的初始日期主要集中在 10 月、11 月,终止日期主要在 3 月、4 月,降雪初始日期在近 47 a 有所推迟;降雪终止日期明显提前,平均每 10 a

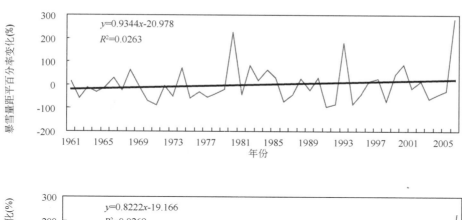

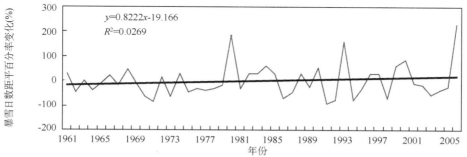

图 3.9　黑龙江省暴雪日数和暴雪降雪量的时间变化(1961—2006 年)

提前 2.2 d。降雪初、终日间天数明显缩短,平均每 10 a 减少 3 d。降雪的初始日期、终止日期以及降雪初、终日间天数均存在突变现象。降雪的初始日期、终止日期以及降雪初、终日间天数均存在 2～6 a 的周期。气温与降雪初始日期和终止日期存在着密切的联系。降雪的初始日期与同年 10 月和 11 月的平均最高气温相关关系最好,其次是 10 月和 11 月的平均气温。

3.3　极端干旱事件

3.3.1　连续无雨(干期)

在全球气候变化背景下,全国和各个区域气象干旱发生的频率、强度和持续时间是否出现了变化,是很值得关注的问题(翟盘茂等,2007;马柱国,2007),一些学者对此进行了研究。

根据综合气象干旱指数(CI),分析近 50 多年来中国的气象干旱时空分布特征(邹旭恺等,2010)表明,在近半个多世纪中,我国气象干旱较重的时期主要出现在 20 世纪 60 年代、70 年代后期至 80 年代前期、80 年代中后期以及 90 年代后期至 21 世纪初。就整体而言,全国气象干旱面积在 1951—2008 年中有较显著的增加趋势。破纪录干旱事件的相关研究也表明,极端干旱强度最大区域分布在我国北方的半干旱地区,中心区域位于华北地区、黄河中下游及淮河流域(杨杰等,2010)。侯威等(2008)研究了北方地区近 531 a 的极端干旱事件频率变化,并与古里雅冰芯[18]O 含量变化进行了对比,发现在[18]O 含量较高的时期(偏暖时期)发生极端干旱事件的概率较低,反之亦然。章大全等(2010)研究了气温升高和降水减少在极端干旱成因中所占的比重,发现降水减少仍然是中国东部干旱形成的主要因素。相对于南方地区,中国华北、东北及西北东部等地区的干旱化进程对气温比降水变化更为敏感。龚志强和封国林(2008)发现,华北和江淮流域在气候较暖的时期可能易发生强度大、范围广的同步干旱事件,并认为近30 a北方地区的干旱化可能是自然气候变率起主导作用下人为气候变化和自然气候变率共同作用的结果。

以下主要结合邹旭恺等(2010)最近开展的工作,介绍中国地区气象干旱频率和面积百分比的变化趋势。

3.3.2　综合气象干旱指数

用综合气象干旱指数 CI 来计算分析中国全国和各个流域的干旱状况。CI 指数是以标准化降水指数、湿润度指数及近期降水量为基础的设计的,它同时考虑了降水和潜在蒸散两项因子,与单纯利用降水量的干旱指标相比更具有优越性。CI 指数的具体计算方法请见国家标准GB/ T 20481—2006《气象干旱等级》(张强等,2006),其等级划分见表3.4。

表 3.4　综合气象干旱指数 *CI* 的等级划分

等级	类型	CI 值
1	无旱	$-0.6 < CI$
2	轻旱	$-1.2 < CI \leqslant -0.6$
3	中旱	$-1.8 < CI \leqslant -1.2$
4	重旱	$-2.4 < CI \leqslant -1.8$
5	特旱	$CI \leqslant -2.4$

图 3.10 显示了基于 CI 指数统计的中国全国干旱面积百分率的历年变化。从年代际变化看,在近半个多世纪中,我国干旱较重的时期主要出现在 20 世纪 60 年代、70 年代后期至80 年代前期、80 年代中后期以及 90 年代后期至 21 世纪初。其中最为严重的干旱出现在 1999 年,干旱面积达到 31.5%。根据 Kendall's tau 的趋势计算(Wang 和 Swail,2001)结果分析,就整体而言,全国干旱面积在近 58 a 中有增加趋势,趋势值为 0.66/(10a),通过了 95% 置信限的显

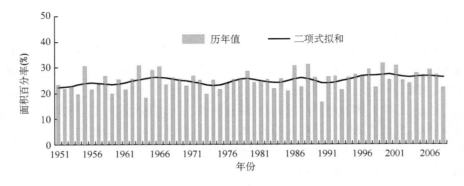

图 3.10　全国年干旱面积百分率历年变化图(1951—2008 年)(曲线为 11 点二项式滑动)

著性水平检验。

　　图 3.11 是中国各站点 1951—2008 年 CI 指数的长期趋势。从分布上看,北方诸河流域中,松花江流域、辽河流域、海河流域、黄河流域、淮河流域的大部分站点都呈干旱化趋势,其中不少站点干旱化趋势显著。南方诸河流域中,长江流域大部分站点干旱没有显著增加或减少的趋势,东南诸河流域和珠江流域大部分站点干旱呈增加趋势,但大多没有通过显著性检验,西南诸河流域中东部站点干旱多呈增加趋势,西部站点干旱多呈减弱趋势,且通过了显著性检验。下文从各流域区域干旱面积变化详细讨论各地的干旱长期变化特征(图 3.12)。

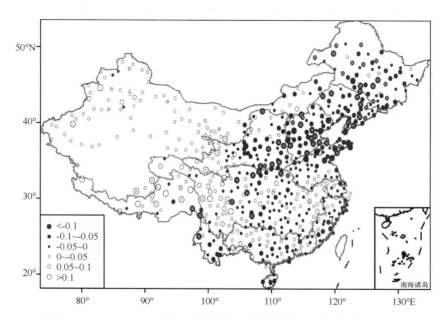

图 3.11　1951—2008 年年干旱指数 CI 变化趋势的空间分布(1/10a)

(叉号表示通过 0.05 显著性水平检验)

　　(1)从近 60 a 的资料分析来看,全国干旱持续时间长的几个中心分别位于北方的辽河流域西部、黄河流域东部、海河流域、西南诸河流域东南部等地,最长持续时间一般有 4 个月以上。

　　(2)北方江河流域除西北诸河流域外,普遍有干旱面积增加的变化趋势,其中海河流域、辽河流域和松花江流域干旱化趋势显著,趋势值分别达到 $3.24\%/(10a)$、$2.61\%/(10a)$ 和 $1.91\%/(10a)$;南方大多数江河流域的干旱面积没有明显的增加或减少的趋势,仅西南诸河流域的干旱面积有显著减少的趋势,趋势值为 $-1.25\%/(10a)$。

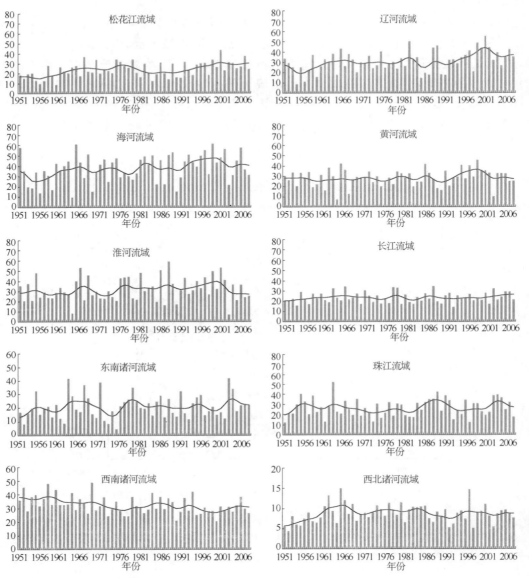

图 3.12　中国十大江河流域年干旱面积百分率(%)历年变化图(1951—2008 年)

(曲线为 11 点二项式滑动)

3.4　热带气旋和台风

3.4.1　生成热带气旋

按照国家标准 GB/T 19201—2006《热带气旋等级》(国家标准化管理委员会,2006),将热带气旋分为热带低压(近中心最大风速为 10.8~17.1 m/s)、热带风暴(17.2~24.4 m/s)、强热带风暴(24.5~32.6 m/s)、台风(32.7~41.4 m/s)、强台风(41.5~50.9 m/s)和超强台风(≥51 m/s)。

　　赵珊珊等(2009)利用上海台风研究所整编的1951—2006年西北太平洋(含南海)热带气旋资料,研究了全球增暖背景下西北太平洋热带气旋活动的气候变化。由图3.13可知西北太平洋热带气旋频数在20世纪50—60年代较大,之后逐渐减少,长期减少趋势约为1.8个/(10a),1967年53个为最多,1998年21个为最少。热带低压频数也有减少趋势,为1.2个/(10a),1995年和2005年的1个为最少值,最大值为1970年的21个。热带风暴频数增加趋势为0.4个/(10a),最大值发生在1994年(10个);强热带风暴、台风频数的长期变化趋势不显著,强台风频数有长期增加趋势。超强台风频数有显著减少趋势,为1.4个/(10a),最小值发生在1999年(0个)。西北太平洋热带气旋频数的减少趋势主要受热带低压和超强台风减少影响,并且超强台风频数的减少趋势最强。可见,西北太平洋热带气旋总频数有减少趋势,不同级别热带气旋频数的长期变化趋势不完全一致,其中只有热带低压和超强台风具有长期减少趋势。

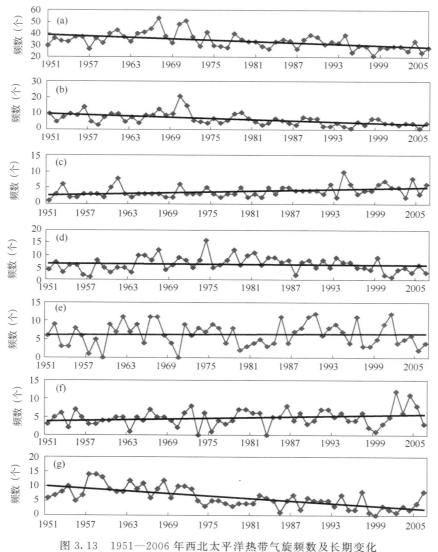

图3.13　1951—2006年西北太平洋热带气旋频数及长期变化

(a)热带气旋;(b)热带低压;(c)热带风暴;(d)强热带风暴;(e)台风;(f)强台风;(g)超强台风

将近中心最大风速 51～58 m/s 的超强台风简称超强台风Ⅰ,近中心最大风速为 58 m/s 以上的超强台风简称超强台风Ⅱ。由图 3.14 可知,超强台风Ⅰ频数仍然呈增加趋势,超强台风Ⅱ频数则呈减少趋势。超强台风Ⅰ的频数在 20 世纪 50—60 年代变化较小,70 年代显著减少,从 80 年代开始增加,90 年代末下降。超强台风Ⅱ的频数变化与超强台风的总频数变化相似,但减少趋势更为显著。

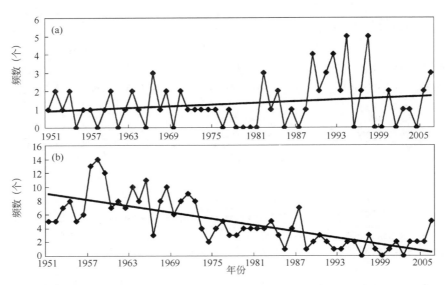

图 3.14　1951—2006 年西北太平洋超强台风频数及趋势变化

(a)51～58 m/s;(b)≥58 m/s

　　热带气旋的强度一般以近中心最大风速(10 m 高度)来表示,海平面中心最低气压也反映了热带气旋的强度。为了更直观了解热带气旋强度的变化特征,图 3.15 显示了热带气旋年平均强度(中心最大风速和最低气压)以及年最大强度的逐年变化。图 3.15a 表明,热带气旋的近中心最大风速的年平均值有显著减小趋势,为 1 m/(s・10a)。年最大风速也有显著的减小趋势,为 6.5 m/(s・10a)。图 3.15b 表明,热带气旋中心年平均中心最低气压有显著减小的趋势。而年最低气压有显著增加的趋势,尤其是从 1987 年以后显著升高。不同等级热带气旋频数贡献的变化在一定程度上反映了热带气旋强度的变化。虽然热带低压的频数贡献也有减小趋势,但强度最强的超强台风Ⅱ频数贡献的减小趋势更为显著,而其他级别的热带气旋频数贡献的比例增加或没有显著趋势。因此,热带气旋平均强度减小的趋势主要受超强台风Ⅱ频数减少的影响。

　　不同级别热带气旋活动的变化特征有所不同。热带气旋频数具有长期减少趋势,长期减少趋势主要源于热带低压和超强台风Ⅱ的频数减少,其他强度的热带气旋总频数有长期增加趋势。除了超强台风月频数在秋季达最大外,其他强度的热带气旋月频数都在 8 月达最大。热带气旋月频数最大发生的月份随强度的增加而推迟。超强台风Ⅱ的年变化与除了超强台风Ⅰ以外的其他强度的热带气旋反位相变化。热带气旋最大风速的年平均值表现为减小趋势,主要由超强台风Ⅱ的频数减少引起。热带气旋年最大风速和中心最低气压都有减弱趋势,但热带气旋年平均中心最低气压表现为增强趋势。热带气旋初、终旋日期的长期变化趋势不显著,但不同级别热带气旋的初、终旋日期的变化特征有所不同。超强台风Ⅱ和热带低压的发生

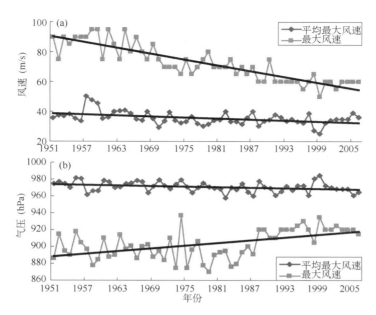

图 3.15　1951—2006 年热带气旋年平均强度和最大强度
(a)最大风速;(b)最低气压

时间有缩短趋势,而其他级别热带气旋的发生时间没有显著变化。

西北热带太平洋热带气旋总频数和强度的长期变化趋势与前人分析结果一致(陈兴芳和晁淑懿,1997;王小玲等,2006;王小玲和任福民,2007;Wang 等,2008);但不同强度的热带气旋频数和强度具有不同的长期变化特征。超强台风Ⅱ的频数、强度以及初、终旋时间的气候变化都与其他级别的热带气旋有所不同,并且对热带气旋的总频数和强度的变化有重要影响。此外,由于上海台风研究所整编的热带气旋资料与其他资料存在差别,其他热带气旋资料是否也具有类似的结论需要作进一步研究。

3.4.2　登陆热带气旋

在 1970—2001 年 32 a 间,登陆我国的热带气旋(TC)频数有一定下降趋势,其中 1998 年达到了近 30 a 来的最小值(李英等,2004;杨玉华等,2009)。1950—2008 年期间,登陆我国的热带气旋频数同样存在减少趋势,其中 20 世纪 50—60 年代登陆 TC 频数较多,1991—2008 年是 TC 登陆我国的最少时期,但进入 21 世纪以后有一定上升(王秀萍和张永宁,2006;曹祥村等,2007;杨玉华等,2009;赵珊珊等,2009)。经南海和菲律宾海区登陆我国的 TC 频数下降明显,经东海海区登陆的 TC 频数也有减少,但趋势不显著(王秀萍和张永宁,2006)。

1949—2006 年有 522 个热带气旋登陆(不包括副中心)影响中国,年均 9 个。其中,登陆热带气旋最多的年份为 1952 年和 1961 年,均达到 15 个,登陆热带气旋最少的年份为 1982 年,只有 4 个。当热带气旋登陆中国时近中心最大风速大于 32.7 m/s,则定为台风登陆,在这 522 个登陆热带气旋中,有 172 个登陆时强度达到台风级别,约占 33%,年均 3 个。登陆台风频数最多的年份为 1961 年和 1971 年,均为 7 个,而 1950 年和 1998 年登陆热带气旋均未达到台风强度(杨玉华等,2009)。总体看来,近 50 多年来,登陆中国热带气旋的年频数呈现减少趋势,并达到 90%的可信度,登陆台风的年频数并没有明显变化。

把热带气旋在广东、广西、海南等地(117°E 以西)登陆定为登陆华南,在福建、台湾、浙江、上海、江苏、山东、河北、天津、辽宁等地(117°E 以东)登陆定为登陆东部(由于首次登陆华北热带气旋个数较少(6 个),所以没有单独分析)。在 58 a 中,首次登陆中国华南地区的热带气旋总个数为 323 个,占总登陆个数的 62%,年均为 5 个、6 个;其中有 74 个在登陆时达到台风强度,年均约 1 个,登陆台风频数占总登陆热带气旋频数的 23%。登陆中国华南地区热带气旋最多的频数为 9 个(分别是 1952 年,1971 年,1980 年,1995 年),频数最少的是 2 个(分别是 1969 年,1982 年,1997 年,2004 年)。而登陆中国东部热带气旋总个数为 199 个,年均约 3 个;其中有 98 个在登陆时达到台风强度,年均约 2 个,登陆台风占总登陆热带气旋个数的 41%,比例明显高于华南地区。登陆中国东部地区热带气旋频数最多为 8 个(1961 年),其中 5 个为登陆台风,而在 1993 年没有热带气旋登陆中国东部地区。另外,在中国东部地区登陆台风的频数和登陆热带气旋频数呈现出明显的正相关特性,相关系数达到 0.61(通过 99.9%的显著性检验),而在中国华南地区,这种相关性则表现略弱,相关系数为 0.39(通过 99%的显著性检验)。1949—2006 年,登陆中国华南地区的热带气旋年频数有明显减少趋势,其中登陆热带低压及(强)热带风暴的年频数减少比较明显,登陆台风年频数的减少趋势较小;而东部地区没有明显变化(杨玉华等,2009)。

1949—2006 年,522 个登陆热带气旋的平均登陆强度(所有登陆热带气旋首次登陆时值的平均)为 981 hPa(平均最大风速 27 m/s)。年平均登陆强度最强年份为 2005 年,平均登陆强度达到 955 hPa(平均最大风速 41.6 m/s),次强年份为 1991 年,平均登陆强度达到 966 hPa(36.5 m/s),最弱年份为 1952 年,平均登陆强度 996.2 hPa(14.8 m/s),次弱年份为 1998 年,平均登陆强度为 992.5 hPa(21.2 m/s)。不论从中心最低海平面气压还是从近中心最大风速看,年平均热带气旋登陆强度长期呈现明显的线性增强趋势,其中通过中心海平面气压(近中心最大风速)统计得到的强度变化趋势通过了 99%(95%)的信度检验(杨玉华等,2009)。这与曹楚等(2006)分析得到的登陆中国热带气旋平均强度和极端强度均有减弱趋势,极端强度的减弱趋势尤为明显的结论似乎不一致。然而,曹楚等(2006)分析的对象为极端最低气压(1 年中所有登陆台风生命史中曾达到过的最低中心气压值)和年均最低气压(指 1 年中所有登陆台风生命史中曾达到过的最低中心气压的算术平均值),而上述结论分析对象则是台风登陆时的观测强度变化,分析对象不同,并不存在结论的不一致。结合上述分析及曹楚等(2006)分析的结论可以看出,登陆中国热带气旋极端最低气压和年均最低气压有减弱的趋势,但登陆时的年平均强度却是出现明显增强的趋势。每年登陆热带气旋的强度差异也有很大差距,登陆强度差异最大的年份为 1956 年,达到 82 hPa,最强登陆强度达到 923 hPa,而最弱登陆强度为 1005 hPa。登陆强度差异最小(仅为 12 hPa)的年份为 1950 年。而热带气旋登陆强度最大差异长期呈现减小的趋势。

杨玉华等(2009)考察了近 58 a 来登陆中国热带气旋路径、影响时间、登陆强度等的频率或概率分布变化,从而得到整体气候变化的几点特征:登陆中国热带气旋年频数有减少趋势,但登陆时达台风强度的频数变化不明显。其中登陆中国华南地区的热带低压和(强)热带风暴减少比较明显,而登陆中国东部地区热带气旋频数变化不明显。登陆点最北纬度明显的南移趋势导致年内登陆点南北最大纬度差有减小趋势。热带气旋登陆的海岸带更为集中,23°~35°N 增多,而在 35°N 以北和 23°N 以南登陆的呈减少趋势;另外,登陆广西地区的热带气旋也有增多趋势。登陆中国热带气旋季节延续期缩短了近1个月。热带气旋年平均登陆强度及其概率分布偏度有增加趋势,表明登陆的强台风有增加趋势。登陆中国华南和东部地区的台风强度都有增强趋势,而前者趋势更为明显。

以上分析仅讨论了登陆中国热带气旋的变化特征,未包括近海擦边和转向等影响中国的热带气旋。而热带气旋登陆位置变化原因有很多,如黄荣辉和陈光华(2007)认为西北太平洋TC移动路径有明显的年际变化并与西太平洋暖池热状态有很密切的关系,而Wu等(2005)指出西北太平洋副高的西伸加强是导致西北太平洋热带气旋路径变化的一个重要因素。目前所有的数值模拟和理论研究的结果表明,全球变暖可能导致热带气旋的强度增强1%左右。但要从目前的观测资料直接发现并确定如此小的增强幅度十分困难。因此,今后的工作将从引起热带气旋变化的大气和海洋环境变化入手,考察大气和海洋的变化是否有利于热带气旋个数和强度的增加并进一步发现其变化的原因。

3.4.3 热带气旋降水

在1957—2008年期间,热带气旋导致的中国大陆地区降水量总体上表现出下降趋势,东北地区南部这种趋势尤为显著(Ren等,2007;林小红等,2008;王咏梅等,2008)。这和登陆热带气旋数量趋于减少是一致的。台风影响范围包括中国的中东部广大地区,沿内蒙古中部、陕西西部、四川西部一线的以东地区全部为影响区。从降水量分布来看,总体上降水自东南沿海向西向北逐渐减小。台风降水最大区域出现在台湾岛的中东部地区及海南岛的个别地区,年台风降水在700 mm以上,台湾局部在1000 mm以上;其次为东南沿海大部分地区及海南大部和台湾西部地区,年台风降水一般为300~700 mm;广西、广东、福建及浙江省的大部分地区、江西省的部分地区年台风降水在100~300 mm;其余受台风影响的大部分地区年台风降水在10~100 mm;而内蒙古、山西、陕西、四川及河北的部分地区的年台风降水不足10 mm。

同台风降水分布类似,台风降水贡献率也是从东南沿海向西北内陆逐渐减小。台风降水贡献率最大的地区在台湾岛和海南岛的个别地区,达40%以上;其次为海南大部、台湾局部和广西局部地区,贡献率在30%~40%;广东、福建沿海以及台湾大部、浙江、海南局部地区贡献率在20%~30%;广东、广西、福建大部以及浙江沿海地区、山东半岛局部地区贡献率在10%~20%;其余台风影响地区一般都低于10%,尤其是内蒙古、陕西大部、山西和四川的部分地区在1%以下。台风降水越大(小)的地区,台风降水贡献一般也越大(小)。

图3.16为中国TC体积降水、中国TC降水贡献率和TC日降水≥50 mm的累积台站暴雨频数的时间演变。图3.16a显示,(1)1957—2004年期间中国TC体积降水以−3.0 km³/a的速度在减少,达到0.01的显著水平;(2)TC降水具有较明显的年代际变化和显著的年际振荡。在20世纪60年代前期、70年代前期以及1994年和1985年,中国经历了严重的TC影响,尤其是1994年和1985年,TC体积降水分别为667.4 km³和596.5 km³。而在60年代后期、1983年和1998年,我国陆地上接收到的TC降水明显偏少,特别是1983年仅为124.5 km³。TC降水贡献率的变化特征(图3.16b)与中国TC体积降水的变化十分相似,两者的相关系数高达0.87:其主要特征表现为:(1)1957—2004年期间显著下降;(2)具有较清楚的年代际变化和明显的年际振荡,1994年和1985年TC降水贡献率分别为12%和11.4%,而1983年仅为2.2%。累积台站暴雨频数的时间演变(图3.16c)具有与前两者相类似的显著下降趋势、年代际变化和年际振荡特征。最大暴雨频数出现在1994年和1985年,而最小暴雨频

数出现在 1983 年。进一步的分析表明,累积台站暴雨频数与 TC 体积降水和 TC 降水贡献率的相关系数分别高达 0.95 和 0.93。

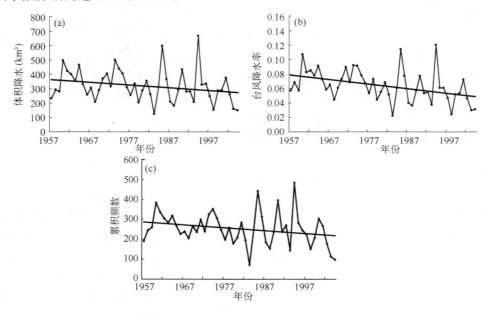

图 3.16 (a)中国热带气旋体积降水总量的演变;(b)中国热带气旋降水贡献率的演变;
(c) TC 日降水≥50 mm 的累积台站频数演变

图 3.17 给出 1957—2004 年 TC 降水量变化趋势的空间分布。可见,TC 影响地区大部地区的 TC 降水表现为减少趋势,其中最大减少趋势(5 mm/a 以上)出现在台湾岛、海南岛和广东沿海局部,其余地区减少趋势每年不足 5 mm;但这种趋势只在台湾岛、海南岛、东南沿海的部分地区和东北南部较显著。与此同时,四川、河南、山西等地 TC 降水却呈现微弱的增加趋势,其中一些地区 TC 降水的增多则可能与影响台风路径及局地地形特点有关。

台风给中国中东部地区都带来降水,台风降水分布在空间上存在很强的地域性差异,降水量由两大岛屿、东南沿海向内陆减少,同时台风降水贡献的分布也有类似特征。台风降水的季节变化表明,台风降水一般出现在 4—12 月,峰值出现在 8 月。1957—2004 年期间,台风降水呈下降趋势。台风降水与影响台风数存在显著的正相关关系。台风降水异常是由于亚洲地区大气环流和赤道中东太平洋沃克环流的综合效应所引起。台风降水长期变化表现为全国性的减少,显著的地区包括台湾岛、海南岛、东南沿海的部分地区和东北南部。台风暴雨的分布表明:在台湾、海南、我国沿海地区及部分内陆地区,日最大降水以及暴雨、大暴雨很大程度上由台风引起,最大台风暴雨出现在台湾,台风对于大暴雨的形成,其作用更加明显。在台风影响频次最高的华南地区,台风大暴雨日数比率较华东地区低。全国台风暴雨日数在过去近 50 a 内表现出显著的减少趋势。

3.5 综合极端气候指数

过去的多数研究主要关注某一种或一类极端气候事件,而对于一个地区多种或多类极端气候事件的综合研究还较欠缺。在气候变化的检测和影响研究中,以及在应对气候变化的政

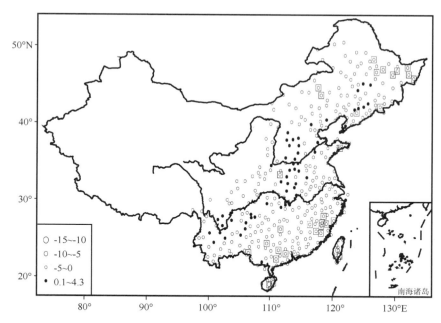

图 3.17　1957—2004 年 TC 降水量变化趋势(单位:mm/a)的空间分布
(图中空心圆(实心圆)表示减少(增加),方框代表通过 0.05 显著性检验)

府和公民行动中,经常需要了解一个地区或国家多种极端气候事件发生频率和强度的总体变化情况,以便认识区域气候对于人为外强迫的可能响应信号,以及多种极端气候事件频率和强度变化的综合影响(任国玉等,2010)。因此,如何在纷繁的极端气候指数中选择具有明确气候和社会经济指示意义的指标,构造一个区域极端气候综合指数,并对过去和未来的变化趋势进行分析,是一个颇值得研究的问题。

　　以下主要结合任国玉等(2010)的研究,对综合极端气候指数的定义以及中国地区综合极端气候指数趋势变化特点等进行介绍。

3.5.1　单项指标

　　对极端气候事件的关注度,同一个国家内不同人群和不同地区也有明显差异。中国北方内陆地区的人们,一般不受台风影响,但他们非常关注干旱、沙尘暴和大风等极端事件;南方的人们更关注台风、强降水和洪涝、高温热浪等极端事件。从全国来看,农民十分关注干旱和洪涝灾害,城镇居民多关注高温和低温、沙尘暴和强风等极端气候事件,政府部门更关注那些可能引起当地重大经济损失和人员伤亡的极端事件。对于气候变化研究者来说,由于气温对于气候变化信号检测的特殊重要性,一般更关注与气温相关的极端气候事件变化。因此,如何选取各个地区和各界共同关注的极端气候事件,是首先需要考虑的。这里主要根据各种类极端气候事件的经济和社会影响程度,选取 7 种区域或全国平均极端气候指标,分别是平均高温日数(Htd)、平均低温日数(Ltd)、平均强降水日数(Ipd)、干旱面积百分率(Dap)、登陆热带气旋(台风)频数(Tcf)、平均沙尘天气日数(Dsd)、平均大风日数(Swd)。没有包括指示极端气候事件强度的指标,对于干旱面积百分率以外的指标没有选取干旱影响范围(面积)指标,是因为极端气候事件区域平均的频数与强度、面积之间存在极好的相关性,作为反映频数的全国和区域平均极端气候事件日数,可以很好地代表相应的强度和范围指标。例如,一个区域平均强降水日数与达到强降水阈值以上的降水量(或降水强度)和台站(网格)数量之间具有十分显著的正相关关系,可以仅用前者表征极端强降水的时间变化。

实际上,上述 7 种极端天气气候事件造成的气象灾害严重程度还有较大差异,不能同等对待。表 3.5 列出了 2004—2008 年共 5 a 全国每年平均的主要极端气候事件及其相应气象灾害的直接经济损失和死亡人数,资料来源于国家民政部公布的自然灾害损失年鉴。低温灾害直接经济损失包括低温、冷冻和雪灾影响,高温、沙尘天气和强风等灾害直接经济损失没有统计资料,干旱、高温、沙尘暴和强风等灾害直接引起的死亡人数也没有统计资料。不论从直接经济损失还是从灾害造成的死亡人数看,平均每年洪涝灾害破坏都是最大的,其次是台风或热带气旋、干旱、低温冷冻(雪灾)。应该指出的是,干旱造成的经济损失主要是根据农业粮食减产折算的,没有包括干旱对城乡水资源供应、能源供应和森林火灾等影响所造成的破坏,因此这里给出的经济损失数字明显偏低,实际的影响当大于台风或热带气旋。

表 3.5　中国主要极端气候类型、指标及其影响程度

气候类型	指标	经济损失(10^4 元)	死亡人数	社会关注度	年权重系数
高温	平均高温日数 Htd	—	—	很高	0.07
低温	平均低温日数 Ltd	423.9	61	高	0.08
洪涝	平均强降水日数 Ipd	650.3	966	高	0.30
干旱	干旱面积百分率 Dap	472.3	—	低	0.25
台风	登陆热带气旋频数 Tcf	490.7	487	中	0.20
沙尘暴	平均沙尘天气日数 Dsd	—	—	低	0.05
强风	平均大风日数 Swd	—	—	中	0.05

对于各种极端气候事件及其衍生灾害的社会影响,可用社会关注度来大致衡量。利用百度搜索引擎搜索迄今针对各种极端气候事件的报道条目数,可以大致了解国内媒体和公众对其关注程度。考虑对于每一种极端气候事件各种可能的命名方案,采用具有最多报道条目数量的结果,进行分类。比如,"强降水"可以搜索出 1×10^6 条,而"暴雨"可以搜索出 32×10^6 条,则采用"暴雨"的搜索结果。规定 50×10^6 条以上为社会关注度"很高"、$25 \times 10^6 \sim 50 \times 10^6$ 条为"高"、$10 \times 10^6 \sim 25 \times 10^6$ 条为"中"、$1 \times 10^6 \sim 10 \times 10^6$ 条为"低"、1×10^6 条以下为"很低",7 种极端气候事件的社会关注度列于表 3.5 中。其中,高温事件的社会关注度最高,低温和强降水(暴雨)较高,热带气旋(台风)和大风中等,干旱和沙尘天气(沙尘暴)相对较低。

值得说明的是,社会对极端气候事件的关注度与其实际引起的灾害损失和死亡人数常常无关。例如,干旱在我国引起的经济损失非常大,与强降水造成的洪涝灾害不相上下,但其社会关注度远无高温事件强烈;同样,不论从经济损失还是人员伤亡看,与低温相关的极端气候事件都比与高温相关的极端气候事件严重,但高温事件比低温事件更加引人瞩目,社会关注度更高。造成这种现象的原因还需要进一步研究,但可能主要与气候变化问题的政治化倾向有关。

综合考虑各种气象灾害的影响程度,但主要考虑灾害直接经济损失大小,以及灾害造成的死亡人数多少,确定各种极端气候指标的相对重要性。对社会影响或社会关注度也给予一定考虑,但不作为主要因子。据此,对每一种极端气候指标赋予相应权重系数(表3.5),其中强降水日数权重系数最高,为0.30;干旱面积百分率次之,为0.25;登陆热带气旋数为0.20;低温日数为0.08;高温日数为0.07;沙尘天气日数和大风日数,其所蕴涵的气象灾害损失或影响程度相对较轻,其间差异也不明显,赋予同一权重0.05。上述权重赋值还考虑了部分单项极端气候指标中,如大风日数与登陆台风数、沙尘暴以及登陆台风数与强降水量之间存在的联系,避免造成过度强调的倾向。大风日数赋予权重比较低,沙尘暴频率的权重也不高,就是在一定程度上考虑到这个问题。登陆台风数与强降水日数的权重系数均较高,但考虑到他们的实际影响程度,这里给出的权重系数应该也是适当的。

对于同气温、降水相关的单项极端气候指标,采用日观测资料和百分位数作为阈值的方法(表3.6)。其中,高温日数是日最高气温大于1971—2000年30 a日最高气温第90个百分位值的天数,主要反映日间高温事件频次;低温日数是日最低气温小于1971—2000年30 a日最低气温第10个百分位值的天数,主要反映夜间低温事件频次;强降水日数是日降水量大于1971—2000年30 a日降水量第95百分位值的天数,反映相对强降水事件的频次。大风日数是指一日之内任何时间出现瞬时(3 s)平均风速大于17 m/s(相当于风力8级)的天数,反映较强瞬时风速事件的频次。

表3.6 综合极端气候指数($IECI$)各分量指标的定义

序号	缩写	名称	定义	单位
1	Htd	高温日数	日最高气温>90%分位值的日数	d
2	Ltd	低温日数	日最低气温<10%分位值的日数	d
3	Ipd	强降水日数	日降水量>95%分位值的总降水日数	d
4	Dap	干旱面积百分率	发生气象干旱的区域面积与有效观测区域面积的百分比值	%
5	Tcf	登录台风频数	统计时段内登陆我国沿海的台风数量	个
6	Dsd	沙尘天气日数	统计时段内有观测记录网络点平均的沙尘天气日数	d
7	Swd	大风日数	瞬时平均风速>17 m/s的日数	d

干旱面积百分率是全国发生气象干旱的区域面积与有效观测区域面积的百分比值。气象干旱采用《气象干旱等级》国家标准(张强等,2006)中推荐使用的综合气象干旱指数(CI)。CI指数是综合考虑Thornthwaite方法计算的可能蒸散量和近30 d与近90 d降水量标准化指数合成的,已经用于中国实时气象干旱监测业务。当$CI \leqslant -0.6$时即认为出现气象干旱(邹旭恺等,2010)。在单项指标中只有气象干旱采用了面积百分率,因为先前发表的文献重点分析了气象干旱面积百分率变化。但如果采用全国平均气象干旱持续日数指标,其结果应当差别不大。

登陆热带气旋频数是指登陆中国大陆东南沿海的热带气旋(台风)数量,主要发生在夏秋季节,冬季没有登陆台风。沙尘天气日数是指全国有观测记录网格点平均的沙尘天气现象发生日数。沙尘天气现象包括扬沙、浮尘和沙尘暴，大部分地区主要发生在春季，而夏、秋季节少见。

3.5.2 综合极端指数

根据以上 7 个单项极端气候指标，任国玉等（2010）给出了中国地区综合极端气候指数（Integrated Extreme Climate Index，IECI）的定义如下：

$$IECI = \sum_{i=1}^{7} \delta_i E_i \tag{3.1}$$

式中，δ 为权重系数，E 是各单项极端气候指标的标准化值。

分别计算合成两个综合极端气候指数，即由 7 种极端气候指标简单（等值权重）合成的综合极端气候指数（综合指数 I 或 IECI-I）和差异权重加权合成的综合极端气候指数（综合指数 II 或 IECI-II）。在综合指数 II 的情况下，分别确定其对应指标的相对重要性和权重系数（表 3.5）：

$$IECI\text{-}II = 0.07Htd + 0.08Ltd + 0.3Ipd + 0.25Dap + 0.2Tcf + 0.05Dsd + 0.05Swd \tag{3.2}$$

按前文给出的方法，得到等值权重和差异权重加权合成的综合指数 I 和 II。图 3.18 给出 1956—2008 年全国 IECI-I 序列曲线。IECI-I 序列有一定年际波动，整个研究时段总体呈显著的下降趋势。20 世纪 50 年代末至 80 年代初，IECI-I 在多数年份为正值，但呈现出明显的下降趋势，说明这个时期影响我国的重大极端气候事件总体偏多、偏强，但有不断减少、减弱的趋势；80 年代中期以后，IECI-I 在多数年份呈现为负值，同时下降趋势有所缓和，特别是 90 年代中期以来，升降趋势不再明显。IECI-I 最高值出现在 1966 年，次高年为 1958 年，以后依次为 1956 年和 1971 年；最低值出现在 1995 年，次低年为 1997 年，以后依次为 2000 年和 1985 年。

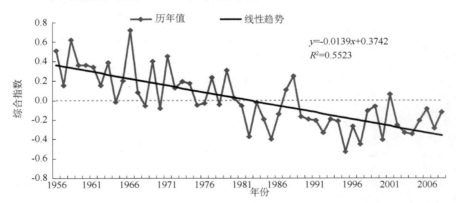

图 3.18 1956—2008 年全国综合极端气候指数 I 序列变化（直线为线性趋势线）

IECI-I 整个时期趋势变化明显，主要是因为各个单项极端气候指数虽然具有不同方向的变化趋势，但高温日数、强降水日数、干旱面积百分率等指数的上升趋势多不明显，而低温日数、沙尘天气日数和大风日数等指数的下降趋势一般较显著，登陆台风频数也轻微减小，导致综合指数 I 整体呈明显下降趋势。1966 年 IECI-I 最高，主要是因为大风日数最多，沙尘天气日数和干旱面积百分率也较高；1995 年除干旱面积百分率略高外，其他单项极端气候指数都很低,应当算风调雨顺的一年。

图 3.19 给出 1956—2008 年全国 IECI-II 序列曲线。IECI-II 序列年际波动和年代际波动特征与 IECI-I 序列相近,但整个研究时段看不出有明显的升降趋势变化。从 20 世纪 50 年代末至 80 年代初,IECI-II 序列表现出较明显下降,多数年份为负值,特别是 70 年代中后期和 80 年代初,数值很低。这说明,20 世纪 80 年代初以前对中国具有重大影响的极端气候事件总体偏少偏弱,且有不断下降的趋势。权重系数较高的强降水日数、干旱面积百分率和登陆台风频率处于平均值附近或偏低,是造成上述变化的主要原因。但是,从 20 世纪 80 年代中期开始,IECI-II 却表现出一定上升趋势,90 年代中期以后上升趋势尤为明显,表明该时段对我国具有重大影响的极端气候事件总体偏多偏强,这主要是因为权重系数较高的强降水日数、干旱面积百分率和登陆热带气旋频率增多,同时高温日数也大幅增加。虽然低温日数、大风日数和沙尘天气日数明显减少,但他们或者权重系数低,或者虽有较高权重系数,但其减少幅度较小,因此对综合指数的贡献不大,整个时期特别是最后 20 多年 IECI-II 呈现为弱的上升趋势。

1956—2008 年全国 IECI-II 最低的 5 a 分别是 1982 年、1985 年、1976 年、1968 年和 1978 年,最高的 5 a 是 1988 年、1961 年、1966 年、1971 年和 2008 年。IECI-II 最低的 5 a 中,1968 年、1982 年、1978 年的强降水日数分别位列整个时期倒数第 2 位、第 6 位和第 10 位,这些年份也是全国大范围少雨的年份;1976 年、1978 年、1982 年登陆台风频率分列倒数第 3 位、第 4 位和第 6 位。而 IECI-II 最高的 5 a,1961 年、2008 年、1971 年登陆台风频率分列第 1 位、第 2 位和第 5 位,2008 年强降水日数位列分析时期第 4 位,1988 年、1966 年干旱面积百分率列第 2 位和第 6 位。

由于对极端强降水事件频率和干旱面积百分率、登陆热带气旋频率等赋予了最高权重,IECI-II 受这 3 个单项极端气候指数的影响也比较大。全国范围极端强降水事件频率和干旱面积百分率呈现明显的负相关关系,二者具有此消彼长的现象,因此 IECI-II 在一些大旱或大水年并不一定明显偏高。一个例子是 1998 年,我国南方发生重大洪涝,全国平均的极端强降水指数是整个时期最高的,但由于干旱面积不大,加上登陆的热带气旋极少,当年的 IECI-II 并不很高。

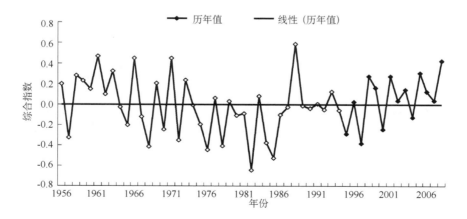

图 3.19　1956—2008 年全国综合极端气候指数 II 序列变化(直线为线性趋势线)

　　因此,从中国大陆地区各单项极端气候指数变化来看,自 20 世纪 50 年代中期以来,多数表现为明显下降趋势,呈上升趋势的单项极端气候指数一般未通过显著性检验,表明中国大陆地区多数常见的极端气候事件发生频率显著减少了;如果考察等值权重合成的综合指数 Ⅰ 时间变化,全国平均的主要极端气候事件频率总体上也呈明显减少趋势;而如果考虑每种极端气候事件造成的经济和社会影响差异,分析不等值权重合成的综合指数 Ⅱ 时间变化,则可发现中国地区每年具有重大经济社会影响的极端气候事件频率总体上没有明显升降趋势。

　　过去的半个多世纪是全球和中国地面气候显著变暖时期。多数研究者认为,这个时期的气候变暖主要是由大气中温室气体浓度升高引起的(IPCC,2007)。上述结论表明,在全球气候显著变暖的背景下,中国地区多数常见的各单项极端气候事件频率或者明显减小,或者趋势性不显著;对全国经济社会具有重大影响的主要极端气候事件频率总体上未见明显趋势性变化。

参考文献

白虎志,任国玉,张爱英等.2006.城市热岛效应对甘肃省温度序列的影响.高原气象,**25**(1):90-94.

曹祥村,袁群哲,杨继等.2007.2005 年登陆我国热带气旋特征分析.应用气象学报,**18**(3):412-416.

陈晓光,Conway D,陈晓娟等.2008.1961—2005 年宁夏极端降水事件变化趋势分析.气候变化研究进展,**4**(3):156-160.

陈兴芳,晁淑懿.1997.台风活动的气候突变.热带气象学报,**12**(2):97-104.

陈峪,陈鲜艳,任国玉.2010.中国主要河流极端降水变化特征.气候变化研究进展,**6**(4):265-269.

陈峪,任国玉,王凌等.2009.近 56 年我国暖冬气候事件变化.应用气象学报,**20**(5):539-545.

陈正洪.2009.湖北省四季气温变化与季节变化.长江流域资源与环境,**18**(2):185-185.

陈正洪,王海军,任国玉.2007.武汉市城市热岛强度非对称性变化.气候变化研究进展,**3**(5):282-286.

陈正洪,王海军,任国玉等.2005.湖北省城市热岛强度变化对区域气温序列的影响.气候与环境研究,**10**(4):771-779.

初子莹,任国玉.2005.北京地区城市热岛强度变化对区域温度序列的影响.气象学报,**63**(4):534-540.

丁一汇,任国玉.2008.中国气候变化科学概论.北京:气象出版社,281.

封国林,王启光,侯威等.2009a.气象领域极端事件的长程相关性.物理学报,**58**(4):2853-2861.

封国林,杨杰,万仕全等.2009b.温度破纪录事件预测理论研究.气象学报,**67**(1):61-74.

龚道溢,韩晖.2004.华北农牧交错带夏季极端气候的趋势分析.地理学报,**59**(2):230-238.

龚志强,封国林.2008.中国近 1000 年旱涝的持续性特征研究.物理学报,**57**(6):3920-3931.

郭军,李明财,刘德义.2009.近 40 年来城市化对天津地区气温的影响.生态环境学报,**18**(1):29-34.

国家标准化管理委员会.2006.热带气旋等级(GB/T 19201—2006).北京:中国标准出版社.

侯威,杨萍,封国林等.2008.中国极端干旱事件的年代际变化及其成因.物理学报,**57**(6):3932-3940.

黄嘉佑,刘小宁,李庆祥.2004.中国南方沿海地区城市热岛效应与人口的关系研究.热带气象学报,**20**(6):713-722.

黄荣辉,陈光华.2007.西北太平洋热带气旋移动路径的年际变化及其机理研究.气象学报,**65**(5):683-694.

纪忠萍,谢炯光,梁健等.2007.赤道气压振荡与登陆中国热带气旋的关系.中国科学(D 辑),**37**(11):1556-1564.

李英,陈联寿,张胜军.2004.登陆我国热带气旋的统计特征.热带气象学报,**20**(1):14-23.

林小红,任福民,刘爱鸣等.2008.近 46 年影响福建的台风降水的气候特征分析.热带气象学报,**24**(4):411-415.

林学椿,于淑秋,唐国利.2005.北京城市化进展与热岛强度关系的研究.自然科学进展,**15**(7):882-886.

刘学锋,于长文,任国玉.2005.河北省城市热岛强度变化对区域地表平均气温序列的影响.气候与环境研究,**10**(4):763-770.

刘玉莲,于宏敏,任国玉等.2010.1961—2006年黑龙江省暴雪气候时空变化特征.气候与环境研究,**15**(4):470-478.

马晓波.1999.中国西北地区最高、最低气温的非对称变化.气象学报,**57**(5):613-621.

马柱国.2007.华北干旱化趋势及转折性变化与太平洋年代际振荡的关系.科学通报,**52**(10):1199-1206.

闵屾,钱永甫.2008.我国近40年各类降水事件的变化趋势.中山大学学报(自然科学版),**47**(3):105-111.

钱维宏,符娇兰,张玮玮等.2007.近40年中国平均气候与极值气候变化的概述.地球科学进展,**22**(7):673-684.

任福民,王小玲,陈联寿等.2008.登陆中国大陆、海南和台湾的热带气旋及其相互关系.气象学报,**66**(2):224-235.

任福民,吴国雄,王小玲等.2011.近60年影响中国之热带气旋.北京:气象出版社.

任福民,翟盘茂.1998.1951—1990年中国极端气温变化分析.大气科学,**22**(2):217-227.

任国玉,陈峪,邹旭恺等.2010a.综合极端气候指数的定义和趋势分析.气候与环境研究,**15**(4):354-364.

任国玉,初子莹,周雅清等.2005.中国气温变化研究最新进展.气候与环境研究,**10**(4):701-716.

任国玉,封国林,严中伟.2010.中国极端气候变化观测研究回顾与展望.气候与环境研究,**15**(4):337-353.

任国玉,张爱英,初子莹.2010b.我国地面气温参考站点遴选的依据、原则和方法.气象科技,**38**(1):78-85.

任玉玉,任国玉,张爱英.2010c.城市化地面气温变化趋势影响研究综述.地理科学进展,**29**(11):1301-1310.

苏布达,Gemmer M,姜彤等.2007.1960—2005年长江流域降水极值概率分布特征.气候变化研究进展,**3**(4):208-213.

苏布达,姜彤,任国玉等.2006.长江流域1960—2004年极端强降水时空变化趋势.气候变化研究进展,**2**(1):9-14.

孙凤华,杨素英,任国玉.2007.东北地区降水日数、强度和持续时间的年代际变化.应用气象学报,**18**(5):610-618.

唐国利,任国玉,周江兴.2008.西南地区城市热岛强度变化对地面气温序列影响.应用气象学报,**19**(6):722-730.

唐红玉,翟盘茂,王振宇.2005.1951—2002年中国平均最高、最低气温及日较差变化.气候与环境研究,**10**(4):728-735.

万仕全,王令,封国林等.2009.全球变暖对中国极端暖月事件的潜在影响.物理学报,**58**(7):5083-5090.

王翠花,李雄,缪启龙.2003.中国近年来日最低气温变化特征研究.地理科学,**23**(4):441-447.

王大钧,陈列,丁裕国.2006.近40年来中国降水量、雨日变化趋势及与全球温度变化的关系.热带气象学报,**22**(3):283-290.

王菱,谢贤群,苏文等.2004.中国北方地区50年来最高和最低气温变化及其影响.自然资源学报,**19**(3):337-343.

王绍武,伍荣生,杨修群等.2005.中国的气候变化//秦大河等.中国气候与环境演变(上卷).北京:科学出版社,63-103.

王小玲,任福民.2007.1957—2004年影响我国的强热带气旋频数和强度变化.气候变化研究进展,**6**(3):345-349.

王小玲,王咏梅,任福民等.2006.影响中国的台风频数年代际变化趋势:1951—2004年.气候变化研究进展,**5**(3):135-138.

王秀萍,张永宁.2006.登陆中国热带气旋路径的年代际变化.大连海事大学学报,**32**(3):41-45.

王咏梅,任福民,李维京等.2008.中国台风降水的气候特征.热带气象学报,**24**(3):233-238.

谢庄,曹鸿兴.1996.北京最高和最低气温的非对称变化.气象学报,**54**(4):501-507.

熊开国,封国林,王启光等.2009.近46年来中国温度破纪录事件的时空分布特征分析.物理学报,**58**(11):
　　8107-8115.

严中伟,杨赤.2000.近几十年我国极端气候变化格局.气候与环境研究,**5**(3):267-372.

杨宏青,陈正洪,石燕等.2005.长江流域近40年强降水的变化趋势.气象,**31**(3):66-68.

杨杰,侯威,封国林.2010.干旱破纪录事件预估理论研究.物理学报,**59**(1):664-675.

杨金虎,江志红,王鹏祥等.2008.中国年极端降水事件的时空分布特征.气候与环境研究,**13**(1):75-83.

杨萍,侯威,王启光等.2010.近40年我国极端温度的变化趋势和季节特征.应用气象学报,**21**(1):29-36.

杨玉华,应明,陈葆德.2009.近58年来登陆中国热带气旋气候变化特征.气象学报,**67**(5):689-696.

曾侠,钱光明,潘蔚娟.2004.珠江三角洲都市群城市热岛效应初步研究.气象,**30**(4):12-15.

翟盘茂,潘晓华.2003.中国北方近50年温度和降水极端事件的变化.地理学报,**58**(增刊):1-10.

翟盘茂,任福民,张强.1999.中国降水极值变化趋势检测.气象学报,**57**(2):208-216.

翟盘茂,任福民.1997.中国近四十年最高最低温度变化.气象学报,**55**(4):418-429.

翟盘茂,王志伟,邹旭恺.2007.全国及主要流域极端气候事件变化//任国玉.气候变化与中国水资源.北京:
　　气象出版社,91-112.

张爱英,任国玉.2005.山东省城市化对区域平均温度序列的影响.气候与环境研究,**10**(4):754-762.

张爱英,任国玉,周江兴等.2010.中国地面气温变化趋势中的城市化影响偏差.气象学报,**68**(6):957—966.

张雷,任国玉,刘江等.2011.城市化对北京气象站极端气温指数趋势变化的影响.地球物理学报,**54**(5):
　　1150-1159.

张宁,孙照渤,曾刚.2008.1955—2005年中国极端气温的变化.南京气象学院学报,**31**(1):123-128.

张强,邹旭恺,肖风劲等.2006.气象干旱等级.GB/T20481-2006,中华人民共和国国家标准.北京:中国标准出
　　版社.

章大全,钱忠华.2008.利用中值检测方法研究近50年中国极端气温变化趋势.物理学报,**57**(7):6435-6440.

章大全,张璐,杨杰等.2010.近50年中国降水及温度变化在干旱形成中的影响.物理学报,**59**(1):655-663.

赵春雨,王颖,李栋梁等.2010.辽宁省冬半年降雪初终日的气候变化特征.高原气象,**29**(3):755-762.

赵珊珊,高歌,孙旭光等.2009.西北太平洋热带气旋频数和强度变化趋势初探.应用气象学报,**20**(5):
　　555-563.

赵宗慈.1991.近39年中国气温变化与城市化影响.气象,**17**(4):14-16.

支蓉,龚志强,王德英等.2006.基于幂律尾指数研究中国降水的时空演变特征.物理学报,**55**(11):
　　6185-6191.

周雅清,任国玉.2005.华北地区地表气温观测中城镇化影响的检测和订正.气候与环境研究,**10**(4):
　　743-753.

周雅清,任国玉.2009.城市化对华北地区最高、最低气温和日较差变化趋势的影响.高原气象,**28**(5):
　　1158-1166.

周雅清,任国玉.2010.中国大陆1956—2008年极端气温事件变化特征分析.气候与环境研究,**15**(4):
　　405-417.

朱瑞兆,吴虹.1996.中国城市热岛效应的研究及其对气候序列影响的评估//陈隆勋等主编.气候变化规律及
　　其数值模拟研究论文(第一集),北京:气象出版社,239-249.

邹旭恺,任国玉,张强.2010.基于综合气象干旱指数与干旱变化趋势研究.气候与环境研究,**15**(4):371-378.

邹用昌,杨修群,孙旭光等.2009.我国极端降水过程频数时空变化的季节差异.南京大学学报(自然科学),
　　45(1):98-109.

Bai A,Zhai P,Liu X,*et al*.2007.On climatology and trends in wet spell of China. *Theor. Appl. Climatol.*,
　　88:137-148.

Balling R C,Vose R S,Weber G R.1998.Analysis of long-term European temperature records:1751—1995.

Climate research，**10**：193-200.

Ding T，Qian W，Yan Z. 2009. Changes of hot days and heat waves in China during 1961—2007. *Int. J. Climatol.*，doi：10. 1002/joc. 1989.

Ding Y，Yang D，Ye B，*et al*. 2007. Effects of bias correction on precipitation trend over China. *J. Geophys. Res.*，**112**，D13116，doi：10. 1029/2006JD007938.

Feng G，Gong Z，Zhi R，*et al*. 2008. Analysis of precipitation characteristics of South and North China based on the power-law tail exponents. *Chinese Physics B*，**17**（7）：2745-2752.

He J F，Liu J Y，Zhuang D F，*et al*. 2007. Assessing the effect of land use/land cover change on the change of urban heat island intensity，*Theor. Appl. Climatol*，**90**：217-226.

Jones P D，Groisman P Y，Coughlan M，*et al*. 1990. Assessment of urbanization effects in time series of surface air temperature over land. *Nature*，**347**：169-172.

Jones P D，Lister D H，Li Q. 2008. Urbanization effects in large-scale temperature records，with an emphasis on China. *J. Geophys. Res.*，**113**，D16122，doi：10. 1029/2008JD009916.

Kalnay E，Cai M. 2003. Impact of urbanization and land-use change on climate. *Nature*，**423**：528-531.

Li Q，Zhang A，Liu X，*et al*. 2004. Urban heat island effect on annual mean temperature during the last 50 years in China，*Theor. Appl. Climatol.*，**79**：165-174.

Portman D. 1993. Identifying and correcting urban bias in regional time series：surface temperature in China's northern plains. *J. Climate*，**6**：2298-2308.

Qian W，Fu J，Yan Z. 2007. Decrease of light rain events in summer associated with a warming environment in China during 1961—2005. *Geophys. Res. Lett.*，**34**，L11705，doi：10. 1029/2007GL029631.

Qian W，Lin X. 2004. Regional trends in recent temperature and indices in China. *Clim. Res.*，**27**（2）：119-134.

Ren F M，Wu G X，Dong W J，*et al*. 2006. Changes in tropical cyclone precipitation over China. *Geophys. Res. Lett.*，**33**：L20702. doi：10. 1029/2006GL027951.

Ren F，Wang Y，Wang X. 2007. Estimating tropical cyclone precipitation from station observations. *Advances in Atmospheric Science*，**24**（4）：700-711.

Ren G Y，Chu Z Y，Chen Z H，*et al*. 2007. Implications of temporal change in urban heat island intensity observed at Beijing and Wuhan stations. *Geophysical Research Letters*，**34**，L05711.

Ren，G Y，Zhou Y，Chu Z，*et al*. 2008. Urbanization effects on observed surface air temperature trends in North China. *J. Climate*，**21**：1333-1348.

Wang W C，Zeng Z，Karl T R. 1990. Urban heat island in China. *Geophys. Res. Lett.*，**17**：2377-2380.

Wang Xiaoling，Wu Liguang，Ren Fumin，*et al*. 2008. Influence of tropical cyclones on China during 1965—2004. *Adv Atmos Sci*，**25**（3）：417-426.

Wang Y，Yan Z. 2009. Trends in seasonal total and extreme precipitation over China during 1961—2007. *Atmospheric and Ocean Science Letters*，**2**(3)：165-171.

Wang X L，Swail V R. 2001. Changes of extreme wave heights in Northern Hemisphere oceans and related atmospheric circulation regimes. *J. Climate*，**14**：2204-2221.

Wu L，Wang B，Geng S. 2005. Growing typhoon influence on East Asia. *Geophys Res Lett*，**32**（18），L18703，Doi：10. 1029/2005GL022937.

Yan Z，Jones P D，Davies T D，*et al*. 2002. Trends of extreme temperatures in Europe and China based on daily observations. *Climatic Change*，**53**：355-392.

Zhai P，Pan X. 2003. Trends in temperature extremes during 1951—1999 in China. *Geophys. Res. Lett.*，**30**，doi：10. 1029/2003Gl018004.

Zhai P，Zhan g X，Wan H，*et al*. 2005. Trends in total precipitation and frequency of daily precipitation extremes over China. *J. Climate*, **18** :1096-1108.

Zhang D,Feng G,Hu J. 2008. Trend of extreme precipitation events over China in last 40 years. *Chinese Physics B*, **17** (2):736-742.

Zhang J,Dong W,Wu L,*et al.* 2005. Impact of land use changes on surface warming in China. *Adv. Atmos. Sci.* , **22** (3):343-348.

Zhang W,Wan S. 2008. Detection and attribution of abrupt climate changes in the last one hundred years. *Chinese Physics B*, **17** (6):2311-2316.

Zhou L M,Dickinson R E,Tian Y H,*et al.* 2004. Evidence for a significant urbanization effect on climate in China. *Proc. Natl. Acad. Sci. U. S. A.* 101:9540-9544.

第四章 极端天气气候事件的年代际变化

 概 述

　　极端降水和气温的出现往往给国民生产、生活还有国家经济的发展造成重大影响，因此关于极端事件的变化也一直是国内外气象学家和政府部门关注的重点。本章主要探讨了近 60 a 中国夏季降水和气温的年代际变化特点及其成因。研究发现，我国夏季的降水空间分布型态从以往的"北涝南旱"转变为"南涝北旱"，这个转变趋势在华东地区尤为显著；气温的变化，特别是长江中下游地区，存在全区一致、南北反向和东西反向三种主要模态，分别与北大西洋波列、欧亚遥相关波列和北极涛动有关。在华东地区，近 50 a 来极端连续降水日数呈减少趋势，但极端降水事件在近 20 a 来发生频次明显增多，并且降水频发带存在年代际南北摆动。降水的变化与太平洋副热带高压有密切关系。伴随夏季副高面积的增大，环流场出现调整，夏季风减弱，中国东部丰水区南移，造成"南涝北旱"型态的出现。与此同时，不同级别的降水表现出不同的变化特征。在亚洲地区，小雨的降水日数和降水量均表现出显著的减少趋势，而中雨和暴雨呈现增多趋势。对中国东部山区小雨的研究进一步证实了小雨的减少，并且山地区域的减少趋势较周围平原更为明显。小雨的减少可能是对总降水量减少而强降水增加的一种补偿，而山地小雨的强烈减少则可能与表层风速的减小导致的抬升降水减少有关。夏季气温的变化，特别是长江中下游地区的异常与太平洋、印度洋海温存在联系，其中太平洋年代振荡对南北反向型气温分布起到一定作用，西北太平洋异常偏冷海温对东西反向型分布有一定影响；印度洋海温异常与全区一致、南北反向型分布存在联系。

4.1 引言

4.1.1 中国降水的年代际变化

　　对降水变率、预测的研究已经引起气象和气候界的极大兴趣（IPCC，2007）。近年来，国内外大量研究结果表明，近百年全球气候普遍增暖（Hansen 和 Lebedeff，1987；Jones，1988；王绍武和叶瑾林，1995），并且经历了两次较明显的突变过程——20 世纪 20 年代（Fu，1988；符淙斌和王强，1991；Ai 和 Lin，1995）和 80 年代（衣育红和王绍武，1992），其中 80 年代的突变被认为是 20 世纪以来增暖最强的一次。在全球变暖的气候背景下，东亚地区亦出现了相应的气候变化。严中伟等（1990）和符淙斌（1994）通过对降水量和地表气温等多种气候要素观测场的研究指出，在 60 年代中期前后东亚区域发生一次气候突变，我国华北地区、西北东部和东北南部地

区平均变干。黄荣辉等(1999)、陈烈庭(1999)、陆日宇(2002)、Ren 等(2004)利用夏季降水观测资料确认了上述气候突变事件,同时发现我国气候在 20 世纪 70 年代中后期发生了另一次跃变,华北汛期降水自此以后进入了持续的严重干旱期(李春等,2002;戴新刚等,2003)。

另一方面,极端强降水事件由于突发性强、预测难,且常引发严重的自然灾害,造成重大财产损失和人员伤亡,受到了国内外气象工作者及政府部门的广泛关注。众多研究(Grosman 等,1999;Alexander 等,2006)表明,过去的半个世纪,年平均降水在全球范围内很多国家和地区都呈增多的趋势。Karl 和 Knight(1998)研究表明,美国极端降水量在年总降水量中所占的比例在增大,降水总量的增加主要归因于极端降水强度和频次的增加。加拿大、日本和中国的研究(Stone 等,1999;Yamamoto 和 Sakurai,1999;翟盘茂等,2007)也得出了相同的结论,即降水增多的区域往往表现为总降水日数在减少而极端雨日增加,同时平均降水强度也在增强,从而导致降水变得更为极端化。

中国年总降水主要集中在夏季,且与极端降水量存在很好的相关性(梅伟和杨修群,2005;苏布达等,2006)。同时,我国极端降水的变化存在很明显的季节性地域差异(邹用昌等,2009)。Zhai 等(2005)和杨金虎等(2008)均得出,在过去几十年,我国极端降水事件在长江中下游地区、西北西部地区显著增多,而东北、华北则有减少趋势,即对于中国东部而言,存在一个明显的"南涝北旱"的趋势。

为解释中国东部地区"南涝北旱"趋势,许多学者从不同方面做了细致的研究(黄荣辉等,1999)。不少学者认为该现象与东亚夏季风的年代际变化存在联系(施能等,1996;陈际龙和黄荣辉,2008)。西太平洋副热带高压(Western Pacific Subtropical High,以下简称"副热带高压"或"WPSH")作为东亚季风系统的重要成员也受到许多学者的关注,如王黎娟等(2009)得出,夏半年西太平洋副高的型态和位置的短期变化及季节进退对我国南方夏季区域性大暴雨的发展有重要的影响。20 世纪 70 年代中期,东亚季风经历了由强到弱的年代际变化。吕俊梅等(2004)认为,东亚夏季风减弱和副高位置偏南、强度偏强的这种大气环流的年代际变化背景是造成 70 年代中期以后我国华北地区干旱少雨而长江中下游地区洪涝多雨的主要原因。

副热带高压的面积、强度、南北位置(北部边缘或脊线)和东西进退(西伸脊点)决定着东亚季风、梅雨过程尤其是长江流域降水的分布以及华北、华南地区的旱涝和气温变化等(陶诗言和徐淑英,1962;廖荃荪和赵振国,1992)。夏季 WPSH 面积大小在反映副热带高压强度的同时,也能通过其覆盖区域扩张或收缩反映出副热带高压南北边缘和西端点的伸缩变化,研究西太平洋副热带高压面积的气候变迁对于了解东亚,特别是中国天气的气候变化具有非常重要的意义。特别是,现有的对西太平洋副热带高压的年代际变化特征的研究较少,本章在 4.3 节探讨了全球气候变暖背景下的夏季 WPSH 面积指数年代际变化特征及其与中国夏季气候(降水)异常的可能联系。

有研究表示极端降水事件与青藏高原冬春积雪(Zhang 等,2004)、太平洋海温(杨金虎等,2010)、低频振荡(Jones 等,2004)和遥相关等相联系。Stone 等(1999)分析了加拿大日降水强度与 NAO 和 PNA 遥相关型之间的联系;张琼和吴国雄(2001)对比分析了南亚高压和赤道太平洋海温两个因子对长江流域降水的影响,得出,长江流域降水与南亚高压强度指数有显著正相关,而与赤道太平洋 SSTA 的相关不显著;张永领和丁裕国(2004)研究得出黑潮海域及加利福尼亚海流区春季海表温度与同年我国东部夏季极端降水呈现明显负相关。

尽管已有不少工作探讨了中国东部降水的年际和年代际变化(金大超等,2010),亦有一些研究分析了全中国包括东部地区的极端降水事件发生规律（Zhai 等，2005；王志福和钱永甫，2009），但针对华东地区极端降水事件年代际变化的分析并不多。观测资料的积累，为更进一步研究华东地区极端降水事件的时空变化规律提供了良好的条件，本章 4.4 节对相关问题进行了分析。

4.1.2　小雨事件的变化

虽然极端强降水可能导致洪水，这是一个世界关注的大问题（Allan 和 Soden，2008），但是小雨的逐渐减少，严重影响了土壤含水量，这也可能会导致严重干旱（Qian 等，2007）。事实上，在世界许多地区，如非洲、中国北方等，在过去的几十年中经历了严重干旱并造成了巨大的经济损失。

全球平均气温自 1850 年以来已上升并且将在未来几十年会继续上升，这个观点目前已被广泛接受（IPCC，2007）。长期的气候胁迫可能引起全球水循环发生变化，不仅在降雨量上存在变化，在降水频率和极端事件上也有所表现（Lau 和 Wu，2007）。近期的研究表明，自 20 世纪 50 年代以来，高纬度地区降水量显著增加，热带海洋地区的降水可能也有增加，但是热带大陆地区有所减少（New 等，2001；Kumar 等，2003；Bosilovich 等，2005）。一些研究表明强降水具有普遍增加的趋势，并认为这些变化是由全球变暖导致（Allen 和 Ingram，2002；Trenberth 等，2003，2005）。事实上，降水不仅是受大气结构和水汽的影响，也受到云的微物理过程的影响（例如 CCN）。观测和模拟结果都表明，大气中的气溶胶粒子可能增加云滴浓度（CDNC），减小云滴大小，这可能会改变云的生命史并抑制降水（Stevens 和 Feingold，2009）。

山丘和山地降水是部分亚热带大陆地区的主要水汽来源之一，因此有关山地降水的时间变化趋势的研究近年来日益受到关注。目前已经有许多研究讨论亚热带地区的地形降水率的趋势变化。比如，在美国西部（Griffith 等，2005）、以色列的许多山脉（Givati 和 Rosenfeld，2004）以及中国的华山（Rosenfeld，2007），地形降水率的时间变化都呈现出下降趋势。

我们知道，山地降水率是指山地降水相对于平原降水的比率，很多研究都是基于此指标进行分析的。Alpert 等（2008）指出了这种方法的局限性。比率数值的降低可以反映出分母的增大或分子的减小。另外，如果分子、分母同时加上一个常数（对于数值大于 1 的比率而言）比率也将降低。因此，由大气的大尺度运动所产生的空间上均匀增加的降水将会引起山地降水率的降低。所以，山地降水率的降低不能仅仅归因于山地降水的减少。

气溶胶污染对云凝结核和降水发展过程有重要的影响（Gunn 和 Phillips，1957；Warner 和 Twomey，1967），以往研究大部分都将山地降水的减少归因于日益严重的空气污染（Givati 和 Rosenfeld，2004；Rosenfeld 等，2007）。然而，Alpert 等（2008）的研究结论与上述研究结果有些不一致，该研究结果表明山地降水率在统计学上存在显著的或增或减的趋势（Alpert 等，2008）。

北美（NA），欧洲（EU）和亚洲（AS）是人口最密集和工业化地区，大气中存在大量人造污染物、排放物和气溶胶。在过去的几十年，北美和欧盟的污染物排放相对稳定，而在亚洲地区排放物依然持续增加。与此同时，在北半球地表和对流层的温度都在显著增加（Fu 等，2006）。以往研究大部分关注总降水量和强降水的变化，而较少关注能对降水频次产生较大影响的小雨的变化。本章在 4.5 节比较了北美、欧洲和亚洲，这些受人类活动干扰严重的地区的降水，尤其是小雨事件的特征变化，从而探索全球变暖和人为气溶胶对区域降水量变化带来的可能影响。

有关山地降水时间变化趋势的研究,过去主要集中在对总降水量的讨论(Givati 和 Rosen-feld,2004;Rosenfeld 等,2007;Alpert 等,2008)。山地总降水量受许多降水形成过程的影响,包括大尺度天气过程降水(主要引起中到大雨)、层云降水(主要引起小雨)和地形引起的小尺度强对流降水(主要引起大雨)(Smith,2003)。因此,引起山地总降水变化趋势的因素是复杂的、难以解释的。因此本章 4.6 节除了分析山地降水率之外,还将计算中国东部七个高山站和对应周边平原站的总降水和不同等级(强度)降水的时间趋势,评估山地和平原地区小雨趋势的差异,并且讨论引起这些差异的可能原因。

4.1.3 中国气温的年代际变化

在全球变暖背景下,长江中下游地区夏季气温呈现出独特的降温趋势(王遵娅等,2004);长江中下游地区夏季气温具有显著的年代际变化,其与降水的变化紧密联系在一起,夏季气温的下降伴随着降水的增加(Hu 等,2003;Trenberth 等,2005)。在年代际时间尺度上,东亚夏季风减弱与长江中下游地区夏季降水的增加密切相关(Xu 等,2007)。

针对这一现象,研究者从大气环流、海温异常等多个角度加以研究。Xu 等(2007)通过海陆热力对比的年代际变化对夏季风减弱所起作用进行了解释;Zhou 等(2005)提出 WPSH 以及高空西风急流异常对水汽输送产生了影响从而有利于长江中下游地区雨带的形成;Yu 等(2004 a,2007,2008)从对流层中高层的变冷着手,进行了一系列研究,提出了东部气候年代际变化的三维结构特征;陆日宇等(1998,2004)研究指出 WPSH 偏北偏强,东北亚阻高偏弱,位于江淮流域的梅雨锋偏弱。Gong 等(2002)发现发生在 1979 年左右的长江流域降水突变与 WPSH 的突变有关,而 WPSH 与前期的热带东太平洋海温以及同期的印度洋海温密切相关。有关海温对副高的强迫作用,最近已被数值试验所证实(Wu 等,2008)。张人禾等(2008)认为中国东部夏季 20 世纪 80 年代后期出现南方多雨的年代际转型与欧亚大陆春季积雪、西北太平洋夏季海面温度的年代际变化存在密切联系。此外,围绕 AO 以及 NAO 的影响也有深入的讨论(Gong 等,2003;Yu 等,2004b)。

上述研究大多以 20 世纪 70 年代末作为年代际变化的转折点,以此为界限研究前后两个时段的差异,寻求对气温以及降水年代际变化的解释。然而,我们近期的工作表明,长江中下游地区的夏季气温变化除了表现出整体一致性外,还存在南北以及东西反相的模态。在年际和年代际时间尺度上,主要模态的空间型相同。在此基础上,为进一步认识长江中下游地区气温变化规律,有必要对长江中下游地区气温变化各个模态在年际及年代际时间尺度上的形成机理进行探讨,并为有效预测提供线索。本章在 4.7 节主要探讨了夏季气温的年代际变化及趋势问题。

4.2 资料和方法

4.2.1 资料

(1)在研究中国降水与夏季 WPSH 面积的年代际振荡(4.3 节)中,主要使用①NCEP/NCAR 再分析资料,变量涉及位势高度场和风场,资料共 17 层(垂直速度 ω 为 12 层),分辨率为 2.5°×2.5°；②中国国家气候中心提供的西太平洋副热带高压特征指数（面积指数、强度指数）；③ 国家气候中心提供的中国 160 测站降水资料（采用降水 JJA（6—8 月）平均值表示本年度夏季降水，记为ⅡP）。所使用资料长度为 1951 年 1 月至 2007 年 12 月。

（2）研究华东地区夏季极端降水事件的变化（4.4 节）使用的资料来自中国气象局整编的 743 站逐日降水资料集。研究区域为中国华东地区（114°—23°E，23°—38°N），包括山东、江苏、安徽、江西、浙江、福建、上海共六省一市。资料时段为 1960—2009 年，夏季定义为 6—8 月。根据夏季降水的年际变率性质，华东地区可分为黄淮、江淮、长江中下游、江南和闽赣五个子区域（金大超等，2010）。

我们对资料进行了筛选，具体做法为：若资料中某年缺测日数达到实际观测日数 5% 次时，该年视为缺测年，剔除了在研究时段缺测年份大于 1 a 的站点。对于缺测年份在 1 a 以内的站点，将缺测值用临近 2 a 的同日的均值代替，最终选取了华东区域 90 个站点（图 4.10a）进行研究，其中，上海地区两个测站即上海站和龙华站因资料缺测年份过多而被剔除。考虑到部分站点（8 个）在研究时段内位置变动大于 20 km，基于站点分布尽可能均匀密集和从本节研究工作的针对性考虑，我们将其保留，但在图 4.10a 中由空心点给出以示区别。

（3）研究北美、欧洲和亚洲地区小雨事件变化（4.5 节）所使用的逐日降水数据是由 NOAA 国家气候数据中心（NCDC）提供的（ftp://ftp.ncdc.noaa.gov/pub/data/gsod/）。我们筛选了所有 24549 站的逐日降水记录，发现从 1973 年开始数据是相对较完整的。所以我们只分析 1973—2009 年 37 a 的数据。如果年（季）缺失日数在 10% 以上，则认为该年（季）记录不可用。在 1973—2009 年，若站点有两个以上的不可用年（季）记录则被视为不可用站点，分析时剔除该站点。同时，我们剔除那些存在明显不合理降水数值或记录的长度小于 35 a 的站点。最后，24549 站只有 5% 站可用于我们本节的分析。在本研究中，小雨天被定义为日降水量不足 10 mm（简称为 $P<10$）。由于数据中许多站点微量降水（毛毛雨）和缺测无法区分，因此，研究中分析的重点为每天 1～10 mm 的降水事件（1 mm/d $<P<$ 10 mm/d）。

（4）研究中国东部山区小雨（4.6 节）主要采用了中国气象局国家气象中心提供的 1960—2007 年逐日降水和风速资料。根据一系列不同分组实验的结果，我们将逐日降水资料最终归类为四个等级：0.1～2.5 mm/d、2.5～10 mm/d、10～30 mm/d 和 >30 mm/d。这种分类最能体现各个等级降水的共同特征，尤其是小雨（0.1～2.5 mm/d）。考虑到中国东部大部分台站的雨季都在 6—8 月，并且这期间更多的为暖云降水而不是冷云降水，因此研究中选择了 6—8 月作为分析时段。

（5）研究中国气温的年代际变化（4.7 节）主要使用：①中国 743 站夏季日平均气温资料；②鉴于 NCEP/NCAR 再分析资料集在描述东亚气候年代际变化特征上存在偏差（Inoue 等，2004；Wu 等，2005），我们在分析大气环流时采用 ERA-40（Uppala 等，2005），使用变量包括全球范围月平均 23 层位势高度资料，水平分辨率为 2.5°×2.5°；③取自 Hadley 气候预测中心的月平均海温分析资料（Rayner 等，2003），分辨率为 1°×1°。夏季定义为 6—8 月的平均。为获取年代际时间尺度分量，研究中采用了 11 a 滑动平均方法。

4.2.2　方法

4.2.2.1　WPSH 强度

夏季（JJA）平均值表征夏季 WPSH 强度。指数计算按照以下规则：西太平洋副热带高压面积,即利用 500 hPa 月平均高度值,取副热带高压范围(110°—180°E,10°N 以北)内 $H \geqslant 588$ dagpm 的网格点数累加值,记 WPSH 的面积指数为 IA;副热带高压强度,即取 588 dagpm 为 1,589 dagpm 为 2,依次类推,求上述范围内的累加值,记为 IS。利用 1951—2007 年月平均资料计算出的夏季 IS 与 IA 间具有高相关,相关系数达 0.96,因而 WPSH 的强度亦可部分地由 WPSH 面积指数 IA 表征,4.3 节中将以 IA 的变化研究副热带高压强度的改变。

值得注意的是,20 世纪 90 年代,副热带高压面积指数和强度指数普遍偏高,特别是 1992—1995 年非常突出。但是不少预报人员发现,从过去副热带高压的面积与强度同中国气候的关系来看,副热带高压似乎不应该这样强。龚道溢等(1998)指出,国家气候中心的副热带高压面积指数及强度指数在 1992—1995 年异常偏大,并不代表副热带高压活动真正的异常,而是气候中心在计算指数时更换了模式来同化观测资料,从而造成“系统误差”。所以本章引用了龚道溢等(1998)的结果对 1992—1995 年的西太平洋副热带高压指数进行了订正。

为了进行对比,根据 NCEP/NCAR 500 hPa 高度场再分析资料,计算了西太平洋副热带高压的面积指数,计算标准按照国家气候中心的规定不变,不同的是所选格点为正方网格,而不是国家气候中心采用的菱形网格。国家气候中心指数订正后与再分析资料计算的面积指数之间变化的趋势、转折、极大值、极小值都是一致的(图 4.1)。

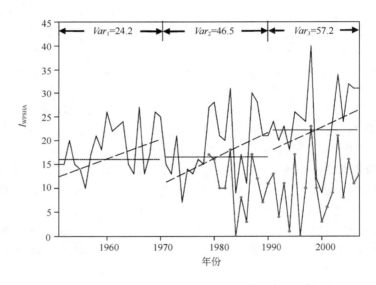

图 4.1 1951—2007 年夏季副热带高压面积指数

(实线为国家气候中心指数 IA(已订正);长虚线、点线和 Var 值分别为 IA 在 1951—1970 年、1971—1990 年、1991—2007 年时段的线性趋势、平均值和方差;实心圆点为 1979—2007 年 NCEP/NCAR 资料计算出的指数 IA)

气候区划分参照中国气象局预测减灾司、中国气象局国家气象中心主编的《中国气象地理区划手册》中全国一级气象地理区划图制定。另外,下文中所有 WPSH 面积指数 IA、降水 $\amalg$P 均指夏季(JJA)平均值。

4.2.2.2 极端降水事件的定义

王志福和钱永甫(2009)将极端降水分为持续 1 d、2 d、3 d 和 4 d 以上四类进行了中国极端降水频次和强度的时空特征分析,指出:持续 2 d 及其以下的极端降水多发生在长江中下游和江南地区,而持续 3 d 及其以上的极端降水事件在长江以南东南沿海地区发生也较多;在我国对洪涝起主要贡献的是持续 1 d 的极端降水事件,而在东南沿海地区高持续性极端降水的贡献亦不可忽视。为弄清不同地区极端事件的异同特征,本章选取四个极端降水事件指标讨论,包括:极端日降水事件、极端 3 d 降水事件、极端强降水过程事件和极端连续降水日数事件。考虑到华东区域内不同地区降水多寡存在一定的差异,因此采用了目前国内外学者们广泛采用的排位法分别定义各站的极端降水事件阈值(Plummer 等,1999;Manton 等,2001;Zhai 等,2005;任玉玉和任国玉,2010),各极端降水事件定义如下。

① 极端日降水事件:对 1960—2009 年 50 a 夏季华东地区 90 站点各站夏季的雨日(降水量≥0.1 mm)的降水量从小到大进行排序,当某日降水量超过序列 95% 分位的值时,为一次极端日降水事件。

② 极端 3 d 降水事件:当连续 3 d 都是雨日时,我们称其为一次连续 3 d 降水事件,其降水量定义为 3 d 降水量之和。对 1960—2009 年 50 a 90 站点夏季的连续 3 d 降水量从小到大进行排序,当某连续 3 d 降水量超过序列 95% 分位的值时,为一次极端 3 d 降水事件。

③ 极端强降水过程事件:对 1960—2009 年 50 a 90 站点夏季的连续降水过程的降水量从小到大进行排序,当某连续降水过程的降水量超过序列 95% 分位的值时,为一次极端强降水过程事件。对于某站点降水过程的定义,参考了邹用昌等(2009)的做法,即:对于各个站点,以雨日是否连续作为判断降水过程的方法,从雨日出现开始到雨日中断,如果≥2 d,就将其定义为一次降水过程。

④ 极端连续降水日数事件:当持续雨日≥2 d 时,我们称其为一次连续降水日数事件。对1960—2009 年 50 a 90 站点夏季的连续降水日数从小到大进行排序,当某连续降水日数超过序列 95% 分位的值时,为一次极端连续降水日数事件。

4.2.2.3　山地降水率的计算及趋势检验

山地降水率是指山脉地区与平原地区降水总量的比率,作为一种分析工具应用于许多以往的研究中(Hill 等,1981;Rosenfeld 等,2007;Alpert 等,2008)。这里我们分别计算高山站与相邻三个平原站降水的比值,得到山地降水率,三组比值取平均,即为该高山站平均山地降水率。各个等级 6—8 月平均每日降水率(mm/d)即为降水强度,乘上日数即为降水量,该等级6—8 月降水总日数即为该等级降水的降水频次。

在 4.6 节中使用了线性回归方法来获得时间序列的趋势,统计显著性检验使用的是常用的 t 检验(Givati 和 Rosenfeld,2004;Alpert 等,2008),考虑到降水的非正态分布,本节也使用了 Mann-Kendall 趋势检验(Yue 和 Pilon,2004)。由于两种检验得到了几乎相似的结果,以下仅提供了 t 检验的结果。不同组(例如,高山站与平原站)之间的趋势差异的统计显著性检验也是利用 t 检验。

4.2.2.4　年代际变化特征的检验

研究西太平洋副热带高压的年代际变化时使用九点二次平滑低通滤波器(魏凤英,1999)和波包络分析(Zimin 等,2003)。

分析极端日降水事件的发生频次的年代际变化特征,使用了滑动累计方法。对样本量为 N 的序列 X,其滑动累计序列表示为:$\hat{x}_j = \sum_{i=-\frac{n}{2}}^{\frac{n}{2}} x_{j+i}, j = 1, 2, \cdots, N$,滑动窗口长度取4.4 节中资料序列为 50 a。因此在计算时 j 的取值范围为 6～45。经过滑动累计得到的结果能够滤去序列中的年际尺度扰动,而突出年代际变化的特征。

4.2.2.5 气候突变检验

气候突变时使用了 10 a 滑动 t 检验(魏凤英,1999)和 Mann-Kendall 突变检验方法(符淙斌和王强,1992)。滑动 t 检验通过考察两组样本平均值的差异是否显著来检验突变。如果一气候序列中的两端子序列的均值差异超过一定的显著性水平 α,则可认为基准点时刻均值发生了质变,有突变发生。Mann-Kendall 法是一种非参数统计检验方法,其优点是不需要样本遵从一定的分布,也不受少数异常值的干扰,但也有研究对其某些检测结果存在质疑(Maasch,1998),因此将两种突变检验方法配合使用,防止出现差错。

4.2.2.6 模式介绍

本章 4.7 节运用 CAM3.0(Community Atmosphere Model)模式进行数值试验,水平分辨率为 T42,纬向为均匀分布的 128 个格点,经向为 64 个高斯格点。垂直方向采用 η 坐标,共 26 层。模式中对流参数化方案采用 Zhang 等(1995)设计的深对流参数化方案。辐射方案中日照计算采用 Berger(1978)方案,短波参数化方案采用 δ-Eddington 近似(Briegleb,1992)。此外,考虑了云在垂直方向的重叠(Collins,2001),对水汽的近红外吸收进行了参数化更新并且对气溶胶的短波辐射强迫进行了预设。长波辐射输送采用 Ramanathan 等(1986)提出的公式。具体模式说明参见模式说明(http://www.ccsm.ucar.edu/)。

4.3 夏季西北太平洋副高面积的年代际振荡特征与中国降水

4.3.1 近 57 a 夏季 WPSH 面积的气候变化特征

图 4.2a 给出 1951—2007 年夏季西太平洋副热带高压(WPSH)面积指数 IA 随时间的演变。从图中可看出,夏季 IA 在 1951—2007 年平均约为 20.5 个格点,并且表现出明显的长期趋势及年际和年代际变化。

图 4.2a 中直线表明,20 世纪中后期,夏季副热带高压面积的变化与全球气候普遍增暖的趋势一致,随时间在较长时间尺度上趋于增大,线性增长率为 1.7 个/(10 a),并于 20 世纪 70 年代末由负位相多发期转变为正位相多发期。

用 Morlet 小波功率谱(Torrence 和 Compo,1998)(图 4.2b)对 IA 周期的分析可知,在年代(际)尺度上,1950 年后 IA 一直存在 8～10 a 的长周期,并且在 20 世纪 70 年代和 90 年代最明显。此外,在较短时间尺度上,夏季副热带高压面积在 60 年代中期、80 年代中期和 90 年代末存在功率极大值,所对应的周期分别为 3 a、2 a、4 a,这种 2～4 a 的周期变化与 ENSO 可能存在联系。

为了进一步分析年代际时间尺度上,副热带高压面积指数变化的方式,使用突变检验方法对时间序列进行检验。用 Mann-Kendall 法(图 4.2c)和 10 a 滑动 t 检验(图 4.2d)对 1951—2007 年夏季西太平洋副热带高压面积作突变性检验得到了较为一致的结论:检验统计量(图 4.2c 中的 $U(d_i)$ 和图 4.2d 中的 t 值)20 世纪 60 年代中期、80 年代前期、90 年代末期均出现峰值(图 4.2d 的 10 a 滑动 t 检验测不到 2000 年后的情况,所以只检测到两个峰值),其中

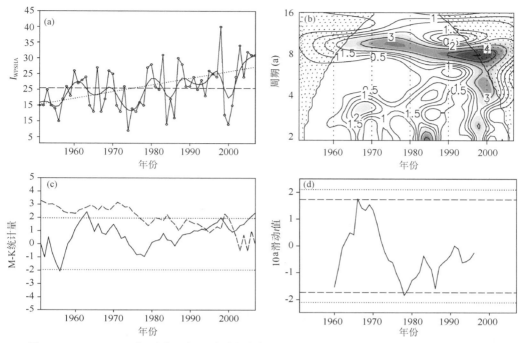

图 4.2 1951—2007 年夏季西太平洋副热带高压面积指数年(代)际变化特征及突变性检验
(a)夏季平均 WPSH 面积指数逐年变化,空心实线为特征指数值,平滑曲线为九点二次平滑,长虚线为 IA 57 a 夏季平均值,点线为 IA 线性增长趋势;(b)IA 的 Morlet 小波能量谱,阴影部分通过 95% 置信水平,点状区表示边界作用明显的"头部区域";(c)Mann-Kendall 检验,实线为统计量 $U(d_i)$,虚线为统计量 $U^*(d_i)$,点线表示 $\alpha=0.05$ 的显著性水平;(d)10 a 滑动 t 检验,长虚线表示 $\alpha=0.1$ 的显著性水平,点线表示 $\alpha=0.05$ 的显著性水平

60 年代和 90 年代末的增长达到了突变要求,表明西太平洋副热带高压指数在 20 世纪 60 年代中期和 20 世纪末发生了两次显著的增强。其中 60 年代中期的显著增强与严中伟等(1990)和符淙斌(1994)指出的东亚区域气候突变时间一致,因此推断 20 世纪末,西太平洋副热带高压的显著增强也将引起东亚区域气候跃变。

此外,在 20 世纪 80 年代前期也存在一个检验统计量的峰值,虽然没有通过显著性检验,但同样反映出副热带高压面积在 80 年代前期也存在较强的增长。三个增长峰值过后,增速减缓,之后转为减小,这种"减小过程"的出现,将 WPSH 面积在 57 a 内的增长过程大致分为了三段。为了研究副热带高压面积"分段增长"的特征,考虑将 57 a 分段,同时保证不同时段便于比较,因此选择 1970 年、1990 年作为分界点将 1951—2007 年分为三段,每个时段除了两端有少数年份的副热带高压面积减小外,全段均存在明显的上升趋势(图 4.1),清楚地显示出西太平洋副热带高压面积在近 57 a"分段"增长的特征。

此外,图 4.1 还揭示出一个十分有趣的现象:副热带高压面积"分段"增长,并且每段的线性倾向(下称"时段趋势")较为一致,而三个时段各自的均值(下称"时段均值")却在 1990 年前后存在明显差异。另外,IA 在三个时段的方差逐次增大,表明副热带高压面积的年际振幅在每次增长"间断"后均有增大。为了清楚地研究这种变化特征,将副热带高压面积指数做波包络分析(图略),反映这个指数的波包,在 57 a 内分为三段,存在准 20 a 的周期振荡,三个峰值分别出现在 1960 年、1980 年、2000 年,与突变检验的结果一致。另外,从波包络分析中还可看出每个周期的振荡能量均比上一个周期大,与图 4.1 和小波功率谱(图 4.2b)结果吻合。可见,上述特征实际为副热带高压面积的准 20 a 年代际振荡的反映,而第三个时段均值相比前两个时段均值的跳跃增长则是与全球变暖(衣育红和王绍武,1992)有关。

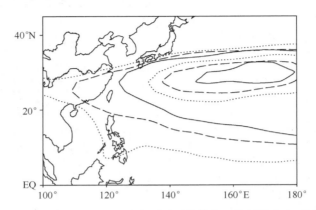

图 4.3　1951—2007 年不同时段平均的夏季副热带高压特征线分布(单位:10 dagpm)

(实线为 1951—1970 年;长虚线为 1971—1990 年;短虚线为 1991—2007 年)

分别观察三个时段中夏季 WPSH 面积覆盖地区(图 4.3)可知,20 世纪 50—60 年代副热带高压 588 dagpm 线北部突起,南缘较平;70—80 年代北缘变平,南缘明显南扩,西端西伸,副热带高压整体较上一时段有所南移;90 年代后 588 dagpm 所围区域继续向西南扩张,北缘亦有北扩。由此说明,尽管每个时段内 WPSH 面积均表现出增长,但面积扩张的方式不同,东西方向始终为逐渐西伸,南北向则依次为南扩—南北同时扩张。显然,夏季 WPSH 不仅表现出范围随时间增大,形状也将发生改变。考虑到 NCEP/NCAR 高度场相对中国气候中心资料偏弱,观察 586 dagpm 特征线,发现副热带高压面积增大的同时,副热带高压出现北缘略为北偏,而南缘明显南移,西脊点显著西伸的特征,使得副热带高压形状更为扁长。副热带高压西脊点、脊线位置等对中国同期气候都存在重要影响,由此推断,1951—2007 年,副热带高压面积的变化特征必然对同期中国气候,特别是夏季降水产生影响。

4.3.2　与夏季 WPSH 面积变化对应的中国降水特征

事实上,考察 1951—2007 年逐年夏季平均降水量可知(图略),近 57 a 来,随着夏季副热带高压面积的扩大,黄淮、汉江、西南西部、长江及以南等地降水趋于增多;其他地区则表现为降水趋减,其中华北、山东半岛、西南地区东部等地降水减少非常显著(陈烈庭,1999;黄荣辉等,1999;李春等,2002;陆日宇,2002;戴新刚,2003;Ren 等,2004)。为着力探讨近 57 a 副热带高压面积"分段"增长特征对同期降水可能产生的影响,下文亦按 IA 的分段特征,将 1951—2007 年中国夏季(JJA)平均降水分为三个时段分别研究。

从三个时段降水均值与 57 a 均值距平(图 4.4)可知,WPSH 各增长时段对应的降水均值的空间分布出现明显调整,相对于 57 a 均值而言:20 世纪 50—60 年代(图 4.4a)是长江中下游及以南大部分地区(华南北部降水偏多)的降水偏少期,但却是长江以北特别是东北、华北、西南地区的降水偏多期。70—80 年代(图 4.4b)全国降水普遍偏少,西南地区东部至汉江降水偏多,此外黑龙江西部亦有小范围地区降水仍较多;90 年代后(图 4.4c)降水时段均值空间分布与70年代前(图4.4a)几乎完全相反,黄淮、长江中下游、江南、华南迎来降水偏多期,华北、山东半岛、西南东部则进入枯水期,西南地区降水集中区西移至西南地区西部。

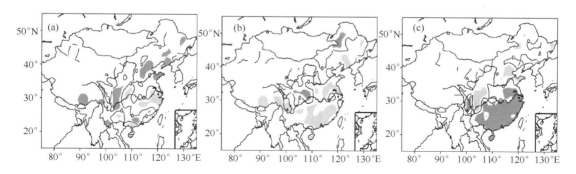

图4.4　不同时段内中国夏季降水距平(mm)

(a)1951—1970年;(b)1971—1990年;(c)1991—2007年

(阴影部分为距平绝对值大于10 mm区域,深色阴影为正距平区,浅色阴影为负距平区)

　　分析每个时段内降水的时段趋势差异(图4.5)发现:20世纪50—60年代(图4.5a)长江以北及江南东部沿海地区时段趋势为负,特别是西南东部、汉江、长江三角洲地区线性减小趋势显著,长江中下游以南ⅡP则是线性增多;进入70年代(图4.5b),形势发生转变,上一时段(图4.5a)表现出负的时段趋势的长江流域及西南东部降水,此时段为线性增大,两侧的黄河中下游、华北、山东半岛、江南中东部、华南,西南南部在这一时段降水线性减少,也与图4.5a相反;90年代后,正值区东移北抬至黄河下游、山东半岛附近,上一时段(图4.5b)黄河下游、山东半岛的负值区北移至华北、黑龙江地区(图4.5c),江南中南部、华南负值区(图4.5b)则北移至长江中下游、三角洲、江南等地(图4.5c),而华南东部这一时段则再次出现正值区(图4.5c)。

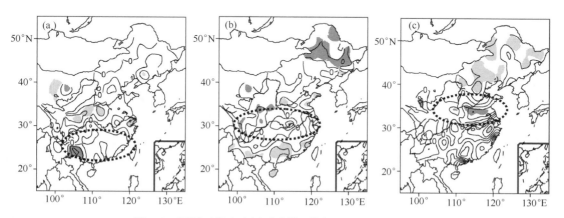

图4.5　不同时段内中国夏季ⅡP线性趋势(mm/(10 a))

(a)1951—1970年;(b)1971—1990年;(c)1991—2007年

(等值线为夏季ⅡP一元线性回归系数;间距为20 mm/(10 a);阴影部分表示t检验通过90%置信水平区域,深色阴影为正值,浅色阴影为负值)

由此可知,随着近 57 a 夏季 WPSH 面积增长,中国东部降水在北方减少,而在南方增多,特别是进入 20 世纪 90 年代,降水场的空间分布完全由"北涝南旱"转为"南涝北旱",这也正是 *IA* 的时段均值出现跳跃增长、全球显著增温的时段,可见降水时段均值的变化与副热带高压面积时段均值和全球气温的变化表现出很好的一致性。降水时段趋势的空间分布则随 *IA* "分段"增长而表现出线性增多区域明显北移的特征(在图 4.5 中用虚线椭圆表示)。

4.3.3 夏季 WPSH 面积"分段"增长过程中的环流及水汽场变化

多年平均夏季风场(图略)显示,东亚夏季风与西太平洋副热带高压西北边缘西南风带来的湿润空气,决定了我国夏季降水空间分布的基本特征。

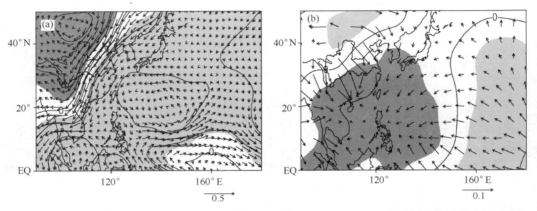

图 4.6　1951—2007 年低层 850 hPa 无辐散风场(a)和无旋风场(b)的长期线性趋势系数空间分布

((a)中等值线为流函数一元线性回归系数,(b)中为势函数一元线性回归系数;等值线间距 105 m²/(s·(10 a));阴影区通过 90% 置信水平检验,深色阴影为正值,浅色阴影为负值)

近 57 a 来,低空无辐散风场长期线性趋势(图 4.6a)显示,我国东部西北风异常线性增大,不利于夏季风北进,南风分量减弱使得同期东亚季风减弱(黄刚和严中伟,1999;姜大膀和王会军,2005),梅雨锋可能加强南移。同时,中低纬 140°—160°E 无辐散气流出现顺时针方向的线性增长趋势,以上两方面原因将导致同期副热带高压南部增强,北部减弱,使得副热带高压南扩明显,而北抬受限(图 4.3)。

辐散风场的长期线性趋势(图 4.6b)显示,近 57 a 我国南方地区辐合加强,雨带可能随东亚夏季风减弱而南移,导致我国江淮、长江流域和南方地区降水偏多。此外,印尼地区辐合加强趋势也将带来其东部的辐散区加强,导致副热带高压强度增强,面积增大。

由此说明,在近 57 a 来东亚夏季风存在减弱趋势,而同期副热带高压强度增强,并向西南发展,面积增大,两者共同作用,造成我国南方降水趋于增多而北方降水趋于减少,这与上部分结论一致。

就 WPSH 不同增长时段,风场的线性趋势可知:西太平洋 30°N 附近地区的无辐风分量在 20 世纪 50—60 年代存在顺时针线性变化趋势,而 20°N 附近为显著的逆时针变化趋势(图 4.7a),这将使得副热带高压整体在北部发展加强,而南部减弱,所以这一时段副热带高压的平均形状表现为北部凸起,南缘较平(图 4.3);70—80 年代(图 4.7b)大陆上空存在明显的顺时针变化趋势,因而这一时段东亚夏季风明显趋于减弱,也反映出副热带高压整体南移的特

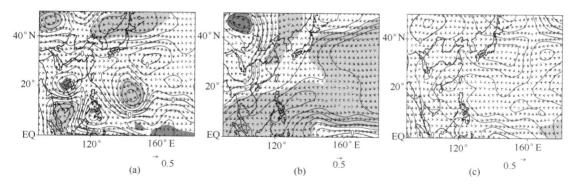

图 4.7 850 hPa 无辐散风场在 1951—1970 年(a),1971—1990 年(b),1991—2007 年(c)的时段趋势

(等值线为流函数一元线性回归系数;等值间距 105 m²/(s·(10 a));阴影区通过 90%置信水平检验,深色阴影为正值,浅色阴影为负值)

征;90 年代后(图 4.7c),我国东部仍有较弱的东北风趋势,东亚夏季风持续减弱,副热带高压南部边缘继续向低纬扩展,而西太平洋中纬地区为顺时针变化趋势,副热带高压在北边也有所增强,说明 90 年代后 WPSH 是南北同时扩张的。以上分析表明,每个副热带高压面积增大的时段中,其主要发展的部位不同:50—60 年代,主要为北部发展较强;70—80 年代主要是南侧发展较明显;90 年代后则是南北部均发展而使 WPSH 面积扩大,与图 4.3 结果一致。

从整层水汽含量的时段线性增长趋势发现,副热带高压 IA 每进入一个增长时段,水汽增多区域都存在向北推移的现象:20 世纪 50—60 年代水汽主要在长江以南增长,长江以北水汽含量线性减少(图 4.8a),华北、江淮、西南东部受短波脊增长异常控制,降水线性减少趋势明显(图 4.5a)。江南地区由于水汽线性增加,且处于异常增强的辐合气流控制,降水首先转为增多。70—80 年代水汽主要集中在 25°~35°N 长江流域,配合梅雨锋增强,造成这一时段降水量趋于增长。而华北、山东半岛则因水汽含量进一步减少且受反气旋环流异常控制而少雨。90 年代后我国水汽含量普遍趋减,仅在黄淮、山东半岛地区水汽增多,造成这一地区降水显著增多。显然水汽的辐合辐散运动是由大气环流所驱动的,正是副热带高压增长过程中不同时段的差异导致了水汽趋增地区的北移,所以,出现我国夏季降水趋增区逐段北抬的特征。

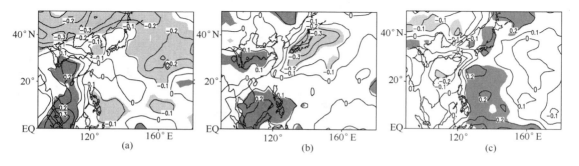

图 4.8 1951—1970 年(a)、1971—1990 年(b)、1991—2007 年(c)850 hPa 夏季平均可降水量时段趋势

(等值线为本时段可降水量一元线性回归系数;阴影表示线性趋势的 90%置信区间,浅色为负值,深色为正值)

由此说明,20 世纪后半期,随着 80 年代全球变暖,副热带高压面积时段均值显著增大,我国降水由 70 年代前的"北涝南旱"向 90 年代后的"北旱南涝"转变,70—80 年代为转型期。然而,虽然我国南方在 90 年代后的夏季降水量较 57 a 的夏季平均降水量是增多的,但在这一时段的降水趋势却是减少的,降水趋增地区已随副热带高压面积的"分段增长"逐步北移至黄淮、山东半岛一带。

4.4 华东地区夏季极端降水事件的年代际变化

4.4.1 极端日降水事件发生频次滑动累计

为了弄清华东地区极端降水事件发生频次是否具有年代际变化特征,选取 116°E、118°E 和 120°E 这三条经线绘制 11 a 滑动累计极端降水事件频次的纬度—时间剖面。具体做法为:选取华东区域内自低纬到高纬,经度限定在 115.5°—116.5°E 的所有 12 个站点、117.5°—118.5°E 的所有 12 个站点和 119.5°—120.5°E 的所有 12 个站点,对其极端日降水事件发生频次分别作 11 a 滑动累计分析。图 4.9a 显示 116°E 附近由南向北的极端日降水事件发生频次的年代际变化,可以看出 10 号站(安徽亳州)以北的站点极端事件频次总体上变化不大,12 号站处(山东朝阳)呈略微下降趋势,10 号和 11 号站(安徽亳州和砀山)所在位置则呈略微先下降后回增的趋势,而在亳州以南的站点自 20 世纪 80 年代后期极端事件明显增多,4~7 号站点(均在江西省境内)在 80 年代中期极端事件都发生较少而 90 年代末期相对较多,1~3 号站(江西寻乌,福建上杭、长汀)有较为明显的极端事件的年代际振荡。在 118°E 附近(图 4.9b),7 号站(安徽屯溪)以南站点都呈现出了极端事件的先减少后增加的年代际变化特征,主要表现为从 60 年代到 80 年代的持续减少,然后从 80 年代中期左右开始又开始明显增多,总体来看,该经度上几乎所有站点在 90 年代中后期极端事件都呈异常多的特征。在 120°E 附近(图 4.9c),9 号站(江苏射阳)以南站点,自 80 年代中期后,极端事件有增多趋势,在 90 年代末最多,而在 80 年代之前变化不明显。在射阳站以北的站点(均分布山东境内)在整个研究时段内极端事件呈先减少后增加的年代际变化特征。

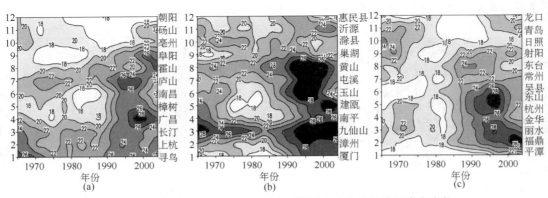

图 4.9 116°E(a)、118°E(b)、120°E(c)附近自南向北极端日降水事件
发生频次的 11 a 滑动累计的经向—时间剖面

　　由三个经度剖面可以得出,极端降水事件的发生频数存在年代际变化。为进一步弄清极端降水事件发生的年代际特征,我们将1960—2009年50年中的每10 a的累计作为一个位相,提取20世纪60年代、70年代、80年代、90年代和21世纪00年代5个位相考察各类极端事件发生频次和年代平均降水量值的空间分布及时间变化。

4.4.2　极端日降水事件的频次及量值

　　基于极端日降水事件的定义,得到华东90站各站的极端日降水事件记录。区域内大部分站点50 a来发生次数在80~120次,长江以北站点发生次数要明显少于长江以南的站点,浙江、福建两省内的站点发生次数较高,大多在95次以上,而江西境内站点多在95次左右。进一步将华东各站点极端日降水记录按年代划分,考察20世纪60年代、70年代、80年代、90年代和21世纪00年代5个年代极端日降水事件的发生频次的年代际变化特征,再分别将5个年代的各站极端降水总量除以该站极端日降水发生总频数得到各站5个年代的极端日降水事件的降水强度(极端日降水事件强度和发生频次的空间分布见图4.10b~f)。

　　降水频次存在显著的年代际变化。20世纪90年代发生频数最高,各站平均达到23.8次(表4.1),其次是21世纪00年代,各站平均为20.9次,最少的是20世纪80年代,平均为16.9次。60年代(图4.10b)极端日降水事件多发区在淮河以北、福建和江西南部地区,多数站点都在18次以上,其他地区基本在12~18次。70年代(图4.10c),分布比较均匀,大部分站点都在12~24次,全区域站点平均为17.4次(表4.1)。80年代(图4.10d),极端日降水事件多发在江淮流域,而福建、江西和山东地区发生次数较少。90年代(图4.10e),区域内绝大部分站点都超过了18次,长江以南站点发生次数明显高于长江以北站点,江西、浙江北部地区多数站点发生次数在30次以上,而福建地区站点也大多超过了24次。21世纪00年代(图4.10f)安徽地区站点有增多趋势,较之20世纪90年代,长江附近和浙江北部沿海地区站点发生次数减少很明显,而福建地区站点变化不大。这也体现了学者近年来对极端事件研究中所发现的极端事件的群发性特征,极端日降水事件频发区域的年代际变化与杨萍等(2010)研究指出的强降水事件群发高值区的年代际变化特征亦较为一致。

　　特别有趣的是,各年代极端日降水事件多发区域的位置存在显著差别。在20世纪60年代(图4.10b),华东地区存在两个极端日降水事件频发带,一个主要位于山东地区,可称之为"黄河下游事件带";一个包括江西东南部、浙江南部及福建地区,可称之为"江南事件带"。在这两个事件带内的区域极端日降水事件发生频次要明显高于其他区域。70年代(图4.10c),两个事件带内极端日降水事件发生频次都有所减少,位置变动不大。但在长江南北岸附近地区有几个站点发生频次增多,结合后3个年代的变化特征,我们将其称为"江淮事件带"。80年代(图4.10d),黄河下游事件带内极端日降水事件较上两个年代偏少,似乎此频发带在这个年代"消失"了。70年代出现的江淮事件带内站点极端降水事件的发生在80年代却有明显增加,而上2个年代内变化不大的江南事件带在80年代不论是极端事件频发的位置还是频数都有明显变化,亦即位置上缩小到仅包括江西南部和福建西南部地区,而且带内站点发生频次也没有上2个年代呈现的明显高于带外站点的特征。90年代(图4.10e),黄河下游事件带内极端事件发生频次又呈回增趋势;江淮事件带和江南事件带之间没有了明显的界限,出现"合二为一"的现象,且带内站点发生频次较之前年代有显著增加,与事件带外低频次的站点区分也很明显。21世纪00年代(图4.10f),黄河下游事件带内极端日降水事件发生频次变化不

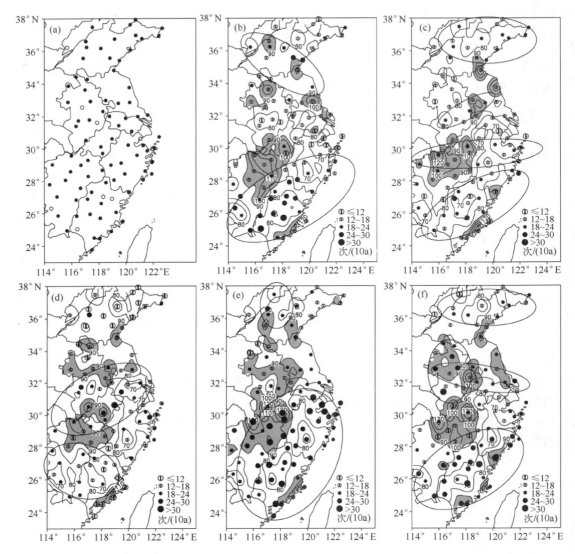

图 4.10 华东区域站点分布(a)及华东地区极端日降水事件的频次及量值在 20 世纪 60 年代(b)、70 年代
(c)、80 年代(d)、90 年代(e)、21 世纪 00 年代(f)5 个年代的分布(等值线为频次平均的极端降水强度,阴影
区为量值高于 90 mm 的区域)

大;江淮、江南事件带又一分为二,江淮事件带北跳,江南事件带南移,二者之间的地区内极端
日降水事件发生频次较少。总体上,黄河下游事件带内的极端日降水事件频次变化呈先减少
后略增加的年代际变化特征,而在后 3 个年代,江淮和江南事件带呈现了较为明显的分—合—
分的年代际变化特征。

　　与频次变化相比,极端日降水事件的强度分布特征非常不一样。5 个年代中极端日降水事
件强度分布型变化很小(图 4.10),大值区位于江西大部分地区以及其与安徽、浙江交界的地
区和江淮地区,这与王冀等(2008)的结论相同。小值区在山东和浙江东北部、江苏东南部等地
区。这种分布与华东地区夏季总降水量的分布(金大超等,2010)相似,表明华东地区极端日降

水雨量对总雨量贡献较大。量值的年代际变化(表 4.2)显示,20 世纪 90 年代平均强度最大,而 80 年代最小。各年代间虽然量值的差别不大,但仍可发现其与平均频次的年代际变化大体一致,即频次多时,频次平均的降水量亦大。总体上不论是频次还是量值都是在前 3 个年代呈持续减少,在 90 年代突然增加,又在之后的 21 世纪 00 年代出现略减的特征。是何原因造成这种极端事件降水强度变化的,则仍需进一步研究。

表 4.1　华东地区各类极端降水事件的区域平均发生频次

	1960—1969	1970—1979	1980—1989	1990—1999	2000—2009	平均
极端日降水	18.7	17.4	16.9	23.8	20.9	19.5
极端 3 d 降水	7.6	6.2	5.5	10.3	8.1	7.5
极端强降水过程	5.2	4.3	3.7	5.7	4.5	4.7
极端连续降水日数	6	5.9	3.7	4.4	3.2	4.6

表 4.2　华东地区各类极端降水事件的区域平均量值(mm)

	1960—1969	1970—1979	1980—1989	1990—1999	2000—2009	平均
极端日降水	84.5	83.11	83.04	86.57	86	84.64
极端 3 d 降水	184.27	177.04	171.74	189.49	188.91	182.29
极端强降水过程	257.23	234.29	233.66	262.61	246.49	246.86
极端连续降水日数	183.75	160.16	156.99	188.88	156.51	169.26

4.4.3　极端 3 d 降水事件的频次及量值

翟盘茂等(1999)指出,3 d 最大降水量在西北覆盖范围有增加趋势,而在华北有减少的趋势,同极端日降水在这两个区域的变化趋势相同。Qian 和 Lin(2005)指出:3 d 最大降水量在长江以南地区有所增加。另外,鲍名(2007)、王志福和钱永甫(2009)在研究中也涉及极端 3 d 降水。但总的来说,目前对于连续 3 d 降水的极端事件的相关研究还不多。然而极端 3 d 降水事件反映了大尺度天气过程为背景的较强的过程性极端降水事件,在部分区域对洪涝的贡献不容忽视,其灾害学意义较大。如前所述,这里分别对从 1960 年到 2009 年间的华东地区各站点的连续 3 d 降水量进行从小到大排序,取各站的连续 3 d 降水中大于 95%分位的记录,得到各站的极端 3 d 降水事件。

华东地区极端 3 d 降水发生次数的地区差异较大(图 4.11f),但主要都集中在 20～70 次,少于 20 次的站点有 4 个,全部位于山东境内,最少的是山东长岛站,50 a 来仅发生了 14 次;大于 70 次的站点有 2 个,即为福建屏南和九仙山站,其中九仙山站达到 107 次,为华东所有站点中极端 3 d 降水事件发生次数最多的站点。总的来说,长江以北站点发生次数明显少于长江以南站点,这与王志福和钱永甫(2009)的研究结论一致。长江以北站点除了山东泰山站达44 次和安徽霍山站达 40 次外,其余站点均少于 35 次。我们发现海拔较高的站点极端 3 d 降水事件要明显多一些,绝大多数海拔高于 60 m 的站点在 50 a 中极端 3 d 降水事件发生频次都超过了 40 次。总频次中存在的这种差异可能与地形影响有关,也可能与西太平洋副高活动等大尺度环流背景有关。

极端 3 d 降水事件发生频次的年代分布同极端日降水事件情况类似。20 世纪 90 年代（表 4.1）发生次数最高，90 站平均为 10.3 次/站，21 世纪 00 年代次之，为 8.1 次/站，最少的是 20 世纪 80 年代，仅为 5.5 次/站。总体上，极端 3 d 降水事件发生次数在山东和江苏地区变化不明显，在安徽地区略有增加。在江西和安徽两省交界的区域，5 个年代呈现出了少—多—少—多—少的年代际变化。福建地区极端 3 d 降水事件发生频次在 20 世纪 70 年代和 80 年代要明显少于其他 3 个年代，在 90 年代，分布在长江流域附近的站点及浙江地区站点发生频次要明显地高于其他 4 个年代。

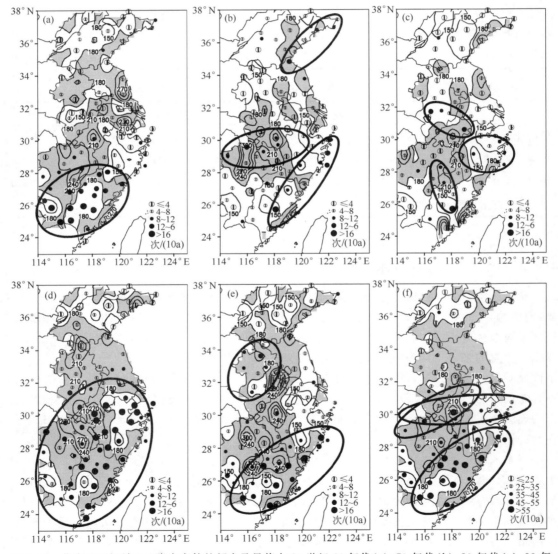

图 4.11　华东地区极端 3 d 降水事件的频次及量值在 20 世纪 60 年代（a），70 年代（b），80 年代（c），90 年代（d），21 世纪 00 年代（e）5 个年代的分布及 1960—2009 年 50 a 发生总频数及 50 a 平均量值分布（f）（等值线为频次平均的极端降水强度，阴影区为量值高于 180 mm 的区域）

　　特别注意到,极端 3 d 降水频次较多的站点亦具有相邻且群发特征,而极端 3 d 降水事件频发区域亦存在显著的年代际南北向变动。20 世纪 60 年代在福建和江西东南部地区为多发区,70 年代在江西北部地区,80 年代在全区域总体减少,90 年代在沿江及长江以南,尤其是江南地区几乎所有站点极端 3 d 降水事件发生频次均显著增加,而在之后的 10 a,在江南地区的绝大多数站点又同步地显著减少。

　　频次平均的极端 3 d 降水事件强度分布显示,尽管各年代与 50 a 的平均状况(图 4.11f)分布大致相同,但降水量值却存在显著的年代际变化。在 20 世纪 70 年代和 80 年代要明显少于其他 3 个年代。同极端日降水事件一样,极端 3 d 降水事件的发生频次和年代平均量值也体现出了同步的在前 3 个年代逐步减少,90 年代异常增多、21 世纪 00 年代又略减的年代际变化特征。

4.4.4　极端强降水过程事件的频次及量值

　　对 1960—2009 年华东各站的降水过程的降水量从小到大进行排序,将大于 95% 分位值的记录定义为各站的过去 50 a 的极端强降水过程事件。结果得出:50 a 间各站平均总次数为 23.3 次,其中最大次数的站点是山东泰山站,达 27 次;而福建平潭和崇武两站均为 17 次。与极端 3 d 降水事件频次分布很不均匀的特点相比,华东地区各站极端强降水过程次数相对较均匀,最多到最少仅相差 10 次。

　　与极端日降水事件和极端 3 d 降水事件年代分布情况类似的是,20 世纪 80 年代,区域站点平均发生次数为最少,仅为 3.7 次;而 90 年代为最大,为 5.7 次(表 4.1)。在 60 年代(图 4.12a),极端强降水过程事件多发于江西南部和福建地区,多在 5 次以上;山东地区站点也大都在 5~8 次,其他区域都少于 5 次,浙江地区大部分站点少于 3 次,全华东区域站点平均为 5.2 次(表 4.1)。70 年代,全区域分布较为均匀,平均为 4.3 次(表 4.1),其中,江西南部和福建地区明显减少,山东地区变化不大,而江西北部地区有所增加。80 年代,除长江流域、浙江沿海地区外,华东地区大部分站点都少于 3 次。山东和福建地区 1960—1990 年持续减少,此情况与极端 3 d 降水事件变化类似。与之前相比,90 年代(图 4.12d),在江淮和江南地区呈增多趋势,山东地区呈回增趋势。21 世纪 00 年代(图 4.12e),除安徽北部和江西偏南地区略有增加、山东地区无明显变化外,其他地区较之前的 10 a 均有所减少。

　　总体而言,在江西北部地区,有着同极端 3 d 降水事件存在的类似的少—多—少—多—少的年代际变化特征。在最近的 3 个年代,极端强降水过程事件年代际分布也出现了长江南北两条极端事件频发带的振荡,即呈分—合—分的特征。

　　区域平均量值与频次的年代际变化一致,5 个年代中量值的分布型较为稳定。不论哪个年代,在福建、安徽和江西三省交界地区都有比较大的极端降水中心,但 20 世纪 70 年代和 80 年代的量值要相对小于其他 3 个年代,这与极端日降水事件和 3 d 降水事件情况较为一致。同时可见,在 60 年代和 90 年代,闽赣地区不但极端事件多发,而且其强度也较大。各站极端强降水过程的持续雨日分布(图 4.12f)显示:全区域多为 8~9 d,福建地区大部分站点在 10 d以上,结合平均强度的分析可以看出:福建地区存在较多强度大,持续久的降水过程。

　　王志福和钱永甫(2009)的分析中亦指出:在中国东部地区,持续时间越长的极端降水其强度往往越强,从图 4.12a~e 及图 4.12f 亦可得到大致一致的结论。

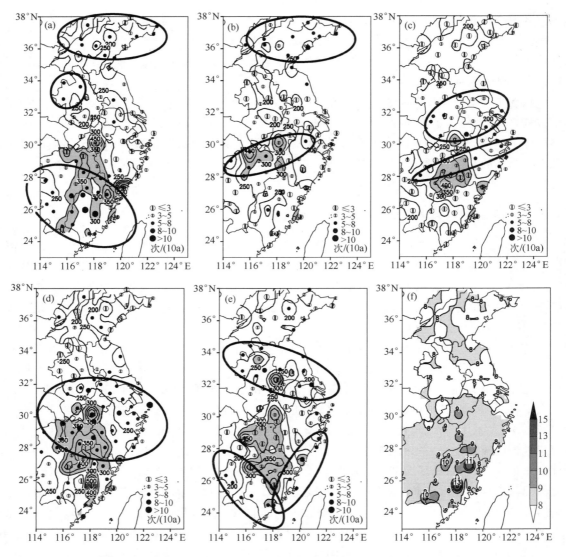

图 4.12　华东地区极端强降水过程事件的频次及量值在 20 世纪 60 年代(a),70 年代(b),80 年代(c),
90 年代(d),21 世纪 00 年代(e)5 个年代的分布(等值线为频次平均的极端降水强度,阴影区为量值高于
300 mm 的区域),以及华东区域各站极端强降水过程事件平均连续降水日数分布(f)

4.4.5　极端连续降水日数事件

按照极端连续降水日数事件的定义,对 1960—2009 年华东各站点的连续降水日数从小到
大进行排序,取各站大于 95% 分位值的记录作为该站过去 50 a 中极端连续降水日数事件。全
区域站点平均发生次数最多的是 20 世纪 60 年代(表 4.1),达到 6 次,最少的是在 21 世纪
00 年代,为 3.2 次。在 20 世纪 60 年代(图 4.13a),极端连续降水日数事件多发在山东、福建、
江西东南部和浙江南部地区;与 60 年代相比,江西中北部和浙江北部地区在 70 年代极端连续
降水日数事件都有增多,而福建地区略有减少,山东地区变化不大。80 年代(图 4.13c),长江

流域地区站点极端连续降水日数事件都在 5 次左右,而其他区域大都少于 3 次,较之前10 a有明显的减少;90 年代(图 4.13d),江西,浙江又有所增加,其他区域变化很小;而 21 世纪 00 年代(图 4.13e),安徽北部有明显增多,江南地区明显减少,其他区域都没有大的变化。

　　极端连续降水日数事件的年代分布亦显示出极端事件频发带的南北摆动特征。在 20 世纪 60 年代(图 4.13a)南、北事件带的位置分别在福建、江西南部区域和山东地区。到 70 年代(图 4.13b),北部事件带位置大致不变,而南部事件带则向北移动,事件带内站点发生极端降水事件的频次略微减少,范围也有所增大。80 年代(图 4.13c),山东区域内站点频次都明显减少,全区域只有位于长江中下游地区的事件频发带;90 年代(图 4.13d),事件带南移,位于江南地区;21 世纪 00 年代(图 4.13e)北跳至江淮地区。

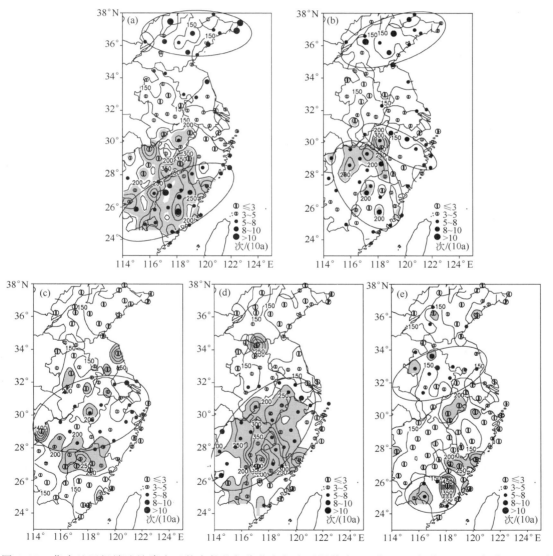

图 4.13　华东地区极端连续降水日数事件的年代分布频次及量值在 20 世纪 60 年代(a),70 年代(b),80 年代(c),90 年代(d),21 世纪 00 年代(e)5 个年代的分布(等值线为频次平均的极端降水强度,阴影区为量值高于 200 mm 的区域)

　　降水量值显示,20世纪90年代极端连续降水日数事件的平均的量值要明显高过其他年代(表4.2),达到188.88 mm。21世纪00年代前,大值区基本在福建西北部与江西东北部两省交界的区域,而在21世纪00年代福建省存在较大量值的中心。总的看来,频次平均值显示出20世纪70年代、80年代和21世纪00年代数值较小,在160 mm左右,其他2个年代较大,均大于180 mm(表4.2)。

　　五个年代各站点极端连续降水日数事件的平均降水日数的空间分布可见图4.14。总体上,福建地区极端连续降水日数事件的持续时间较长,江淮地区较短。20世纪60年代(图4.14a)极端连续降水日数事件持续天数较长些。70年代(图4.14b)和90年代(图4.14d)分布类似。在60年代(图4.14a),福建地区大部分站点连续降水日数超过13 d,甚至超过15 d,明显多于华东其他区域。

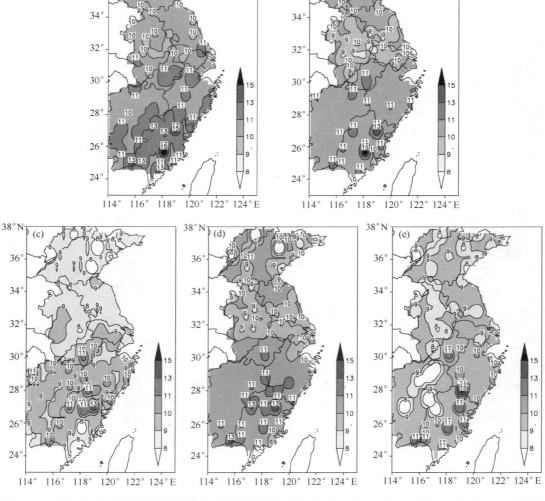

图4.14　华东地区极端连续降水日数事件的事件平均连续降水日数(d)在20世纪60年代(a),70年代(b),80年代(c),90年代(d),21世纪00年代(e)5个年代的分布

极端连续降水日数事件的 5 个年代平均的降水强度(169.26 mm)低于极端强降水过程事件 77.6 mm(表 4.2),极端强降水过程事件持续降水日数多在 9 d 以下,而极端连续降水日数事件基本在 9 d 以上。这一结果符合极端降水过程事件和极端连续降水日数事件的定义,即极端降水过程事件的降水强度较大,持续天数相对较短,而极端连续降水日数事件降水强度相对较小,持续时间相对较长。

总观前述各类极端事件发生频次的年代际变化,发现极端日降水事件、极端 3 d 降水事件和极端强降水过程事件的变化较为同步。1960—1980 年极端降水事件的发生频次减少,其中 80 年代为最少,而后 90 年代突然增多,21 世纪 00 年代又有所减少。1960—2009 年 50 a 间,前 20 a 极端事件明显少于后 20 a,其中,极端日降水事件和极端 3 d 降水事件在最近的 2 个年代的值要大于前 3 个年代的值(表 4.1)。极端连续降水日数事件的年代际分布较之其他极端降水事件变化则略有不同,该事件在 1960 年最多发,而在 21 世纪 00 年代是最少发。由表 4.1 和表 4.2 不难看出:20 世纪 90 年代是极端事件多发而且强度也较强的年代,极端事件的发生频次和降水强度在 1990 年之前的 30 a 均有递减趋势。

4.5　1973—2009 年北美、欧洲和亚洲地区的小雨事件变化研究

4.5.1　结果

图 4.15 显示夏季(JJA)和全年(1—12 月,缩写为 ANN)总小雨天($1 < P < 10$)的线性趋势空间分布。从图 4.15 可以发现,小雨的趋势在不同地区呈现出明显不同的特点。在北美,夏季几乎有一半的站呈现出增加的趋势,而另外一半的站点有下降的趋势。

但是,呈下降趋势的站点的幅度比呈上升趋势的站点大。北美地区的年度小雨事件,大部分站点呈现下降趋势。年小雨日数下降了 1~20 d/(10 a)。在欧洲,夏季和全年都呈现出大约有 40%~45% 的站有增加的趋势,而约 55%~60% 的站点显示出下降趋势。然而,在夏季呈现出下降趋势的站主要分布在内陆国家,而全年呈下降趋势的主要在沿海国家,如法国。与北美类似,呈下降趋势的站点的幅度比呈上升趋势的站点大。对于东亚地区,夏季约 90% 以上的站点小雨天呈下降趋势,而对于全年来说几乎所有站都呈下降趋势。在夏季小雨日数下降了 0.5~5 d/(10 a),全年的下降天数在 2~20 d/(10 a)。大多数站点的下降趋势达到了 95% 的置信水平。

图 4.16a 显示北美、欧盟和亚洲 1973—2009 年小雨天数时间序列。对于年平均来说,北美小雨日数下降了 3.48 d/(10 a),东亚地区下降了 3.19 d/(10 a),趋势都达到 95% 的置信水平。欧洲地区的年小雨日数有轻微的下降,但是趋势并不明显。图 4.16b 表示的是全年降水量的时间序列,仅仅只在北美区域出现显著减少趋势,而在欧洲和亚洲地区只能看到一个小的但并不明显的下降趋势。这可能与 1982/1983 年 El Nino 事件有部分关系,El Nino 一般会导致陆地降水的减少,1982 年的 El Nino 事件直接导致了全球性的变冷和干旱。

为了进一步研究降水频次的变化,我们将降雨日数和降水量作为降水率的函数,来分析二者的趋势。图 4.17a~f 分别表示 1973—2009 年北美、欧洲以及亚洲地区在夏季和全年期间降水日数频次的变化趋势。采用的方法是将三个地区的降水率分成 10 个区间段,对每个区间段的降水日数频次求平均值。在北美,不管是夏季还是全年,大量站点的降水量(即所有的小、

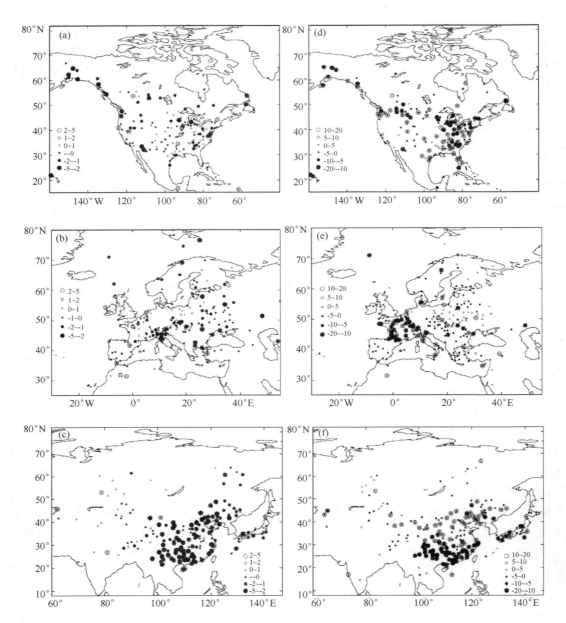

图 4.15 夏季(JJA;分别为(a),(b),(c))和全年(1—12 月;(d),(e),(f))小雨日总天数(1<P<10)的空间分布的线性趋势,(a)和(d)为北美区域,(b)和(e)为欧洲区域,(c)和(f)为东亚区域;均采用最小二乘法估计

中和大雨)整体呈下降趋势,除了极端的小雨(即降水量在 1~2 mm/d),雨天日数和降水量上都有增加的趋势。有趣的是,在日降水量在 6~8 mm 的小雨和日降水量大于 50 mm 的暴雨中存在最为明显的变化,它们年减少率大约为 10%~15%,这就意味着在北美地区强降水已经没有那么严重或者说频繁了。因此,从图 4.17a 和图 4.17b 可以看到,总降水量呈下降趋势,特别是北美的年降水量。这并不奇怪,在北美因为中雨和大雨也呈现出和小雨一样的下降

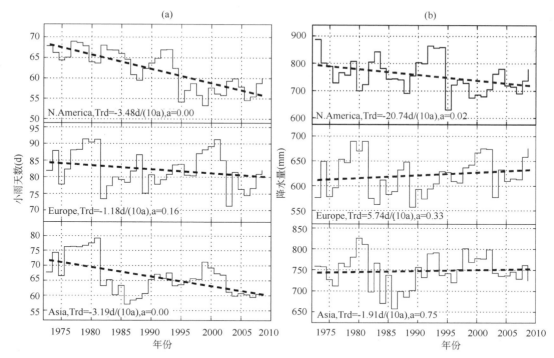

图 4.16　北美、欧洲和亚洲 1973—2009 年(a)小雨天数(1 mm/d＜P＜10 mm/d)和
(b)区域平均的总降水量的时间序列

趋势,所以小雨的总降水日数(未显示)和总降水量的趋势是一致的。

在欧洲,不同降水率的趋势存在不同。一般来说,夏季和全年小雨(＜8 mm/d)和暴雨(＞50 mm/d)的降水日和降水量都呈减少趋势,中雨(8～50 mm/d)则有上升趋势。应当指出的是,那些日降水量大于 50 mm 的极端暴雨下降了 8％～15％,但是对于小雨特别是日降水量小于 6 mm 的小雨下降趋势较小,并且没有达到 95％的置信水平。图 4.16b 对欧洲、亚洲的所有站点平均可以看出总降水并没有表现出明显的趋势。

在亚洲地区不管是夏季还是全年,小雨的降水日数和降水量都表现出减少趋势,而中雨和暴雨呈现出上升趋势,这与 Qian 等(2009)对 1956—2005 年的研究结论是一致的。降水量小于 10 mm 的小雨天数减少了大约 5％/(10 a)。对于降水量大于 10 mm/d 的降水时间,各种降水率都有增加的趋势,这表明在亚洲,降水正在从小雨向暴雨转变。因此,对于所有的降水率的总的降水日数呈下降趋势(图 4.17c),但是不管是夏季还是整年的总的降水量的趋势是可以忽略的。

4.5.2　讨论

我们利用 NCDC 提供的 1973—2009 年全球逐日降水资料,比较了降水的变化特征,尤其是北美洲(NA)、欧洲(EU)和亚洲(AS)小雨的事件。结果显示,不同地区小雨事件的趋势呈现出不同的特征,但是在北半球大陆区域的年变化上大体是呈下降趋势的。

在北美地区,小雨事件呈现下降趋势的站点和下降的幅度都比具有上升趋势的多,因此对北美的所有站点平均得到年小雨日数下降 3.48 d/(10 a)。不过,整体的下降趋势也可以在其

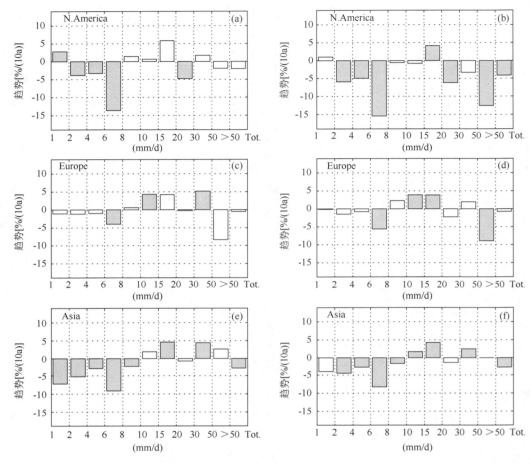

图 4.17　北美、欧洲以及亚洲地区夏季(左)和全年(右)降水
日数频率的变化趋势(阴影表示趋势通过 95％信度检验)

他的降水率中找到,例如日降水量超过 50 mm 的强降水也出现类似情况,这意味北美强降水
事件和总降水量都有所下降。在欧洲,大约有一半的站点小雨事件呈下降趋势,而另一半呈上
升趋势。因此对欧洲的所有测站进行平均可以看出小雨(特别是日降水量小于 6 mm)趋势并
不明显。在亚洲特别是东亚,小雨日数表现出与空间高度一致的减少趋势。大多数年小雨日
数减少 2～20 d/(10 a)。从 1973—2009 年,对亚洲所有测站得到年小雨平均日数下降速率为
3.19 d/(10 a)。与此同时,中雨和大雨事件(＞10 mm/d)增加,这表明在亚洲降水率有由小雨
向大雨的明显转变。

　　虽然文中给出了在北美、亚洲和欧洲地区的小雨变化趋势,但是研究什么因素导致了不同
地区小雨的变化,这仍然是一件有意义的事情。Liu 等(2009)认为全球变暖可能是导致小雨
向大雨的转变的原因。图 4.18a 显示的是 1976—2009 年微波探测器观测到的对流层温度的
变化(阴影部分为通过 95％的显著性检验)。结论与 Fu 等(2006)的研究一致,北半球的大多
数区域都有增温的趋势,其中最大增温出现在高纬度地区。比较北半球各大洲的对流层变暖
的趋势可以看出,欧洲地区增暖最为明显,而亚洲地区则比较缓和;北美的北部地区增暖并不

明显。Trenberth 等(2003)推测,根据克劳修斯-克拉珀龙方程,由于气候变暖,预计大气中的水汽含量将上升。这个假设可能在全球平均情况下是有效的。然而,在区域尺度上,气候变暖的趋势和大气中水汽含量之间并没有发现有区域相关性。

图 4.18b 和 4.18c 给出了分别由 NCEP-NCAR 和 ECMWF 的再分析资料得到的可降水量(PW)的趋势分布。但是,对于目前计算可降水量的再分析资料是有争议的,这两个结果中出现的共同特点包括:(1)可降水量在北大西洋的西部和美国增加,尤其是美国东部,这与Trenberth 等(2005)的结论一致;(2)可降水量的变化在欧洲不明显;(3)在中国南海海域地区总降水量减少,但是中国内地变化不明显。全球变暖和可降水量的变化的低空间相关性表明,可降水量受到大气中水汽含量输送影响大于当地的蒸发作用,而区域可降水量的变化反应的主要是大尺度环流的变化和/或源区大气湿度的变化。

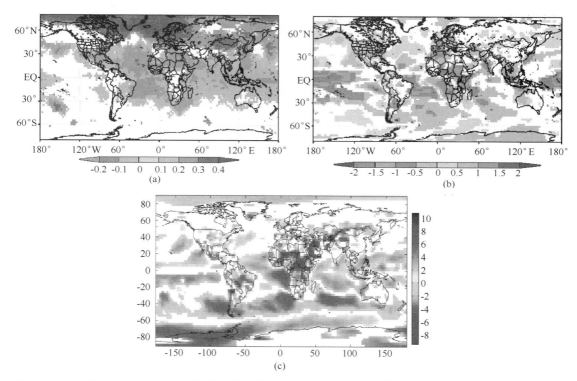

图 4.18　(a)1976—2009 年微波探测器对流层温度的变化趋势分布图(阴影部分为通过 0.05 显著性检验)(单位:K/(10a));(b)1973—2001 年 NCEP-NCAR 再分析资料得出的全球可降水量趋势分布(单位:mm/(10a));(c)1973—2001 年 ECMWF 再分析资料得出的全球可降水量趋势分布(阴影地区通过 80％置信水平)(单位:0.01 kg/(m² · 10a))

Trenberth 等(2003)认为大气中的总水量增长速度预计将会比总降水量增加得快,因为后者由于蒸发被地表的热量收支所控制。他们还认为强降水的增加速度应该与大气中的水汽含量的变化一致,因为强降水主要取决于低层的水汽辐合。当总降水量以比大气总水汽含量慢的速度减少,则强降水的增加必须以减少小雨和中雨的降水量或者降水次数减少为补偿。如果这个假设是正确的,它可以部分解释北美和亚洲地区小雨的减少和强降水的增加。欧洲地区的总降水量变化较少,这可能可以部分解释为什么欧洲地区小雨事件和总降水量的变化较小。但是仍然还存在一些问题,为什么在北美小雨和大雨的次数和总降水量都减少了,而可降水量在北大西洋的西部和美国有所增加,这种降水量和可降水量的明显的反相关性还有待进一步研究(Dai 等,2006)。

从上面的分析可以看出,在地域基础上将小雨和总降水量的变化归结于大气中的可用水汽含量是行不通的。显然降水不仅是受大气结构和水汽的影响,而且还受到其他因素的影响。虽然降水强度特别是对于强降水事件,主要取决于充足的水汽来源和大气中深厚的对流运动,但是大多数小雨可能更容易直接受到云中的微物理过程的影响。在中国近几十年来大气中人为的气溶胶粒子急剧的持续增加,可能使得云滴数浓度增加并减小大气中的云滴的大小,从而改变云的生命史并抑制降水,特别是对于小雨事件(Qian 等,2009)。这种机制可以部分解释为什么在东亚地区会有如此显著和空间一致性的小雨减少。虽然全球变暖和大气气溶胶的增加可能会影响小雨在北美、欧洲和亚洲所观察到的变化,但检测和定量分离出不同地区小雨变化的原因仍然是一个具有挑战性的任务。我们需要结合模式研究以及对地面和卫星观测资料的统计分析,来解决和阐明在世界不同地区小雨变化的原因。

4.6 夏季中国东部山区小雨的加剧减少

4.6.1 站点的选择

中国东部高山站的选择主要考虑三条标准:(1)位置在 105°E 以东;(2)具有 1960—2007 年的连续降水资料;(3)山脉和周边平原地区台站间的海拔高度差异至少在 1000 m 以上。周边城市站点的选择是根据临近山脉和基本能表征每座山脉周边平原地区的准则进行的。每座山脉和临近的平原地区之间的短距离确保了两个地区具有相似的大尺度环流背景。据此,本节选择了中国东部的七组站点[A~G],每组包含一个高山站和周边平原地区的三个城市站点(表 4.3 和表 4.4,图 4.19)。

表 4.3 中国东部七个(A~G)高山站的名称和纬度

组号	A	B	C	D	E	F	G
站名	天池	五台	泰山	华山	黄山	庐山	九仙山
高度(m)	2623	2208.3	1533.7	2064.9	1840.4	1164.5	1653.5

4.6.2 结果与讨论

首先,本节评估了 1960—2007 年每个高山站(图 4.20a)的山地降水率(总降水量)趋势。大部分降水率(17~21)的时间变化呈现出降低趋势,也存在如 C 和 E 组这样的例外。观测到的地形降水率时间趋势与许多早先研究结果(见 4.1 节)相符。

之后,本节评估了 1960—2007 年总降水和每个高山站及其周边平原三个站点(即七组站点)四个等级的降水(见 4.2 节)。为了更真实地反映围绕每个山脉的平原地区的状况,本节将每个高山站周围的三个平原站的降水趋势作了平均。

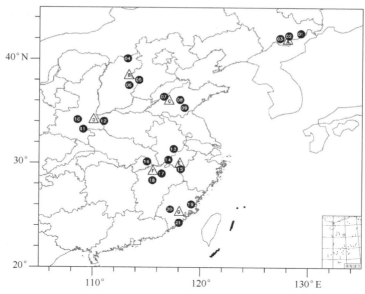

图 4.19　中国东部七组高山站和平原站的位置。内部标记数字的圆圈表示平原城市，内部标记大写字母的三角形表示山脉(数字和大写字母在表 4.3 和表 4.4 中说明)

表 4.4　上述 7 个高山站附近的 21 个平原站(以数字"1"到"22"标号)的名称和海拔高度

组号	编号	城市	高度(m)
A	1	延吉	176.8
	2	松江	721.4
	3	东岗	774.2
B	4	大同	1067
	5	石家庄	81
	6	阳泉	741.9
C	7	济南	170.3
	8	新源	305.1
	9	临沂	86.5
D	10	西安	397.5
	11	卢氏	569.9
	12	镇安	693.9
E	13	巢湖	22.4
	14	安庆	19.8
	15	屯溪	142.7
F	16	华蓥	19.8
	17	鄱阳	40.1
	18	南昌	46.9
G	19	福州	84
	20	永安	206
	21	厦门	139

总降水量表现出一种典型的"北旱南涝"(图 4.20b)趋势,许多早先的研究(Gong 和 Ho,2007;Wang 等,2008;Zhou 等,2009)显示,这一趋势模态与东亚夏季季风变化有很密切的关联。在这些总降水量出现负变化趋势的站点中,高山站相比大多数附近平原站,出现更强烈的减少趋势。对四个等级雨强的降水量和降水频次分别进行分析,结果表明,对于小雨(图 4.20c、d)来说,高山站降水率的减少趋势较平原站更强这一特征更为明显,而对其他等级的降水量(图略)则没有那么显著。较其他等级的降水量和总降水量而言,小雨的另一个特征是:许多站点在频次(28 个站点中的 22 个,其中 15 个站点通过 90% 置信度检验)和数量(28 个站点中的 20 个,其中 14 个站点通过 90% 置信度检验)上都存在明显减少趋势。

为深入分析山脉与平原地区在小雨方面的差异,本节分别计算了 7 个高山站组和 21 个平原站组(图 4.20f)小雨变化的平均趋势。降水量和频次的变化结果都与图 4.20c、d 中结果类似。首先,小雨的数量和频次在过去的 50 a 中,在山脉和平原地区都存在显著的减少趋势;其次,高山站小雨的数量和频次较平原站表现出更强的减少趋势。高山站小雨频次的平均趋势为 $-4.8\%/(10\ a)(0.7/14.6)$,然而平原站趋势仅有 $-2.3\%/(10\ a)(0.3/13)$。高山站降水量趋势为 $-5\%/(10\ a)(0.008/0.16)$,是平原站趋势$(-1.4\%/(10\ a))$的三倍多。高山站和平原站降水(频次和数量)减少趋势的差异都通过了 99% 置信度检验(t 检验)。

中国东部小雨减少在以前的一些研究也提到过,并通常将这种减少归因于大气中的气溶胶浓度的增加。例如,Gong 等(2007)发现华东主要城市地区的夏季小雨频次的降低存在的一周循环与气溶胶污染增长的循环相符合。根据观测和云模式的模拟结果,Qian 等(2009)发现云滴浓度的增长和一个污染体中的云滴数减少,将导致雨滴浓度的降低和延迟雨滴的形成,从而引起小雨的减少。另外,有研究发现中国的气溶胶与降水的负相关关系程度对于小雨来说最明显(Choi 等,2008;Jin 和 Shepherd,2008)。区域增暖也被认为是另一个对中国小雨事件减少趋势可能有贡献的因素(Qian 等,2007)。

山地区域的小雨减少趋势为什么会较周围的平原地区更明显呢?要解答这个问题,首先需要阐明山区和平原地区降水形成机制的主要差异。山区降水(尤其是小雨)通常是由水汽过山时被迫抬升引起的(Dore 等,2006),而平原降水主要是由局地对流引起的(Cotton 和 Yuter,2009)。因此,较平原降雨而言,山区降水更依赖于风速(Hill 等,1981)。

本节计算了七组站点(图 4.21)风速的时间趋势(使用了三种方案)。在过去的 50 a 中 27 个站点中有 24 个在 10 m 处的最大风速都有所降低,其中 22 个站点通过了 95% 置信度检验。28 个站点中 25 个的地面日平均风速(>5 m/s)的有风天日数在减少,其中 18 站点通过了 95% 置信度检验。最后,28 个站点中 17 个站点的日平均地表风速出现降低趋势,其中 13 站点通过了 95% 置信度检验。以往的研究也表明中国夏季风速出现普遍降低(Zuo 等,2005;Xu 等,2006)。

风速的降低是如何影响山地降水的呢?首先,风速的降低(特别是平原地区)很显然会导致抬升到山区的水汽减少,从而抑制了层状降水的发展并减少了山区大气中水分的含量。第二,拉格朗日时间尺度是云形成的临界尺度(Cotton 和 Yuter,2009),云的形成又直接影响了降水的形成。对于山区降水,拉格朗日时间尺度衡量着云或气团过山所需的时间。一个较长的拉格朗日时间尺度有利于小水滴向雨的转变(Cotton 和 Yuter,2009)。风速的降低导致了一个更长的拉格朗日时间尺度,从而增加山区降雨的频次和雨量(Cotton 和 Yuter,2009)。

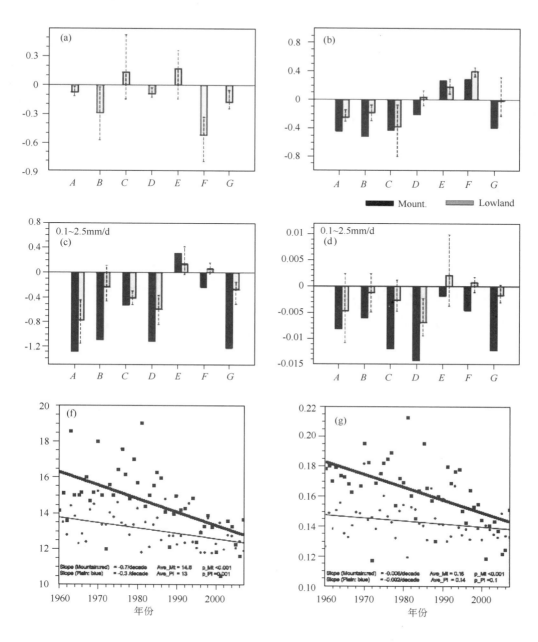

图 4.20　1960—2006 年 6—8 月七组站点小雨的各自的趋势斜率。(a)总降水量的山地降水率(/(10 a))；(b)总降水量(单位:mm/(d·(10 a)))；(c)小雨频次(单位:d/(10 a))和(d)雨量(单位:mm/(d·(10 a)))。条状图中黑色代表高山站,灰色代表城市区域的平均状况。误差虚线标明了平原城市趋势斜率的最大最小值。X 轴上的大写字母在表 4.3 和表 4.4 中标明。小雨(0.1～2.5 mm/d)的频率(d)(f)和雨量(mm/d)(g)趋势分别对 7 个高山站(较粗线段和点)和 21 个平原站(较细线段和点)的平均,其中"p_mt"(山区)和"p_pl"(平原)代表 t 检验相对应的统计显著性

上述山区降水中风速的作用是相互矛盾的。假定第一种作用超过第二种作用。那就是说，大尺度水汽抬升的减少占主导作用，从而导致山地降水的频次和雨量降低。现在考虑地表风速为何在近几十年中降低的问题。城市化被认为是地表风速降低的一种原因（Jiang 等，2009）；然而，本节的结果显示平原地区和山区的风速都存在明显的降低趋势（图 4.21），而城市化作用对山区是较小的。观测和数值模式的结果都显示，气溶胶粒子对风速的降低有重要的贡献（Jacobson 和 Kaufman，2006）。气溶胶粒子（例如硫酸盐）的散射可以通过减少到达地面的太阳辐射来增加大气稳定度（Ackerman，1977）。另外，大气中的煤烟和尘土会吸收太阳辐射，从而通过加热高层大气来增加大气稳定度。大气稳定度的增加减少了垂直湍流和水平动量的垂直通量（Archer 和 Jacobson，2003），从而降低了风速。

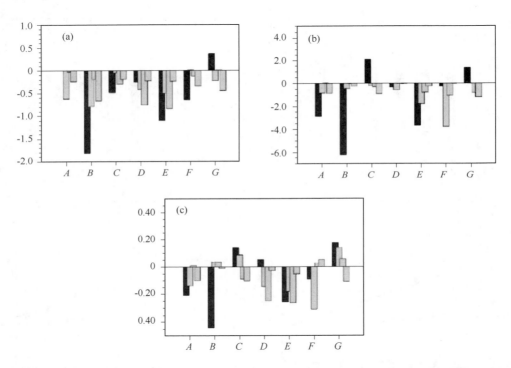

图 4.21　1960—2007 年 6—8 月(a)地表风速(高山站 A 无记录)最大值、(b)风速＞5 m/s 的天数和 (c)平均风速各自的趋势斜率。黑色条状图对应的大写字母代表表 4.3 中的 7 个高山站，灰色条状图代表依照表 4.4 顺序的 21 个平原城市

但是，以上的研究都没有重点关注到中国东部地区。Xu 等(2006)的研究表明气溶胶散射引起的地表降温可以直接减少夏季的海陆温差，从而降低中国夏季季风的强度。然而，中国东部风速的降低是否直接与大气污染相关仍然有待明确。

4.7　长江流域夏季气温变化型及其成因：年代际变化

4.7.1　长江中下游地区夏季气温的年代际特征

选取长江中下游地区 80 站作为研究站点（蔡佳熙等，2009），采用经验正交函数展开（EOF）对这 80 站的夏季气温距平场进行分析。经 North 检验（North 等，1982），前三个特征值可分离。前三个特征向量的方差贡献率和累积方差贡献率见表 4.5，第一特征向量的方差贡献率为 65.52%，前三个特征向量占了 86.98%。

表 4.5　1960—2005 年长江中下游夏季气温距平场 EOF 分解前三个特征向量的方差贡献率和累积方差贡献率

EOF 模态	EOF1	EOF2	EOF3
单个方差贡献率	65.52%	13.69%	7.76%
累积方差贡献率	65.52%	79.22%	86.98%

我们在年际分析（蔡佳熙和管兆勇，2011）部分对长江流域气温变化主要模态的年际变化进行了研究，然而我们注意到年代际时间尺度的变化不能忽视。年代际尺度变化不仅可以作为年际尺度变化的背景，而且，年际变化与年代际变化拥有相同的空间分布。这些空间型在年际时间尺度上分别与不同的遥相关相关联，但在年代际时间尺度上与哪些因素可能有关呢？

为此，我们选取反映年代际尺度变化的标准化时间序列中绝对值超过 0.5 倍准差的年份（表 4.5，表 4.6），得到第一模态所对应的高（低）值年共 14(20) a，第二模态所对应的高（低）值年共 18(12) a，第三模态所对应的高（低）值年共 15(21) a。对这些年份进行合成分析，探讨年代际时间尺度上 EOF 三个模态对应的环流特征及异常海温强迫。在本节的后续分析中，如无特别说明，所有资料在合成分析前均已处理成年代际分量。

表 4.6　年代际时间尺度上 EOF 前三个模态所对应的时间序列的高、低值年份

EOF1	高	1960 年	1961 年	1962 年	1963 年	1964 年	1965 年	1966 年	1999 年	2000 年
		2001 年	2002 年	2003 年	2004 年	2005 年				
	低	1970 年	1972 年	1973 年	1974 年	1975 年	1977 年	1978 年	1979 年	1980 年
		1981 年	1982 年	1984 年	1985 年	1986 年	1987 年	1988 年	1990 年	1991 年
		1992 年	1994 年							
EOF2	高	1961 年	1962 年	1963 年	1964 年	1965 年	1966 年	1967 年	1968 年	1969 年
		1970 年	1971 年	1972 年	1973 年	1974 年	1996 年	1997 年	1998 年	1999 年
	低	1980 年	1981 年	1982 年	1983 年	1984 年	1985 年	1986 年	1987 年	1988 年
		1989 年	1990 年	1991 年						
EOF3	高	1991 年	1992 年	1993 年	1994 年	1995 年	1996 年	1997 年	1998 年	1999 年
		2000 年	2001 年	2002 年	2003 年	2004 年	2005 年			
	低	1960 年	1961 年	1962 年	1963 年	1964 年	1965 年	1966 年	1967 年	1968 年
		1969 年	1970 年	1971 年	1972 年	1973 年	1974 年	1976 年	1977 年	1978 年
		1979 年	1980 年	1986 年						

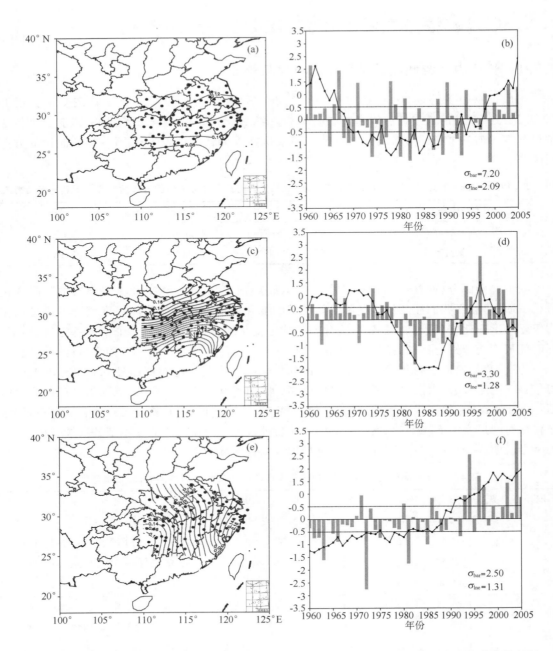

图 4.22　1960—2005 年长江中下游地区夏季气温距平 EOF 分解前三个特征向量的空间分布及时间系数。(a)第一特征向量;(b)第一特征向量时间系数(柱状)及经 11 a 滑动平均的时间序列(曲线);(c)第二特征向量;(d)第二特征向量时间系数(柱状)及经 11 a 滑动平均的时间序列(曲线);(e)第三特征向量;(f)第三特征向量时间系数(柱状)及经 11 a 滑动平均的时间序列(曲线)

4.7.2　长江中下游地区三个模态年代际及其以上时间尺度对应的环流特征

依据上面给出的年代际及更长尺度上典型高、低温的划分,我们进行位势高度差值合成(图 4.23,图 4.24,图 4.25),首先讨论高(低)温形成的局地原因,而后再讨论相关的水平环流结构尤其是可能的遥相关特征。

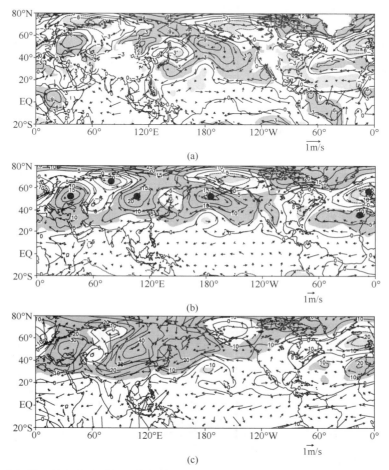

图 4.23　EOF 分解第一特征向量时间系数年代际尺度分量反映的高、低值年的位势高度(等值线,单位:gpm)及风场(箭头)差值场。(a)850 hPa 高度;(b)500 hPa 高度;(c)200 hPa 高度风场均不低于 0.01 显著性 t 检验。深阴影代表不低于 0.01 显著性 t 检验的高度场正值区,浅阴影代表不低于 0.01 显著性 t 检验的高度场负值区

第一模态对应的差值场显示,高值年长江中下游地区在对流层低层被气旋式异常环流控制(图 4.23a),到 500 hPa 高度(图 4.23b)长江中下游地区尤其是长江以南地区仍被较弱的气旋式环流控制,而到对流层高层(图 4.23c)则被反气旋式环流控制。这一差别与 Ping 等(2006)在分析长江流域汛期降水年代际和年际尺度变化影响因子的差异时得出的与年代际尺度变化相关的大气环流异常出现在对流层的中、低层的结论是一致的。我们注意到,在对流层中、低层有异常南风分量,高温的形成可能与水平温度平流有关。事实上,高值年长江中下游

地区整层水平温度平流为正异常,区域平均(25°—35°N,110°—120°E)的数值为 9.75 × 10^{-3} ℃/d,有利于高温的形成。

第一模态(图 4.23b,4.23c)在中高纬度地区有较明显的波列结构(实心圆所示),其与 Ding 等(2005,2007)提出的在北半球夏季存在的 CGT 型遥相关有相似之处。然而,由于 Ding 等的研究是针对 JJAS(6—9 月)4 个月展开的,加之每个月的遥相关型不尽相同,尤其是在 7 月由于西风急流强度最弱而呈现 6 波结构,而在其他月份是 5 波结构,以及 CGT 型是在年际以及季内时间尺度上提出的遥相关型。因此,我们这里得到的结果和 CGT 型遥相关存在差异是可以理解的。然而,总体来说第一模态的年代际变化与沿西风急流传播的波列状结构有关。此外,我们注意到,EOF1 的年代际变化还与一列源自北大西洋的波列由中高纬度沿东南方向向长江中下游地区传播有关。

第二模态对应的差值场(图 4.24)则从对流层低层到高层均表现出显著的南北反相分布。在气温北高南低时期,长江以南地区被气旋式环流控制,而长江以北地区则被反气旋式环流控制。异常环流在垂直方向上呈现准正压结构。

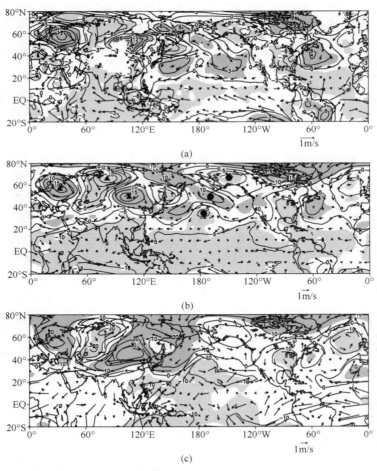

图 4.24 EOF 分解第二特征向量时间系数年代际尺度分量反映的高、低值年的位势高度(等值线,单位:gpm)及风场(箭头)差值场。(a)850 hPa 高度;(b)500 hPa 高度;(c)200 hPa 高度风场均不低于 0.01 显著性 t 检验。深阴影代表不低于 0.01 显著性 t 检验的高度场正值区,浅阴影代表不低于 0.01 显著性 t 检验的高度场负值区

　　第二模态(图 4.24b,图 4.24c)清晰地显示了沿西风急流自上游向东传播的波列(实心三角所示)以及自热带西太平洋出发的 EAP(实心圆所示)遥相关波列(Huang 等,1992),反映出中纬度上游和低纬对长江中下游地区的共同作用。

　　第三模态对应的差值场在 850 hPa 高度上(图 4.25a)长江中下游地区上空为正距平区,而在日本以东洋面上空则为显著负距平区。随着高度的增加,该负距平区向西扩展(图 4.25b),到了 200 hPa 高度(图 4.25c)长江中下游地区上空为负距平区。注意到全球大部分地区为高度正距平,这与全球变暖趋势是一致的(IPCC,2007)。

　　由第三模态(图 4.25b,图 4.25c)可以看出,北极地区上空的负异常区和中纬度正异常区之间的反相关系,明显反映出 AO 的型态(Thompson 等,1998;Ogi 等,2004)。自 Thompson 和 Wallace 于 1998 年(Thompson 等,1998)提出北极涛动的概念,AO 得到了广泛的关注。研究者认识到不仅在冬季存在 AO,在夏季同样存在 AO(Ogi 等,2004)。中纬度冷空气的活动受乌拉尔阻塞高压与鄂霍次克海高压的影响,AO 为正异常时,中纬度气压上升而极地下降。

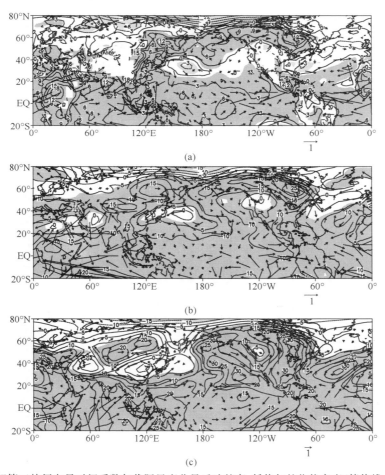

图 4.25　EOF 分解第三特征向量时间系数年代际尺度分量反映的高、低值年的位势高度(等值线,单位:gpm)及风场(箭头,单位:m/s)差值场。(a)850 hPa 高度;(b)500 hPa 高度;(c)200 hPa 高度风场均不低于 0.01 显著性 t 检验。深阴影代表不低于 0.01 显著性 t 检验的高度场正值区,浅阴影代表不低于 0.01 显著性 t 检验的高度场负值区

此时,东亚阻塞高压强大,有利于冷空气南下影响长江中下游地区,为梅雨的长期维持提供中纬度环流条件(张存杰等,2004)。

从以上分析可以得出,影响长江中下游地区各个模态的遥相关型在年际和年代际时间尺度上尽管存在某些差异,但在较大程度上存在相似性。尽管在时间尺度上有差异,但由于年际与年代际时间尺度变化共享一个空间模态,因此在空间上受一致的环流型的影响是可以理解的。

4.7.3 三个模态对应的海温特征

长江中下游紧邻我国东部沿海,地处太平洋西岸,该地区夏季气温与海温异常可能存在联系。

第一模态对应的海温场显示(图 4.26a),长江中下游地区气温偏高时,热带东太平洋海温偏低,热带西太平洋海温偏高。此外,由图 4.26a 可以看出,副热带印度洋海温呈现西冷东暖

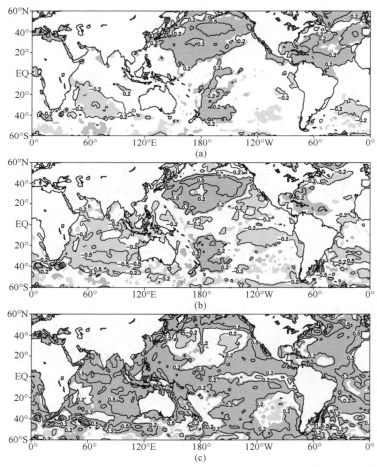

图 4.26 EOF 分解前三个特征向量所对应的时间系数年代际尺度分量反映的高、低值年的同期夏季海温的差值场。(a)PC1;(b)PC2;(c)PC3 深阴影代表不低于 0.01 显著性 t 检验的正值区,浅阴影代表不低于 0.01 显著性 t 检验的负值区

的分布型,与副热带印度洋偶极子事件相关(Behera 等,1999;刘琳等,2006)。可见,印度洋和太平洋对长江中下游地区全区一致型气温分布均有影响。值得注意的是,北半球海温偏暖,而南半球海温除了中太平洋外均偏冷,两半球海温异常呈现非对称分布。

第二模态相应的海温场(图 4.26b)表现出,北太平洋中部海温异常增暖的同时,热带太平洋东部以及北美沿岸伴随异常冷却,且幅度相当。此分布与 Mantua 等(1997)提出的太平洋年代际振荡(PDO)相吻合。我们将朱益民等(2003)绘制的 PDO 指数时间序列与图 4.22d 进行比较,发现 1976 年前后的突变点基本一致。然而,PDO 指数未显示出20 世纪 90 年代初的年代际变化。我们设想,20 世纪 90 年代以前第二模态与 PDO 的联系更加紧密。朱益民等(2003)的研究还指出,在 PDO 冷位相期,即中纬度北太平洋异常暖时,长江中下游地区气温异常偏高。因此,PDO 作为年代际尺度的变化趋势(Minobe,1997)对第二特征向量所反映的长江中下游地区气温的变化特征有一定的影响。Li 等(2008)讨论了 PDO 受热带中、东太平洋的影响,我们注意到在图 4.26b 中热带中东太平洋出现了显著的异常海温。此外,注意到印度洋存在大片的负海温区。Ding 等(2005,2007)指出印度季风对 CGT 型遥相关的作用。Guan 等(2003)指出孟加拉湾附近的非绝热加热通过季风沙漠机制影响 Rossby 波,从而对东亚夏季气温产生影响。可见,印度洋海温异常通过大气环流的响应亦可对长江中下游地区南北反相的气温分布型产生作用。

第三模态对应的海温场(图 4.26c)显示出整个海洋大部分区域海温均偏高,呈现出海温的增暖趋势,与全球变暖的趋势是一致的。注意到在日本以东的西北太平洋有一个海温低值区。Lau 等(1999)指出热带海洋变暖的同时,副热带北太平洋存在一个缓慢的变冷区。此外,与 Guan 等(2001)指出的北太平洋的海温低值区有向西南方向移动的趋势这一结果是一致的。魏东等(2006)的研究指出,日本东部海域负的海温异常产生的大尺度环流异常形势有利于鄂霍次克海高压的形成和维持,这在图 4.25 中也有所体现,可见海洋通过对大气环流的影响从而影响到长江中下游地区气温。

为了进一步说明海温与长江中下游气温三个模态的对应关系,对全球地表温度(skin-temperature)进行了合成分析(图略),显示了海温与长江中下游气温三个模态(图 4.22a,图 4.22c,图 4.22e)较好的对应关系。Zhou 等(2006)指出相对于年际振荡,年代际时间尺度的地表气温与外强迫的联系更加紧密。海温对长江中下游地区气温是否有影响,影响程度有多大。为此,我们通过数值试验进行研究。

4.7.4　海温异常对长江中下游地区气温可能影响的数值试验

(1) 试验设计

控制试验(cntrl_exp):海温及其他外强迫均取自模式自带资料集,海温取模式气候海温,从第一个模式年的 9 月 1 日一直积分到第六个模式年的 8 月 31 日。

敏感性试验(sen_exp):敏感性试验从模式年第六年的 5 月积分到该年的 8 月 31 日。在 60°S—60°N 范围内,将 6 月,7 月,8 月的气候平均海温场分别加/减如图 4.26 所示的海温差值场,每个模态对应一正一负两个异常海温场,共计得到六个异常海温场,其他外强迫不变。共做六组敏感试验,分别记作 senpos1_exp,senneg1_exp,senpos2_exp,senneg2_exp,senpos3_exp 和 senneg3_exp。其中编号 1,2,3 分别对应第一,第二和第三模态,pos 为正海温强迫,neg 为负海温强迫。每组敏感试验分别从不同的初始场开始积分进行集合试验,初始场取控制试验所得第六个模式年的 5 月 1—11 日的结果,每组分别做 11 个试验。

(2)试验结果

图 4.27 给出了在不同模态对应的异常海温场强迫下的气温差值场。第一模态对应的气温差值场显示(图 4.27a),长江中下游地区气温呈全区一致的正距平,且在沿海地区差异显著,沿海地区对海温异常的响应更大。第二模态对应的差值场(图 4.27b)在长江中下游地区表现为北正南负的反相分布。第三模态对应的差值场(图 4.27c)在长江中下游地区表现为东正西负的分布型,除了长江中游的一小片区域外,其他区域均偏暖。以上分析表明,数值试验得到的三个模态对应的气温分布型均与实际气温的三个分布型(图 4.22a,图 4.22c,图 4.22e)相似。总体而言,模式对长江中下游地区气温对异常海温的响应具有较好的模拟效果。

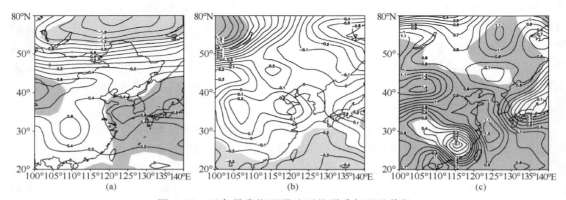

图 4.27 正负异常海温强迫下的夏季气温差值场

(a)EOF1;(b)EOF2;(c)EOF3。深阴影代表不低于 0.05 显著性 t 检验的正值区,浅阴影代表不低于 0.05 显著性 t 检验的负值区(单位:K)

气温的变化与大气环流有着直接的联系。为此,我们探讨在海温强迫下的大气环流发生了怎样的变化,能否反映出三个模态对应的实际环流特征。图 4.28 给出了三个模态在低、中、高三层对应的高度及风场差值场。

第一模态对应的高度及风场差值场(图 4.28)在对流层中、低层表现出与实际高度差值场(图 4.23)基本一致的正、负值中心,副高偏北,展现出沿西风急流的波列状结构特征。并且,在对流层中、低层存在异常南风分量(图 4.28a,图 4.28b)。然而模拟结果的负值中心数值偏大,且位于北大西洋的负值区强度偏强、中心偏西。而位于北太平洋和亚欧大陆中高纬度的负值区在对流层中、低层连成一片,且强度亦偏强,甚至这一负值区出现在对流层高层。

第二模态对应的高度及风场差值场(图 4.29)在北大西洋上依然出现负值区强度偏强、中心偏西的情况。长江以南地区被气旋式异常环流控制,以北地区则被反气旋式异常环流控制,呈准正压结构特征,与实际高度差值场(图 4.24)相似。此外,沿西风急流的波列和 EAP 遥相关波列亦有所反映,并且对南半球高度场的模拟也较相似。

第三模态对应的高度及风场差值场(图 4.30)较好地刻画出了全球高度正距平的特征,然而北极地区上空的负距平区没有很好地表现出来,此外北大西洋的正值区强度偏大。相对而言,对流层低层(图 4.30a)的高度场模拟除了表现出全球大部分地区呈现正距平外,对个别地区的负距平区也有所体现。

　　结合以上分析,海温异常部分地解释了气温异常的大气环流变化,尤其在对流层中、低层。然而,模拟结果显示,EOF1～3 相应海温所强迫出的模式环流异常与再分析资料所得结果仍有差别。因此,长江中下游气温的年代际变化过程中海温强迫只能做出部分解释。可以推测,尚有其他外强迫因子,其作用如何,还需进一步研究。

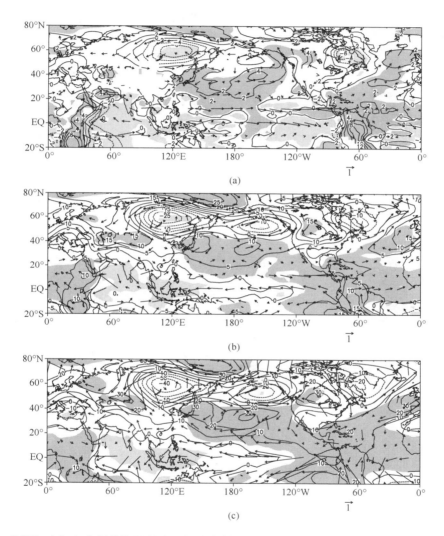

图 4.28　EOF1 对应正、负异常海温强迫下的夏季高度(等值线,单位:m)及风场(箭头,单位:m/s)差值场。(a) 867 hPa;(b)510 hPa;(c)226 hPa 风场均不低于 0.05 显著性 t 检验。深阴影代表不低于 0.05 显著性 t 检验的高度场正值区,浅阴影代表不低于 0.05 显著性 t 检验的高度场负值区

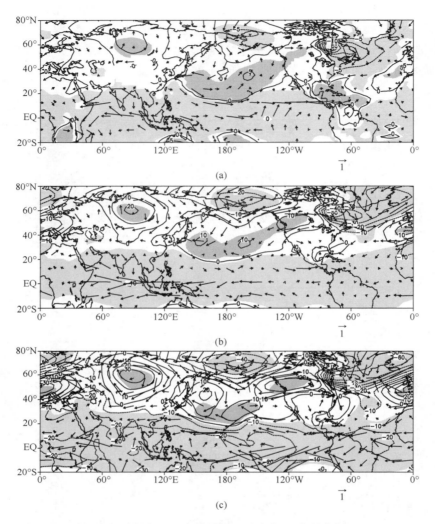

图 4.29　同图 4.28,但为 EOF2 对应的正、负异常海温

4.8　结论

通过对华东地区极端降水事件的分析,我们发现近 20 a 来无论是平均降水强度还是发生次数都要明显高于前 30 a,并且 20 世纪 90 年代是极端事件多发而且强度也最强的年代。从统计结果来看,华东区域极端强降水过程事件连续降水日多在 9 d 以下,而极端连续降水日数事件基本在 9 d 以上。福建地区存在更为频繁的强度大、持续久的降水过程。华东地区最大极端降水量出现在江西北部与安徽南部相交界的区域。

在年代际变化上,华东地区极端日降水事件、极端 3 d 降水事件和极端降水过程事件发生频次变化比较同步:在 20 世纪 60 年代、70 年代和 80 年代逐渐减少,其中 80 年代为发生次数

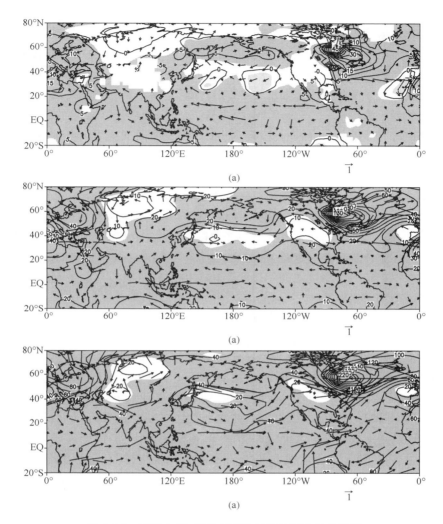

图 4.30 同图 4.28,但为 EOF3 对应的正负异常海温

最少的 10 a,而随后的 90 年代是频次最多的 10 a。极端连续降水日数事件在 50 a 来总体呈减少趋势,但前两个年代年平均发生次数要高于后面三个年代,其中 21 世纪 00 年代为最少的 10 a。在前三个年代四类极端事件的降水强度与频次的变化很同步,但也存在 20 世纪 90 年代之前的三个年代逐渐减少、90 年代突然增多的特征。并且极端降水事件频发带存在南北摆动的特点,这个特点在极端日降水事件和极端强降水过程事件上表现得更为明显。极端事件频发带分别位于江南、江北,在后三个年代,这两个频发带出现分一合一分的年代际变化。

小雨事件在美洲、欧洲和亚洲呈现出不同的趋势特征,但在年变化上大体是呈下降趋势的。在亚洲特别是东亚,绝大部分站点的小雨日数表现出减少趋势,减少速率为 2～20 d/(10 a),所有站点多年平均后下降速率为 3.19 d/(10 a),而中雨和大雨事件(>10 mm/d)存在增加趋势,这表明在亚洲降水率有由小雨向大雨的明显转变。我们认为,当总降水量以比大气总水汽含量慢的速度减少,则强降水的增加必须以减少小雨和中雨的降水量或者降水次数减少为补偿,这是小雨减少的部分原因。

研究还发现地形对小雨的影响也很重要。根据中国东部 7 个高山站和其周边 21 个平原城市站的资料,计算了 1960—2007 年期间山地降水率的变化,并比较了总降雨和四个等级的降水强度的时间趋势,发现山区小雨频次和雨量的减少趋势,较其周边的平原地区都更明显。高山站的小雨频次减少的趋势为 -4.8%/(10 a),大约是平原站(-2.3%/(10 a))的两倍。高山站小雨雨量的趋势为 -5.0%/(10 a),大约比平原站(-1.4%/(10 a))的三倍更多。对山地小雨的急剧减少的原因进行研究,我们发现高山站和周边平原站近几十年来风速都有所降低,导致的地形抬升作用的削弱,是造成山地降水(尤其是小雨)减少的一个原因。

在中国夏季气温变化方面,长江下游越来越暖,而长江中上游越来越冷,这与近 50 a 来的全球增暖趋势一致的空间分布表现一致。长江中下游地区气温变化存在三个主要模态。全区一致型表现在 2000 年以后的增温,其周期不少于 45 a。南北反相型则表现出 30 a 左右的周期,与近些年江南偏冷,而江北偏暖有关。在年代际尺度上,各模态对应的环流背景各不相同,且与年际尺度的环流背景存在一定差异。影响长江中下游地区各个模态的遥相关型在两种尺度上则存在相似性,第一、第二模态的年代际变化与沿西风急流传播的波列状结构有关,而第三模态则与 AO 存在一定联系。

海温的变化可部分解释长江流域气温变化。太平洋海温异常对三种气温分布型均有作用,其中 PDO 对南北反相型的年代际变化有影响,而日本以东的西北太平洋海温与气温东西反相型分布关系紧密。同时,印度洋海温异常与前两个模态的气温分布型有关。

夏季 WPSH 面积的变化特征与同期中国降水变化显著相关,可能是降水空间分布由"北涝南旱"转为"北旱南涝"的一个影响因子。分析副高变化特点,发现从 1951 年开始夏季 WPSH面积表现出随时间线性增大的特点,并在 20 世纪 70 年代末由负位相多发期转变为正位相多发期。面积增大表现在副高北缘略为北偏,南缘明显南进,西脊点显著西伸,使得副热带高压形状更为扁长,该过程还呈现出准 20 a 的年代际变化特征,每个周期(时段)内的副热带高压面积扩张的部位不同。随着夏季 WPSH 面积增长,环流场出现调整,东亚夏季风减弱,中国东部丰水区南移,空间分布由"北涝南旱"转为"北旱南涝",并且每个周期(时段)内降水趋增的区域随副热带高压面积"分段增长"而逐步北抬。近 57 a 来,副高强度面积增大,强度增强且向西南发展,同时东亚夏季风存在减弱的趋势,两者共同作用可能造成我国南方降水趋于增多而北方趋于减少。

需要指出的是,我们的分析主要是基于观测资料,而分析时对原始资料只作了缺测和迁站的处理,任国玉等(2010)研究指出,在我国台站观测中诸如观测手段的不足与变化、观测环境变化、城市化等因素可能已经导致降水量的记录产生误差或导致资料产生非均一性,这可能会对极端降水研究造成影响和误差,如果对原始资料进行客观订正后可能会得到更加客观的结果。本章 4.4 节仅对极端日降水事件、3 d 极端降水事件、极端强降水过程事件和极端连续降水日数事件的年代际变化特征做了分析,对其在过去 50 a 的变化总体趋势、区域特征和变化规律进行了初步总结。然而,对于这些极端事件年代际变化的驱动因子还不甚了解。如何进一步解释极端事件发生的原因,则需要更深入的研究。

关于小雨的研究也存在很多的不确定性。云微物理过程以及气溶胶的增加是否对小雨在北美、欧洲和亚洲的减少有较大影响,还需要深入研究。许多以往的研究结果表明,加剧的污染可以通过所谓的"气溶胶的第二间接效应"来抑制小雨发生(Gunn 和 Phillips,1957；Rosen-feld 等,2008)。但是,山区空气相对"干净"、污染物相对较少,这种机制是否能起作用仍然未知。另外,中国东部风速的降低是否与大气污染有关,如果有关,是通过怎样的物理机制相关联的,这些都还有待深入研究。

　　我们知道,海洋通过海气相互作用对大气环流产生影响从而间接影响长江中下游地区的气温分布。但数值试验的结果表明,相应的异常海温并不能强迫出与实际一致的大气环流异常,在某些区域存在较大偏差。这说明,依然存在其他的外强迫源能对大气环流产生影响,从而进一步影响长江中下游地区气温异常分布。这些问题也有待进一步研究。

参考文献

鲍名. 2007. 近 50 年我国持续性暴雨的统计分析及其大尺度环流背景. 大气科学,**31**(5):779-792.

蔡佳熙,管兆勇. 2011. 长江流域夏季气温变化型及其成因:Ⅰ年际变化与遥相关. 气象学报,**69**(1):99-111.

蔡佳熙,管兆勇,高庆九等. 2009. 近 50 年长江中下游地区夏季气温变化与东半球环流异常. 地理学报,**64**(3):289-302.

蔡佳熙,管兆勇,于田田等. 2011. 长江流域夏季气温变化型及其成因:Ⅱ年代际变化. 气象学报,**69**(1):112-124.

陈际龙,黄荣辉. 2008. 亚洲夏季风水汽输送的年际年代际变化与中国陆地旱涝的关系. 地球物理学报,**51**(2):352-359.

陈烈庭. 1999. 华北各区夏季降水年际和年代际变化的地域性特征. 高原气象,**18**(4):477-485.

戴新刚,汪萍,丑纪范. 2003. 华北汛期降水多尺度特征与夏季风年代际衰变. 科学通报,**48**(23):2483-2487.

符淙斌,王强. 1991. 南亚夏季风长期变化中的突变现象及其与全球迅速增暖的同步性. 中国科学:B辑,**21**(6):666-672.

符淙斌,王强. 1992. 气候突变的定义及检测方法. 大气科学,**16**(4):482-493.

符淙斌. 1994. 气候突变现象的研究. 大气科学,**18**(3):373-384.

龚道溢,王绍武,杨义文等. 1998. 90 年代西太平洋副高异常的分析. 气象,**24**(8):8-13.

黄刚,严中伟. 1999. 东亚夏季风环流异常指数及其年际变化. 科学通报,**44**(1):421-424.

黄荣辉,徐予红,周连童. 1999. 我国夏季降水的年代际变化及华北干旱化趋势. 高原气象,**18**(4):465-476.

姜大膀,王会军. 2005. 20 世纪后期东亚夏季风年代际减弱的自然属性. 科学通报,**50**(20):2256-2262.

金大超,管兆勇,蔡佳熙等. 2010. 近 50 年华东地区夏季异常降水空间分型及与其相联系的遥相关. 大气科学,**34**(5):947-961.

李春,孙照渤,陈海山. 2002. 华北夏季降水的年代际变化及其与东亚地区大气环流的联系. 南京气象学院学报,**25**(4):455-462.

李明刚,管兆勇,韩洁等. 2012. 近 50 a 华东地区夏季极端降水事件的年代际变化. 大气科学学报,**35**(5):591-602.

廖荃荪,赵振国. 1992. 7—8 月西太平洋副热带高压的南北位置异常变化及其对我国天气的影响. 北京:气象出版社,131-139.

刘琳,于卫东. 2006. 热带印度洋偶极子事件和副热带印度洋偶极子事件的联系. 海洋科学进展,**24**(3):301-306.

陆日宇,黄荣辉. 1998. 东亚—太平洋遥相关型波列对夏季东北亚阻塞高压年际变化的影响. 大气科学,**22**(5):727-734.

陆日宇. 2002. 华北汛期降水量变化中年代际和年际尺度的分离. 大气科学,**26**(5):611-624.

吕俊梅,任菊章,琚建华. 2004. 东亚夏季风的年代际变化对中国降水的影响. 热带气象学报,**20**(1):73-80.

梅伟,杨修群. 2005. 我国长江中下游地区降水变化趋势分析. 南京大学学报,41(6):577-589.

钱代丽,管兆勇,王黎娟. 2009. 近57 a 夏季西太平洋副高面积的年代际振荡及其与中国降水的联系. 大气科学学报,32(5):677-685.

任国玉,封国林,严中伟. 2010. 中国极端气候变化观测研究回顾与展望. 气候与环境研究,15(4):337-353.

任玉玉,任国玉. 2010. 1960—2008 年江西省极端降水变化趋势. 气候与环境研究,15(4):462-469.

施能,朱乾根,吴彬贵. 1996. 近40 年东亚夏季风及我国夏季大尺度天气气候异常. 大气科学,20(5):575-583.

苏布达,姜彤,任国玉等. 2006. 长江流域 1960—2004 年极端强降水时空变化趋势. 气候变化研究进展,2(1):9-14.

陶诗言,徐淑英. 1962. 夏季江淮流域持久性旱涝的环流分析. 气象学报,32(1):1-18.

王冀,江志红,严明良等. 2008. 1960—2005 年长江中下游极端降水指数变化特征分析. 气象科学,28(4):384-388.

王黎娟,程璇,管兆勇等. 2009. 我国南方洪涝暴雨西太平洋副高短期位置变异的特点及成因. 大气科学,33(5):1047-1057.

王绍武,叶瑾林. 1995. 近百年全球气候变暖的分析. 大气科学,19(5):545-553.

王志福,钱永甫. 2009. 中国极端降水事件的频数和强度特征. 水科学进展,20(1):1-9.

王遵娅,丁一汇,何金海等. 2004. 近50 年来中国气候变化特征的再分析. 气象学报,62(2):228-236.

魏东,王亚非,董敏. 2006. 日本东部附近海域海温异常对鄂霍次克海高压的影响. 气象学报,64(4):518-526.

魏凤英. 1999. 现代气候统计诊断与预测技术. 北京:气象出版社,62-72.

严中伟,季劲钧,叶笃正. 1990. 60 年代北半球夏季气候跃变 II. 海平面气压和 500 hPa 高度变化. 中国科学B辑,20(8):879-885.

杨金虎,江志红,王鹏翔等. 2008. 中国年极端降水事件的时空分布特征. 气候与环境研究,13(1):75-83.

杨金虎,江志红,王鹏翔等. 2010. 太平洋 SSTA 同中国东部夏季极端降水事件变化关系的研究. 海洋学报,32(1):23-33.

杨萍,侯威,封国林. 2010. 中国极端气候事件的群发性规律研究. 气候与环境研究,15(4):365-370.

衣育红,王绍武. 1992. 80 年代全球气候突然变暖. 科学通报,37(6):528-531.

宇如聪,周天军,李建等. 2008. 中国东部气候年代际变化三维特征的研究进展. 大气科学,32(4):893-905.

翟盘茂,任福民,张强. 1999. 中国降水极值变化趋势检测. 气象学报,57(2):208-216.

翟盘茂,王萃萃,李威. 2007. 极端降水事件的变化观测研究. 气候变化研究进展,3(3):144-148.

张存杰,宋连春,李耀辉. 2004. 东亚地区夏季阻塞过程的研究进展. 气象学报,62(1):119-127.

张琼,吴国雄. 2001. 长江流域大范围旱涝与南亚高压的关系. 气象学报,59(5):569-577.

张人禾,武炳义,赵平等. 2008. 中国东部夏季气候 20 世纪 80 年代后期的年代际转型及其可能成因. 气象学报,66(5):697-706.

张永领,丁裕国. 2004. 我国东部夏季极端降水与北太平洋海温的遥相关研究. 南京气象学院学报,27(2):244-252.

朱益民,杨修群. 2003. 太平洋年代际振荡与中国气候变率的联系. 气象学报,61(6):641-654.

邹用昌,杨修群,孙旭光等. 2009. 我国极端降水过程频数时空变化的季节差异. 南京大学学报,45(1):99-109.

Ackerman T P. 1977. A model of the effect of aerosols on urban climates with particular applications to the Los Angeles basin. *J Atmos Sci*,**34**:531-546.

Ai W X,Lin X C. 1995. Climate abrupt change in the northern hemisphere for 1920s and 1950s. *Acta Meteor Sinica*,**9**(2):190-198.

Alexander L V,Zhang X,Peterson T C,*et al*. 2006. Global observed changes in daily climate extremes of temperature and precipitation. *Journal of Geophysical Research*,111(3):D05109.

Allan R P,Soden B J. 2008. Atmospheric warming and the amplification of precipitation extremes. *Science*,**321**:1481-1484.

Allen M R,Ingram W J. 2002. Constraints on the future changes in climate and the hydrological cycle. *Nature*,**419**:224-232.

Alpert P,Halfon N,Levin Z. 2008. Does air pollution really suppress precipitation in Israel? *J Appl Meteor Climatol*,**47**:933-943.

Archer C L,Jacobson M Z. 2003. Spatial and temporal distributions of U. S. winds and wind power at 80 m derived from measurements. *J Geophys Res*,**108**(D9):4289. doi:10. 1029/2002JD002076.

Behera S K,Krishnan R, Yamagata T. 1999. Unusual ocean-atmosphere conditions in the tropical Indian Ocean during 1994. *Geophys Res Lett*,**26**:3001-3004.

Berger A L. 1978. Long-term variations of daily insolation and quaternary climatic changes. *J Atmos Sci.*,**35**:2362-2367.

Bosilovich M G,Schubert S,Walker G. 2005. Global changes of the water cycle intensity. *Journal of Climate*,**18**:1591-1607.

Briegleb B P. 1992. Delta-Eddington approximation for solar radiation in the NCAR Community Climate Model. *J Geophys Res*,**97**:7603-7612.

Choi Y S,Ho C H,Kim J,*et al*. 2008. The impact of aerosols on the summer rainfall frequency in China. *J Appl Meteor Climatol*,**47**:1802-1813.

Collins W D. 2001. Parameterization of generalized cloud overlap for radiative calculations in general circulation models. *J Atmos Sci*,**58**:3224-3242.

Cotton W R,Yuter S. 2009. Principles of cloud and precipitation formation. In: Levin Z, Cotton W R (eds). *Aerosol pollution impact on precipitation*. Berlin:Springer,13-43.

Dai A. 2006. Recent climatology, variability and trends in global surface humidity. *Journal of Climate*,**19**:3589-3606.

Ding Q H,Wang B. 2005. Circumglobal teleconnection in the Northern Hemisphere summer. *J Climate*,**18**:3483-3505.

Ding Q H,Wang B. 2007. Intraseasonal teleconnection between the summer Eurasian wave train and the Indian Monsoon. *J Climate*,**20**:3751-3767.

Dore A J,Mousavi-Baygi M,Smith R I,*et al*. 2006. A model of annual orographic precipitation and acid deposition and its application to Snowdonia. *Atmos Environ*,**40**:3316-3326.

Fu C B. 1988. Large signals of climate variation over the ocean in the Asian monsoon region. *Adv Atmos Sci*,**5**(4):389-404.

Fu Q,Johanson C M,Wallace J M,*et al*. 2006. Enhanced midlatitude tropospheric warming in satellite measurements. *Science*,**312**:1179.

Givati A,Rosenfeld D. 2004. Quantifying precipitation suppression due to air pollution. *J Appl Meteorol*,**43**:1038-1056.

Gong D Y,Ho C H. 2002. Shift in the summer rainfall over the Yangtze river valley in the late 1970s. *Geophys Res Lett*,**29**(10):1436. doi:10. 1029/2001GL014523.

Gong D Y,Ho C H. 2003. Arctic oscillation signals in the East Asian summer monsoon. *J Geophys Res*,**108**(D2):4066. doi:10. 1029/2002JD00 2193.

Gong D Y,Ho C H,Chen D,*et al*. 2007. Weekly cycle of aerosol-meteorology interaction over China. *J Geo-*

phys Res, **112**: D22202. doi: 10. 1029/2007JD008888.

Griffith D A, Solak M E, Yorty D P. 2005. Is air pollution impacting winter orographic precipitation in Utah? *J Weather Modif*, **37**: 14-20.

Grosman P, Karl T, Easterling D, *et al*. 1999. Changes in the probability of extreme precipitation: Important indicators of climate change. *Climate Change*, **42**: 243-283.

Guan Z, Yamagata T. 2001. Interhemispheric Oscillations in the surface air pressure field. *Geophys Res Lett*, **28**: 263-266.

Guan Z, Yamagata T. 2003. The unusual summer of 1994 in East Asia: IOD teleconnections. *Geophys Res Lett*, **30**(10): 1544. doi: 10. 1029/2002 GL016831.

Gunn R, Phillips B B. 1957. An experimental investigation of the effect of air pollution on the initiation of rain. *J Meteorol*, **14**: 272-280.

Hansen J E, Lebedeff S. 1987. Global trends of measured surface air temperature. *J Geophys Res*, **92**(13): 13345-13372.

Hill F F, Browning K A, Bader M J. 1981. Radar and rain gauge observations of orographic rain over south Wales. *Q J R Meteorol Soc*, **107**: 643-670.

Hu Z Z, Yang S, Wu R G. 2003. Long-term climate variations in China and global warming signals. *J Geophys Res*, **108**(D19): 4614. doi: 10. 1029 /2003JD003651.

Huang R H, Sun F Y. 1992. Impact of the tropical western Pacific on the East Asia summer monsoon. *J Meteor Soc Japan*, **70**: 243-256.

Inoue T, Matsumoto J. 2004. A comparison of summer sea level pressure over east Eurasia between NCEP/ NCAR reanalysis and ERA-40 for the period 1960—99. *J Meteor Soc Japan*, **82**: 951-958.

IPCC. 2007. *Climate Change* 2007: *The Physical Science Basis*. Cambridge: Cambridge Univ Press, 996.

IPCC. 2007. *In Summary for Policymakers*, *in Climate Change* 2007: *The Physical Science Basis*, *Contribution of Working Group I to the Fourth Assessment Report of the Intergovernmental Panel on Climate Change*. Cambridge: Cambridge University Press, 1-18.

Jacobson M Z, Kaufman K J. 2006. Wind reduction by aerosol particles. *Geophys Res Lett*, **33**: L24814. doi: 10. 1029/2006GL027838.

Jiang Y, Luo Y, Zhao Z C, *et al*. 2009. Changes in wind speed over China during 1956-2004. *Theor Appl Climatol*, **99**: 421-430.

Jin M, Shepherd J M. 2008. Aerosol relationships to warm season clouds and rainfall at monthly scales over east China: urban land versus ocean. *J Geophys Res*, **113**: D24S90. doi: 10. 1029/2008JD010276.

Jones C, Waliser D E, Lau K M, *et al*. 2004. Global occurrences of extreme precipitation and the Madden-Julian Oscillation: Observations and predictability. *Journal of Climate*, **17**: 4575-4589.

Jones P D. 1988. Hemispheric surface air temperature variations: Recent trends and an update to 1987. *J Climate*, **1**(6): 654-660.

Karl T R, Knight R W. 1998. Secular trends of precipitation amount, frequency, and intensity in the USA. *Bull. Amer. Meteor. Soc*, **79**: 231-241.

Kumar A, Yang F, Goddard L, *et al*. 2003. Differing trends in tropical surface temperatures and precipitation over land and oceans. *Journal of Climate*, **17**: 653-664.

Lau K M, Weng H Y. 1999. Interannual, decadal-interdecadal, and global warming signals in sea surface temperature during 1955—97. *J Climate*, **12**: 1257-1267.

Lau K M, Wu H T. 2007. Detecting trends in tropical rainfall characteristics, 1979—2003. *International Journal of Climatology*, **27**: 979-988.

Li H M, Dai A G, Zhou Y J, *et al*. 2008. Responses of East Asian summer monsoon to historical SST and atmospheric forcing during 1950—2000. *Climate Dynamics*, **34**:501-514.

Liu S C, Fu C, Shiu C J, *et al*. 2009. Temperature dependence of global precipitation extremes. *Geophysical Research Letters*, **36**:L17702. DOI: 10. 1029/2009GL040218.

Lu R Y. 2004. Associations among the components of the east Asian summer monsoon system in the meridional direction. *J Meteor Soc Japan*, **82**:155-165.

Maasch K A. 1998. Statistical detection of the mid-pleistocene transition. *Climate Dyn*, **2**:133-143.

Manton M J, Della-Marta P M, Haylock M R, *et al*. 2001. Trend in extreme daily rainfall and temperature in Southeast Asia and South Pacific: 1961—1998. *Climatol*, **21**:269-284.

Mantua N J, Hare S R, Zhang Y, *et al*. 1997. A Pacific interdecadal climate oscillation with impacts on salmon production. *Bull Amer Meteor Soc*, **78**:1069-1079.

Minobe S A. 1997. 50—70 year climatic oscillation over the North Pacific and North America. *Geophys Res Lett*, **24**:683-686.

New M, Todd M, Hulme M, *et al*. 2001. Precipitation measurements and trends in the twentieth century. *Journal of Climatology*, **21**:1899-1922.

North G R, Bell T L, Cahalan R F. 1982. Sampling errors in estimation of empirical orthogonal function. *Mon Wea Rev*, **110**:699-706.

Ogi M, Yamazaki K, Tachibana Y. 2004. The summer time annual mode in the northern hemisphere and its linkage to the winter mode. *J Geophys Res*, **109**:D20114. doi:10. 1029/2004JD004514.

Ping F, Luo Z X, Ju J H. 2006. Differences between dynamics factors for interannual and decadal variations of rainfall over during flood seasons. *Chinese Science Bulletin*, **51**:994-999.

Plummer N, Salinger M J, Nicjolls N, *et al*. 1999. Changes in climate extremes over the Australian region and New Zealand during the Twentieth Century. *Climate Change*, **42**(1):183-202.

Qian W, Fu J, Yan Z. 2007. Decrease of light rain events in summer associated with a warming environment in China during 1961-2005. *Geophysical Research Letters*, **34**:L11705. DOI: 10. 1029/2007GL029631.

Qian W, Lin X. 2005. Regional trends in recent precipitation indices in China. *Meteorology and Atmospheric Physics*, **90**:193-207.

Qian Y, Gong D, Fan J, *et al*. 2009. Heavy pollution suppresses light rain in China: Observations and modeling. *Journal of Geophysical Research*, **114**:D00K02. DOI: 10. 1029/2008JD011575.

Qian Y, Gong DY, Leung R. 2010. Light rain events change over North America, Europe and Asia for 1973—2009. *Atmospheric Science Letters*, **11**(4):301-306.

Ramanathan V, Downey P. 1986. A nonisothermal emissivity and absorptivity formulation for water vapor. *J Geophys Res*, **91**:8649-8666.

Rayner N A, Parker D E, Horton E B, *et al*. 2003. Global analyses of sea surface temperature, sea ice, and night marine air temperature since the late nineteenth century. *J Geophys Res*, **108**(D14):4407. doi:10. 1029/2002JD002670.

Ren B H, Lu R Y, Xiao Z N. 2004. A possible linkage in the interdecadalvariability of rainfall over North China and the Sahel. *Adv Atmos Sci*, **21**(5):699-707.

Rosenfeld D, Dai J, Yu X, *et al*. 2007. Inverse relations between amounts of air pollution and orographic precipitation. *Science*, **315**(5817):1396-1398.

Rosenfeld D, Lohmann U, Raga G B, *et al*. 2008. Flood or drought: How do aerosols affect precipitation? *Science*, **321**:1309-1313.

Smith R B. 2003. Mountain meteorology. In: Holton J, Curry J, Pyle J (eds). *Encyclopedia of Atmospheric*

Sciences. Amsterdam:Elsevier, 1400-1405.

Stevens B,Feingold G. 2009. Untangling aerosol effects on clouds and precipitation in a buffered system. *Nature*,**461**:607-613.

Stone D A,Weaver A J,Zwiers F W. 1999. Trends in Canadian precipitation intensity. *Atmos. -Ocean*,**2**: 321-347.

Thompson D W J,Wallace J M. 1998. The arctic oscillation signature in the wintertime geopotential height and temperature fields. *Geophy Res Lett*,**25**:1297-1300.

Torrence C,Compo G P. 1998. A practical guide to wavelet analysis. *Bull Amer Meteor Soc*,**79**(1):61-78.

Trenberth K E,Dai A,Rasmussen R M,*et al*. 2003. The changing character of precipitation. *Bulletin of the American Meteorological Society*,**84**:1205-1217.

Trenberth K E, Fasullo J, Smith L. 2005. Trends and variability in column integrated atmospheric water vapor. *Climate Dynamics*,**24**:741-758.

Trenberth K E,Shea D J. 2005. Relationships between precipitation and surface temperature. *Geophys Res Lett*,**32**:L14703. doi:10.1029/2005 GL022760. he Yangtze River valley

Uppala S M,Kallberg P W,Simmons A J,*et al*. 2005. The ERA-40 re-analysis. *Quart. J Roy Meteor Soc*, **131**:2961-3012.

Wang B,Bao Q,Hoskins B,*et al*. 2008. Tibetan Plateau warming and precipitation changes in East Asia. *Geophys Res Lett*,**35**:L14702. doi:10.1029/2008GL034330.

Warner J,Twomey S. 1967. The production of cloud nuclei by cane fires and the effect on cloud droplet concentration. *J Atmos Sci*,**24**:704-706.

Wu B,Zhou T J. 2008. Oceanic origin of the interannual and interdecadal variability of the summertime western Pacific subtropical high. *Geophys Res lett*,**35**:L13701. doi:10.1029/2008GL034584.

Wu R G,Kinter Ⅲ J L,Kirtman B P. 2005. Discrepancy of interdecadal changes in the Asian region among the NCEP-NCAR reanalysis,objective analyses,and observations. *J Climate*,**18**:3048-3067.

Xu M,Chang C P,Fu C,*et al*. 2006. Steady decline of East Asian monsoon winds, 1969-2000: Evidence from direct ground measurements of wind speed. *J Geophys Res*,**111**:D24111. doi:10.1029/2006JD007337.

Xu X D,Shi X H,Xie L,*et al*. 2007. Consistency of interdecadal variation in the summer monsoon over eastern China and heterogeneity in springtime surface air temperatures. *J Meteor Soc Japan*,**85A**:311-323.

Yamamoto R,Sakurai Y. 1999. Long-term intensification of extremely heavy rainfall intensity in recent 100 years. *World Resource Review*,**11**:271-281.

Yang J,Gong DY. 2010. Intensified reduction in summertime light rainfall over mountains compared with plains in eastern China. *Climatic Change*,100:807-815.

Yu R C,Wang B,Zhou T J. 2004 a. Tropospheric cooling and summer monsoon weakening trend over east Asia. *Geophys Res Lett*,**31**:L22212. doi:10.1029/2004GL021270.

Yu R C,Zhou T J. 2004b. Impacts of winter-NAO on March cooling trends over subtropical Eurasia continent in the recent half century. *Geophys Res Lett*,**31**:L12204. doi:10.1029/2004GL019814.

Yu R C,Zhou T J. 2007. Seasonality and three-dimensional structure of interdecadal change in the east Asian monsoon. *J Climate*,**20**:5344-5355.

Yue S,Pilon P. 2004. A comparison of the power of the t test, Mann-Kendall and bootstrap for trend detection. *Hydrol Sci J*,**49**(1):21-37.

Zhai P M,Zhang X B,Wan H,*et al*. 2005. Trends in total precipitation and frequency of daily precipitation extremes. *Journal of Climate*,**18**:1096-1198.

Zhang G J, Mcfarlane N A. 1995. Sensitivity of climate simulations to the parameterization of cumulus convection in the Canadian Climate Centre general circulation model. *Atmosphere-Ocean*, **33**: 407-446.

Zhang Y S, Tim Li, Wang B. 2004. Decadal change of the spring snow depth over the tibetan plateau: The associated circulation and influence on the East Asian Summer Monsoon. *Journal of Climate*, **17**: 2780-2793.

Zhou T J, Gong D Y, Li J, *et al*. 2009. Detecting and understanding the multi-decadal variability of the East Asian summer monsoon—recent progress and state of affairs. *Meteorol Z*, **18**: 455-467.

Zhou T J, Yu R C. 2005. Atmospheric water vapor transport associated with tropical anomalous summer rainfall patterns in China. *J Geophys Res*, **110**: D08104. doi: 10. 1029/2004JD005413.

Zhou T J, Yu R C. 2006. Twentieth-century surface air temperature over China and the global simulated by coupled climate models. *J Climate*, **19**: 5843-5858.

Zimin A V, Istvan S, Patil D J, *et al*. 2003. Extracting envelopes of Rossby wave packets. *Mon Wea Rev*, **131** (5): 1011-1017.

Zuo H C, Li D L, Hu Y, *et al*. 2005. Characteristics of climatic trends and correlation between pan-evaporation and environmental factors in the last 40 years over China. *Chin Sci Bull*, **50**: 1235-1241.

第五章 夏季极端天气气候事件与
大气环流和海洋状态异常

 **概 述**

　　利用近50 a的观测和再分析资料与统计分析和动力诊断方法,研究了夏季高温/低温、干旱/洪涝、台风等极端天气气候事件的变化规律和与其相关的大气环流和海洋状态异常。结果表明:中国东部地区夏季高温日数变化有明显的区域特征,可分为三个不同的模态,这些模态与高层大气环流的变化有关,亦与 ENSO、赤道印度洋和西太平洋暖池海温异常有关;长江流域夏季典型高(低)温年,异常环流场在垂直方向上呈准正压结构,且环流异常的形成和维持可能与三支不同源头的波列有关;垂直温度平流引起的异常动力增(降)温和非绝热加热引起的异常增(降)温可解释高(低)温年气温异常的维持;华东地区夏季降水异常(干旱/洪涝)依据其变率可分为五个区域,分别为:闽赣地区、江南地区、长江中下游地区、江淮地区和黄淮地区。这五个区域的夏季降水周期显著不同。各区降水异常形成的局地成因有所差别且与不同类型的遥相关有关;长江中下游地区流域性极端降水的环流异常有两种不同分布型。对应于这两类环流型,无论是环流的结构、水汽源汇分布、太平洋海温分布均显示显著不同;华南前汛期和江淮梅雨期大范围持续性暴雨过程与西太平洋副高短期位置变异存在密切联系;热带气旋(TC)的群发与亚洲—西太平洋(AWP)区域夏半年对流的季节内振荡(ISO)的传播存在密切联系;而2001年0103号台风榴莲陆上维持及暴雨增幅与大尺度环流异常以及季节内振荡有关。

5.1 引言

　　IPCC(联合国政府间气候变化专门委员会)报告指出,全球平均地面温度在19世纪末以来升高了 0.6 ± 0.2℃(Houghton 等,2001)。之后,IPCC 第四次评估报告(AR4)(Solomon 等,2007)进一步指出,1906—2005年这100 a间全球平均气温上升了 (0.74 ± 0.18)℃,而对于近50 a资料的统计结果显示,增暖速率达到了 (0.13 ± 0.03)℃/(10 a)。

　　在全球变暖背景下,极端天气气候事件的发生已成为人们关注的重要问题。CLIVAR 计划弄清全球变暖背景下极端气候事件的出现是否更为频繁。Rakhecha 和 Soman(1994)研究了印度 $1\sim3$ d 最大降水的气候变化情况,发现在印度不同地区极端降水分别出现明显增长和明显下降趋势。此后,通过对美国(Kunkel 等,1999)、加拿大(Stone 等,1999)、日本(Yamamoto 和 Sakurai,1999)、英国冬季降水(Osborn,2000),挪威雨季降水,南非、巴西以及前苏联(Groisman 等,1999)的区域降水研究都表明总降水量增大的区域,极端降水事件极有可能以更大比例增加。即使平均总降水减少,Buffoni 等(1999)、Manton 等(2001)发现强降水量及其降水频数也在增加。1999 年,Tereza 和 Cavazos 发现墨西哥东北部及德克萨斯州东南部冬季极端降水异常与阿留申低压、北太平洋高压、太平洋一北美型以及 ENSO 有关,且 ENSO 在暖位相和北部冷空气爆发对该地区极端降水的发生十分敏感。Jones(2000)应用 1958—1996 年的降水资料、OLR(Outgoing Long-wave Radiation,向外长波辐射)以及纬向风分量研究了加利福尼亚的极端降水事件与 MJO(Madden-Julian Oscillation,热带大气季节内振荡)的关系,发现极端降水多发生在 MJO 强的时候,且当印度洋的低纬地区发生东风或西风异常时,极端降水出现的次数偏多。

近几十年,我国年平均温度平均每 10 a 上升 0.2~0.8℃,升温随纬度增高而加强,与此同时我国的极端高温事件也有不同程度的增加(李克让,1990;翟盘茂和任福民,1997)。这种在全球气候变暖大背景下,频繁发生极端高温事件,已给经济发展和人民生活造成了严重的影响(丁一汇等,2002)。因此,极端天气事件也越来越受到人们的普遍关注(Karl 等,1984;陈隆勋等,1991;Cooter 和 LeDuk,1993;Karl 等,1993;李建平和史久恩,1993;Horton,1995;林学椿等,1995)。

中国地处东亚,受到亚洲季风、中高纬度环流系统、青藏高原、太平洋/印度洋的共同影响,天气气候变化复杂,极端天气气候事件频繁发生,气象灾害频仍。有效监测、检测、预警极端天气气候事件,服务防灾减灾成为十分紧迫而艰巨的任务。为此,深刻认识极端天气气候事件发生发展的规律与成因十分必要和紧迫。本章所关注的极端天气气候事件主要包括高温/低温、干旱/洪涝、台风等,而研究所针对的季节主要为北半球夏季。

5.1.1　高温与低温

中国学者利用器测以及代用温度资料对中国气温尤其是近百年的气温变化进行了深入的研究,取得了丰硕的成果。研究表明,中国近百年气温变化与全球气温变化趋势是基本一致的。随着近 50 a 资料质量明显改善,对近 50 a 的气温变化进行了大量的研究,结果显示,从 1951 年到 2004 年中国年平均气温的变化速率达到 0.25℃/(10a)(任国玉等,2005),高于全球平均水平。

尽管中国区域平均和全球平均呈增暖趋势,但环流形势的变化会导致出现局地异常偏暖或者异常偏冷的气温分布,且极端天气气候事件随时可能发生,影响程度也变得更加剧烈。2003 年袭击中国南方地区的热浪(陈洪滨和刁丽军,2004)对工农业生产造成了极大的影响,而 1999 年的凉夏对南方地区的农业生产也造成了不利影响(Jin 等,2001)。

就高温/低温研究而言,多数认为西太平洋副热带高压是影响我国夏季天气和气候的一个重要系统,西太平洋副热带高压的东西位置关系到东亚季风的建立、长江流域降水的多少以及华北的气温与旱涝(卫捷等,2004)。杨辉和李崇银(2005)也发现西太平洋副高的极度偏强和西伸是造成 2003 年高温热浪的直接原因,而副高的持续异常又是多系统综合作用的结果。事实上,其他因素比如 ENSO 和 IOD(Indian Ocean Dipple,印度洋偶极子)事件也可造成中国东部乃至东亚地区出现高温酷暑。Guan 等(2003)揭示了正 IOD 事件与 1994 年夏季东亚地区异常高温干旱的可能联系,提出一个由非绝热加热激发的 Rossby 波列与异常高温干旱的形成有关。Wakabayashi 等(2004)总结了与日本夏季气候异常相联系的四种遥相关型,即 EJ1、EJ2、WJ 以及 PJ 型遥相关,提出了各遥相关型对应日本不同区域夏季气温异常。

近年人们认识到夏季平均气温在长江中下游地区有变凉的趋势(秦爱民等,2005;任国玉等,2005),反映出长江中下游地区的夏季气温在全国整体增暖的大背景下有其特异性。屠其璞等(2000)指出,近46 a来一年四季中降温幅度最大的为夏季,主要集中在长江流域和新疆南部。周连童等(2003)通过分析中国20世纪50—90年代各年代夏季气温距平的分布得出,从80年代开始长江流域气温明显降低、偏冷。

已有的研究多是揭示夏季高温/低温事件的一些基本气候特征,还很少涉及高温/低温的异常空间分布。对于事件的成因也多偏重从天气过程分析,而针对大气环流气候背景及外强迫(如海温)的影响研究比较少。另外,研究区域也多局限于省市或小区域的研究,很少进行大范围的分析。为此,本章的任务之一将主要对中国东部夏季高温日数异常、长江流域高/低温现象的特征和变化规律进行研究,在此基础上讨论与大气环流和海温场的关系,以期对我国高温/低温天气气候的成因有更深入的了解。

5.1.2　干旱与洪涝

华东地区是中国重要的农作物产区和大城市集中区,干旱和洪涝都会对该地区的农作物生产和人民生活造成重大影响。由于受夏季风活动异常影响,不同时间尺度上的极端降水事件时有发生。因此十分有必要对华东地区夏季降水的时空变化规律及成因进行研究。

20世纪80年代,有学者将我国东部地区降水划分为Ⅰ、Ⅱ、Ⅲ类雨型(廖荃荪等,1981)。魏凤英等(1988)在此基础上又对雨型进行了客观划分,即Ⅰ类雨型主要多雨区在黄河流域及其以北;Ⅱ类雨型主要多雨区位于黄河以南至长江以北地区;Ⅲ类雨型主要雨区在长江沿岸及其以南。陈烈庭等(2007)从我国夏季降水季节内变化中提取出前六个主要模态,每个模态都显示出了其各自不同的特点。

中国东部雨带的形成和变异与东亚夏季风活动及其异常密切相关(陈隆勋等,1991),亦与其他外强迫因子有关。有学者认为长江流域降水与赤道东太平洋海温有着密切的联系(杨修群,1992;黄荣辉等,1999;励申申等,2000;魏凤英,2005);东亚1994年干旱事件的发生与太平洋和印度洋海温有关(Park和Schubert,1997;Guan和Yamagata,2003);而菲律宾周围的对流活动与江淮流域旱涝有着密切的联系(Kurihara等,1986;Nitta,1987;黄荣辉,1990);众多研究指出中国东部汛期降水异常与西太平洋副热带高压变动联系密切(张庆云等,1998,2003)。与这些外强迫和大气环流变异相联系,季节内振荡(ISO)(Madden和Julian,1971,1972)、遥相关诸如北大西洋涛动(NAO)(符淙斌等,2005)、太平洋—日本型(PJ)(Nitta,1987;Kosaks等,2006;吕俊梅等,2006)、东亚—太平洋型(EAP)(黄荣辉等,1990,2006;Huang,2004;李崇银等,2007;陈文等,2008)、北非—东亚地区纬向分布的遥相关型(廖清海等,2004)等与中国降水亦存在密切联系。

虽然前人针对中国东部降水异常作了大量研究,但由于华东地区降水异常发生规律极为复杂,制约因素众多,且随着资料的逐年积累,有必要对异常降水的空间分布特征和时间变化规律及其成因进行进一步研究。

中国长江中下游地区是工农业生产发达、人口密度大的地区之一,该地区旱涝灾害发生频繁。1991年初夏,长江中下游地区、鄂西南及湘西北和黔东北等地降水量达700~900 mm,部分地区超过1000 mm。受洪水影响,皖、苏、鄂、豫、湘、浙、沪等省市受灾人口达1亿以上,直接经济损失700多亿元(丁一汇,1993)。1998年梅雨期间,长江流域出现了特大洪水,江南北部、鄂西南等地区6—8月降水量都达到700~900 mm,部分地区超过1000 mm。前后共出现

8次洪峰,致使长江流域沿岸多处发生洪涝灾害,经济损失高达2600亿元人民币(中国气象局国家气候中心,1999)。2003年,由于雨带长期维持在江淮流域,致使江淮、黄淮地区连续发生暴雨,出现了历史上罕见的特大洪涝,降雨量、洪水流量皆超过1991年,许多地区甚至超过1954年(毕宝贵等,2004;李峰等,2008)。众多的灾害造成严重的经济损失,威胁着人民的生命和财产安全。因而长江中下游流域的洪涝原因引起了科学工作者的普遍关注。

近20 a来,长江中下游极端降水峰值出现在6月,导致遭遇性洪水发生的几率增加(苏布达,2006)。Qian和Lin(2005)研究发现我国极端降水增长趋势显著的区域集中在长江中下游地区。1986年以来,长江流域洪涝灾害频繁发生,这主要是由长江流域东南部和西南部极端降水强度增强和极端降水事件频率增加的双重结果所致,并与长江流域极端降水时空分布型态的变化密切相关(谢志清,2005;翟盘茂,2005)。张永领(2003)、刘小宁(1999)对长江中下游极端降水的变化进行了分析,发现长江流域极端强降水量、降水强度与日数在长江流域中下游地区呈现显著的增加趋势,长江流域极端强降水量变化的空间分布存在明显的差异。通过对长江中下游地区降水和大气环流背景的研究(龚道溢和何学兆,2002;Li,2002)发现不仅北极涛动和海温场的变化对夏季长江中下游地区强降水产生影响,印度季风、东亚季风与该地区降水的变化均有密切关系。

由于长江流域的流域性极端降水事件及其成因鲜有研究,本章拟分析这一现象。

在4—9月,华南前汛期和江淮梅雨期最容易发生大范围持续性暴雨,引发洪涝灾害。近20 a来,我国南方地区多次发生暴雨洪涝灾害,1998年6月中下旬广西连续11 d出现暴雨天气过程、2003年7月上旬淮河流域降水异常以及2005年6月中旬华南出现50 a罕见的致洪暴雨都造成了不同程度的经济损失。多数研究(陶诗言等,1980;Zhu等,1986;Ding,1992;施能等,1996)表明,华南和江淮暴雨与大尺度环流和东亚夏季风异常活动有关,与中低纬天气系统联系紧密,特别是与西太平洋副热带高压之间存在着相互作用与制约的关系(张韧等,1995;吴国雄等,2003)。另外,暴雨的发生与非绝热加热场也有密切的联系(唐东昇等,1994)。

夏半年500 hPa西太平洋副高的西侧位于我国华南至东南沿海一带,其型态和位置的短期变化及季节进退对我国南方夏季区域性大暴雨的发生有重要影响。关于西太平洋副高对我国南方夏季暴雨影响的研究已有很多(张韧等,1995;张庆云等,1999),但较少研究暴雨过程对副高的作用和影响,特别是从非绝热加热方面去考虑暴雨过程对西太平洋副高位置变化的影响。近年来,一些研究表明副热带高压的南北移动和东西进退在很大程度上取决于非绝热加热的空间分布,东亚季风降雨所致的凝结潜热是决定夏季副高位置和强度的关键因素(黄荣辉等,1988;刘屹岷等,1999;吴国雄等,1999b)。但以往研究多是基于对定常副高的研究,在短期时间尺度上,大气外部强迫如何影响副高的东西和南北进退是一个更为复杂的课题(刘屹岷等,2000)。刘还珠等(2000)利用数值模拟揭示了在中短期过程中降水引起的垂直方向非均匀非绝热加热对西太平洋副高的影响过程。

针对我国南方暴雨和副高位置变异,气象工作者开展了不少研究工作,有的是个例分析或对比,有的运用数值模拟揭示其规律,但每次暴雨过程有其特性,也有其共性,华南和江淮暴雨过程影响副高位置变异的异同特征又是如何?本章亦将对华南、江淮流域大范围持续性暴雨过程进行合成分析和数值模拟,试图找出有关华南、江淮洪涝暴雨期间副高位置变动的特点及其成因,以加深对我国南方大范围持续性暴雨过程与西太平洋副高短期位置变化规律的了解和认识,提高预报能力。

5.1.3 台风事件与 ISO

自从 20 世纪 70 年代初 Madden 和 Julian(1971,1972)发现热带大气季节内振荡的现象后,这种以 40～50 d 周期为主要特征的全球传播的大气季节内振荡(ISO)现象被许多学者所研究。现有的国内外研究表明(Nakazawa,1986;Zhu 和 Wang,1993;Madden 和 Julian,1994;李崇银,1995;Hsu 和 Wang,2001;Kamball 和 Wang,2001;李丽平等,2002;Teng 和 Wang,2003;董敏等,2004;林爱兰等,2005;Masunaga,2007;林爱兰等,2008;Lin 和 Li,2008),ISO 的传播和强度具有地域性和季节性特征。印度洋和西太平洋区域是对流 ISO 信号最强的区域,从冬季到春季 ISO 以沿东传为主。在北半球夏季,由于热赤道北移和亚洲夏季风作用,ISO 显示出更复杂的空间结构和传播型,这种复杂变化的特征可能是平均基流、海气相互作用和多尺度系统间非线性相互作用的结果。

在赤道太平洋中部生成的赤道混合 Rossby 重力波(MRG)接近浅水理论上得到的 MRG,是一种大尺度、西传的关于赤道对称的扰动,主要活跃时期在 8—11 月(Liebmann 和 Hedon,1990;Wheeler 和 Kiladis,1999;Wheeler 等,2000)。实际观测到的对流层低层对流耦合 MRG 先出现在太平洋东部,纬向波长 6000～8000 km,西传速度约 20～25 m/s,当 MRG 西传到西太平洋,逐渐离开赤道向北移动,纬向波长减小到 3000 km,西传速度 5～10 m/s,并失去其关于赤道的对称性,成为热带低压(TD)型波动,这种波动往往成为西太平洋热带气旋(TC)的初始扰动(Takayabu 和 Nitta,1993;Dunkrrton 和 Baldwin,1995;Wheeler 和 Kiladis,1999;Wheeler 等,2000;Dickon 和 Molinari,2002)。TC 和 MRG/TD 波动属于相同周期的天气尺度系统,他们之间的关系密切。成熟的台风能量东传容易激发 MRG,而 MRG 在西北传过程中与 MJO 对流耦合容易转变为 TD 型波动(Takayabu 和 Nitta,1993;Dunkrrton 和 Baldwin,1995;Dickon 和 Molinari,2002;Straub 和 Kiladis,2003)。MRG 和 TD 型波动具有相同的频率,其主要区别在于 MRG 波主要活跃在日界线附近赤道太平洋中部,而 TD 型波动主要活跃在西太平洋。本节中将 MRG/TD 波和 TC 等热带天气尺度波动统称为热带低压波动。

在夏半年,西太平洋地区季风、ISO 和活跃的热带扰动及台风活动的相互作用,对东亚地区天气产生强烈的影响(翟盘茂等,2001;Straub 和 Kiladis,2003;王允等,2008)。许多研究表明具有行星尺度缓慢移动的低频 ISO 对高频的天气尺度波动如 TC 的生成有着显著的影响,在 ISO 湿位相期间,TC 生成多,发展强(Liebmann 等,1994;Hall 等,2001;祝从文等,2004)。

注意到,目前已有的文献主要报告了低频 ISO 对高频 TC 活动的影响方面的研究,北半球夏半年 ISO 的复杂传播特征及其与高频天气尺度波动的相互作用仍未得到充分认识。本节主要从观测事实研究亚洲到西太平洋(AWP)区域夏半年 ISO 在不同区域和不同阶段的传播特征,以及初步探讨这种低频现象与高频热带天气尺度波动的联系。

登陆台风暴雨增幅常常与极端降水事件紧密联系。研究表明,进入中纬度的热带气旋,受西风槽的作用变性为锋面气旋从而强烈发展,导致暴雨或暴雨突然增幅(朱岩洪等,2000)。低空急流可以为登陆台风提供水汽输送,有利于台风陆上维持和暴雨发展(朱健和何海滨,2008)。此外,伴随热带气旋登陆华南的南海季风槽对热带气旋暴雨无论是从时间、空间上,还是强度上均有强烈的增幅作用(卢山等,2008)。潮湿气流向岸地形的辐合作用将会使台风暴雨增长,雨区范围扩大(陈联寿等,2004),数值模拟表明台湾山区两侧地形对气旋式环流的辐合抬升使台湾暴雨出现强烈增幅(王鹏云,1998)。可见,登陆热带气旋引发的强降水不仅与热带气旋本身的强度、尺度、结构等有关,还与下垫面特性、环境场的多尺度系统相互作用有关,其影响机制十分复杂(李江南等,2003)。登陆台风在什么环流背景下会发生暴雨增幅? 大尺度环流对台风的维持和暴雨增幅有何作用? 这些问题的研究和认识对理解登陆台风暴雨增幅的成因具有重要意义。本节以登陆后陆上长时间维持并引发大暴雨造成巨大灾害的台风"榴莲"为例,利用"CMA-STI 热带气旋最佳路径数据集"、NCEP/NCAR 再分析资料及地面加密观测资料,分析登陆台风陆上长时间维持和暴雨增幅的大尺度环流特征,以了解登陆台风暴雨增幅的外部环境条件,为登陆台风引起的极端降水事件预报提供科学依据。

5.2　资料和方法

5.2.1　资料

本章研究所用资料主要包括:中国 743 站夏季日平均气温、日最高气温以及日最低气温、日降水资料,欧洲中期天气预报中心(ECMWF)再分析资料,英国 Hadley 中心的月平均海温数据集,NCEP/NCAR 再分析资料(Kalnay 等,1996),美国环境预报中心的全球候平均CMAP(NOAA NCEP Climate Prediction Center Merged Analysis of Precipitation)降雨量资料,美国国家联合台风预警中心 1996 年 TC 资料等。遥相关指数(AO、NAO、PNA)取自NOAA-CIRES Climate Diagnostics Center(http://www.cdc.noaa.gov)。

5.2.2　主要方法

主要使用了统计方法,包括(1)经验正交函数分解(EOF),(2)回归和相关分析,(3)最小二乘估计,(4)小波分析等。

为研究气温变化升降的定量程度并对其进行统计检验,使用线性趋势考察气温序列上升或下降趋势变化(Wei 等,2003),即 $z=a+bt$,其中 a,b 用最小二乘法进行估计。回归系数 b 的符号代表气温的趋势倾向,b 的符号为正时,表示随着时间 t 的增加气温序列 z 呈上升趋势,b 的符号为负时,表示随着时间 t 的增加气温序列 z 呈下降趋势。判断变化趋势的程度是否显著,需要用时间 t 与变量 z 之间的相关系数 r 进行显著性检验。给定显著性水平 α,若 $|r|>r_\alpha$,表示 z 随 t 的变化趋势是显著的。

5.3　夏季高温/低温变化与环流异常

5.3.1　中国夏季高温日数时空变化及其环流背景

本节研究区域为中国 90°E 以东地区,区域内包括 694 个气象站点,研究中使用了这些站点逐日地面最高气温,数据来自国家气象信息中心气象资料室的中国地面气候资料日值数据集。

对于缺测数据的处理,由于所用资料大部分缺测数据均是整月缺失,这里只分析夏季温度,故如果缺测月份在 5—9 月,则不使用该站点数据。最后,在综合考虑站点数据的时间长度、完整性和代表性的基础上,从中选出 326 个气象站点,时间范围为 1955—2005 年。

为了研究高温日数时空变化特征,首先定义高温日条件为该日最高气温≥35℃,然后对1955—2005年整个研究区各站点5—9月的高温日数进行统计,由于所选站点中存在高山及高纬度站点,这些台站很多年份的高温日数可能都为0,这样会影响后面进一步分析,因此我们从中选出年夏季高温日数>0的年份高于分析的总年份50%的站点,共193个站点。

本节所用的其他资料主要有:欧洲中期天气预报中心(ECMWF)再分析5—9月500 hPa高度场格点数据,分辨率为2.5°×2.5°,时间范围为1958—2002年,取自http://data.ecmwf.int/data/d/era40_mnth/;英国Hadley中心的月平均海温数据,分辨率为1°×1°,覆盖时段为1950—2006年,取自http://hadobs.metoffice.com/hadisst/。

5.3.1.1 夏季高温日数空间变化特征

通过对193个站点夏季高温日数的EOF分析,前三个主成分的累计方差贡献率达56.3%,各主成分方差贡献率见表5.1,能基本反映高温日数时空变化的主要信息,所以这里取前三个主成分分析夏季高温的变化特征。

表 5.1　夏季最高气温场 EOF 中各主成分的贡献率

主要模态	1	2
方差贡献率	32.6	15.8
累计贡献率	32.6	48.4

图5.1为夏季高温场EOF分析的前三个空间特征的分布情况。由图可见,第1模态全区域一致为正,说明全国夏季高温日数变化总体上具有较好的一致性,即指多数年份全国高温日数普遍多或普遍少,但高值中心集中在长江中下游地区,其他地区量值均较小,反映出长江中下游地区是我国东部夏季高温的主要异常分布区。第2模态其空间分布表现为长江以北与长江以南反位相变化的空间分布特征,其北部中心区在华中一带,南部中心区在华南和福建省,这种分布表明长江以北高温日数偏多(少)时,长江以南地区高温日数偏少(多)。第3模态呈东西反位相分布型,正中心区在华东地区,而负中心区位于华北地区以及华南的西部地区。

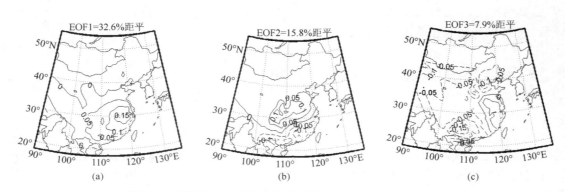

图 5.1　EOF 前三个特征向量分布图(实线为正值,虚线为负值)

5.3.1.2 夏季高温日数的时间变化特征

EOF分析主要模态对应的时间系数能反映出我国夏季高温日数时间变化特征。这里用小波分析对三个时间系数在不同尺度上的周期结构和异常变化规律进行分析。

图 5.2 为 EOF 前 3 个模态时间系数的小波分析结果,图中负等值线用虚线表示,正等值线用实线表示,小波系数为零对应着突变点。由图 5.2a 可见,PC1(EOF 分析第一模态时间系数)在年代际尺度上(周期为 16 a 以上成分)的小波系数变化表现为正—负—正,即 20 世纪 50 年代后期和 60 年代我国高温炎热的夏季是普遍的,70 年代和 80 年代夏季高温日数偏少,90 年代以后夏季高温日数偏多。从小波变换系数的过零点判断,可以看出转折点分别位于 70 年代初和 90 年代初,但年代际尺度变化在整个 51 a 里并不显著。周期在 8~16 a 的变化在 70 年代后信号较强,70 年代以前的变化也不显著。对于 10 a 以下的年际变化,较为明显的周期为 2~4 a,可以发现 2~4 a 的高频振荡具有全域性,且通过了 0.05 显著性检验。另外根据该图小波变换系数绝对值的大小和正负交替也可以看出我国大部分地区不同时间尺度高温日数变化的嵌套结构。

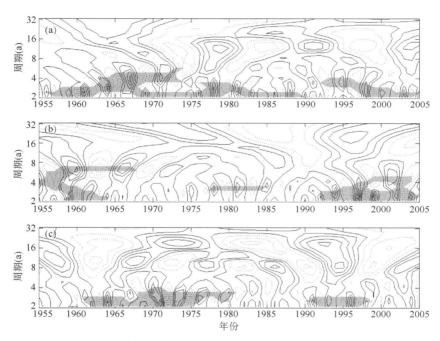

图 5.2 PC1(a)、PC2(b)、PC3(c)小波变换系数

(实线为正系数,虚线为负系数,灰色区域表示达到 0.05 显著水平,等值线间隔为 0.5)

由图 5.2b 可见,PC2(EOF 分析第 2 模态时间系数)在 8 a 以上的周期变化都不显著,而高频振荡的特点比较突出,说明我国长江以北和以南没有长时间的持续偏冷或偏暖,小幅度的冷暖交替变化比较频繁。20 世纪 70 年代以前,以 4~8 a 为主要变化周期;70 年代中期以后,周期在 2~4 a 的变化有显著信号。从年代际尺度变化部分看,80 年代以前,长江以北高温日数多,长江以南少;而 1980—1994 年,情况正好相反;1995 年以后,又表现为长江以北高温日数多,长江以南少。

从图 5.2c 中可以看出,PC3(EOF 分析第三模态时间系数)从年代际尺度来说,我国夏季高温日数的东西反位相分布主要经历了六个变化阶段,即 20 世纪 60 年代以前、1967—1977 年和 1988—1997 年华南和华北高温日数多,华东高温日数少;而其他三个时段则情况相反。另外这种高温日数东西部差异还存在 8~10 a 的周期变化,但只在 90 年代达到显著性水平。年际尺度除在 60 年代以前和 80 年代不够明显外,其他时段均达到 95% 显著水平,并有交错出现的特点。

5.3.1.3 夏季高温与大气环流变化的关系

大范围的气候异常直接影响因子是大气环流。为了揭示夏季高温日数的变化与大尺度大气环流变化的关系,这里用高温事件三个主要模态与同期 500 hPa 高度场(ERA40 资料)进行相关分析,高度场分析区域取 0°—80°N,30°—150°E。图 5.3 为得出的 EOF 的主分量与范围内 500 hPa 高度场的相关系数分布情况。在 PC1 与同期 500 hPa 高度场的相关分布图上(见图 5.3a),存在两个较显著的正相关中心,一个大致位于我国山东半岛和长江三角洲地区,另一个位于中纬度西太平洋 40°—50°N,这两个区域相关系数在 0.4 以上,置信度达到了 95% 以上。结合 EOF 分析的第 1 空间模态分布可知,当此区域 500 hPa 高度场偏强,我国夏季高温日数偏多,尤以长江中下游地区最强;反之,当此区域高度场偏弱时,夏季高温日数偏少。说明副高的强弱是控制长江中下游地区高温日数变化的主要环流因子。

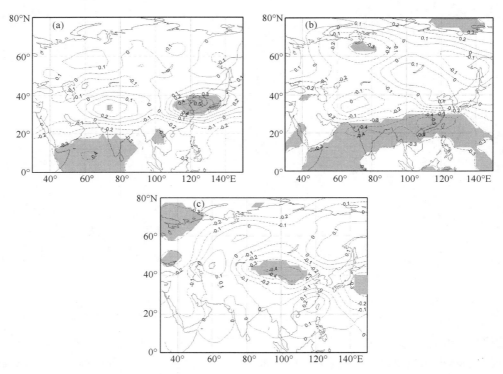

图 5.3 PC1(a)、PC2(b)、PC3(c)和 500 hPa 高度场的相关分析
(实线为正相关,虚线为负相关,阴影区表示 0.05 显著区域)

在 PC2 和 500 hPa 高度场的相关分布图上(图 5.3b),存在一个较显著的负相关区域,范围大致为 0°—30°N,40°—140°E,包括了赤道印度洋、赤道西太平洋和我国华南的大部分地区,中心值位于华南地区,相关系数在 −0.5 以下,置信度达到了 99%。结合 EOF 分析的第 2 空间模态分布,说明当这个区域同期 500 hPa 高度场偏高,即副高位置偏南时,华南地区夏季高温日数偏多,中心区域以北即我国华北和内蒙古地区夏季高温日数则偏少;反之亦然。而正相

关中心位于我国华北和内蒙古地区,但中心相关系数较小,相关性并不显著。

图 5.3c 为 PC3 和 500 hPa 高度场的相关分布情况,发现它和 EOF 分析的第 3 空间模态中心区域分布并不太一致,前者存在两个显著的负相关区,一个位于华北及内蒙古地区,中心值达到−0.4 以下;另一个位于副热带西太平洋,中心值在−0.3 以下,二者均达到了 95% 可信度。结合 EOF 分析第 3 空间场分析,说明当这两个区域 500 hPa 高度场偏强时,华北和内蒙古地区高温日数偏多,而东南地区高温日数则偏少;反之亦然。在东南地区存在一个正相关中心,但中心值较小,并不显著,说明当此地 500 hPa 高度场偏强时,华北及内蒙古夏季高温日数偏少,而东南地区夏季高温日数偏多。EOF 分析的第 3 空间模态还存在一个负相关中心区,位于华南地区,而第 3 模态和 500 hPa 高度场的相关分布图上在此区域并没有显著的相关分布。

5.3.1.4　夏季高温与热带海温的关系

人们很早就注意到近海海温异常对热带大气环流和我国夏季气候变化的重要影响。由于热带海域(印度洋,西太平洋等)是我国夏季水汽和能量的主要源地之一,海温的异常会导致亚洲季风气流的变异,影响西太平洋副热带高压的位置和强度,从而影响到我国的夏季降水和气温。罗绍华和金祖辉(1986)指出,南海海温高时,副高西部脊强、位置偏南,而且向西伸展;当南海海温低时,情况相反。陈烈庭(1988)、吴国雄和孟文(1998)则强调了印度洋—太平洋海温相互配置及它们的纬向梯度在大气环流乃至海气相互作用中的重要性。

为了研究夏季高温异常分布与热带太平洋及印度洋海温的关系,本节分别计算了 EOF 前 3 个模态对应的时间系数和同期热带太平洋和印度洋 SST 的相关系数,结果如图 5.4 所示。图 5.4a 为 PC1 和同期海温的相关系数分布情况,图中主要有三个海区通过显著性检验,分别为赤道东、西太平洋和中纬度太平洋地区,赤道东、西太平洋相关系数呈反位相分布,相关系数分别达到了−0.3 和 0.4 左右,通过了 95% 信度检验。结合 EOF 分析的第 1 空间模态分布,说明当赤道东太平洋海温偏高时,我国夏季大范围高温日数偏少;反之,当此海域海温偏低时,我国夏季高温日数偏多。海温相关系数的这种反位相分布和 ENSO 事件的空间分布相一致。关于 ENSO 事件对夏季副高的影响,陈烈庭(1982)曾作过讨论。他研究了赤道东太平洋海温异常对 6 月副高的影响,得出当该区域海温偏高,即发生 El Nino 时,副高减弱东撤;该区域海温偏低时,副高加强西伸。李崇银和胡季(1987)分析东亚大气环流与 ENSO 相互影响时指出,El Nino 年夏季,由于遥相关机制东亚及西太平洋中纬度地区出现地面气压及高度场负距平,西太平洋副高位置持续偏南,而 La Nina 年副高则偏北。可见,当赤道太平洋海温出现 El Nino/La Nina 时,西太平洋副高会出现强度、位置等的异常发展,从而影响我国大部分地区的夏季高温。另有研究表明(许武成等,2005),通常在 El Nino 现象发生的当年,我国的夏季风较弱,季风雨带偏南,位于我国长江以南地区。因此,我国北方地区夏季往往容易出现干旱、高温。由此可见,ENSO 事件也可对我国夏季风产生影响,从而影响我国的夏季高温。

另外还可以看出,显著相关区域在西太平洋一直延伸到了副热带约 25°N 左右,位于西太平洋暖池区,说明暖池区的海温也影响到中国的夏季高温异常分布。以往的研究也表明西太平洋暖池的热状况及其上空的对流活动对东亚气候异常起着十分重要的作用。黄荣辉和孙凤英(1994)也分析指出,当热带西太平洋暖池增暖时,从菲律宾周围经南海到中印半岛上空的对流活动将增强,西太平洋副热带高压位置偏北;反之,菲律宾周围的对流活动减弱,副热带高压则偏南。副高的异常又直接影响东亚气候的异常,若在盛夏,副高位置偏北,则江淮流域、朝鲜半岛

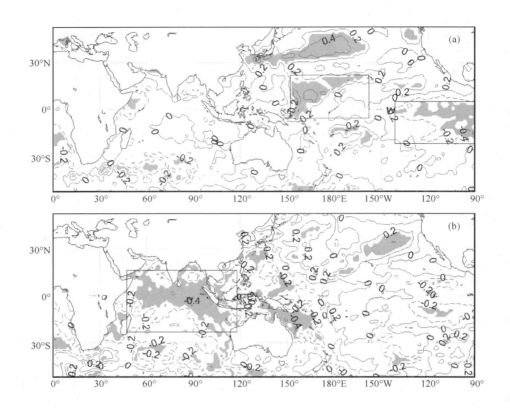

图 5.4　PC1(a)、PC2(b)模态时间系数和同期热带太平洋及印度洋海温的相关分布

（实线为正相关，虚线为负相关，阴影区表示＜0.05显著区域）

会出现高温少雨天气；相反，若在盛夏副高位置偏南，则在我国江淮流域会出现冷夏多雨的天气。

此外，从相关分布图中发现，在30°N以北海域有一个正相关区，中心相关系数达0.5以上，表明当此海域海温偏高时，同期我国夏季高温日数偏多，反之则当此海域海温偏低时，我国夏季高温日数偏少。这说明高温事件可能和东亚中纬度的大气环流有关，细节则需要进一步探讨。

图5.4b为PC2和同期热带太平洋和印度洋海温的相关系数分布情况，可以看到，赤道印度洋海域(10°S—10°N,45°—100°E)相关系数达—0.3以下，置信度达到95％以上，说明当赤道印度洋海温偏高时，我国长江以北地区夏季凉爽，高温日数偏少，长江以南地区夏季炎热，高温日数偏多；反之亦然。陈烈庭(1988)提出了印度洋和南海海温纬向对比通过环流影响西太平洋副高的物理过程，在阿拉伯海—南海东暖西冷时期，副热带高压西部脊偏南西伸，从而使我国华南地区处在强副高控制下，高温少雨，高温日数偏多；在阿拉伯海—南海东冷西暖时期，西太平洋副高偏东偏北，导致我国北方地区夏季高温日数偏多。闵锦忠等(2000)也得到了类似的结论。

另外，对PC3和全球海温的相关分析发现(图略)，并不存在显著的相关分布海域，说明造成我国夏季高温的这种异常空间分布可能受SST影响并不明显，而与其他的环流因子有关。从与500 hPa高度场的相关分布图中我们发现，二者在华北和内蒙古地区存在一个显著的负相关区，说明夏季高温异常的第三种空间分布可能和夏季大陆内部的热力和动力作用有关，而夏季大陆低压的高低变化势必会影响我国夏季风的强弱。中国大陆副热带季风的形成机制主要是中国大陆与西太平洋海陆热力差。Chen 等(1992)研究表明,当大陆内部位势高度增加,而海洋上位势高度并没有显著变化,即大陆低压减弱,而海洋上高压并未显著增强时,东亚夏季风减弱。当夏季风减弱时,梅雨锋加强,我国江淮流域降水增多,高温相对减弱、高温日数较少;而华北和华南地区降水减少,高温日数则偏多。为此,将第 3 模态与同期东亚夏季风指数(李建平和曾庆存,2005)作相关,得出相关系数为 -0.48,超过了 99% 信度检验,二者相关关系显著。这个结果与上面的分析是一致的。因此,第三特征场的这种分布可能是由于夏季大陆内部热力性质的改变导致大陆低压的变化,进而影响我国大陆副热带季风的强弱,最终导致夏季高温的强弱。

5.3.2　近 50 a 长江中下游地区夏季气温变化与东半球环流异常

本节所用资料主要取自中国 743 站夏季日平均气温、日最高气温以及日最低气温资料和 NCEP/NCAR 再分析资料集(Kalnay 等,1996)。使用的 NCEP 资料的变量包括:全球范围的月平均的 17 层位势高度资料、风场资料、气温和 12 层垂直速度,以及地面气压和海平面气压资料等。这些变量相应的资料水平分辨率为 $2.5° \times 2.5°$。此外,还有全球范围的日平均的地面通量资料,包括到达地面的短波辐射、地面向上长波辐射、地面净感热通量以及地面净潜热通量(高斯格点分布)。时间取 1960—2005 年,夏季定义为 6—8 月的平均。

区域选取及缺测处理。从地理上划分,长江中下游地区是指南岭以北,秦岭—淮河一线以南,巫山以东的广大区域,即 110°E 以东,25°—34°N 的范围内。结合行政区划,选取湖南、湖北、浙江、江西、江苏、安徽以及上海六省一市范围内的共 80 站,所选区域站点与全国其他地区相比分布较均匀,且在空间分布上较密集(图 5.5),因此在计算区域平均时使用了简单的算术平均,并未采用 Jones 等(1986)提出的面积平均的方法,尽量避免插值所产生的误差。研究指出,台站迁移是造成中国气温资料非均一性的主要原因(Li 等,2004),因此上述选站过程中已经剔除在研究时段内发生台站迁移的站点。

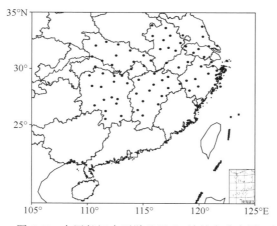

图 5.5　中国长江中下游地区 80 站站点分布图

由于 80 站在所研究时间段内的日平均气温、日最高气温以及日最低气温的缺测值很少(不超过 4 个),且对于同一日而言,三项值至多缺测一项,因此可以用简单的关系式 $t_{ave} =$

$(t_{max}+t_{min})/2$将缺测的一项求出。尽管上述关系式与实际处理中日平均气温取固定时次的平均有出入,然而由于缺测较少,且如 Jones 等(1986)指出的将距平值代替原始值可以减少这一处理带来的误差,因此这样处理缺测资料是可行的。处理为距平资料后,依照唐国利等(1992)所使用的检验方法进行条件检验,设某站点气温序列为 x,序列平均值为 $\bar{x}$,序列标准差为 σ_x,则满足条件 $\bar{x}-4\sigma_x<x<\bar{x}+4\sigma_x$ 的数据参加运算,结果表明数据均符合这一条件。

5.3.2.1 长江中下游地区夏季气温的变化特征与典型年份选取

(1) 长期趋势

为反映长江中下游地区 1960—2005 年夏季气温序列的长期演变特征,给出了长江中下游地区夏季气温距平的逐年变化(图 5.6)。从平均气温距平变化的趋势(图 5.6a)可以看出,1960—2005 年总的趋势是温度升高,但是增量很小,仅为 0.01℃/(10a)(表 5.2)。

相对于平均气温,在夏季,最高气温的变化更加直接地影响了人们的感受。图 5.6b 显示了长江中下游地区夏季最高气温距平的逐年变化,可以看出,与平均气温所展示出的1960—2005 年的线性趋势有所不同,最高气温距平反映出温度的明显下降趋势,达到－0.06℃/(10a)(表 5.2)。这与翟盘茂等(1997)应用 1951—1990 年 40 a 资料得到的夏季时最高气温在长江至黄河流域一带主要以降温趋势为主的结论是一致的。在长江中下游地区最高气温比平均气温展现出更加明显的降温趋势。

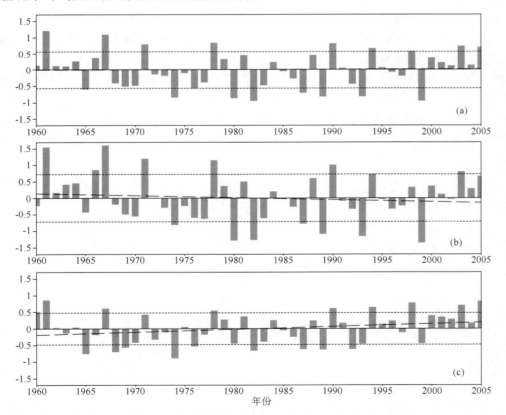

图 5.6 1960—2005 年长江中下游地区 80 站夏季气温距平逐年变化

((a)平均气温;(b)最高气温;(c)最低气温;单位:℃,横点线分别表示±标准差,长虚线为 1960—2005 年线性变化趋势线)

图 5.6c 给出了长江中下游地区夏季最低气温距平的逐年变化,1960—2005 年呈升温趋势,线性趋势系数达 0.09℃/(10a)(表 5.2)。结合图 5.6b 反映的信息,与 Karl 等(1991)提出的北半球大部分地区最高、最低气温的趋势变化是不对称的,即:最低气温升高幅度较大,而最高气温升高幅度较小甚至有下降趋势的观点是相符合的。可以看出长江中下游地区夏季平均气温的升高在很大程度上是最低气温升高造成的结果。

表 5.2　1960—2005 年长江中下游地区 80 站夏季气温趋势及所在区域各地面通量和总云量趋势,其中△表示通过 90% 的显著性检验,∗ 表示通过 99% 的显著性检验

变量(单位)	平均气温 (℃/10a)	最高气温 (℃/10a)	最低气温 (℃/10a)	总云量 (%/10a)
趋势	0.01	−0.06	0.09	0.07
变量	地面向上长波 辐射通量	到达地面短波 辐射通量	地面感热通量	地面潜热通量
趋势(W/(m²·10a))	0.54∗	−1.54△	−0.52	−1.27∗

对于最高、最低气温趋势变化非对称性的原因,Karl 等(1991)在研究全球增暖背景下气温变化的非对称性时提出,云量的变化可能产生一个直接作用:云量的增加引起白天最高气温的降低,与此同时夜晚的最低气温则呈上升趋势。在这里我们取 NCEP/NCAR 整层大气的总云量资料加以分析,发现在我们所研究的时段内,总云量呈现增加的趋势,为 0.07%/(10a)(表 5.2),反映出云在气温的不对称变化中所起的作用。当然,除了云的直接作用外,气溶胶的间接效应也是不容忽视的。Kaiser 等(2002)在云量呈减少趋势的情况下,提出气溶胶含量的增多导致日照时数的减少从而影响最高气温,使其呈现下降趋势这一间接效应。此外,地面通量的相应变化与气温的变化亦存在密切联系。

(2)年际变化

为了了解长江中下游地区夏季气温的周期变化特征,图 5.7 给出了夏季气温距平序列的 Morlet 小波变换(Torrence 和 Compo,1998)结果,年际变化在三个序列中都较为显著。其中,平均气温(图 5.7a)与最高气温(图 5.7b)所对应的序列的周期变化一致,在 20 世纪 60 年代末到 70 年代初存在着显著的准 5 a 周期,20 世纪 70 年代末到 80 年代初准 3 a 周期较明显,而

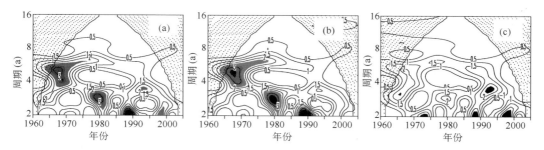

图 5.7　1960—2005 年长江中下游地区 80 站夏季气温距平序列的 Morlet 小波变换功率谱

((a)平均气温;(b)最高气温;(c)最低气温。阴影部分表示在 90% 置信度统计下显著,点阴影区是小波变换受边界影响的区域)

1990 年前后准 2 a 周期较为显著。平均气温(图 5.7a)与最低气温(图 5.7c)存在不一致的周期变化,可以看出因为最低气温变化造成平均气温在 20 世纪 90 年代末存在着显著的准 2 a 周期,此外在 20 世纪 90 年代中期准 4 a 周期较明显。这些周期特征与最低气温(图 5.7c)所显示的周期特征是一致的。

(3) 典型年份的选取

使用表征温度异常的指标:$z_i = (x_i - \bar{x})/\sigma$,其中,$x_i$ 为某年的气温距平值,$\bar{x}$ 为气温距平的多年平均值,σ 为标准差。规定 $z_i \leqslant -1.0$ 的年份为低温年,$z_i \geqslant 1.0$ 的年份为高温年。由平均气温距平的逐年变化(图 5.6a)得到 9 个高温年,按强度由强到弱依次为 1961 年,1967 年,1978 年,1990 年,1971 年,2003 年,2005 年,1994 年,1998 年;还有 8 个低温年,按强度由强到弱依次为 1999 年,1982 年,1980 年,1974 年,1989 年,1993 年,1987 年,1965 年。结合同一标准,最高气温距平的逐年变化(图 5.6b)得到 7 个高温年以及 7 个低温年,最低气温距平的逐年变化(图 5.6c)得到 9 个高温年及 9 个低温年。取三个序列均满足条件的年份作为所要研究的典型高温年及典型低温年,得到典型高温年 5 a,分别为 1961 年,1967 年,1978 年,1990 年及 2003 年;典型低温年 4 a 分别为 1982 年,1974 年,1989 年和 1987 年。对典型高、低温年的环流形势进行差值合成分析,揭示典型高、低温年的环流特征差异。

5.3.2.2 典型高、低温年的环流异常特征

(1) 水平结构

从典型高、低温年夏季海平面气压合成差值场(图 5.8a)可见,典型高温年与典型低温年相比,蒙古高原上低值系统倾向于偏强,海洋上高值系统具有明显北抬的倾向,西太平洋上季风槽倾向于偏强,南海季风偏强,长江中下游地区位于负距平区,这样的低层配置有利于位于中层的副高北抬。这与郭其蕴等(2003)指出的夏季风强时,长江流域夏季少雨同时长江至淮河气温高的结论是一致的。值得注意的是,高温年极区有显著的大气质量堆积,呈现出正的 SLPA,而在低温年则倾向于出现负的 SLPA。这种变化说明中国东部夏季异常热或凉与极区环流变化有关。

合成的典型高、低温年夏季 500 hPa 高度差值场(图 5.8b)显示:典型高温年长江中下游地区以及西太平洋上存在显著的正距平区,表明西太副高的势力较强,长江中下游地区利于在下沉气流的控制下出现高温。典型低温年情形则刚好相反。

由合成的典型高、低温年夏季 500 hPa 高度场(图略)可以更加直观地看出,无论典型高温年还是典型低温年,中高纬度气流平直。典型高温年,副高位置偏北,长江中下游地区在 588 (dagpm)线的控制之下。典型低温年副高位置偏南、偏弱,长江中下游地区位于副高的北侧,处于较弱的北风控制之下,易产生气旋和锋面活动,造成多阴雨、低温的结果。

合成的典型高、低温年夏季 200 hPa 高度差值场(图 5.8c)显示:典型高、低温年 200 hPa 高度场的差异比中层更加明显,典型高温年位于长江中下游地区以及西太平洋上的正距平区比 500 hPa 高度上强度更强,说明盘踞在长江中下游地区上空的高压系统是一深厚系统,有利于产生高温天气气候。

(2) 垂直结构

为进一步探讨环流异常特征,给出了典型高、低温年夏季 25°—34°N 平均的高度差值合成纬向垂直剖面以及 110°—140°E 平均的高度差值合成经向垂直剖面(图 5.9)。在典型高温年(图 5.9a),长江中下游地区上空在低层是负距平,到了中高层转变为正距平,且随着高度的增

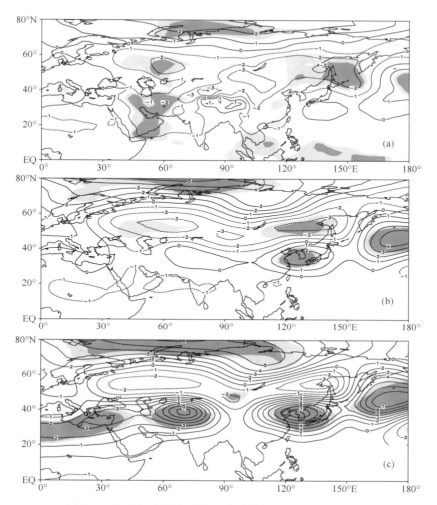

图 5.8　典型高、低温年夏季合成差值场(高温年减低温年)

(a. SLP(单位:hPa);b. 500 hPa 高度;c. 200 hPa 高度(单位:dagpm)。深阴影区表示
通过 0.05 的显著性水平检验,浅阴影区表示通过 0.10 的显著性水平检验)

加,正距平的强度增大,呈准正压结构。在典型低温年,情形基本相反。有趣的是,在 90°—110°E,扰动在对流层中低层随高度西倾,特征明显,这与西太平洋上空的环流系统变动有显著的不同。经向垂直剖面图(图 5.9b)反映出同样的垂直结构特征,在长江中下游地区上空高、低温年在对流层上层呈准正压结构,而在对流层中低层自下而上向北倾斜。

(3)气温异常与遥相关

为进一步分析长江中下游地区夏季酷暑/凉夏的成因,这里试图探索遥相关与高/低温的联系。

典型高、低温年的流函数和辐散风场的异常分布可以反映动力过程对夏季气温变化的影响。图 5.10 为典型高、低温年夏季的流函数及辐散风差值合成,可以看出,850 hPa 等压面上(图 5.10a)高温年中国长江中下游地区处于源自西太平洋热带地区的异常辐散区,该区域被异常反气旋式环流控制,出现异常偏南风。200 hPa 等压面上(图 5.10b)反映出长江中下游地

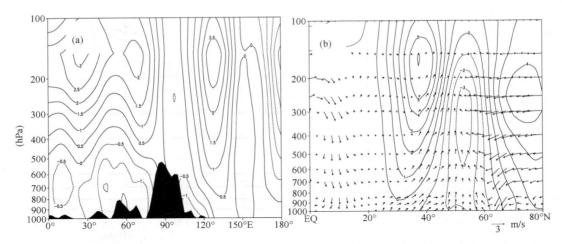

图 5.9　(a)典型高、低温年夏季 25°—34°N 平均的高度差值合成纬向垂直剖面;(b)典型高、低温年
110°—140°E 平均的高度差值合成经向垂直剖面(高温年减低温年)(单位:10 gpm)

区处于微弱异常辐合,而源自(150°E,20°N)处的辐散气流向西北方向辐散,使 200 hPa 大气亦
产生 Gill(Hoskins 和 Sardeshmukh,1988)型响应,产生了覆盖中国东部、日本以及朝鲜半岛
的反气旋环流。这样的高、低空配置使得长江中下游地区的对流活动受到了抑制,有利于高温
的形成。

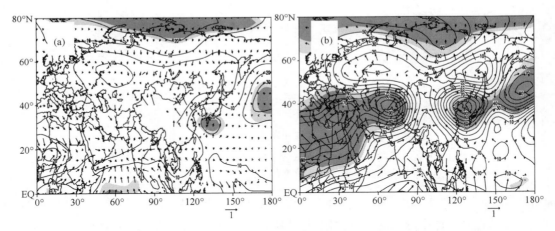

图 5.10　典型高、低温年夏季流函数(单位:$10^5 \, m^2/s$)及辐散风场合成差值场(高温年减低温年)(单位:m/s)
((a)850 hPa;(b)200 hPa;深阴影区表明流函数通过 0.05 的显著性水平检验,浅阴影区表示通过 0.10 的显著性水平检
验;粗箭头表示辐散风场通过 0.05 的显著性水平检验)

　　为了进一步反映以上响应,使用美国 NOAA 系列卫星观测的月平均射出长波辐射
(OLR)资料(Liebmann 和 Smith,1996)(资料来源 http://www.cdc.noaa.gov)。由于 1978 年
3—12 月的 OLR 资料缺测,因此选取 1979—2005 年夏季资料与长江中下游地区夏季气温距
平序列求相关,得到图 5.11,不难看出菲律宾海域的 OLR 偏低,该海域海温偏高,对流活动旺
盛,而中国东部、日本以及朝鲜半岛 OLR 偏高、气温偏高,且整个区域被异常反气旋式环流控
制(图 5.10b),此相关型与 Nitta 通过云量资料获取的 P—J 波列(Solomon 等,2007)颇为相

似。Nitta(1987)和黄荣辉等(1994)的研究表明,当热带西太平洋暖池增暖,菲律宾及其周围区域上空的对流活动增强后,在东南亚经东亚到北美西岸将激发出 P－J 型遥相关。与此相对应,副热带高压偏北,我国江淮流域夏季降水偏少,气温偏高。

图 5.11　1979—2005 年夏季 OLR 与长江中下游地区夏季气温距平相关分布
(其中深阴影区表示通过 0.05 的显著性水平检验,浅阴影区表示通过 0.10 的显著性水平检验)

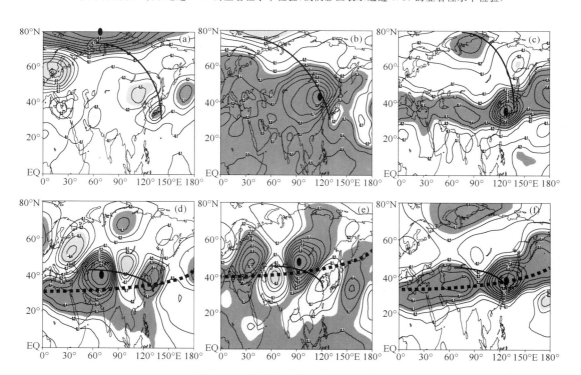

图 5.12　位势高度场一点相关分布
((a)、(b)、(c)对应 500 hPa 高度,(d)、(e)、(f)对应 200 hPa 高度,图中黑色粗质点为基点所在位置,浅色阴影区表示通过 0.10 的显著性检验的负相关区,深色阴影区表示通过 0.10 的显著性水平检验的正相关区。(a)～(f)中粗实线显示波列状结构,(d)、(e)、(f)中粗点线为急流轴所在位置)

需要指出,出现在江淮流域上空的反气旋式环流(高度的正距平中心)的形成与维持也可能与来自高纬度的波列以及亚洲急流波导有关。

用一点相关法,对 500 hPa 位势高度距平求取了相关分布。在 500 hPa 上,基点分别取 (67.5°E,80°N),(117.5°E,42.5°N)和(127.5°E,35°N),上述基点选取依据图 5.8b 中通过检验的显著中心。可从 500 hPa 相关图(图 5.12a、b、c)上看出自高纬度至远东地区出现波列状结构。尽管图 5.12b、c 中的正、负中心与图 5.12a 中的正、负中心不完全相同,但高、低值中心的位置依然可显示出图 5.12a 所示的波列结构特征。这说明从喀拉海出发沿广大的西伯利亚平原一直传播到日本附近的呈正、负、正配置的波列可能有助于维持盘踞在长江中下游地区以及日本上空的反气旋式环流。

类似地,对 200 hPa 高度场亦做一点相关分析(图 5.12d、e、f),基点分别取(70°E,40°N)、(92.5°E,47.5°N)和(127.5°E,37.5°N),上述基点选取依据图 5.8c 中通过检验的显著中心。计算表明,1960—2005 年夏季 30°—50°N 范围内最大西风所在纬度的平均值显示,[0,180°E] 范围内亚洲急流所在气候平均位置为 41.4°N(具体位置见图 5.12d、e、f 中粗点线)。从 200 hPa 相关图(图 5.12d、e、f)上可以看出亚洲急流的波导作用,沿急流存在自西向东传播的波列,与 Enomoto 等(2003)指出的丝路型(silkroad pattern)以及 Wakabayashi 等(2004)所提出的 W—J 型(West Asia—Japan Pattern)颇为一致,能量东传。Ambrizzi 等(1995,1997)分别运用正压模型和斜压模型得出西风急流是北半球夏季静止 Rossby 波的波导,西风急流中静止 Rossby 波的活动和其能量传播对东亚的天气气候变化有着重要的作用(Ambrizzi,1995,1997;Guan 和 Yamagata,2003)。Park 等(1997)指出,副热带西风急流中出现异常持续的静止 Rossby 波,最后导致东亚上空出现持续的反气旋环流,这与图 5.10 反映的东亚地区上空出现的反气旋式环流是一致的。

由于图 5.12c、f 显示东亚地区对流层高度场异常与西风带东半球急流的整体变动有关,这里给出了东半球夏季平均的纬向风在高、低温年的差值分布(图 5.13)。由图可以看出,高温年在 200 hPa 高度上出现最大西风异常,西风急流在 40°N 以北,导致急流位置偏北。在其南、北两侧为东风异常。值得注意的是,在赤道地区对流层低层出现了西风异常,该西风异常可能与赤道东太平洋地区海温异常偏暖从而引起 Walker 环流异常有关。

可见,来自高纬度的波列在中层占主导地位而高层西风急流的波导作用激发一列东传波列在中纬度地区传播,这两列波列与 P—J 型波列对异常环流形势的维持起到重要作用,从而构成了异常高、低温维持的背景。

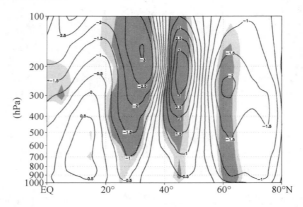

图 5.13　夏季东半球[0,180°E]平均的纬向风在高、低温年的差值分布(高温年减低温年)(单位:m/s)
深阴影区表示通过 0.05 的显著性水平检验,浅阴影区表示通过 0.10 的显著性水平检验

5.3.2.3　典型高、低温年的加热异常特征

（1）地面热量通量

为了深入研究典型高、低温年的成因,给出了长江中下游地区地面长波辐射通量,到达地面短波辐射通量,地面净感热通量,地面净潜热通量与夏季最高、最低气温距平的相关关系(表5.3)。需要说明,尽管 NCEP 资料集提供的这些参数为模式输出量,但通过同化资料仍可部分地反映气候变量的内在联系。表5.3显示,地面长波辐射通量和到达地面短波辐射通量与最高气温有较好的正相关关系,表明白天到达地面的短波辐射增加,地面温度上升,向上的长波辐射增加,以地面长波辐射作为其热量来源的对流层大气温度升高。其中地面长波辐射通量与最高气温的相关系数达到了0.71,这说明对流层大气温度增加的部分热量来源是地面长波辐射。地面长波辐射通量与到达地面短波辐射通量和最低气温分别存在正相关和负相关关系(表5.3)。由于最低气温出现在夜间,此时到达地面的短波辐射相比白天大为减少,地面长波辐射对气温的影响比白天更大,因此地面长波辐射与最低气温的相关系数可以达到0.85,高于白天。

此外,大气同样吸收感热和潜热形式的能量来加热大气。感热通量与最高、最低气温均呈负相关关系(表5.3),由 $Q_h = \rho c_p \overline{w'\theta'} = -c_p K_h \frac{\partial \bar{\theta}}{\partial z}$,其中 Q_h 为感热通量,K_h 为感热的湍流扩散系数,与湍流强弱以及各个尺度的湍流能量分配有关。可见,感热通量与位温垂直梯度成正比,而位温与温度成正比,在地面温度一定的情况下,气温越高,位温垂直梯度越小,感热通量越小。因此,相应地气温与感热通量呈负相关关系。而潜热通量与最高、最低气温均呈正相关关系(表5.3),并且潜热通量与最高气温的相关系数达到0.62,高于与最低气温的相关系数,说明在白天对流活动较为旺盛,地面蒸发比夜间多。

表5.3　夏季最高气温和最低气温距平与各地面通量的相关系数

相关系数	地面向上长波辐射通量	到达地面短波辐射通量	地面感热通量	地面潜热通量
最高气温	0.71*	0.34	−0.44*	0.62*
最低气温	0.85*	−0.11	−0.67*	0.38*

注:＊表示通过0.01的显著性水平检验。

（2）整层加热场

除了地表附近的直接加热外,对流层整层的加热状况是高温或低温维持的重要因素。大气加热场异常对气温异常的形成有着重要的影响,正如文献(Hoskins 和 Rodwell,1996;Guan和 Yamagata,2003)指出,这里计算整层垂直积分大气加热场。计算公式为

$$\frac{1}{P_s - P_t} \int_{P_s}^{P_t} \left[-\boldsymbol{V}_h \cdot \nabla T + \omega (\kappa \frac{T}{P} - \frac{\partial T}{\partial P}) + \frac{\dot{Q}}{C_p} \right] \mathrm{d}P = \frac{1}{P_s - P_t} \int_{P_s}^{P_t} \frac{\partial T}{\partial t} \mathrm{d}P$$

式中,P_s、P_t 分别为地面气压和 100 hPa 等压面,$\omega = \frac{\mathrm{d}P}{\mathrm{d}t}$,$\kappa = \frac{R_d}{C_p}$。由于所用的是月平均资料,局地变化非常小,可忽略。典型高、低温年夏季整层大气异常加热场差值合成如图5.14所示。尽管统计显著性不是处处都在0.10以下,但仍可部分地解释高、低温维持的热力—动力学成因。

典型高温年夏季,长江中下游范围内的整层垂直温度平流(图5.14b)为正异常。同时,非

绝热加热垂直积分(图 5.14c)为正异常,整层大气非绝热增温,而整层水平温度平流(图5.14a)为显著负异常,抵消了一部分垂直温度平流引起的异常动力增温和非绝热增温。典型低温年,加热场的配置刚好相反。因此,长江中下游地区高温主要由垂直温度平流引起的异常动力增温和非绝热加热所致,而水平平流在高温年则以负异常来抵消垂直运动异常和非绝热加热异常导致的异常增温。

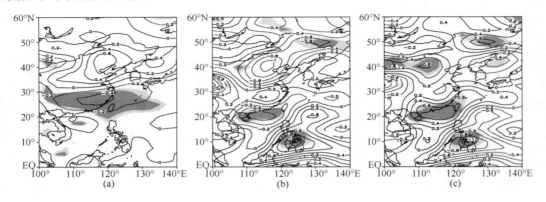

图 5.14 典型高、低温年夏季合成差值场(高温年减低温年)

(a)水平温度平流;(b)垂直温度平流;(c)非绝热加热(单位:℃/d)

(深阴影区表示通过 0.05 的显著性水平检验,浅阴影区表示通过 0.10 的显著性水平检验)

5.4 极端降水事件与环流异常

5.4.1 近 50 a 华东地区夏季异常降水空间分型及与其相联系的遥相关

本节研究对降水而言限于华东六省一市(山东、江苏、浙江、安徽、福建、江西和上海)。选取华东地区(114°—123°E,23°—38°N)91 个站点(图 5.15a)1961—2007 年共 47 a 夏季(6—8 月)的逐日降水资料、1961—2007 年 NCEP/NCAR 平均高度场、温度场、风场、比湿场以及地面气压场再分析资料(空间分辨率为 2.5°×2.5°经纬度)进行分析。遥相关指数(AO、NAO、PNA)取自 NOAA-CIRES Climate Diagnostics Center(http://www.cdc.noaa.gov)。这里夏季指 1961—2007 年的 6—8 月。

5.4.1.1 华东地区夏季降水时空变化

华东地区的降水量分布很不均匀(图 5.15b),降水量最大值出现在安徽南部及安徽、浙江、江西交界处,量值为 750 mm;降水量最小值出现在山东北部,量值为 420 mm。可见华东地区夏季降水具有南多北少的分布特点。图 5.15c 给出了华东地区夏季降水距平的时间序列,标准差为 63.63 mm,可以看出华东地区夏季降水距平低于 1 倍标准差的年份有:1961 年、1966 年、1967 年、1971 年、1978 年、1979 年、1981 年、1986 年、1988 年、2004 年;夏季降水距平高于 1 倍标准差的年份有:1962 年、1993 年、1995 年、1996 年、1997 年、1998 年、1999 年。华东地区夏季降水在 20 世纪 60 年代中期到 80 年代末期降水量低于平均值,90 年代到 2002 年降水量偏多,到 2003 年、2004 年降水量又偏少。华东地区夏季降水空间上分布很不均匀,时间上具有明显的年际和年代际变化特征。

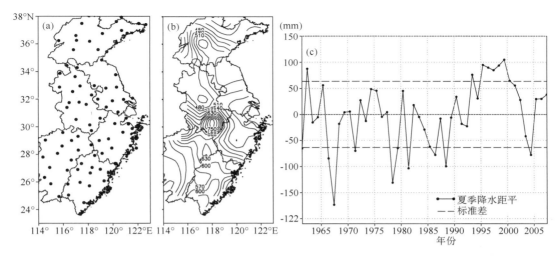

图 5.15　华东地区 91 站的站点分布(a)、夏季降水量(mm)空间分布(b)及夏季降水距平的时间序列(c)

（1）EOF 分析

对华东地区 91 站 47 a 夏季降水量进行标准化处理后进行经验正交函数（EOF）分析，第 1 特征向量（EOF1）方差贡献率为 21.41％，第 2 特征向量（EOF2）的方差贡献率为 16.14％，第 3 特征向量（EOF3）的方差贡献为 10.53％，第 4 特征向量（EOF4）的方差贡献为 8.85％。将特征向量进行 North 检验（North 等，1982），发现前 2 个特征向量可以有效分离。图 5.16 给出了前 2 个特征向量的空间分布。由 EOF1 的空间分布看出，除山东部分地区为正值，其余地区均为负值，负值大值区位于浙江东部、江西、安徽、浙江交界处及江西西部等江南地区（图 5.16a）。EOF1 反映了第 I 类雨型（魏凤英等，1988）。EOF2 显示降水异常大致以 28°N 和 34°N 为界呈由南向北"＋－＋"结构（图 5.16b）。这与魏凤英等（1988）提出的第 II 类雨型相似。由第 1 特征向量的空间分布（图 5.16a）及其时间系数（图 5.16c）可知，1967 年、1971 年、1978 年、2004 年等年份降水量异常偏低，1993 年、1995 年、1997 年、1998 年、1999 年等年份降水异常偏高，

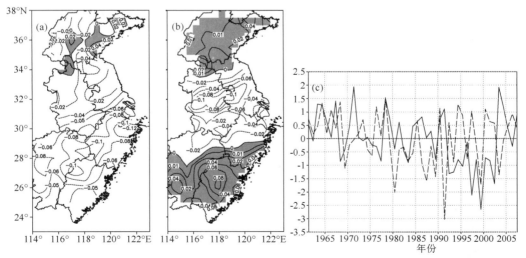

图 5.16　东地区夏季降水量 EOF 分析(a)第 1、(b)第 2 特征向量的空间分布及(c)标准化后的时间系数
（其中实线为 EOF1 标准化后的时间系数，虚线为 EOF2 标准化后的时间系数；阴影区为正值区）

与华东地区年降水量距平时间序列(图 5.16c)所得出的结果一致。而 20 世纪 60 年代降水偏少主要发生在山东地区,90 年代降水偏多主要发生在江南地区,其由 EOF1 和 EOF2 叠加而成。

(2) REOF 分析

EOF 分量的空间分布表明,华东地区夏季降水异常具有较大的局地性。EOF 分析的第 3 至第 5 特征向量经 North 检验(North 等,1982)不能有效分离。为进一步突出华东地区夏季降水的区域特征,对前 50 个特征向量进行旋转,前 50 个特征向量旋转后对原变量场的方差贡献之和为 91%。特征向量旋转后前 5 个分量的方差贡献较大,分别为:9.09%、10.28%、8.59%、8.79% 和 8.75%。华东地区夏季降水旋转 EOF(REOF)前 5 个模态的空间分布如图 5.17a~e 所示。根据前 5 个旋转空间模态的高载荷分布(等值线绝对值大于等于 0.5),将华东地区分为 5 个降水区域。按上述分区标准,高载荷区覆盖了华东绝大部分地区,且相邻区

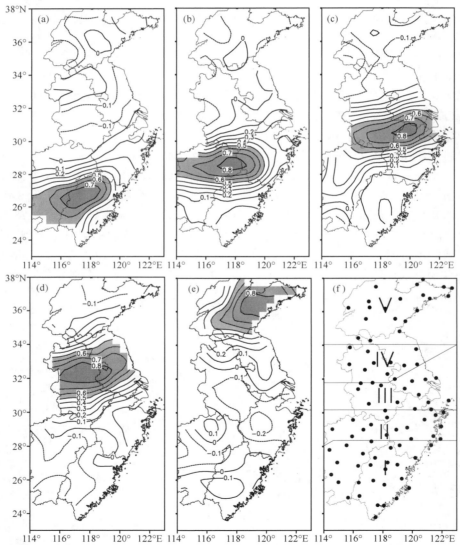

图 5.17 经 REOF 分析的(a)第 3、(b)第 1、(c)第 5、(d)第 2、(e)第 4 空间模态及(f)相应的区域划分

(阴影区的旋转载荷向量绝对值大于等于 0.5)

域几乎没有重叠,分区方法客观可行。REOF3(图 5.17a)显示的主要降水异常位于江西南部、福建和浙江最南部地区,REOF1(图 5.17b)显示的主要降水异常位于江西北部、浙江南部一带,REOF5(图 5.17c)的降水异常位于江苏南部、安徽南部和浙江北部地区,REOF2(图5.17d)的降水异常位于江苏中部和安徽中部,REOF4(图 5.17e)的降水异常区域包括山东、江苏北部和安徽北部。这表明华东地区夏季降水异常有较强的局地性。

黄荣辉等(1999)把全国 336 个测站根据地理环境和气候特征将我国划分成七个区域(其中华东地区分为:黄河流域、江淮流域、长江中下游流域和闽赣地区)。本节根据前五个旋转空间模态的高载荷分布(等值线绝对值大于等于 0.5),将华东降水分为 5 个区域,即 I 区是闽赣地区,II 区是江南地区,III 区是长江中下游地区,IV 区是江淮地区,V 区是黄淮地区(图 5.17f),这与黄荣辉等(1999)的结论相似,与廖荃荪等(1981)的结果存在联系。

5.4.1.2　华东五区域夏季降水异常特点

华东五个区域的夏季降水序列与各个分区对应的 REOF 特征向量时间系数的相关见表 5.4。华东除各区降水和各区所对应的 REOF 特征向量的时间系数相关性较高,其他并无显著相关。这说明将华东地区降水分为五个区域是合理、可靠的。为了进一步弄清其不同,对这五个区域降水的时间序列进行时域分析。

表 5.4　华东五个区域的夏季降水和各个区域对应的 REOF 特征向量的时间系数的相关系数
（I~V 区夏季降水分别记为 P_1、P_2、P_3、P_4、P_5;应的 REOF 特征向量的时间系数分别记为: I_1、I_2、I_3、I_4、I_5）

	I_1	I_2	I_3	I_4	I_5
P_1	**0.905**	0.247	−0.020	−0.104	−0.008
P_2	0.184	**0.925**	0.290	−0.043	−0.043
P_3	−0.023	0.267	**0.897**	0.244	−0.117
P_4	−0.086	−0.047	0.105	**0.970**	−0.023
P_5	0.017	−0.069	−0.080	0.008	**0.951**

（1）五个区域降水的周期

对五个区域的降水时间序列进行功率谱分析,给出了各区域功率谱分析结果(图 5.18),可以看到:I 区(图 5.18)年降水存在 3~5 a 和 10~20 a 周期;II 区(图 5.18b)降水存在准 2 a、准 3 a 和 4~10 a 周期;III 区(图 5.18c)存在 2~3 a 和 10 a 以上的降水周期;IV 区(图 5.18d)降水 2~3 a 和 5~10 a 周期显著;V 区(图 5.18e)降水存在 2~3 a 及 10 a 以上的降水周期。通过比较发现,五个区域的夏季降水周期存在明显的差异。

对降水的标准化距平序列进行 Morlet 小波分析(Torrence 和 Compo,1998),给出不同区域小波系数分布(图略),发现 I 区降水在 20 世纪 60 年代末、90 年代初存在准 2 a 周期,准 8 a 周期在 90 年代后较清楚。与 I 区显著不同,II 区降水在 80 年代初和 90 年代初存在显著的3~4 a 周期,80 年代存在显著的 7~8 a 周期;III 区 90 年代末及以后存在显著的 3~4 a 周期;IV 区在 90 年代存在显著的准 2 a 周期;V 区 7~15 a 周期在 70 年代以前比较清楚,2~3 a 周期在 90 年代末比较显著。

通过比较发现,五个区域夏季降水的周期存在明显差异。当 I 区降水的年际周期性强

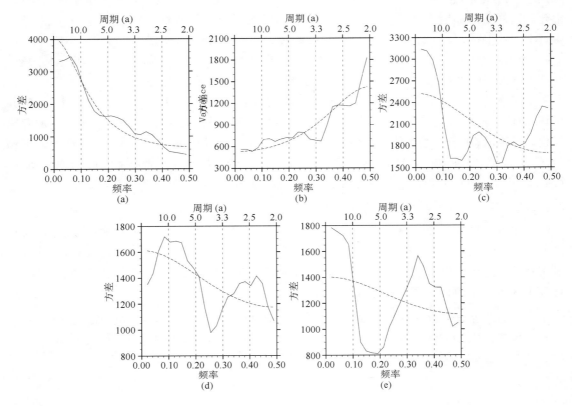

图 5.18　东地区 I 区(a)、II 区(b)、III 区(c)、IV 区(d)、V 区(e)夏季降水的功率谱分析
（虚线表示通过 95％信度红噪声检验）

（弱）时，II、III、IV、V 区降水年际周期性弱（强），各个区域的降水年际周期不一致。有趣的是，如果我们以 1985 年为界，I、II、III、IV 区 1985 年后的周期比 1985 年前的周期要长一些；V 区 1985 年后的周期显著，1985 年前的周期不明显。

(2)五个区域夏季降水的年代际变化

记降水距平时间序列为$\{P_i{'}\}$(i 表示年份序号)，将 $P_i{'}$ 分解成年际($P_{iia}{'}$)和年代际($P_{iid}{'}$)分量之和，即 $P_i{'}=P_{iia}{'}+P_{iid}{'}$。分别对 $P_i{'}$ 的两个分量进行研究。华东五个区域降水除了存在着明显的年际变化外，年代际变化亦非常显著。这里的年代际变化有二，一是降水本身的年代际变化 $P_{iid}{'}$（图 5.19），另一是降水年际变化强度的年代际变化（图 5.19）。这里降水年际变化的强度由降水距平滤除年代际变化分量后的方差表示，即 $P_{iia}{'^2}$。

I 区（图 5.19a）降水从 20 世纪 60 年代到 70 年代中期降水变化比较平稳，70 年代末期到 80 年代末期为少雨期，之后处于多雨期；60 年代末和 21 世纪初降水异常振幅较大。II 区（图 5.19b）20 世纪 60 年代降水偏少，70 年代中期到 80 年代末期降水处于过渡期，90 年代到 21 世纪初为多雨期，之后降水又偏少；90 年代初降水异常振幅较大。III 区（图 5.19c）20 世纪 60 年代到 70 年代中期降水偏少，70 年代中后期为降水过渡期，80 年代到 90 年代末期为多雨期，之后降水偏少，该区降水从 60 年代到 90 年代呈现出增长的趋势；60 年代末和 21 世纪初降水异常振幅较大。IV 区（图 5.19d）降水在 20 世纪 60 年代到 70 年代降水偏少，除 90 年代中期有一个短暂的少雨期,70 年代之后一直处于多雨期,Ⅳ 区降水也呈现出增长的趋势;60 年代降水异常振幅较大。Ⅴ 区(图 5.19e)20 世纪 60 年代初降水偏多,60 年代后期降水偏少,70 年代前期降水偏多,70 年代后期到 90 年代中期为少雨期,90 年代中期有一个短暂的多雨期,之后降水偏少,21 世纪初降水又偏多,该区长期处于少雨期,降水呈降低趋势;20 世纪 90 年代末和 21 世纪初降水异常振幅较大。

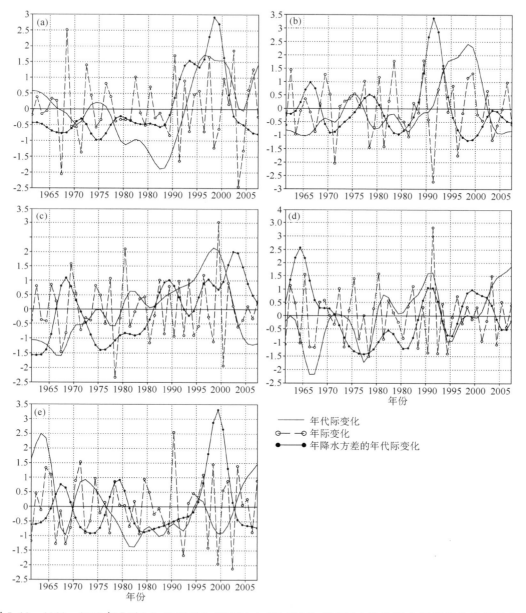

图 5.19　1961—2007 年 Ⅰ 区(a)、Ⅱ 区(b)、Ⅲ 区(c)、Ⅳ 区(d)、Ⅴ 区(e)夏季降水距平标准化后的年际(P_{iia}')、年代际变化(P_{iid}')及降水距平方差标准化后的年代际变化($P_{iia}'^2$)

总观华东各区域降水,其年代际改变非常明显,且年际变率的年代际变化也非常显著。2002年后,闽赣地区、江淮及黄淮降水在年代际尺度上增加,而长江及江南地区降水将减少。有趣的是,不论是 I～V 区中哪个区域,年际时间尺度上降水距平相应的方差的年代际变化曲线基本都在降水年代际变化曲线的非极大值时段出现高峰值,这表示在年代际降水较少或由多变少或由少变多的转换时段,较大的年际变化容易发生。

(3) 环流场特征

求取各区平均的逐年夏季降水距平序列的标准差 σ,定义降水距平低于 -1σ 的年份为旱年,超过 1σ 的年份为涝年(表5.5)。挑选出的每个区域的旱涝年与文献(温克刚,2008)所记录的旱涝年份基本一致。

表 5.5 华东地区五个区域的旱涝年

I 区	旱年:1967年、1971年、1984年、1987年、1988年、1989年、1991年、2003年、2004年
	涝年:1968年、1972年、1995年、1997年、2000年、2002年、2006年
II 区	旱年:1963年、1967年、1971年、1978年、1986年、1991年、2003年
	涝年:1983年、1989年、1993年、1994年、1995年、1997年、1998年
III 区	旱年:1967年、1968年、1978年
	涝年:1980年、1991年、1993年、1996年、1999年、2001年
IV 区	旱年:1961年、1964年、1966年、1967年、1973年、1976年、1978年、1994年
	涝年:1962年、1975年、1980年、1987年、1991年、2003年
V 区	旱年:1968年、1983年、1989年、1992年、1997年、1999年、2002年
	涝年:1962年、1963年、1964年、1965年、1971年、1974年、1990年、2003年、2007年

图 5.20 给出了环流场特征,其中大气视热源 $\langle Q_1 \rangle$ 和视水汽汇 $\langle Q_2 \rangle$ 的计算方案参见 Luo 和 Yanai(1984)倒算法计算大气热源的方法,$\langle Q_1 \rangle - \langle Q_2 \rangle$ 可分解成三个部分,即辐射加热、地表感热通量和地表蒸发潜热。

对闽赣地区(I区)降水异常而言,旱年与涝年 500 hPa 高度场的差值(图 5.20a)显示在江南地区存在正距平,正距平中心位于浙闽沿海;对流层低层 850 hPa 反气旋环流异常,利于低层辐散和下沉气流的形成;长江中下游地区 $\langle Q_1 \rangle - \langle Q_2 \rangle$ 正异常(图 5.20b),说明长江中下游地区辐射加热和辐射热通量异常,导致对流层低层大气辐合、高层辐散,闽赣地区易产生对流层低层辐散,反气旋环流产生,而水汽从该地区向西太平洋和南海输送(图 5.20b),造成该地区降水偏少,形成干旱。

江南地区(II区)旱年与涝年 500 hPa 高度场的差值(图 5.20)显示闽赣以南地区为负距平,负距平中心位于南海和西太平洋,即西太平洋副高偏西、偏南;水汽向长江以北输送(图 5.20d);又江南地区 $\langle Q_1 \rangle - \langle Q_2 \rangle$ 为负值(图 5.20d),辐射冷却,导致大气冷却并不利于对流活动异常加强,对流层低层大气辐散、高层辐合,产生反气旋环流,使得该地区降水偏少,形成干旱。

长江中下游地区(III区)旱年与涝年 500 hPa 高度场的差值(图 5.20e),蒙古高原和西太平洋上有异常的负距平中心,说明亚欧大陆上空气旋性异常,西太平洋副高脊线偏西、偏北,夏

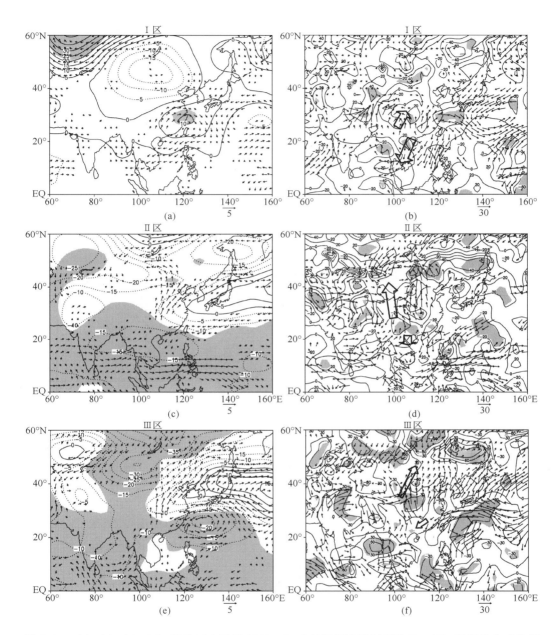

图 5.20 (a)、(c)、(e)、(g)、(i)为五个区域 1961—2007 年旱年减涝年夏季 500 hPa 高度场合成差值（单位：gpm）和同期旱年减涝年 850 hPa 风场合成差值（单位：m/s），阴影区为高度场合成差值通过 95% 信度检验的区域，粗（细）箭头表示通过 95%（85%～95%）信度检验的风场；(b)、(d)、(f)、(h)、(j)为 1961—2007 年旱年减涝年夏季〈Q₁〉－〈Q₂〉合成差值（单位：W/m²）及 1961—2007 年夏季 1000～300 hPa 旱年减涝年水汽通量整层积分（单位：kg/(m·s)），阴影区为通过 95% 信度检验的区域，粗（细）箭头表示通过 95%（85%～95%）信度检验的水汽通量，空心箭头表示水汽输送方向

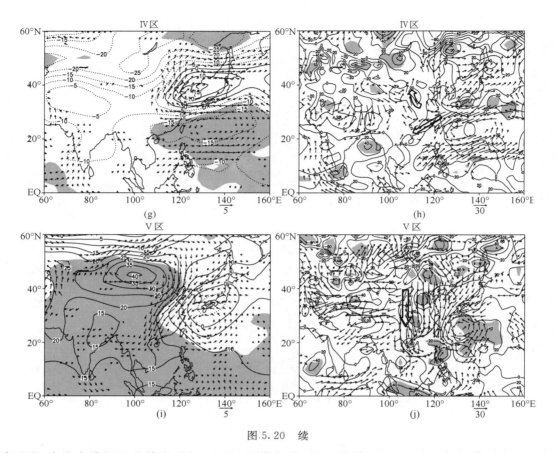

图 5.20 续

季风强;水汽向淮河以北输送(图 5.20f),雨带北移;长江流域⟨Q₁⟩-⟨Q₂⟩负异常(图 5.20f),说明长江流域辐射冷却异常,有利于对流活动的减弱和潜热释放异常减少,导致对流层低层辐散、高层辐合,产生反气旋环流,造成长江流域地区降水偏少,形成干旱。

对江淮(Ⅳ区)降水异常而言,旱年与涝年 500 hPa 高度场的差值(图 5.20g)显示西太平洋上有异常的负距平中心,长江以北地区 850 hPa 上对流层反气旋环流异常,不利于低层辐合和上升气流的形成;Ⅳ区(图 5.20h)干旱年水汽经西太平洋输送到该地区后分别向南北输送,使得该地区干旱少雨。

黄淮地区(Ⅴ区)旱年与涝年 500 hPa 高度场的差值(图 5.20i)显示我国绝大部分地区为正距平,正距平中心位于蒙古高原;850 hPa 上淮河以北地区存在反气旋切变,利于低层辐散和下沉气流的形成;干旱年水汽由西西伯利亚经中西伯利亚、我国东北部、华北、华东输送到云贵高原和南海(图 5.20j);黄淮地区⟨Q₁⟩-⟨Q₂⟩负异常(图 5.20j),说明该地区辐射冷却异常,有利于对流活动的减弱和潜热释放异常减少,导致对流层低层辐散、高层辐合,产生反气旋环流,造成该地区降水偏少,形成干旱。

(4)华东五区降水异常相联系的遥相关

为了从更大尺度上说明华东地区降水各型形成的环流成因,这里首先给出降水异常序列与各种遥相关指数包括北极涛动(AO)(Thompson 和 Wallace,1998)、NAO(龚道溢和王绍武,2000)、太平洋-北美型(PNA)、东大西洋型(EA)、西太平洋型(WP)、欧亚-太平洋型

(EUP)(Wallace 和 Gutzler,1981;施能等,1994)、PJ(Nitta,1987;Wakabayashi 和 Kawamura, 2004)及 EAP(Huang,2004;陈文等,2008)的相关系数(见表 5.6)。要说明的是,①这些已知 的遥相关现象如 AO、NAO、PNA、EUP、EA 等不论在冬、夏季都有相关的研究;②为了突出降 水显著异常年份的环流特征,采用表 5.6 中所给年份构成时间序列,而那些对各区而言,降水 异常未达到 1 个标准差的年份则不在本节统计研究之列。

表 5.6　各区夏季降水异常序列与各遥相关指数的相关

	P_I	P_{II}	P_{III}	P_{IV}	P_V
EA(东大西洋型)	−0.24	−0.27	0.51	0.55△	−0.02
EUP(欧亚—太平洋型)	0.68△	−0.30	0.37	−0.53△	−0.38
PJ(太平洋—日本型)	−0.23	0.25	0.01	0.53△	0.15
EAP(东亚—太平洋型)	−0.17	0.21	0.41	0.68△	−0.32
WP(西太平洋型)	0.12	−0.07	−0.21	−0.53△	0.13
AO(北极涛动)	0.13	−0.18	−0.20	0.32	0.44*
NAO(北大西洋涛动)	0.13	0.19	0.30	0.64△	0.30
PNA(太平洋—北美型)	−0.01	−0.52△	−0.29	−0.01	0.25

注:为与前述旱涝年差值合成相对应,相关系数已乘−1;"△(*)"为通过 95%(90%)信度检验;$P_I \sim P_V$ 分别表示 I~V 区异 常年夏季降水。

可以看到,闽赣地区(I 区)降水和 EUP 型遥相关指数相关达 0.68,存在密切的联系。江 南(II 区)降水和 PNA 指数呈现出较好的负相关,表明江南发生干旱(洪涝)时,PNA 处于低 (高)指数期。为何江南地区降水与 PNA 型存在显著相关,尚需进一步研究。注意到长江中 下游地区(III 区)降水与表 5.6 所列多种遥相关型在 90%信度水平及其以上并无显著的联系, 对这一降水类型的形成机制可能还需另做研究。影响江淮地区(IV 区)降水的遥相关型较多, 既有 EA、EUP,亦有 PJ、EAP 及 WP。事实上,EA 和 EUP 的波列有所重叠,而 PJ、EAP、WP 亦在西太平洋存在结构上的相似之处。蔡佳熙等(2009)研究表明,江淮地区 P—J 型波列对 江淮流域夏季气温异常存在重要影响,气温高低与降水异常密切相关。江淮降水还和 NAO 指数呈显著的正相关。有研究表明强 NAO 指数年东亚夏季风强,我国大范围高温,雨带位置 偏北,易出现第 I 类雨型(王永波和施能,2001)。黄淮(V 区)降水和 AO 指数的相关系数可通 过 90%的信度水平检验,呈正相关,即强 AO 指数年,黄淮降水偏少,反之偏多。

为了进一步说明遥相关特征,利用表 5.5 中选出的旱涝年份资料构成的时间序列,计算了 各个区域夏季降水与东半球 850 hPa 风场、500 hPa、200 hPa 高度场的同期相关(图 5.21)。

对闽赣地区(I 区)降水异常而言,850 hPa(图 5.21a)上自地中海西部至西太平洋存在"反 气旋—气旋—反气旋—气旋—反气旋"的环流异常,而 500 hPa 和 200 hPa(图 5.21a、b)上存 在相应的"+−+−+"的中心,这在对流层呈相当正压结构,显示出自地中海西部向东传播的 波列(Lu 等,2002;陈芳丽和黎伟标,2009),而闽赣地区夏季降水与 EUP 遥相关指数达到 0.68(表 5.6)。这是相当清楚且十分有趣的联系。

江南地区(II 区)降水显著异常时,850 hPa(图 5.21c)上菲律宾群岛至我国东北地区呈现 出"气旋—反气旋—气旋"结构,对应的对流层中高层高度场上(图 5.21c、d)存在"−+−"的 相关区,即热带西太平洋中高层位势高度降低(增高),在中国东部至日本本岛一线出现低层反 气旋(气旋)、中高层出现位势高度场的相对升高(降低),低空反气旋发展(减弱),呈现出 EAP

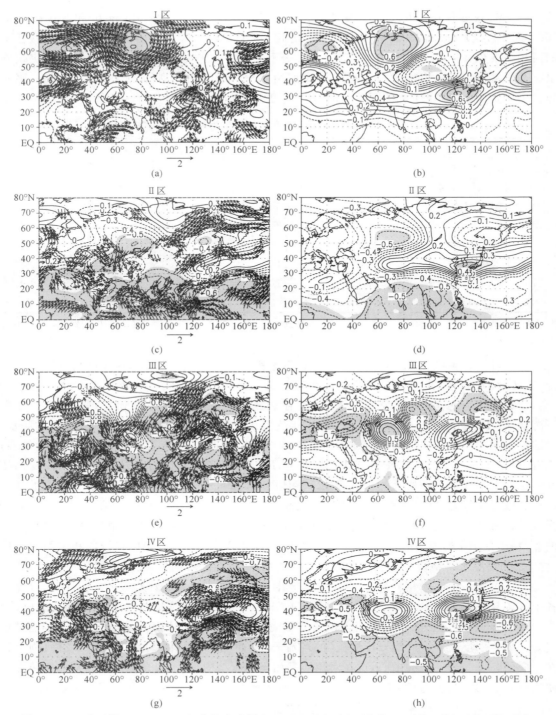

图 5.21　五个区域 1961—2007 年位势高度场((a)、(c)、(e)、(g)、(i)为 500 hPa,(b)、(d)、(f)、(h)、(j)为 200 hPa)及 850 hPa 风场和各区降水的相关,为与前述旱涝年差值合成相对应,相关系数已乘 —1;深(浅)阴影区为通过 95%(90%)信度检验的区域,箭头为通过 90%信度检验的纬向和经向风场分别与降水的相关系数所构成的矢量

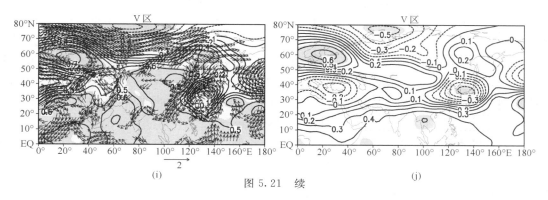

图 5.21　续

或 P—J 型遥相关。注意到表 5.6 中 P_{II} 与 PNA 显著相关,我们需要关注热带地区或洋中槽区到底发生了什么。这需要进一步研究。

长江中下游地区(III 区)降水异常时,自亚欧边界至中太平洋 850 hPa(5.21e),存在"气旋—反气旋—气旋—反气旋—气旋"的环流异常,500 hPa(图 5.21e)存在相应的"—＋—＋—"中心,200 hPa(图 5.21f)自伊朗高原以西至东亚存在一个"—＋—＋"的结构,这可能与"丝路型"遥相关有关(Enomoto 等,2003)。在西太平洋—东亚地区,对流层中低层存在 P—J 型相似的遥相关结构。注意到表 5.6,此区降水和 EA、EAP 相关系数分别为 0.51 和 0.41(尽管 90％信度水平为 0.52),所以此区降水可能与这两种遥相关型亦存在某种联系。

对江淮(IV 区)降水异常而言,850 hPa(图 5.21g)上自西太平洋至鄂霍次克海存在"气旋—反气旋—气旋"的环流异常,500 hPa 和 200 hPa(图 5.21g,h)上存在相应的"—＋—"中心,扰动呈准正压结构,亦显示出 P—J 型或 EAP 型波列特征。表 5.6 还显示此区降水与 EA 型指数有较高的显著相关,这在 500 hPa 和 200 hPa 上可看出存在穿越极区的自西半球至西太平洋的波列结构。

黄淮(V 区)降水异常时,850 hPa(图 5.21i)上自撒哈拉至地中海北部再至北极地区存在"反气旋—气旋—反气旋—气旋"的环流异常,500 hPa 和 200 hPa(图 5.21i,j)存在相应的"＋—＋—"相关中心或区域,显示出源自撒哈拉地区向东北传播波列。但这一波列与黄淮降水异常的联系尚不清楚。然而,表 5.6 中此区降水异常与 AO 指数存在 90％信度上的显著相关,来自地中海附近的扰动可能通过北极涛动对黄淮地区降水异常产生影响。同时,注意到,黄淮地区的降水偏少(偏多)还与整个副热带和热带地区位势高度的升高(降低)有关。这种联系是什么原因造成的,仍需进一步研究。

表 5.7　同表 5.6,但为与赤道至 25°N 东半球平均位势高度场的相关

	P_I	P_{II}	P_{III}	P_{IV}	P_V
500 hPa	−0.12	−0.59△	−0.67△	−0.54△	0.57△
200 hPa	−0.06	−0.45*	−0.26	−0.53△	0.40*

注:同表 5.6。

注意到整个东半球热带地区的位势高度与各区降水均有较好的关系,这里制作了表 5.7。可见除了闽赣地区外,各区降水均与 500 hPa 赤道至 25°N 东半球平均位势高度场呈显著相关(均可通过 95％信度检验)。而江南、江淮和黄淮降水与 200 hPa 位势高度场相关性较好,这与图 5.21 一致。

以上分析表明,华东地区不同区域的夏季降水异常与不同类型的遥相关可能存在联系。闽赣即江南南部降水清楚地受 EUP 型遥相关影响;江南地区降水则受 P—J 型影响,亦可能与 PNA 存在联系;长江流域可能受到 EA 和 EAP 影响,亦与"丝路型"遥相关存在可能的联系;江淮地区降水则清楚地受到 EA 型和 PJ/EAP 的共同影响,亦与 NAO 存在可能的联系;而黄淮降水则与源于地中海地区向东北传播且通过 AO 而产生影响的波列存在联系。同时注意到,除了江南南部降水异常与 500 hPa 东半球热带地区高度场异常联系不清楚外,其余各区都受到热带地区高度场变化的显著影响。以上结果说明,华东地区由南向北五个不同区域降水异常形成原因各不相同,反过来亦说明由 REOF 确定的降水区划是基本合理的。

5.4.2　夏季长江中下游地区流域性极端日降水事件形成的环流特征

本节所用资料取自中国 743 站夏季日降水资料和 NCEP/NCAR 再分析资料集(Kalnay 等,1996)。使用的 NCEP 资料的变量包括:全球范围的月平均的以及逐日的 17 层位势高度资料、风场资料等。这些变量相应的资料水平分辨率为 2.5°×2.5°。时间取 1979—2008 年,夏季定义为 6—8 月。下文中所述物理量的"异常"均为与 6—8 月平均值的差。

长江中下游地区是指南岭以北,秦岭—淮河一线以南,巫山以东的广大区域,即 110°E 以东,25°—34°N 的范围内。结合行政区划,选取湖南、湖北、浙江、江西、江苏、安徽以及上海六省一市范围内的共 84 站,所选区域站点与全国其他地区相比分布较均匀,且在空间分布上较密集(图 5.22b),因此在计算区域平均时使用了简单的算术平均,并未采用 Jones 等(1986)提出的面积平均的方法,尽量避免插值所产生的误差。

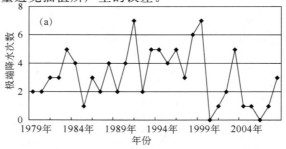

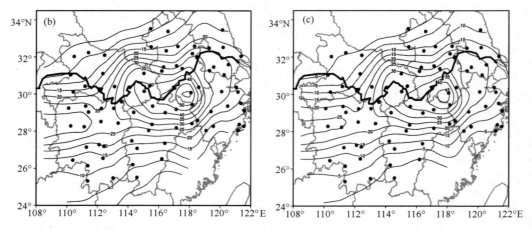

图 5.22　极端降水次数的年分布图(a)、93 次极端降水事件的均值(b)、93 次极端降水的距平(c)
(单位:mm/d;图中粗实线表示长江)

5.4.2.1　极端降水事件的选取

单个或几个站点发生极端降水事件时,较容易造成城市内涝等问题,但极端降水具有明显的区域性和空间群发性,整个区域发生极端降水事件时,易使区域内的水位瞬时增加,造成大面积的洪涝灾害。长江中下游地区是中国防洪抗灾的主要区域之一,这里考虑将该地区的日降水量作区域平均,以确定整个区域发生极端降水事件的日数。

将 1979—2008 年 30 a 夏季共 2760 d 长江中下游地区所选的 84 站的日降水量进行区域平均,再将日降水量小于 1 mm 的天数去掉,剩下的天数按日降水量升序排列,取 95 百分位上的值作为阈值,选取大于该阈值的天数为极端降水日数。按照上述方法,得到极端降水的阈值为 19 mm/d,获取大于该阈值的天数共 93 d(表 5.8)。同时,在对降水进行区域平均后,运用翟盘茂(2003)选取极端事件的方法可得出阈值为 18.55 mm/d,比 19 mm/d 这一阈值略低。WMO-CCL/CLIVAR 发布的极端降水指数(North 等,1982;王冀等,2008)中的大雨天数 d_{R20} 是指日降水量超过 20 mm/d 的天数,这里所选取的极端降水日数恰好与该指数内涵较为一致。王冀等(2008)的研究也表明大雨天数这一指标对长江中下游的极端降水有较好的指示作用。因此,这里所选取区域平均的阈值基本合理。

5.4.2.2　长江中下游极端降水的概况

根据所确定的阈值,极端事件的发生日期见表 5.8。为进一步显示各年极端降水次数的差别制作了图 5.22a。可见,极端降水事件在 20 世纪 90 年代较为频繁,除 1992 年和 1997 年以外,其他各年的极端降水事件都大于或等于 4 次,超过平均水平 3.2 d/a。这与苏布达(2006)的结论是一致的。而在 2000 年以后,只有 2003 年的极端降水次数为 5 次,超过平均水平。另外,极端降水的次数与我国的洪涝灾害对应较好,如 1991 年的极端降水次数为 7 次,而这一年夏季长江中下游地区也出现大面积洪涝,造成严重损失(丁一汇,1993)。从表 5.8 中可以看出,长江中下游区域平均的极端降水事件在 6 月出现的概率为 64.5%,远大于 7 月、8 月,这与长江中下游的梅雨出现在 6 月下旬到 7 月上旬有关。

根据表 5.8,做出 93 次极端降水的平均值。由图 5.22b 可见,发生极端降水时,整个区域中部测站的日降水量均大于 25 mm/d,为大雨雨量。极端降水的最大值主要出现在安徽、江西、浙江三省的交界处,其最大值超过 50 mm/d。另一较大中心出现在湖南省的西北部地区,日降水量不小于 30 mm/d。图 5.22c 给出了 93 次极端降水与 30 a 夏季(1979—2008 年)平均日降水量的差值,显示出与 93 次平均极端降水一致的分布,平均值与大值区亦在安徽、江西、浙江三省的交界处以及湖南省的西北部。

5.4.2.3　极端降水的环流特征

(1) 水平与垂直环流

长江中下游流域性极端降水的发生与东亚大气环流异常密切相关。对中国夏季的天气气候而言,西太平洋副热带高压是重要的环流系统之一,夏季西太平洋副热带高压异常偏南偏西,易使其北侧雨带造成我国南方严重的洪涝(张天宇和孙照渤,2007;王黎娟,2009)。极端降水事件发生时 500 hPa 风场的流函数及其辐散风场(图 5.23b)显示,副高的位置比夏季平均态(图略)明显偏西,维持在 100°E,22°N 附近,副高强度明显偏强,中国华南以南的地区都在副高的控制下,有利于其北侧雨带在长江中下游地区形成,造成长江中下游的极端降水事件的发生。

表 5.8　长江中下游地区发生极端降水的日期

年份	日　　期
1979 年	6 月 4 日　6 月 25 日
1980 年	6 月 10 日　8 月 12 日
1981 年	6 月 27 日　6 月 28 日　7 月 11 日
1982 年	6 月 20 日　6 月 21 日　7 月 19 日
1983 年	6 月 2 日　6 月 20 日　7 月 1 日　7 月 4 日　8 月 23 日
1984 年	6 月 7 日　6 月 13 日　6 月 14 日　8 月 31 日
1985 年	6 月 4 日
1986 年	6 月 12 日　6 月 16 日　6 月 22 日
1987 年	6 月 1 日　6 月 7 日
1988 年	6 月 19 日　6 月 22 日　6 月 28 日　8 月 26 日
1989 年	6 月 4 日　8 月 28 日
1990 年	6 月 7 日　6 月 14 日　7 月 1 日　8 月 31 日
1991 年	6 月 8 日　6 月 13 日　7 月 1 日　7 月 3 日　7 月 6 日　7 月 9 日　8 月 7 日
1992 年	6 月 14 日　8 月 31 日
1993 年	6 月 1 日　6 月 22 日　6 月 30 日　7 月 3 日　7 月 4 日
1994 年	6 月 9 日　6 月 10 日　6 月 12 日　6 月 13 日　6 月 17 日
1995 年	6 月 3 日　6 月 21 日　6 月 25 日　7 月 1 日
1996 年	6 月 20 日　6 月 24 日　7 月 2 日　7 月 14 日　7 月 15 日
1997 年	6 月 7 日　7 月 8 日　8 月 19 日
1998 年	6 月 18 日　6 月 24 日　6 月 25 日　7 月 22 日　7 月 23 日　7 月 29 日
1999 年	6 月 23 日　6 月 26 日　6 月 27 日　6 月 28 日　6 月 29 日　6 月 30 日　8 月 30 日
2000 年	无
2001 年	6 月 10 日
2002 年	6 月 28 日　8 月 7 日
2003 年	6 月 24 日　6 月 25 日　6 月 27 日　7 月 5 日　7 月 10 日
2004 年	6 月 24 日
2005 年	8 月 7 日
2006 年	无
2007 年	6 月 1 日
2008 年	6 月 9 日　6 月 10 日　6 月 17 日

　　环流的高低层配置上显示,在低层 850 hPa 上(图 5.23a),副高北侧气流与来自北方的气旋式环流南侧气流在长江中下游地区交汇,使得源自索马里越赤道气流的低空西风和副高主体外围转向气流都到达长江中下游地区,这为该地区的极端降水事件提供了充足的水汽条件。在 200 hPa 高空(图 5.23c)有较强的闭合反气旋性环流,其中心位于中国的西南地区。在中高纬地区,我国北方的大部分地区被一较强的气旋式环流控制,此气旋或 40°N 处的反气旋均呈纬向伸展状态。同时,长江中下游地区对流层高层的辐散有利于地面气压降低,加强低层气旋,产生更强的辐合,有利于强降水的发生。

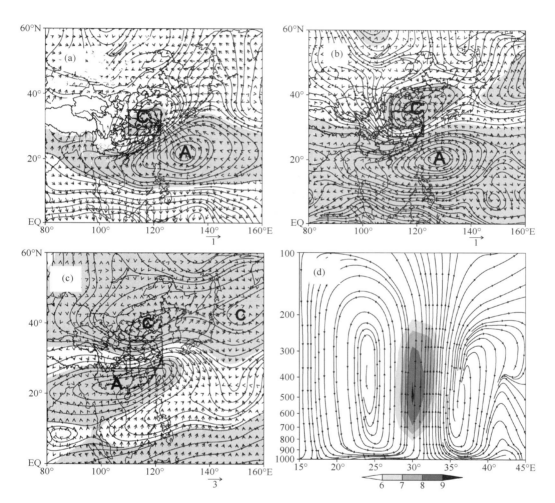

图 5.23　合成的极端降水事件无辐散风(流线)和辐散风场(箭头)(单位:m/s);850 hPa(a),500 hPa(b),200 hPa(c)中阴影区为通过不低于 95% 信度的 t 检验区域;(d)为沿 110°—125°E 的经向环流距平剖面,阴影区为垂直速度 ω 的数值(已放大 100 倍)(单位:Pa/s)

　　极端降水当日的垂直环流显示(图 5.23d),位于 27°—34°N 的长江中下游地区存在强烈的上升运动,阴影部分垂直速度大于等于 6 Pa/s。在 300~400 hPa、30°N 附近上升速度达到 8 Pa/s 以上。此深厚的大尺度垂直环流为极端降水的形成提供了有利条件。

　　另外,由图 5.23 中 95%信度的显著性 t 检验可知,极端日降水的发生看起来与局地和热带地区的环流异常关系更为密切。

　　(2) 水汽输送

　　亚洲季风系统由东亚和南亚季风这两个既相互独立却又彼此影响的季风子系统构成。中国夏季降水的异常和季风异常紧密联系。影响中国夏季降水的水汽来源主要有两个(Murakami,1959;丁一汇,1992):一是孟加拉湾,其与南亚夏季风活动有关;另一个是南海地区,与东亚夏季风活动有关。这两个水汽来源均为热带海洋。

　　极端降水当日整层积分的水汽通量距平的流函数及辐散分量显示(图 5.24),中国的江苏、上海、安徽、江西等省市及其近海地区存在较强的水汽辐合中心。该地区的水汽主要源自西太平洋副热带高压西北侧的西南气流将热带西太平洋和南海地区的暖湿气流向西向北输送,而来自孟加拉湾的西南暖湿气流亦是长江中下游地区极端降水事件的水汽来源。

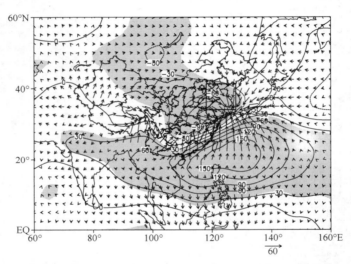

图 5.24　极端日降水事件合成的整层积分的异常水汽通量的流函数(单位:10^6 kg/s)及辐散分量(单位:kg/(m·s))。图中阴影为通过不低于 95%信度 t 检验的区域

5.4.2.4　极端降水相关的外强迫

　　(1) 视热源

　　为了弄明极端降水的发生与加热场的关系,计算了大气视热源 Q_1 和视水汽汇 Q_2。参考 Luo 和 Yanai(1984),Q_1 和 Q_2 由下式计算:

$$Q_1 = c_p\left(\frac{\partial T}{\partial t} + V \cdot \nabla T + \left(\frac{p}{p_0}\right)^k \omega \frac{\partial \theta}{\partial p}\right) \tag{5.1}$$

$$Q_2 = -L\left(\frac{\partial q}{\partial t} + V \cdot \nabla q + \omega \frac{\partial q}{\partial p}\right) \tag{5.2}$$

上两式右端均包括三项,分别为局地变化项、水平平流项和垂直输送项。对上两式分别进行垂直积分,以⟨ ⟩表示,可算出⟨Q_1⟩、⟨Q_2⟩。而⟨Q_1⟩、⟨Q_2⟩亦可表示为:

$$\langle Q_1 \rangle = \frac{1}{g}\int_{p_S}^{p_T} Q_1 \mathrm{d}p = (LP_r + LC - LE) + Q_S + \langle Q_R \rangle \tag{5.3}$$

$$\langle Q_2 \rangle = \frac{1}{g} \int_{p_S}^{p_T} Q_2 \, \mathrm{d}p = (LP_r + LC - LE) - LE_s \qquad (5.4)$$

由式(5.3)和式(5.4)得：

$$\langle Q_1 \rangle - \langle Q_2 \rangle = \langle Q_R \rangle + \langle Q_s + LE_s \rangle \qquad (5.5)$$

式(5.1)~(5.5)中，L 为凝结潜热，P_r 为降水量，Q_s 为地面感热输送，E 为气柱中云滴的蒸发量，C 为气柱中水汽凝结所致的液态水生成量，E_s 为地面潜热输送，$\langle Q_R \rangle$ 为辐射加热(冷却)的垂直积分，P_s 为地面气压，P_T 取为 300 hPa。

93 次极端降水事件整层积分的 $\langle Q_1 \rangle$、$\langle Q_2 \rangle$ 的距平值的水平分布(图 5.25a、b)类似于整层水汽通量异常的流函数及辐散分量的分布，主要表现为在长江中下游流域及西太平洋地区存在大值区(图 5.24、图 5.25)。研究表明(丁一汇，1993)，在强降水发生时，地面的感热和蒸发通量很小，强烈的视水汽汇造成强降水，而强降水的发生又释放大量的凝结潜热，大气受到较强的非绝热加热强迫。图 5.25a、b 显示，在中国长江中下游及黄海地区，$\langle Q_1 \rangle$ 和 $\langle Q_2 \rangle$ 均为正异常，这是由于大量降水造成的凝结加热所致；南海及西太平洋暖池一带属异常冷却，$\langle Q_1 \rangle$ 和 $\langle Q_2 \rangle$ 为强的负异常区域，这可能与副高所在区域辐射冷却和蒸发异常有关(王黎娟，2008)。

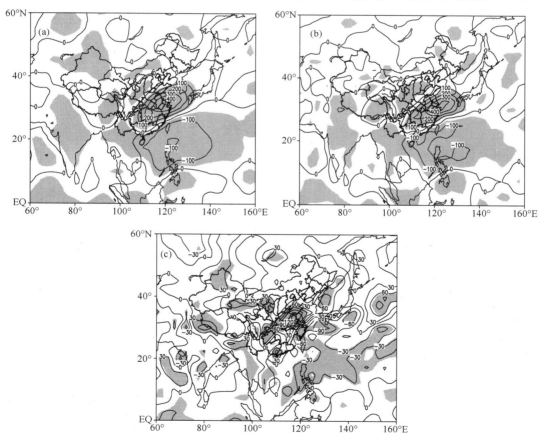

图 5.25 合成的极端降水当日的垂直积分的视热源(a)$\langle Q_1 \rangle$、(b)视水汽汇$\langle Q_2 \rangle$以及(c)$\langle Q_1 \rangle - \langle Q_2 \rangle$ 与夏季平均的差值(单位：$\mathrm{W/m^2}$)。阴影区为通过 95% 信度 t 检验的区域

辐射和地表感热通量的异常所形成的非绝热加热由$\langle Q_1 \rangle$和$\langle Q_2 \rangle$之差表示。如果$\langle Q_1 \rangle$与$\langle Q_2 \rangle$之差非常小,水汽凝结起主要作用;若差值正异常,则表示除了潜热加热外,辐射加热、地面感热和潜热输送加强;反之表示辐射冷却、地面感热潜热输送减弱。从图5.25c可以看出,$\langle Q_1 \rangle - \langle Q_2 \rangle$在长江中下游偏北的地区为正异常区,即该地区辐射和地表感热潜热输送异常加强,这是由于雨带北侧的云量较少对短波辐射的阻挡减小,地表感热向大气输送增加所致(图略)。特别注意到,在长江中下游东南部及黄海、西太平洋地区$\langle Q_1 \rangle - \langle Q_2 \rangle$为负异常。这些地区海表热通量的减弱和辐射冷却的加强,将有利于对流活动的减弱和潜热释放异常减少,并导致对流层低层气流辐散。根据Gill理论(Gill,1980;Ambrizzi和Hoskins,1997),这种强迫可在其西北侧导致反气旋环流产生。而由该反气旋式环流区域出发的辐散气流向长江中下游地区辐合,有利于极端日降水事件的形成。

(2)海温场

海温异常在中国长江流域降水异常中起到重要作用。厄尔尼诺成熟期后的夏季,长江流域降水通常出现正异常。将极端降水发生月份的海温平均值与30 a(1979—2008年)夏季平均的海温做差值(图5.26)可显示,极端降水发生时,赤道东太平洋及印度洋地区为正异常区,太平洋北部地区则为较强的负异常区。这种海温异常的分布与El Nino盛期及衰减期的分布较为一致。众所周知,夏季西太平洋暖池和赤道印度洋海温偏高,通常与前期冬季赤道东太平洋海温偏高有关。当夏季西太平洋暖池和赤道印度洋海温偏高时,西太平洋副热带高压偏强,位置偏西、偏南,有利于长江流域夏季降水偏多。

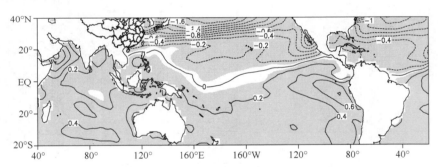

图5.26 极端降水所在月份海温与30 a夏季海温的差值(单位:℃)

阴影区为通过95%信度t检验的区域

5.4.2.5 极端降水相关的不同环流类型

为进一步明确环流型与极端降水事件的关系,需检测极端日降水事件发生时是否都存在图5.23、图5.24的特征。为此,选取覆盖长江中下游流域的区域(10°—50°N,100°—140°E),记为区域A用于进一步分析。将该区域内1979—2008年夏季逐日的500 hPa高度场与图5.23b显示的合成的极端降水当日500 hPa高度场做空间相关,获得了空间相关系数的时间序列,用此时间序列与长江中下游地区区域平均逐日降水量的时间序列进行相关分析,得到相关系数为0.27(通过95%的信度检验)。这一数据表明,图5.23b所显示的极端降水500 hPa环流形势能够基本反映极端降水发生当日的环流特征。进一步地,将93次极端降水事件的区域A内500 hPa高度场与图5.23b所示该区域内的高度场求空间相关系数(图5.27),得到在93次极端降水事件中,大多数的500 hPa高度场与合成平均场的空间相似系数达到0.6左右。

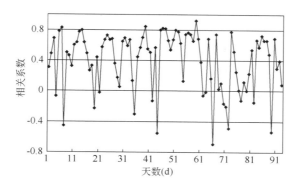

图 5.27　93 次极端降水事件的 500 hPa 高度场与 93 次极端降水平均的 500 hPa 高度场的空间相关

特别注意到,图 5.27 中仍有些相关系数不大甚至为负相关系数。这些负相关的极端降水事件的环流特征又如何呢?

(1)"负相关"事件的环流特征

为进一步了解负相关事件的环流形势,将 16 次负相关日数事件与 77 次正相关事件分别进行各种物理量的合成,结果表明,正相关事件的合成结果(图略)与 93 次极端降水事件的合成结果较为一致,而负相关事件的合成则有明显的不同。

表 5.9　空间相关为负值的日数(其中 T 表示该日处于台风过程)

日期(年—月—日)	降水量(mm)	日期(年—月—日)	降水量(mm)
1980—8—12	24	1996—7—15	20
1981—7—04	21	1997—8—19	29
1984—8—31	23	1998—7—22	24
1986—6—12	20	1998—7—23	28
1990—8—31	24(T)	1998—7—29	22
1991—8—07	25	1999—6—29	23
1992—8—31	24	2002—8—07	21
1996—6—07	24	2005—8—07	20(T)

① 负相关事件的日降水量合成

将 16 次负相关事件的日降水量进行合成得到其空间分布,见图 5.28a;而其与 30 a 夏季平均日降水的差值可见图 5.28b。与 93 次极端降水事件的合成(图 5.22b)相比,这 16 次降水的最大值区域出现在安徽、江西、浙江三省的交界处,且其量值偏大,超过 50 mm/d 的区域明显增大。除了湖南西北部有一较大中心外,江苏南部也出现一降雨量的较大中心,日降水量不小于 35 mm/d。而图 5.28b 所示分布亦与图 5.22b 相似,只是数值偏大一些。

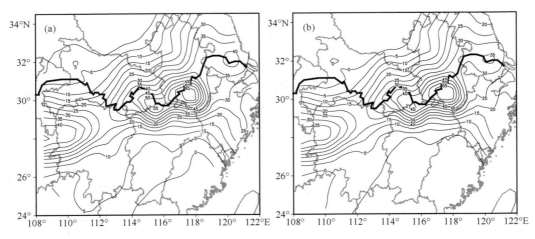

图 5.28　负相关极端降水事件的均值(a),及其与 30 a 夏季平均的差值(b)(单位:mm/d)

② 负相关事件的环流形势及其水汽输送

负相关事件合成的环流型与93次极端降水事件的合成具有明显的区别(图5.29)。93次极端降水的环流特征呈纬向伸展为主(图5.23),而在负相关事件的合成,则主要表现为经向伸展(图5.29)。在低层(图5.29a),长江中下游地区受一气旋控制,在气旋的东北部,有一强的反气旋,而在南海地区存在一热带反气旋。注意到,热带外地区,从低层到高层(图5.29),天气系统深厚且呈现西倾的特征。在长江中下游地区低层辐合,高层辐散,垂直环流得到发展(图5.29d)。需要强调的是,在图5.29所示的环流特征之下,水汽则主要来自南海、西太平洋地区,且水汽辐合源自各个不同的方向(图5.29e)。另外,去掉两次台风所在的日期,将剩余的14次极端事件进行合成(图略),结果发现与16次负相关事件的合成较为一致,表明这两次台风过程对负相关事件的合成结果的影响可忽略。

注意到,从显著性检验来看,负相关极端降水事件与亚洲东北部环流异常的关系更为密切。这与图5.23所示结果很不相同。

(2)负相关事件相关的非绝热加热和海温异常

① 加热场异常

对于负相关极端降水事件,整层积分的视热源与视水汽汇最大正值中心出现在长江中下游的东部地区,且范围明显小于93次极端降水事件合成的加热场,分布趋于圆形,这与降水造成的凝结潜热释放有关。在菲律宾群岛附近为较强的负距平区,显示异常冷却,但与图5.25相比,范围较小,这与南海地区的反气旋式环流有关。$\langle Q_1 \rangle$、$\langle Q_2 \rangle$ 的差值(图5.30c)显示,在菲律宾以东的西太平洋为明显的负异常区,这将有利于对流层低层出现辐散,辐散气流进入长江中下游流域,有利于长江中下游极端降水事件的形成。

② 海温场

与图5.26类似,针对16次负相关事件,做出极端降水所在月份海温与30 a夏季平均海温的差值(图5.31)。可以看出,在赤道东太平洋地区以及印度洋上,海温呈现弱的负距平,同时在北太平洋上则为较强的正距平,与衰减后的La Nina海温分布型较为一致。这一分布型与93次极端降水的分布型符号相反。

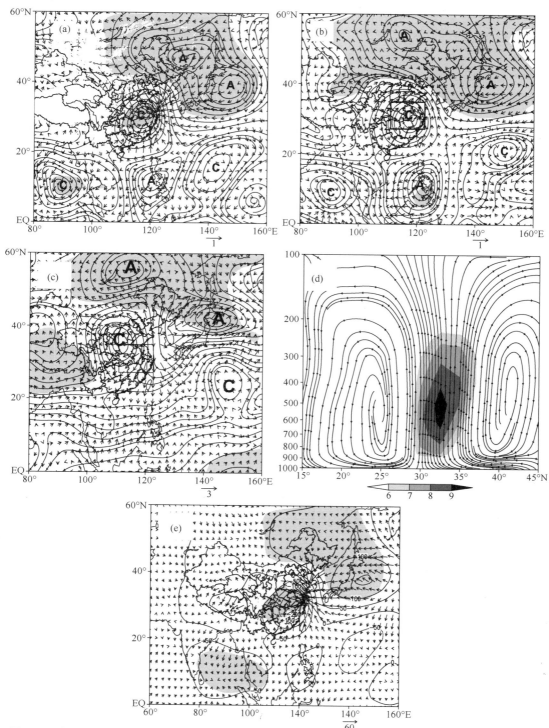

图 5.29　负相关极端降水事件合成的异常风场的无辐散风场（流线）和辐散风场（矢量）（850 hPa(a)、500 hPa(b)、200 hPa(c)）（单位：m/s）和整层积分的异常水汽通量（e）的流函数（单位：10^6 kg/s）及辐散分量（单位：kg/(m·s)），以及沿 110°—125°E 平均的经向环流剖面(d)（图中 ω 已放大 100 倍）（单位：Pa/s）。(a)、(b)、(c)、(e)中阴影区均表示通过不低于 95% 信度 t 检验区域

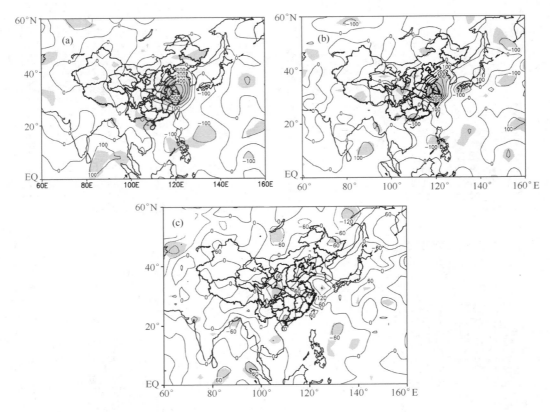

图 5.30　负相关极端降水事件合成的垂直积分(a)视热源$\langle Q_1\rangle$、(b)视水汽汇$\langle Q_2\rangle$以及(c)$\langle Q_1\rangle - \langle Q_2\rangle$与 30 a 夏季平均的差值(单位:$W/m^2$)(阴影区表示通过 95% 信度 t 检验的区域)

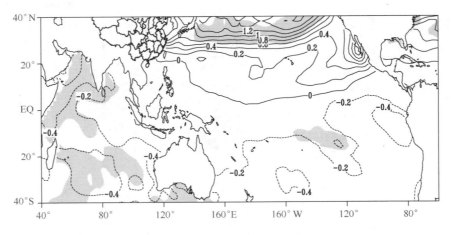

图 5.31　负相关极端降水事件所在月份海温的合成与 30 a 夏季平均海温的差值(单位:℃)
(阴影区为通过 95% 信度 t 检验的区域)

由于海温在 30°N 以北有较大的统计学上的显著异常，其对环流的持续影响可能较大。图 5.29 在 30°N 以北的东北区的显著环流异常可能与此有关。但这仍有待于数值试验结果的证实。

5.4.3 我国南方洪涝暴雨期西太平洋副高短期位置变异的特点及成因

本节所使用的资料为中国气象局国家气象信息中心提供的全国 740 站逐日降水观测资料，1948—2005 年 NCEP/NCAR 的逐日再分析资料（空间分辨率为 2.5°×2.5°），以及 1979—2005 年美国环境预报中心的全球候平均 CMAP（NOAA NCEP Climate Prediction Center Merged Analysis of Precipitation）降雨量资料（空间分辨率为 2.5°×2.5°）。需要说明的是：受所选用全球降水资料的限制，本节计算暴雨期平均的降水凝结潜热时，选取暴雨期所在候的 CMAP 候平均降水量资料代替逐日降水量资料做近似计算出降水凝结潜热 H_L。

大气视热源 Q_1、视水汽汇 Q_2 的计算详见 Yanai 等（1993），将 Q_1、Q_2 从对流层顶 p（Q_1 中取 100 hPa，Q_2 中取 300 hPa）到地面 p_s 垂直积分即可得到整层大气的视热源 $\langle Q_1 \rangle$ 和视水汽汇 $\langle Q_2 \rangle$，表达式如下：

$$\langle Q_1 \rangle = \frac{1}{g} \int_{p}^{p_s} Q_1 \, \mathrm{d}p = \langle Q_R \rangle + H_S + H_L \tag{5.6}$$

$$\langle Q_2 \rangle = \frac{1}{g} \int_{p}^{p_s} Q_2 \, \mathrm{d}p = L(P - E) \tag{5.7}$$

式中，$\langle Q_R \rangle$ 为整层辐射，H_S 为地表感热通量，降水凝结潜热 $H_L = L \times P$；L 为凝结潜热系数，P 为降水率，E 为地表蒸发。

5.4.3.1 洪涝暴雨过程及日数的选取

本节研究对象为近 20 a 我国南方夏季洪涝暴雨过程，对全国 740 个站点的逐日降水资料，剔除因台站迁徙和观测资料缺失等原因的影响，选取降水资料有效序列达 20 a 以上的站点 606 个，做 1986—2005 年 5—7 月全国逐日降水量分布图（图略）。考虑到我国南方雨季起讫时间不同，华南前汛期多出现在 5—6 月，江淮梅雨期多出现在 6—7 月，本节试图将南方分为华南和江淮两个地区进行对比分析。选取华南地区范围为（20°—27.5°N，105°—120°E），包括广西、广东、福建以及贵州、湖南、江西、浙江南部等大部分省（区），江淮流域范围为（27.5°—35°N，110°—125°E），包括湖北、安徽、江苏以及湖南、江西、浙江北部、河南南部等省（区）。从该年逐日降水图中分别挑选出华南、江淮大范围暴雨过程持续时间大于等于 7 d，日降水量均达到或超过 50 mm 的典型个例，并普查 20 a 历史天气图，从华南和江淮分别挑选出了 4 个和 6 个暴雨典型的时段。为研究大范围持续性暴雨过程中西太平洋副高位置的异常特征，选取各典型暴雨过程中最显著的 7 d 进行合成分析（表 5.10）。

表 5.10 华南和江淮大范围持续性暴雨的典型时段

华南地区	江淮流域
1994 年 6 月 14—20 日	1987 年 7 月 2—8 日
1998 年 6 月 19—25 日	1991 年 6 月 30 日—7 月 6 日
2002 年 6 月 11—17 日	1995 年 6 月 20—26 日

华南地区	江淮流域
2005 年 6 月 17—23 日	1996 年 6 月 29 日—7 月 5 日
	1999 年 6 月 25 日—7 月 1 日
	2003 年 6 月 30 日—7 月 6 日

5.4.3.2 暴雨期间副热带高压的位置特征

我国南方暴雨与西太平洋副热带高压有密切的联系,副高位置的变动直接影响着雨带的位置。分别对 1986—2005 年华南 4 次、江淮 6 次大范围持续性暴雨过程平均的 500 hPa 高度场进行了合成分析(图 5.32),并与各自对应的同期气候平均(1948—2005 年)值进行比较,发现华南、江淮持续性暴雨过程发生期间,西太平洋洋面 500 hPa 高度场上 5880 gpm 线包括范围均明显偏大,且都有闭合 5900 gpm 线生成,副高强度异常偏强。同时在华南暴雨期间,500 hPa 副高西伸脊点及 120°E 脊线分别位于 120°E 和 18°N 附近,比其气候平均值的 130°E 和 22°N 明显偏西 10 个经度,偏南约 4 个纬度。江淮暴雨期间,500 hPa 副高西伸脊点和 120°

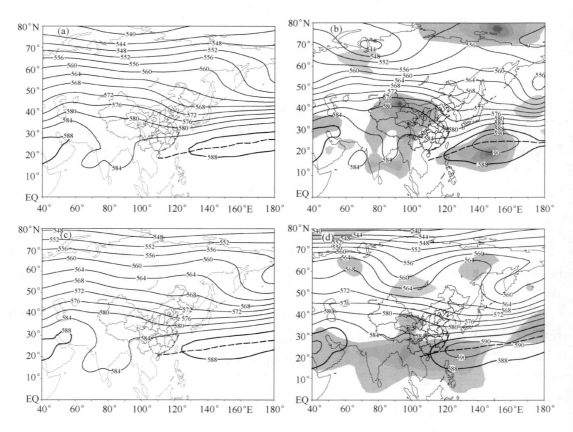

图 5.32 多年平均 6 月 11—20 日(a)和华南强降水过程(b)500 hPa 高度场合成;多年平均 6 月 20 日—7 月 8 日(c)和江淮强降水过程(d)500 hPa 高度场合成(图中虚线为副高脊线,即 $u=0$ 线,阴影区为 t 检验超过 90%置信度水平的区域)

E 脊线位于 110°E 和 22°N,也比其气候平均(125°E 和 25°N)明显偏西偏南。可见无论华南还是江淮流域,在暴雨发生期间,副高位置均异常的偏南偏西。但是,江淮暴雨期间副高位置比华南暴雨期间要偏北偏西些,这与副高位置的季节变动有很大的关系,同时也决定了副高北侧雨带的位置在江淮而不在华南。

5.4.3.3　空间非绝热加热与副热带高压位置变异的关系

（1）视热源与视水汽汇的分布特征

暴雨的发生与非绝热加热有很好的对应关系,与大气加热场的变化密切相关。图 5.33 和图 5.34 是华南和江淮暴雨过程对应的平均的降水凝结潜热 H_L、整层积分的视热源$\langle Q_1 \rangle$及视水汽汇$\langle Q_2 \rangle$合成图。图 5.33a 中阴影区基本反映了雨带位置的分布情况,即暴雨区主要位于我国华南及其东部沿海地区、孟加拉湾、阿拉伯海以及低纬——赤道西太平洋,雨带都分布在副高外围。500 hPa 风场显示,在华南及其东部沿海有西南风携带海上暖湿水汽与北方冷空气在华南汇合形成持续性降水;孟加拉湾及阿拉伯海上空都存在有气旋性环流与该地区降水对应。而低纬—赤道西太平洋的雨带则是由赤道的对流活动造成。从视热源$\langle Q_1 \rangle$和视水汽

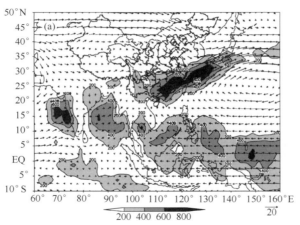

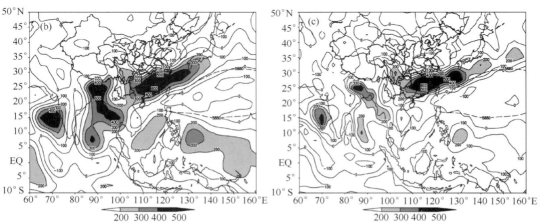

图 5.33　华南暴雨过程中(a)平均的降水凝结潜热 H_L、(b)整层积分的视热源$\langle Q_1 \rangle$及(c)视水汽汇$\langle Q_2 \rangle$合成图(单位:W/m²)。(a)矢量为平均的 500 hPa 风场(单位:m/s);(b)、(c)虚线为对应的 500 hPa 副高 5880 gpm 线

汇$\langle Q_2 \rangle$的分布图(图 5.33b、c)中可以看到,视热源和视水汽汇的分布形式非常相似,存在两个主要的大值中心,分别位于华南地区和孟加拉湾及其北侧,与图 5.33a 中雨带的分布对应。华南地区$\langle Q_1 \rangle$和$\langle Q_2 \rangle$呈东西带状分布,主要位于副热带高压边缘西北侧,量值较为接近,高值中心在江西南部和福建北部均达到 600 W/m² 以上,与华南降水大值中心 1000 W/m² 对应。在孟加拉湾及其北侧$\langle Q_1 \rangle$位于副高西侧较远处,呈南北走向,量值与该地区降水相当都达到 600 W/m² 以上,但$\langle Q_2 \rangle$的最大值比降水略小。

同样,图 5.34a 中阴影区也对应了降水的主要分布,分别在江淮流域及其东部沿海地区、孟加拉湾以及赤道西太平洋地区,分别有西南暖湿气流和气旋性环流在江淮流域和孟加拉湾对应着降水天气过程。图 5.34b、c 中,视热源和视水汽汇的分布与雨带分布(图 5.34a)也较为一致,存在两个主要的大值中心分别位于江淮流域和孟加拉湾及其北侧。江淮流域$\langle Q_1 \rangle$和$\langle Q_2 \rangle$的量值也相当,大值区主要位于副热带高压的北侧,覆盖了江淮大部分省市,中心量值都达到 500 W/m² 以上,与降水大值中心 1000 W/m² 对应。孟加拉湾及其北侧的$\langle Q_1 \rangle$、$\langle Q_2 \rangle$位于副高西侧较远处,量值与该地区降水量值相当,达到 500 W/m² 以上。

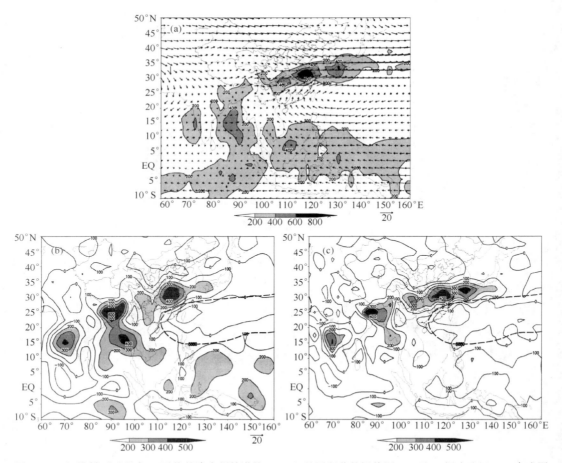

图 5.34 江淮暴雨过程中(a)平均的降水凝结潜热 H_L、(b)整层积分的视热源$\langle Q_1 \rangle$及(c)视水汽汇$\langle Q_2 \rangle$合成图(单位:W/m²);(a)矢量为平均的 500 hPa 风场(单位:m/s);(b)、(c)虚线为对应的 500 hPa 副高 5880 gpm 线

　　综上所述,暴雨期,华南地区、江淮流域以及孟加拉湾地区均存在着异常强烈的$\langle Q_1 \rangle$和$\langle Q_2 \rangle$,其分布范围与降水的分布非常一致。在副高5880 gpm线包围区域,$\langle Q_1 \rangle$和$\langle Q_2 \rangle$的量值都小于0,为非绝热冷却区,与副高主体内部的下沉冷却相对应。由丁一汇等(1997)的研究可知,在暴雨发生期间地面的感热和蒸发是很小的,如果强烈的视水汽汇都形成强降水,强降水的发生又释放大量的凝结潜热,会造成该过程大气主要的非绝热加热。根据式(5.6)和式(5.7)可知,大气非绝热加热$\langle Q_1 \rangle$包括辐射加热、净的水汽凝结潜热加热和地面感热加热,视水汽汇$\langle Q_2 \rangle$包括净的水汽凝结潜热加热和地表蒸发。从降水凝结潜热H_L与大气视热源$\langle Q_1 \rangle$、视水汽汇$\langle Q_2 \rangle$的对比中可以看出,暴雨期,$\langle Q_1 \rangle$和$\langle Q_2 \rangle$在降水区有较好的吻合,并且其大值区基本上对应暴雨区域,但小于降水凝结潜热H_L的值,由Liu等(2004)可知,在中国大陆南部及孟加拉湾地区夏季感热很小,且为负的辐射冷却区,使得$\langle Q_1 \rangle$值比H_L值小,可见在暴雨期间降水凝结潜热的释放构成了大气主要的非绝热加热。

　　大量研究(黄荣辉等,2008;吴国雄等,2008)表明,暴雨的产生与副热带高压位置变异有着相互作用的关系,副高的异常偏南偏西是造成华南、江淮降水偏多的主要原因,那么华南、江淮大范围暴雨的产生和维持又会对副高位置的变化产生何种影响?

　　(2) 大气非绝热加热与副高位置变异的关系

　　为了探讨华南、江淮大范围持续性暴雨前后大气非绝热加热与副高位置的演变特征,把大范围暴雨爆发日作为0 d,对暴雨前后10 d整层积分的视热源进行合成(下同)。图5.35是华南和江淮暴雨期$\langle Q_1 \rangle$与副高位置关系的时间纬度剖面图,横坐标0对应暴雨开始日,6为暴雨结束日,负值表示暴雨开始前,大于6为暴雨结束后10 d。从图5.35中可以看到,在华南地区和江淮流域,$\langle Q_1 \rangle$值均随着暴雨的发生而增大,在暴雨发生中期达到最大,暴雨结束后又迅速减小,即强降水过程会释放大量的凝结潜热,构成了大气主要的非绝热加热。另外,$\langle Q_1 \rangle$随时间的变化与阴影区副高位置变化也有着很好的对应关系。

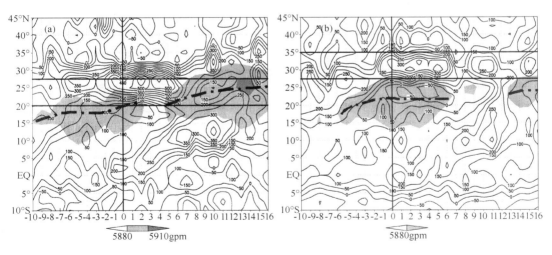

图5.35　$\langle Q_1 \rangle$的时间纬度剖面图

(a)华南暴雨期(沿105°—120°E);(b)江淮暴雨期(沿110°—125°E)。阴影表示(a)沿125°E和(b)沿120°E 500 hPa的位势高度>5880 gpm区域;点划线表示副高平均脊线位置;横线表示华南、江淮纬度带对于季节内的中短期振荡,西太平洋副高的活动一般是东撤伴有南退,西伸伴有北进(喻世华等,1986)。图 5.35a 中,华南暴雨开始前(0 d 以前),降水凝结潜热释放较少,$\langle Q_1 \rangle$ 值较小,沿 125°E 的副高阴影区向北扩展且范围变大,即副高有缓慢的西伸北抬。随着暴雨的开始(0 d),对流活动增强,凝结潜热释放增大,$\langle Q_1 \rangle$ 显著增强,此时阴影区减小,在 2 d 后发生断裂。阴影区西北侧华南地区 $\langle Q_1 \rangle$ 的值明显大于其西南侧的 $\langle Q_1 \rangle$,不利于副高的北抬却有利于副高南退(王黎娟等,2005;温敏等,2006),对应着副高在暴雨发生期会出现短期的东撤南退,5880 gpm 线退回 125°E 以东。暴雨结束后(6 d 以后),华南地区 $\langle Q_1 \rangle$ 迅速减弱,副高西伸北抬至 23°N 以北。图 5.35b 江淮暴雨发生前(0 d 以前),沿 120°E 的阴影区不断北移扩展,副高向北移动且强度加强。暴雨开始后,凝结潜热的释放致使 $\langle Q_1 \rangle$ 显著增大,阴影区在江淮热源南侧稳定维持,且阴影区副高控制范围内 $\langle Q_1 \rangle$ 值很小以致负值,不同于华南暴雨期的阴影区会发生断裂,副高脊线滞留在 22°N 附近,对应雨带在江淮流域维持。暴雨结束后(6 d 以后),阴影区北侧的江淮流域 $\langle Q_1 \rangle$ 在原地减弱,阴影区断裂,副高东撤南退。

图 5.36 是华南和江淮暴雨期 $\langle Q_1 \rangle$ 与副高位置关系的时间—经度剖面图。图 5.36a 华南暴雨发生之前副高已西伸到 120°E 以西,在暴雨开始日 0 d 达到最西端约 116°E,随后暴雨发生,副高也开始东撤,在雨期中期 3 d 退回 130°E 以东,之后暴雨减弱,副高又西伸。图 5.36b 中,在江淮暴雨发生前,副高不断西伸。而暴雨发生时,副高并不像在华南地区暴雨期会有一个东撤的过程,相反,副高会继续西伸,在暴雨期中期 3 d 达到最西端 110°E 附近,随后暴雨减弱才逐渐东退,雨期结束,副高退回 120°E 以东。

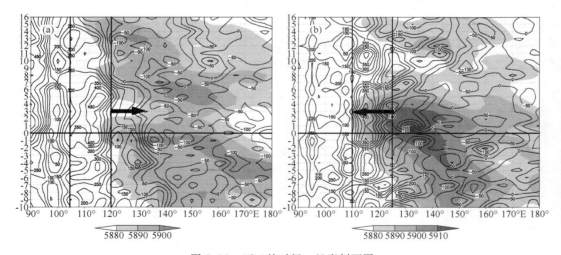

图 5.36 $\langle Q_1 \rangle$ 的时间—经度剖面图

(a)华南暴雨期(沿 20°—27.5°N);(b)江淮暴雨期(沿 27.5°—35°N)。阴影:(a)沿 20°N 和(b)沿 22°N 500 hPa 位势高度>5880 gpm 区域;粗实线箭头:副高的东撤、西伸过程;纵线:华南、江淮纬度带

可见,在华南和江淮暴雨期间,副高位置的异常变动情况是有所不同的。虽然在暴雨发生过程中副高阴影区北(西北)侧的 $\langle Q_1 \rangle$ 值均明显大于其南(西南)侧 $\langle Q_1 \rangle$,不利于副高北进,致使副高在热源南(东南)侧维持,但不同的是,华南暴雨期,副高明显东撤南退,而江淮暴雨期间则相反,副高会在江淮以南稳定维持,且随着副高的加强会有明显的西伸。什么原因导致了两者之间的这种差别?下文将对此进行讨论。

5.4.3.4　副高位置异常的可能成因

前面的分析表明,大范围持续性暴雨期间副高位置的异常变动与大气非绝热加热有密切的关系,那么非绝热加热是否是导致副高位置异常的主要原因? 吴国雄等(1999)利用全型垂直涡度倾向方程研究非绝热加热对副高形成和变异的影响时发现,决定西太平洋副高位置、强度、分布和变化的关键因素是非绝热加热的垂直梯度及其变化。利用吴国雄等(1999)给出的全型垂直涡度倾向方程,在不考虑大气内部热力结构的变化、热源本身及摩擦耗散的影响,而仅考虑外热源作用时的全型涡度方程简化式:

$$\frac{\partial \zeta}{\partial t} + V \cdot \nabla \zeta + \beta v = (1-\kappa)(f+\zeta)\frac{\omega}{p} + \frac{f+\zeta}{\theta_z}\frac{\partial Q}{\partial z} - \frac{1}{\theta_z}\frac{\partial v}{\partial z}\frac{\partial Q}{\partial x} + \frac{1}{\theta_z}\frac{\partial u}{\partial z}\frac{\partial Q}{\partial y} \qquad (5.8)$$

式中,Q 为热力学方程中的非绝热加热率,在本节中即为大气视热源 Q_1,$\theta_z = \partial\theta/\partial z$,其他为气象常用符号。根据尺度分析(吴国雄等,1999b),式(5.8)可简化为

$$\frac{\partial \zeta}{\partial t} + V \cdot \nabla \zeta + \beta v = \frac{f+\zeta}{\theta_z}\frac{\partial Q_1}{\partial z} \qquad (5.9)$$

式中,$\frac{f+\zeta}{\theta_z}\frac{\partial Q_1}{\partial z}$ 为非绝热加热作用项(记为 Q_{1z}),βv 为 β 效应项,$V \cdot \nabla \zeta$ 为涡度平流项。

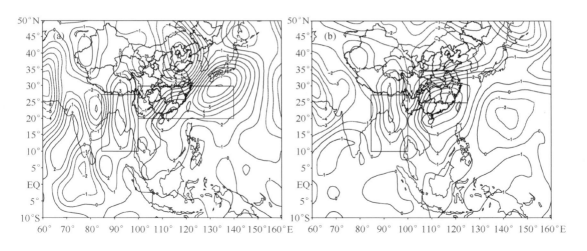

图 5.37　500 hPa 平均的经向风(单位:m/s)
(a)华南暴雨期;(b)江淮暴雨期。长方形框为选取的华南、江淮、孟加拉湾热源大值区域

暴雨期间,大气非绝热加热主要来自于深对流凝结潜热的释放,刘屹岷等(1999)指出深对流凝结潜热加热中心一般在对流层中高层,位于 $300 \sim 400$ hPa,当时间尺度很短时,垂直非均匀凝结潜热释放将在最大潜热加热中心下方加强气旋的发展,1 d 内即可诱发副热带高压的变异;时间尺度很长时,在对流层中下层副高外围 β 效应将使热源下方南风增强,在热源西侧出现气旋式环流,东侧出现反气旋式环流。从暴雨期间 500 hPa 平均的经向风(图 5.37)来看,在华南($20°—30°$N,$100°—140°$E)、江淮($25°—35°$N,$105°—125°$E)及孟加拉湾($10°—27.5°$N,$85°—100°$E)加热场上空($\langle Q_1 \rangle$ 大值区)西部为偏北风($v<0$),东部为偏南风($v>0$),即涡度场对热源的响应,在华南及江淮上空有弱的西风槽,孟加拉湾加热场上空有气旋式环流存在(图 5.33a、图 5.34a)。因图 5.37 是对暴雨期经向风作平均,时间尺度长时,β 效应会使热源下

方出现南风异常,从中可见潜热加热已经激发加热场上空南风发展,对流中心有微弱的西移。

针对 500 hPa 副高变化情况,分别计算上述华南、江淮和孟加拉湾$\langle Q_1 \rangle$大值区的 500 hPa Q_{1z}、βv 和 $V \cdot \nabla \zeta$ 的值。因所取范围为整个气旋区域,为避免南、北风抵消造成 βv 项较小,βv 只取热源东部的偏南风计算(参考图 5.37)。图 5.38 和图 5.39 为各项的时间演变合成图,可以看到 $V \cdot \nabla \zeta$ 的值始终很小,即平流项作用很小,而 βv 值稍大,且在持续性暴雨发生后有所增长,即有 βv 向热源适应使偏南风发展的倾向,但其值较小仍不足以抵消 Q_{1z} 的值,所以暴雨时期非绝热加热 $\frac{f+\zeta}{\theta_z}\frac{\partial Q_1}{\partial z}$ 的作用还主要体现在涡度的局地变化上,即

$$\frac{\partial \zeta}{\partial t} \approx \frac{f+\zeta}{\theta_z}\frac{\partial Q_1}{\partial z} = Q_{1z} \tag{5.10}$$

当 $Q_{1z} > 0$ 时,有 $\frac{\partial \zeta}{\partial t} > 0$,对流层中层 500 hPa 会有正的气旋性涡度的增长。

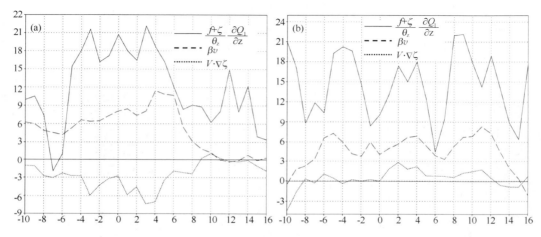

图 5.38　华南暴雨期 500 hPa $\frac{f+\zeta}{\theta_z}\frac{\partial Q_1}{\partial z}$(实线)、$\beta v$(虚线)和 $V \cdot \nabla \zeta$(点线)的时间演变(单位:10^{-11} s^{-2})

(a)华南;(b)孟加拉湾

温敏等(2006)研究指出,加热场离副高较远时将诱导副高西伸,较近时将迫使副高东退。对于华南暴雨期(图 5.38a),在暴雨发生前 3 d,Q_{1z} 的值陡然增大,由前 7d 的负值增大到 21×10^{-11} s^{-2},此后大值一直维持在 15×10^{-11} s^{-2} 以上长达 7 d,到暴雨发生后 3 d 才开始减小,在暴雨结束后继续减小,可见在暴雨发生时期,副高西北侧边缘的华南地区对流层中层 500 hPa 有正涡度的明显增长,有利于气旋式环流在该地区的生成,导致副高东撤南退。图 5.38b 中,暴雨发生前后,孟加拉湾地区始终存在 $Q_{1z} > 0$ 的情况,且 Q_{1z} 基本在 17×10^{-11} s^{-2} 左右波动,可见孟加拉湾地区始终有热源存在,在其上空 500 hPa 会强迫出气旋性环流,且热源东侧偏南风的发展有利于其东侧反气旋式环流的生成,会诱导副高西伸。从整个加热场的配置来看,华南地区非绝热加热在副高西北侧边缘,而孟加拉湾非绝热加热在副高西侧较远处,在暴雨发生过程中,虽然孟加拉湾加热场始终存在,有引导副高西伸的趋势,但由于副高西北侧较近处华南地区加热场的存在阻碍了较远处孟加拉湾热源对副高的诱导西伸,所以我们有理由推测华南地区的非绝热加热比孟加拉湾北部非绝热加热对副高位置变异的影响更大,从而导致副高短期的东撤南退。暴雨减弱后,非绝热加热减小,副高又开始西伸北进。

对于江淮暴雨期(图 5.39a),在暴雨发生前和结束后始终有 $Q_{1z}>0$,但其值相对暴雨期的值较小,均维持在 25×10^{-11} s^{-2},说明江淮流域始终有弱的正涡度增长。在暴雨发生前 3 d,Q_{1z} 的值会明显增大,到暴雨发生后 2 d,Q_{1z} 达到最大 58×10^{-11} s^{-2},然后逐渐减小,暴雨结束后变化趋于平稳。可见在暴雨发生时,500 hPa 副高北侧江淮流域加热场会引发气旋性涡度的显著增长,不利于副高北抬,有利于副高南退。图 5.39b 为孟加拉湾北侧加热场 Q_{1z} 随时间的变化趋势,从图中可以看出在江淮暴雨发生期间,位于副高西侧较远处的孟加拉湾 Q_{1z} 也有明显的增长,孟加拉湾加热场上空 500 hPa 气旋性涡度的增长有助于其东侧反气旋性环流的出现,从而诱导副高西伸,这也是副高在江淮以南维持而没有南退的主要原因。暴雨结束后,Q_{1z} 迅速减小,副高东撤。

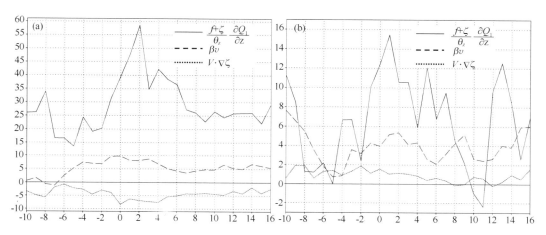

图 5.39　江淮暴雨期 500 hPa $\dfrac{f+\zeta}{\theta_z}\dfrac{\partial Q_1}{\partial z}$(实线)、$\beta v$(虚线)和 $V\cdot\nabla\zeta$(点线)的时间演变(单位:10^{-11} s^{-2})

(a)江淮;(b)孟加拉湾

图 5.38、图 5.39 中 Q_{1z} 的变化趋势与前文中华南、江淮暴雨期副高位置的东西进退和南北移动在时间上都有很好的对应关系。华南暴雨期副高会出现短期的东撤南退,江淮暴雨期副高会在江淮以南维持且明显西伸,华南与江淮暴雨的热源与副高之间配置的差异主要是由于热源所处地理位置的差异造成的,华南加热场位于副高西北侧,而江淮热源位于副高北侧,加热场位置的这种差异造成了它们与副高之间配置的差异。图 5.38a 中华南 Q_{1z} 的突然增长超前于暴雨开始 3~4 d 并迅速达到最大值,图 5.36a 中副高在暴雨中期 3 d 才东撤到最东端;图 5.39a 中江淮 Q_{1z} 在暴雨中期 2 d 达到最大值,孟加拉湾 Q_{1z} 在暴雨前期 1 d 就达到最大值,图 5.36b 中江淮暴雨期副高在暴雨中期 3 d 西伸到最西端,即 Q_{1z} 的增长要超前于副高西伸(东撤)1~3 d,而 Q_{1z} 在 1 d 内即可诱发副高变异,可见加热场对副高位置变化确实起诱导作用。另外,加热场的超前增长可能与大尺度环流背景也有一定的联系。

本节通过理论分析证实,大气非绝热加热作用对副高短期位置的变异确实有重要的影响,但在加热场对副高位置变化的主导作用上还缺乏有利的证明,有待进一步通过数值模式来验证。

5.5 环流变化与台风事件

5.5.1 亚洲—西太平洋夏半年 ISO 传播特征及其与热带天气尺度波动的联系

本节所用资料有：(1)美国国家海洋和大气局提供的 1979—2007 年逐日平均向外长波辐射(OLR)资料和 NCEP/NCAR 850 hPa 逐日平均再分析风场资料，格距 2.5°×2.5°(Kalnay 等，1996)；(2)美国国家联合台风预警中心 1996 年 TC 资料。文中的夏半年指 5—10 月，所有资料均经过预处理，即利用谐波方法滤除年平均季节循环后求取各物理量的距平(异常)值。

采用的方法包括以下三种。

(1)利用有限区域的波数—频率谱分析方法研究 AWP 区域 ISO 的传播特征。此方法主要是将 Hayashi(1982)发展成熟的全球时空功率谱分析方法应用到一定区域上，分析某要素在某区域的主要振荡的传播方向和周期(Teng 和 Wang，2003；Lin 和 Li，2008)。

(2)利用超前或滞后线性回归方法合成 ISO 各位相模。该方法在很多对 ISO 传播位相特征的研究中得到应用(Hsu 和 Weng，2001；Kemball 和 Wang，2001；Straub 和 Kiladis，2003)。具体步骤为：首先确定能代表某周期振荡的某物理量要素强度指数时间序列，作为代表该振荡强弱变化的指数，其他物理量基于该指数时间序列进行时序滞后线性回归，得到具有相同振荡信号的回归值。采用超前和滞后回归是为了得到周期内的位相模态。

(3)用 Butterworth 带通滤波方法(Murakami，1979)进行低频 ISO 和高频热带低压波动对流信号的识别。根据功率谱分析选择 ISO 的主要周期进行滤波。研究表明 MRG/TD 波的主要周期有 3～5 d、3～6 d 和 3～7.5 d(Takayabu 和 Nitta，1993；Dunkrrton 和 Baldwin，1995；Wheeler 和 Kiladis，1999；Wheeler 等，2000)，本节使用 3～7 d 滤波代表高频热带低压波动的对流信号。

5.5.1.1 亚洲—西太平洋区域夏半年季节内振荡的传播特征

(1)季节内振荡的地理气候特征

用 30～60 d 滤波的 OLRA 标准差的多年气候平均值(图 5.40)，代表对流 ISO 的平均强度。可见，强度大于 12 W/m² 的对流活跃区域主要位于印度洋和(110°—150°E，0°—20°N)的西北太平洋上，反映了夏半年对流 ISO 的主要活跃区域为亚洲季风区，其原因与海温、陆地分布和海洋上空湿度等低层边界条件有关(Liebann 等，1994；Hall 等，2001)。因此，本节将着重对 20°S—30°N AWP 整个区域、印度洋与西太平洋区域的 ISO 传播特征进行比较研究。

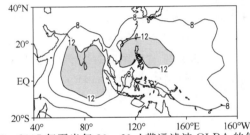

图 5.40　1979—2007 年夏半年 30～60 d 带通滤波 OLRA 的气候平均标准差

(单位：W/m²，阴影为≥12 W/m²区域)

（2）不同区域的季节内振荡传播特征

用有限区域波数－频率谱分析方法可对整个印度洋到西太平洋区域的 ISO 传播特征进行研究（Teng 和 Wang，2003；Lin 和 Li，2008），对不同区域而言，这种特征可能是不同的。这里就印度洋、西太平洋及亚太区域的夏半年 OLRA 多年平均功率谱能量分析表明，在传播波中各区域纬向 1 波的能量谱贡献相当于其余 2～10 波能量谱的总和。在不同区域，尽管波长不同，但纬向 1 波在整个区域传播的 ISO 为主要分量。因此，下面主要讨论各区域纬向 1 波的传播特征。

如图 5.41a，在整个 AWP 区域（40°—180°E），赤道附近南北纬 5°范围内，OLRA 以约30～60 d 周期向东传播为主，其最强谱能量约 40 d 周期；在 10°—20°N，则同时存在东传和西传的特征，东传周期仍约为 30～60 d 周期，而西传周期约为 20～50 d，以约 30 d 周期为主，西传的速度比东传快。对比印度洋区域（40°—110°E，图 5.41b）和西太平洋区域（110°—180°E，图 5.41c）的功率谱特征，可见，在印度洋区域，存在着以沿赤道约 30～60 d 周期东传为主的传播特征，在 10°N 附近也保持这种东传特征，西传谱能量较小；在西太平洋区域，能量谱值比在其余两个区域的要大，表明夏半年 ISO 的传播在西太平洋区域最活跃，在 10°—20°N，传播特征以约 20～40 d 周期西传为主，最强周期为约 25～30 d，而在赤道附近仍以东传约 30～40 d 周期为主。

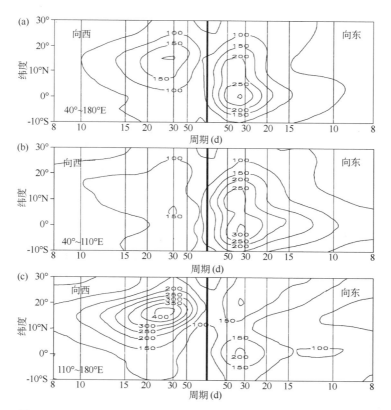

图 5.41　不同区域 1979—2007 年夏半年平均纬向 1 波传播波功率谱
（a）亚洲—西太平洋区域；（b）印度洋区域；（c）西太平洋区域

（3）初夏和晚夏的季节内振荡传播特征

ISO 初夏（5—7 月）和晚夏（8—10 月）的季节特征见图 5.42。在整个 AWP 区域，初夏时期沿赤道东传约 30～60 d 周期的谱能量占主要，而在 20°N 附近则是西传约 50 d 周期谱能量为主（图 5.42a）；晚夏，赤道地区东传约 30～60 d 周期谱能量比初夏的弱，东传约 50 d 周期为主的谱能量北移到 10°—20°N，该地区同时存在西传约 25～35 d 周期的主要谱能量。从初夏到晚夏，西传波活动中心向南移至 10°—20°N，且周期变短；东传波活动中心则向北移，因此晚夏时东传和西传波的活动中心都在 10°—20°N。在西太平洋区域，整个夏半年都以在 10°—20°N 西传约 25 d 周期为主，晚夏的西传功率谱能量最大值比初夏大得多，表明晚夏的西传波活动比初夏活跃。因此，除了地域特征，夏半年 ISO 也具有季节特征，初夏以沿赤道东传为主，在晚夏则东传减弱，西传特征加强，赤道东传主要活动区域向北转移。

以上对夏半年亚太区域 ISO 的气候传播特征分析表明，ISO 存在东西传播的特征，具有显著的区域特点和季节特点。在整个 AWP 区域 ISO 沿赤道东传约 30～60 d 周期的传播是主要的，在初夏或在印度洋区域 ISO 沿赤道东传的特征为主，而在晚夏或在南海—西太平洋区域，沿 10°—20°N 西传约 25 d 周期的特征是主要的。西传波时空尺度比东传波小，在晚夏的西太平洋区域上活动最强。许多研究用耦合 Kelvin-Rossby 波机制解释了这种东西传播的特征，夏半年的变化主要是由于季节平均环流的变化造成（Madden 和 Julian，1994；Wang 和 Xie，1996；Wang 和 Xie，1997；Kamball 和 Wang，2001）。

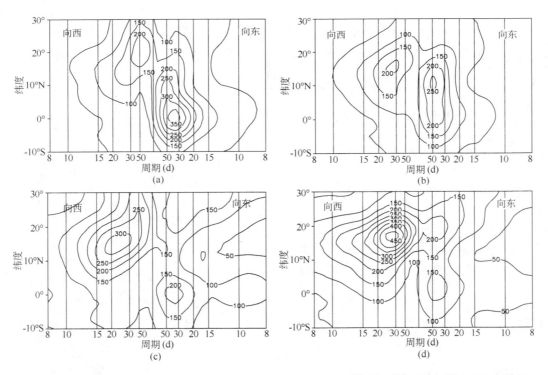

图 5.42　亚太区域初夏（5—7 月）(a) 和晚夏（8—10 月）(b) 以及西太平洋区域初夏 (c) 和晚夏(d) 1979—2007 年气候平均纬向 1 波的功率谱

5.5.1.2 亚洲—西太平洋夏半年季节内振荡与热带天气尺度波动

夏半年 ISO 的西传活动最活跃地区为西北太平洋,最活跃时段为 8—10 月,这个区域和季节恰恰是西北太平洋 TC 和 MRG/TD 波活跃的区域和季节。以往的很多研究已表明,ISO对 TC 的活动有调制作用,但影响 TC 的低频气候因子不仅仅是 ISO;另外,TC 的活动也可能对 ISO 产生反馈影响。以下分别构造代表 ISO 和热带天气尺度波动信号的指数时间序列来进行两种不同时空尺度现象相互联系的探讨。

根据功率谱分析,赤道地区以东传 30~60 d 周期为主,而副热带地区存在西传约 25 d 为主的周期,因此使用 20~70 d 滤波代表 ISO 信号,经过该波段滤波的 OLRA 记为ISO-OLRA。由于夏半年 ISO 的西传主要位于西北太平洋区域,定义($120°$—$140°E,10°$—$20°N$)为关键区,关键区面积平均的 ISO-OLRA 值代表 ISO 对流强度,1979—2007 年夏半年逐日 ISO-OLRA强度序列构成了 ISO 对流强度指数时间序列,并进行标准化,得到反映 ISO 信号的标准化指数序列,序列长度为 5336 d。

对 29 a 夏半年 OLRA 逐日资料进行 3~7 d 带通滤波,代表含有高频热带低压波动信号OLRA(TD-OLRA)。图 5.43 为 TD-OLRA 的夏半年年气候平均标准差,表示热带天气尺度波动气候平均强度。可见,$\geqslant 20$ W/m^2 的对流最大值区(阴影)位于日界线附近,$\geqslant 18$ W/m^2 最大值主要位于太平洋中部到 $120°E$ 以东的热带西北太平洋,南北对称的对流活跃区仅在日界线附近,表明这些区域是 MRG/TD 波对流活跃区域,因此,用 TD-OLRA 逐日资料可以很好地反映 MRG/TD 对流波动。由于热带低压波动的时空尺度小,长时间序列的异常平均值会接近于零,因此用 TD-OLRA 平方值代表热带低压波动的活跃度,平方值越大表示波动越活跃,反之则波动受到抑制。

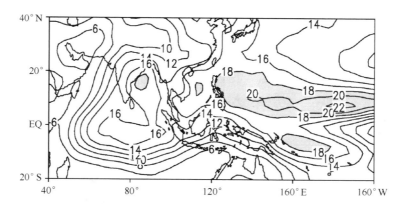

图 5.43 TD-OLRA 的夏半年气候平均标准差(1979—2007 年平均,单位:W/m^2,阴影$\geqslant 18$ W/m^2)

为了反映 ISO 与环流场、热带低压波动关系,利用经过预处理的逐日 OLRA、MRG-OLRA平方、850 hPa 流函数异常与 ISO-OLRA 对流强度标准化指数序列求-20 d 到$+20$ d 的滞后线性回归,回归值以回归系数乘以-2.0 的标准差表示。0 d 代表同时相关,得到与 ISO 联系的对流、环流和热带低压波各位相模态(图 5.44),各位相中的物理量均相当于经过了20~70 d 带通滤波。

从图 5.44 可见,在-20 d 时,深色强对流异常区伴随着 850 hPa 气旋性环流异常在印度洋区域强盛发展,西北太平洋为浅色对流抑制区和 850 hPa 反气旋性环流异常,热带西太平洋

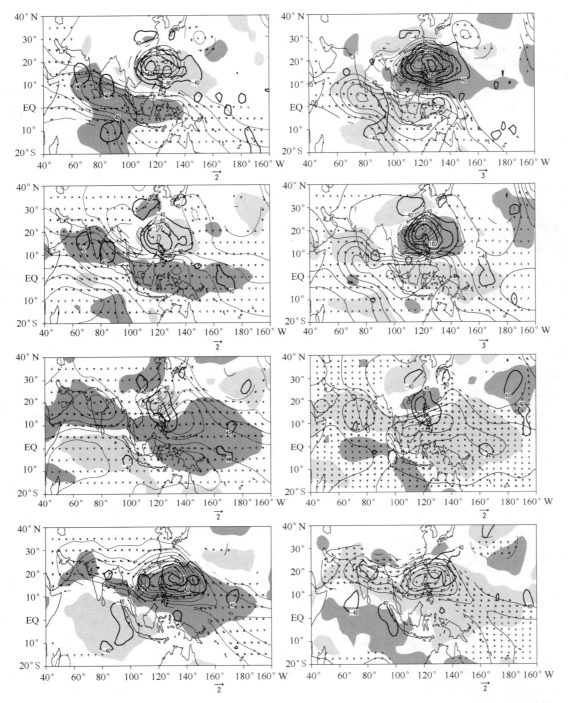

图 5.44 基于 ISO-OLRA 标准化指数回归的 OLRA（深色阴影为负值，浅色阴影为正值，阴影绝对值
≥6 W/m²）、850 hPa 流函数异常（细等值线，间隔 4×10^5 m²/s）、850 hPa 无辐散风（矢量，m/s）和
TD-OLRA平方回归系数（粗等值线，实线正值，虚线负值，间隔 40 W²/m⁴），所有回归值以回归系数乘以
−2.0 个标准差表示。图中仅绘出信度超过 95% 以上的

上主要为东风异常,反映出此时该区域为副热带高压所控制,此阶段为西太平洋夏季风间断期。−15 d,强对流区沿赤道向东发展,进入西太平洋,到达日界线附近,低层反气旋性环流异常减弱;−10 d,东移到西太平洋的一部分强对流继续沿赤道东移越过日界线,另一部分在140°—160°E区域向南、北传播,对流南侧的850 hPa西风异常也进入西太平洋。从−5 d到0 d,强对流异常在日界线附近不再继续东传,而是主要向西北传播,在0 d时达到面积最大,强度最强;850 hPa气旋性环流异常控制西北太平洋,西风异常也向东伸展,为夏季风盛行阶段,此时印度洋上空为对流抑制区控制,0 d与−20 d的模态成为反位相。之后一直到+15 d,强对流在西北太平洋区域逐渐减弱,印度洋的对流抑制区沿赤道东移,重复着−20∼0 d时深对流的传播路径,在+20 d时重新回到与−20 d相同的形态(图略),正好形成了一个约40 d周期的对流ISO的完整传播过程。在对流传播过程中,低层西风异常和气旋性环流伴随着强对流,东风异常和反气旋性环流伴随着抑制对流也完成了一个周期的传播。

图5.44中还可以看到,在对流ISO传播过程中,反映热带低压波动信号的TD-OLRA平方回归系数值(粗线)在西太平洋区域达到振幅正最大值,当ISO强对流异常在西太平洋发展向西北传播时,回归系数正值也发展增大,并在0 d时达到最大值,在西北太平洋区域与ISO深对流区重合,反映了热带低压波动的活跃。在印度洋上空的强对流异常区,只有小范围的TD-OLRA平方回归系数正值区与其相伴,且值较小,表明热带低压波动较西太平洋区域弱。在对流抑制区,是负回归系数值,反映此区域热带低压波活动受到抑制。

这些统计结果表明,热带低压波动中含有ISO信号,高频天气尺度波动与ISO对流异常同位相,当两者共同传播到西太平洋区域时,热带低压波动加强,并与ISO深对流一起向西北加强传播。与ISO联系的热带低压波动主要在西北太平洋区域活跃和加强,与对流ISO活动同位相,是ISO信号的一部分。注意到,同样的低层环流异常,印度洋区域和赤道日界线附近的强ISO对流与热带低压波动重合后,并未使该区域高频波动进一步加强发展,可见热带低压波动的加强活跃还与西北太平洋上独特的季风环流、暖池环境和海气相互作用有关。

5.5.1.3　热带气旋活动与低频振荡:个例分析

由于TC的时空尺度及其传播形态与高频天气尺度波动一致,且高频波动中也包含TC的活动,本节通过个例分析西北太平洋TC与ISO的联系。图5.45显示的是1996年7月21日到8月2日一次ISO强对流在西北太平洋西北传过程。可以看到,7月21日时,ISO-OLRA深对流(粗虚线)已到达西太平洋区域,随后不断缓慢增强向西北传,27日、30日达到最西北,强度最强,8月2日强度减弱;ISO的850 hPa西风异常(细实线)一直伴随ISO-OLRA的南侧,这种异常西风从印度洋延伸到西太平洋中部,为TC的发生发展提供了有利环境,在ISO-OLRA强对流区中,总相伴着多个TC的活动。7月21日(图5.45a),有3个热带低压:9608FRANKIE、9609GLORIA和9610HERB的中心分布在(110°—155°E,10°—20°N)区域,处于ISO-OLRA强对流异常区内,随着这3个TD的加强和西北移动,ISO-OLRA强对流区也加强向西北传;7月24日(图5.45b)9609GLORIA向西北传加强为台风,ISO-OLRA强对流也同时加强向西北传;7月27日(图5.45c)9610HERB加强为强台风,同时一个新的热带低压9611在其东南侧生成;7月30日(图5.45d)强台风9610HERB和9611TD继续向西北移动,在它们的东南侧,又一个新的TD-KIRK生成。27—30日是TC个数最多、强度最强的阶段,ISO对流也达到最强。这种情形与图5.44中显示的TD-OLRA强对流与ISO-OLRA强对流的信号在西北太平洋区域重叠是一致的。

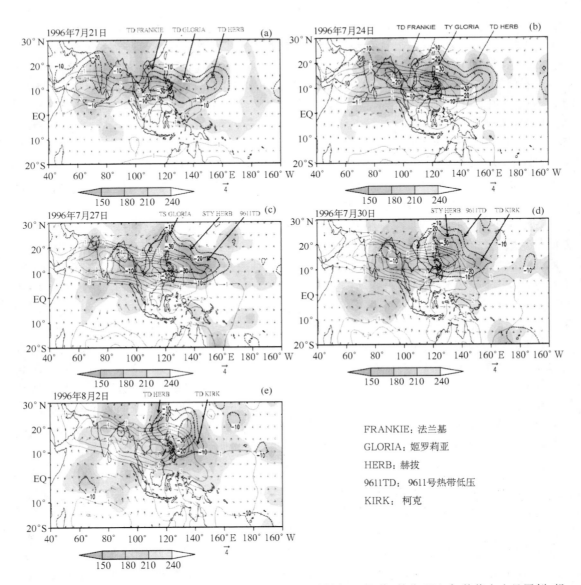

图 5.45 1996 年 7 月 21 到 8 月 2 日 ISO 湿位相过程(阴影为 OLR 值,单位 W/m²,数值大小见图例;粗虚线为 ISO-OLRA 负值,间隔 20 W/m²;细实线为 ISO 850 hPa 西风异常值,间隔 1 m/s;矢量为 ISO 850 hPa 风,矢量长度标准见图例;图中箭头所指为 TC 活动的中心位置,资料来自 JTWC,箭头后所注文字为 TC 等级及名字,TD 为热带低压,TS 为热带风暴,STS 为强热带风暴,TY 为台风,STY 为强台风)

可见,ISO 对流传播到西太平洋地区时,可使大气对流不稳定层结加强,ISO 对流为热带低压/热带气旋的发展提供了更多的初始扰动,且 ISO 西风异常有利于季风槽的加强,从而产生有利于热带低压对流发展的环境,促使热带低压群发和 TC 的发展加强(Liebmann 等,1994;Hall 等,2001;祝从文等,2004);而群发的热带低压对流(包括加强发展的 TC 对流)与 ISO 对流同位相时,一方面两者叠加,使 ISO 振幅加强;另一方面,由于积云对流加热反馈为主的 CISK-Kelvin 和 CISK-Rossby 波理论以及因边界层海气相互作用引起的高频不稳定

Kelvin-Rossby耦合波理论是 ISO 产生的主要物理机制(李崇银,1985；Lau 和 Peng,1987；Chang 和 Lim,1988；Wang 和 Xie,1996；Wang 和 Xie,1997),因此热带气旋群发对流产生的凝结潜热也会使 ISO 受到影响。

5.5.2　台风"榴莲"陆上维持及暴雨增幅的大尺度环流特征

5.5.2.1　"榴莲"概况及登陆前后强度和降水变化特征

0103 号台风"榴莲"于 2001 年 6 月 30 日下午在南海中部生成,在西北行进中逐渐发展为台风,于 7 月 2 日 03—04 时(北京时间,下同)登陆广东湛江,强度稍有减弱,后西移穿过雷州半岛进入北部湾,下午 14 时在钦州市南部再次登陆,之后"榴莲"缓慢西北行,在广西境内引发了大范围暴雨灾害,7 月 3 日晚最终消亡于越南境内(图 5.46)。这次过程具有降水集中、强度大、范围广的特点。

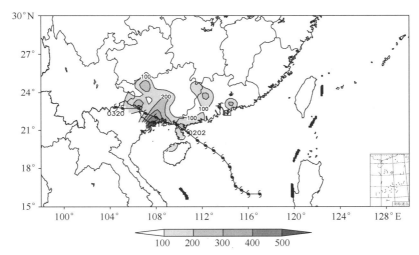

图 5.46　2001 年 7 月 2 日 02 时—3 日 20 时"榴莲"降水实况(单位:mm)和 6 h 移动路径

观察其强度变化发现,从登陆前的 2 日 02 时至登陆后的 2 日 20 时,"榴莲"迅速减弱,中心气压增加了 20 hPa,而从 2 日 20 时至 3 日 14 时,相同的时间内气压仅增加了 5 hPa,强度减弱速度明显减缓。与强度变化相对应,这两个时间段内的降水特征也有很大不同,不论从强度上还是持续时间上,第二时段的降水过程都要强于第一时段(姚才,2003)。在第一时段,降水主要分布在粤南、桂南及琼西,降水量一般为 30~90 mm(图 5.47a);在第二时段,降水急剧增幅,主要分布在桂西南,一般为 90~180 mm,中心值高达 360 mm(图 5.47b)。

5.5.2.2　大尺度环流特征

对于大多数西移登陆的热带气旋,一般在登陆后迅速减弱,且登陆时越强的热带气旋,衰减得越厉害(李英等,2004a)。而"榴莲"在登陆初期强度迅速减弱,之后减弱幅度明显减小,但却伴随有范围更广、强度更大的大暴雨发生,这主要在与"榴莲"处于有利的大尺度环流场中密切相关。

(1)西风槽和副热带高压的影响

7 月 2 日 02 时,"榴莲"登陆前夕,500 hPa 上(图 5.48a),西太平洋副热带高压西脊点伸至

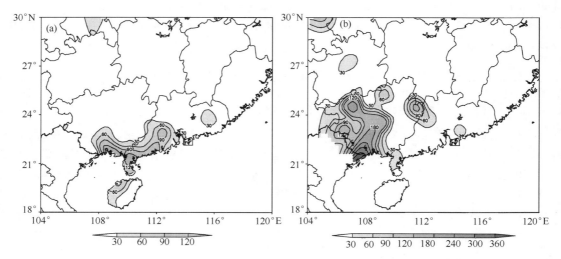

图 5.47 2001 年 7 月 2 日 02—20 时(a),2 日 20 时—3 日 14 时(b)累计降水量(单位:mm)

112°E 附近,高原西部受大陆高压控制,在这两个块状高压之间形成了宽阔的南北贯通的低压带,此低压带北部的西风槽强烈发展东移,槽前的不稳定能量给即将登陆的台风予以补充,两者的叠加作用致使粤南、桂南等地区出现强降水。"榴莲"位于副高西南侧,偏东南引导气流有利于"榴莲"向西北行进并登陆。"榴莲"登陆后正好位于低压带中(图 5.48b),中纬度西风槽进一步加深,向南伸展,构成了典型的"北槽南涡"天气形势。也正是由于中纬度西风槽向南发展,阻碍了西太平洋副热带高压加强西伸,西脊点较图 5.48a 有所东退,这种形势的配置十分有利于"榴莲"的滞留,也为暴雨增幅提供了有利的环流背景。另一方面,西风槽后的西北气流将中纬度冷空气输送至低纬,影响广西地区,使之在"榴莲"环流北部外围与东南风暖湿气流汇合,有利于大范围强降水发生。

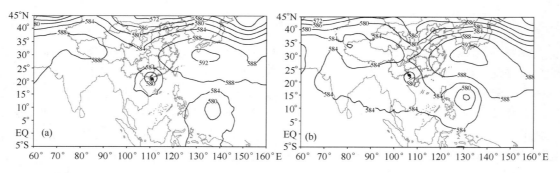

图 5.48 2001 年 7 月 2 日 02 时(a),7 月 3 日 08 时(b)500 hPa 位势高度场(单位:dagpm)

(2)低纬度西南季风和越赤道气流的影响

登陆热带气旋的暴雨强度与其水汽供应密切相关,不同的水汽来源会造成登陆热带气旋差异明显(刘舸等,2007),有暴雨产生的登陆热带气旋,往往有一条长而强的水汽通道连接海洋和热带气旋(李英等,2004b)。"榴莲"之所以能在登陆后维持并出现暴雨急剧增幅,另一个重要原因就是强盛的西南季风及其所带来的充沛水汽。早在"榴莲"登陆湛江之前,南海西南季风就已经侵入台风南侧,这支季风来源于南半球的冬季风跨越赤道后转向的夏季风。7 月

2日02时,随着台风中心接近湛江,南海季风侵入"榴莲"环流系统,由于风速大值区在孟加拉湾有所断裂,所以并未形成完整的西南季风带(图5.49a),水汽主要来自于南海地区,来自阿拉伯海的水汽输送大值带在孟加拉湾有所中断(图5.50a),西太平洋水汽输送大值主要集中在菲律宾以东洋面0104号台风"尤特"附近。之后索马里急流和100°E附近的越赤道气流逐渐增强,使得阿拉伯海和孟加拉湾上空的风速加大,促进了西南季风的进一步发展(图略)。3日08时(图5.49b),在"榴莲"首次登陆28 h之后,加强的西南季风,从阿拉伯海、孟加拉湾、中南半岛至北部湾为一条完整的西南风带和水汽输送带,与来自西太平洋副热带高压西南侧的东南气流在广西南部汇合,一并注入到"榴莲"东北部环流中,一方面与台风气旋性环流叠加,一方面为"榴莲"补充丰富的水汽(图5.50b),使之在陆上维持并产生暴雨增幅。

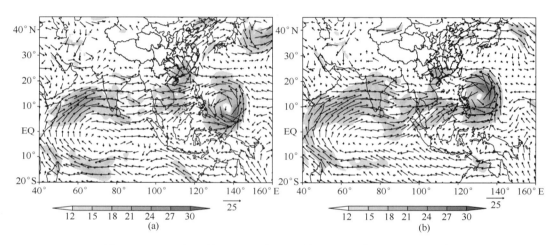

图5.49　2001年7月2日02时(a),7月3日08时(b)850 hPa风场
(单位:m/s,阴影区为全风速≥12 m/s的区域)

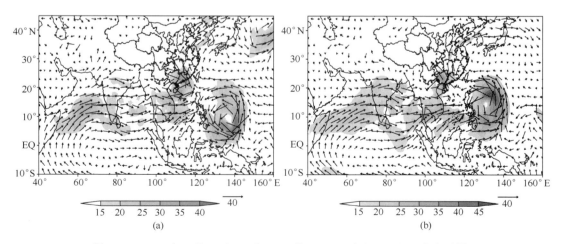

图5.50　2001年7月2日02时(a)、7月3日08时(b)850 hPa水汽通量
(单位:g/(s·hPa·cm)阴影区为水汽通量≥15 g/(s·hPa·cm)的区域)

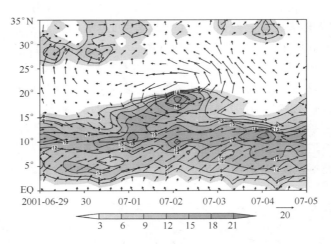

图 5.51　850 hPa 沿 110°E 纬向风（等值线）和风矢量时间—纬度剖面图

（单位:m/s,阴影区代表纬向风≥3 m/s）

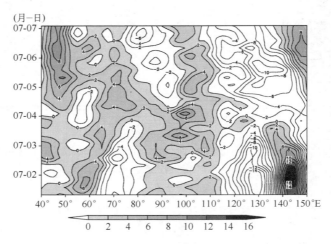

图 5.52　700 hPa 沿赤道经向风距平时间—经度剖面图

（单位:m/s,阴影部分代表正距平区）

　　从 850 hPa 纬向风和风矢量时间—纬度剖面图（图 5.51）可以看出,从 2001 年 6 月 30 日起,原本位于南海南部(15°N 以南)的西风大值区开始向北部扩展,7 月 2—3 日强盛的西风抵达南海北部至广西沿海一带,汇入"榴莲"环流系统,对其陆上维持起到了重要作用。另外,从 700 hPa 沿赤道经向风距平时间—经度剖面（图 5.52）上可以看出,在"榴莲"登陆期间,从 7 月 2 日后期开始,除索马里为赤道经向风正距平外,90°E 越赤道气流增强东传,3—4 日 100°E 附近为赤道经向风正距平大值区,达 6～8 m/s,越赤道气流增强显著,进一步加强西南季风,把来自热带海洋的大量水汽、热量和动量注入了"榴莲"低压环流,使之能在陆上长时间维持。

5.5.2.3　低纬夏季风季节内振荡对暴雨增幅的影响

　　在天气和季节尺度上,东亚夏季风对热带气旋的台风频数及生成位置均有很大影响（孙秀荣和端义宏,2003）。当季风与登陆台风相互结合时,往往造成降水的强烈增幅,从而导致我国沿海地区的洪涝灾害(李丽和郑勇,2008)。

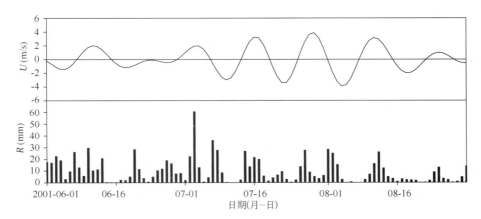

图 5.53　2001 年 6—8 月南海北部地区(105°—115°E,15°—22°N)850 hPa 纬向风分量 10～20 d 滤波
曲线(单位 m/s)及广西西南部地区(105°—110°E,22°—25°N)平均降水逐日演变(单位:mm)

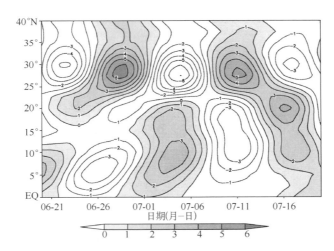

图 5.54　10～20 d 滤波 850 hPa 纬向风沿 113°E 的纬度时间剖面图
(单位:m/s,阴影区表示低频西风)

　　但夏季风建立后,并不是定常不变的,而是忽强忽弱,呈明显的季节内振荡。研究发现,东
亚季风区的季节内变率主要表现出两种时段的振荡,其一为 30～60 d 振荡,另一种为 10～
20 d 振荡(琚建华等,2007)。夏季风的爆发、活跃和中断与二者密切相关(Krishnamurti 等,
1982;王慧等,2006)。分析 2001 年南海北部至粤桂南部地区夏季风季节内振荡,发现 30～
60 d 低频振幅明显小于 10～20 d 低频振幅,因此选取 2001 年夏季 10～20 d 为低频振荡主周
期(图 5.53a),与广西西南部逐日平均降水(图 5.53b)比较发现,主振荡周期波动趋势与降水
的多寡有较好的对应关系。特别是 7 月 3 日的波峰对应着该时段的降水峰值,表明当 10～
20 d 季节内振荡处于极端活跃期时,对"榴莲"的暴雨增幅有重要影响。

　　进一步分析 2001 年 10～20 d 带通滤波后的低层低频纬向风沿 113°E 传播特征
(图 5.54),发现 2001 年 6—7 月存在明显的低频西风北传过程。从 6 月底开始,赤道低纬地区的低频振荡由负位相转为正位相,低频西风出现,并向北传播,7月3日达到20°N,侵入"榴莲"南部环流,使其减弱变缓,对其陆上维持起到了重要作用,有利于该时段降水急剧增幅。

根据图5.53a,将2001年夏季风低频过程划分为8个位相(Chan等,2002)。分别是:6月29日(位相1),7月1日(位相2),7月3日(位相3),7月5日(位相4),7月7日(位相5),7月9日(位相6),7月11日(位相7),7月13日(位相8)。其中位相1、位相5为转换位相,位相1表示振荡由中断向活跃的过渡,位相5表示活跃向中断的过渡;位相3表示活跃期的波峰,位相7表示中断期的波谷;位相2、位相4、位相6、位相8表示振幅达到峰(谷)值一半的位相。

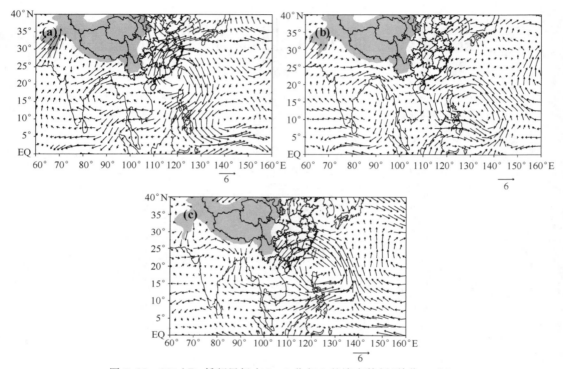

图5.55　850 hPa 低频风场在1～3位相上的演变特征(单位:m/s)

分析850 hPa 不同位相低频风场发现,6月29日(位相1),季风开始由中断期向活跃期转换,南海东北部、华南沿海由一强低频反气旋环流控制(图5.55a)。而后季风开始活跃(位相2),低频西风已经占据北部湾地区,华南地区的低频反气旋性环流减弱,菲律宾附近洋面的低频气旋性环流向西北传播至南海北部(图5.55b)。7月3日(位相3),即低频振荡处于极端活跃位相时,广西和华南大部为低频气旋性环流北部的偏东气流控制,与此同时,中南半岛地区的低频西风进一步侵入北部湾地区,两支气流交汇于广西西南部,有利于低层辐合(图5.55c),这与"榴莲"该时段在广西西南部的急剧降水增幅相一致,表明低纬夏季风低频振荡对登陆台风降水增幅具有重要影响。

从低频水汽通量在8个位相上的演变过程来看,6月29日(位相1),季风从中断期向活跃期过渡,主要的低频水汽辐合区位于浙江和福建北部(图5.56a),海南岛南部海域有一弱辐合区,为中南半岛低频西风和南海低频东风水汽输送辐合所致。7月1日(位相2),广西南部沿海及北部湾附近为低频水汽辐合大值区,这主要由于来自孟加拉湾经中南半岛的低频水汽输送加强,与来自西太平洋和南海的低频水汽输送在广西南部辐合所致,原位于浙江和福建的辐合大值区消失(图5.56b)。7月3日,即极端活跃位相(位相3),中南半岛北部低频水汽输送进一步加强,来自西太平洋和南海的东风水汽输送北抬,二者辐合加强且范围扩大,广西大部都为强的低频水汽辐合区控制(图5.56c),与"榴莲"该时段在广西西南部的暴雨急剧增幅相一致。可见低纬低频水汽输送在北传过程中,为"榴莲"提供了充足的水汽,对降水增幅确有重要的作用。

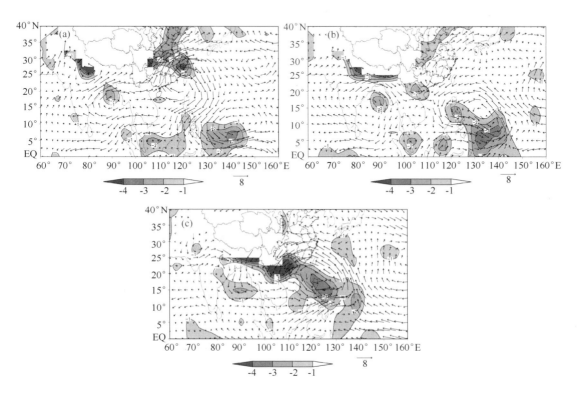

图 5.56　850 hPa 低频水汽通量在 1～3 位相上的演变特征

(单位:g/(s·hPa·cm),阴影区为水汽通量辐合区)

5.6　结论

总结前述研究结果,可有以下结论。

(1)中国东部 1955—2006 年 51 a 5～9 月≥35℃高温日数分布存在三种分布型(模态),第一种为呈现全区域一致增温(降温)型,第二种为长江以北—长江以南反位相分布型,而第三种则为华北和华南—华东反位相分布型。这三种模态均存在年际和年代际变化,不同的模态分别与 500 hPa 上不同地区的高度场异常存在密切联系,亦分别与不同区域的海温异常存在显著相关。

(2)近 50 a 来长江中下游地区夏季日最高气温呈下降趋势(−0.06℃/(10a)),而日最低气温呈上升趋势,由此导致夏季日平均气温趋势性上升。

典型的气温异常年,异常环流在垂直方向上呈准正压结构。无论是在对流层低层、中层还是高层,环流在东半球的大部分区域内在高温年与低温年的异常值符号相反。中国东部在高、低温年的环流变化可能受到波列的影响。在对流层中层可能受到来自高纬度的波列的影响;在200 hPa高层西风急流的波导作用可使青藏高原及其西侧的扰动东传,影响长江流域;而与热带对流有关的P—J型波列对长江流域夏季气温异常亦存在重要影响。地面长波辐射在夜间对气温的影响超过白天。气温与感热通量呈反相关关系,而与潜热通量则呈正相关关系,且由于白天蒸发旺盛,潜热通量与最高气温的关联更加紧密。整层大气加热场异常显示,在高(低)温年,垂直温度平流引起的异常动力增(降)温和非绝热加热引起的异常增(降)温可以部分地解释异常高(低)气温形成和维持。

(3)华东地区的降水异常可依据其变率分为五个区域,即:Ⅰ区(闽赣地区)、Ⅱ区(江南)、Ⅲ区(长江中下游地区)、Ⅳ区(江淮)和Ⅴ区(黄淮)。不同区域夏季降水的周期存在明显的差异。当Ⅰ区降水的年际周期性强(弱)时,Ⅱ、Ⅲ、Ⅳ、Ⅴ区降水年际周期性弱(强),各个区域的降水年际周期不一致。这五个区域夏季降水的年代际及年际变率的年代际变化非常显著,且在年代际降水较少或由多变少或由少变多的转换时段,容易发生较大的年际变化。

各区降水异常形成的局地成因有所差别。其中,江南南部、江南、沿江(长江中下游)受低层异常反气旋控制,该异常反气旋使得这些地区出现水汽辐散,与异常的非绝热冷却结合,造成异常下沉气流,导致干旱发生;而对于江淮之间的地区,由南侧异常气旋性环流和北侧反气旋环流的西部辐散气流控制,造成水汽向南北两侧辐散,降水偏少;对于黄淮地区,则由位于蒙古高原上的反气旋异常和位于西太平洋上的气旋性异常之间的异常偏北气流造成该地区水汽的异常辐散所致。

与各区降水异常形成相联系的遥相关型各不相同。闽赣地区降水清楚地受EUP型遥相关影响;江南地区降水则可能受EAP/PJ型影像,亦与PNA型存在可能的联系;长江流域(沿江)降水则可能受EA和EAP型影响;江淮地区降水则显著地受EA/EUP和PJ/EAP的共同影响;而黄淮降水则受可能起源于地中海地区向东北传播的波列通过AO而产生影响。这些说明影响五个区域降水异常的成因各不相同且非常复杂。北半球热带地区高度场异常可能对除江南南部之外的华东四个区域降水异常存在显著影响;同时华东夏季降水异常还受到东亚地区位涡、南海夏季风、Nino3、Nino4区海温、西太平洋副热带高压变动等影响。

(4)长江中下游地区1979—2008年间发生了93次流域性极端降水事件,平均日降水量的95百分位的阈值为19 mm/d。长江中下游流域性极端日降水事件具有显著的年(代)际变化。长江中下游流域性极端日降水的可能成因与两种异常环流型有关。

环流型Ⅰ:极端降水事件发生当日,长江中下游地区对流层高层受南亚高压控制并存在气流辐散,在对流层中层存在强烈的上升运动,在对流层低层(850 hPa)存在气旋式辐合,这种高低空环流配置有利于长江中下游地区发生强对流活动和极端降水事件。在东亚地区环流系统包括异常气旋和反气旋形状扁平,呈纬向伸展。此型环流异常在统计学上看起来在低纬度更为显著。另外,对流层中、低层位于中南半岛至西太平洋的反气旋环流将孟加拉湾、南海以及西太平洋地区的暖湿气流汇合并输送到长江中下游地区,为极端降水事件的发生提供了充足、持续的水汽条件。

视热源与视水汽汇的大值区相一致,都出现在长江中下游流域以及西太平洋地区。在长江中下游的东南部及黄海、西太平洋地区非绝热加热为负异常,此强迫可在其西北侧激发反气旋式环流,有利于西太平洋副热带高压的西伸与加强,进而有助于气流在长江中下游地区的辐合。长江中下游地区极端日降水事件的形成亦可能与海温的异常分布密切相关。在极端降水事件中,太平洋海温呈现北负南正的特征,这种海温异常分布与 El Nino 盛期及衰减期的分布较为一致。

环流型Ⅱ:在对流层中低层,南海地区存在反气旋式环流,而在热带外地区,气旋系统深厚且呈现西倾的特征。东亚地区异常气旋和反气旋环流均显示出"圆形"的特征且垂直方向发展较为深厚。在长江中下游地区低层辐合高层辐散,垂直环流得到发展。水汽的辐合带呈西南—东北走向,在长江中下游地区存在较强的辐合区。此型环流异常在热带外地区的统计学意义更为显著。

整层积分的视热源与视水汽汇的最大正值中心出现在长江中下游的东部地区,且范围明显小于 93 次极端降水事件合成的加热场,分布趋于圆形。在菲律宾以东的西太平洋为明显的非绝热加热负异常区,有利于对流层低层出现气流辐散。在海温场上,赤道以南的海表温度距平为弱的负距平区,而在赤道以北,特别是黑潮延伸区的海温则异常增暖,这与衰减后的 La Nina 海温型分布较为一致。

(5)西太平洋副热带高压在南方大范围持续性暴雨发生过程中起着极其重要的作用。当副热带高压脊异常偏南偏西时,其北侧雨带是造成洪涝的主要原因。在暴雨期,因降水释放大量的凝结潜热构成了大气主要的非绝热加热。华南暴雨期间,副高西北侧华南地区以及西侧孟加拉湾地区存在异常强烈的视热源和视水汽汇;江淮暴雨期间,副高北侧江淮流域及西侧孟加拉湾地区也存在异常强烈的视热源和视水汽汇。视热源与暴雨的发生有很好的对应关系。视热源值随着暴雨的发生而增大,暴雨过程结束后视热源值又迅速减小。华南暴雨期,伴随着视热源的增大,副高出现短期的东撤南退;江淮暴雨期则相反,随着视热源的增大,副高在热源南侧维持,且会出现明显的西伸。

副高短期位置变异与大范围持续性暴雨过程中大气非绝热加热有密切的关系,与加热场所处地理位置有很大关系。华南暴雨期间非绝热加热的垂直变化在副高西北侧形成正涡度源,在短时间内迫使副高东撤南退;江淮暴雨期间非绝热加热的垂直变化在副高北侧形成正涡度源,不利于副高北进,同时在副高西侧较远处孟加拉湾热源的共同作用下,导致副高在江淮以南维持且出现明显的西伸。

(6)夏半年亚洲西太平洋区域对流 ISO 的传播具有明显的地域特征,印度洋和西太平洋是主要的 ISO 活跃区域。在整个亚太区域和印度洋区域 ISO 以 30～60 d 周期为主,且沿赤道东传,而在西太平洋地区则以 20～40 d 周期在 10°—20°N 向西传播特征为主。除了地域特征,夏半年 ISO 也具有季节特征。初夏(5—7月)以沿赤道东传为主,晚夏(8—10月)则向西传播特征加强,主要活动区域也向北转移,西传波在晚夏西北太平洋区域的活动最强。ISO 相关的热带对流首先生成于赤道印度洋区域,然后东传到西太平洋日界线附近。在西太平洋,ISO 具有西北向传播特征。在对流传播过程中,低层西风异常和气旋性环流伴随着加强对流,而东风异常和反气旋性环流伴随着抑制对流形成周期循环。

西北向传播的 ISO 特征与西太平洋上活跃的热带天气尺度波动关系密切。一方面,高频热带低压波动受到 ISO 的调制,当 ISO 强对流和低层西风异常沿赤道东传到西太平洋区域后,高频波活动达到最强;反过来,TC 的群发及与之联系的热带低压波动加强且向西北传播时,高频波动成为西北传播的 ISO 信号的一部分。

(7)0103 号台风"榴莲"登陆后经历了登陆初期强度迅速减弱,之后减弱幅度明显减小,但却伴随有范围更广、强度更大的暴雨增幅阶段,造成了广西南部历史罕见的洪涝灾害。

"榴莲"登陆后正好位于低压带中,中纬度西风槽进一步加深,向南伸展,构成了典型的"北槽南涡"天气形势。也正是由于中纬度西风槽向南发展,阻碍了西太平洋副热带高压加强西伸,使得这一形势在"榴莲"陆上期间能够稳定维持。西风槽后的西北气流将中纬度冷空气输送至低纬,影响广西地区,使之在"榴莲"环流北部外围与东南风暖湿气流汇合,有利于强降水发生。

7月初,索马里和100°E越赤道气流增强显著,加强西南季风,从阿拉伯海东部,经孟加拉湾和中南半岛中南部,直至南海北部到广西大部形成一条完整的水汽输送带,充沛的水汽直达"榴莲"东北侧,有利于该时段暴雨增幅。

低纬夏季风10~20 d低频振荡对"榴莲"登陆后暴雨增幅有重要作用。低频振荡处于极端活跃位相时,低纬低频西风偏北及低频水汽向北输送至广西南部,有利于低层辐合并提供充足水汽,引发"榴莲"在广西西南部的暴雨急剧增幅。

参考文献

鲍艳,吕世华,陆登荣等. 2006. RegCM3 在西北地区的应用研究 I:对极端干旱事件的模拟. 冰川冻土, **28**(2):164-174.

毕宝贵,章国材,李泽椿. 2004. 2003 年淮河洪涝与西太副高异常及成因的关系. 热带气象学报,**20**:505-514.

蔡佳熙,管兆勇. 2011. 长江流域夏季气温变化型及其成因:I 年际变化与遥相关. 气象学报,**69**(1):99-111.

蔡佳熙,管兆勇,高庆九等. 2009. 近 50 年长江中下游地区夏季气温变化与东半球环流异常. 地理学报, **64**(3):289-302.

陈芳丽,黎伟标. 2009. 北半球大气遥相关型冬夏差异及其与温度场关系的探讨. 大气科学,**33**(3):513-523.

陈洪滨,刁丽军. 2004. 2003 年的极端天气和气候事件及其他相关事件. 气候与环境研究,**9**(1):218-223.

陈联寿,罗哲贤,李英. 2004. 登陆热带气旋研究的进展. 气象学报,**62**(5):541-548.

陈烈庭. 1982. 北太平洋副热带高压与赤道东部海温度相互作用. 大气科学,**6**:148-156.

陈烈庭. 1988. 热带印度洋太平洋海温纬向差异及其对亚洲季风的影响. 大气科学,**12**(特刊):142-148.

陈烈庭,宗海锋,张庆云. 2007. 中国东部夏季风雨带季节内变异模态的研究. 大气科学,**31**(6):1212-1222.

陈隆勋等. 1991. 近四十年我国气候变化的初步分析. 应用气象学报,**2**:164-173.

陈隆勋,朱乾根,罗会邦等. 1991. 东亚季风. 北京:气象出版社:362.

陈文,顾雷,魏科等. 2008. 东亚季风系统的动力过程和准定常行星波活动的研究进展. 大气科学,**32**(4): 950-966.

丁一汇,吴晓曦,马淑芬. 1997. 1991 年江淮暴雨期地气通量与混合层结构的研究. 气象学报,**55**(3): 257-270.

丁一汇,张锦,宋亚芳. 2002. 天气和气候极端事件的变化及其与全球变暖的联系. 气象,**28**(3):3-7.

丁一汇. 1993. 1991 年江淮流域持续性特大暴雨研究. 北京:气象出版社.

董敏,张兴强,何金海. 2004. 热带季节内振荡时空特征的诊断研究. 气象学报,**62**(6):821-830.

符淙斌,曾绍美. 2005. 最近 530 年冬季北大西洋涛动指数与中国东部夏季旱涝指数之联系. 科学通报, **50**(14):1512-1522.

龚道溢,何学兆. 2002. 西太平洋副热带高压的年代纪变化及其气候影响. 地理学报,**57**(2):186-191.

龚道溢,王绍武,朱锦红. 2000. 1990 年代长江中下游地区多雨的机制分析. 地理学报,**9**(5):567-575.

龚道溢,王绍武. 2000. 北大西洋涛动指数的比较及其年代际变率. 大气科学,**24**(2):187-192.

郭其蕴,蔡静宁,邵雪梅等. 2003. 东亚夏季风的年代际变率对中国气候的影响. 地理学报,58(4):569-576.

韩洁,管兆勇,李明刚. 2012. 夏季长江中下游流域性极端日降水事件的环流特征及其与非极端事件的比较. 热带气象学报,3:367-378.

何洁琳,万齐林,管兆勇等. 2010. 亚洲—西太平洋夏半年 ISO 传播特征及其与热带天气尺度波动联系的观测事实研究. 热带气象学报,26(6):724-732.

黄荣辉. 1990. 引起我国夏季旱涝的东亚大气环流异常遥相关及其物理机制的研究. 大气科学,14:108-117.

黄荣辉,蔡榕硕,陈际龙等. 2006. 我国旱涝气候灾害的年代际变化及其与东亚气候系统变化的关系. 大气科学,30(5):730-743.

黄荣辉,顾雷,陈际龙等. 2008. 东亚季风系统的时空变化及其对我国气候异常影响的最近研究进展. 大气科学,32(4):691-719.

黄荣辉,李维京. 1988. 夏季热带西太平洋上空的热源异常对东亚上空副热带高压的影响及物理机制. 大气科学,12(特刊):107-116.

黄荣辉,孙凤英. 1994. 热带西太平洋暖池的热状态及其上空的对流活动对东亚夏季气候异常的影响. 大气科学,18(2):141-150.

黄荣辉,徐予红,周连童. 1999. 我国夏季降水的年代际变化及华北干旱化趋势. 高原气象,18(4):465-476.

金大超,管兆勇,蔡佳熙,江丽俐. 2010. 近 50 a 华东地区夏季异常降水空间分型及其相联系的遥相关. 大气科学,34(5):947-961.

琚建华,孙丹,吕俊梅. 2007. 东亚季风涌对我国东部大尺度降水过程的影响分析. 大气科学,31(6):1129-1139.

雷杨娜,龚道溢,张自银等. 2009. 中国夏季高温日数时空变化及其环流背景. 地理研究,28(3):653-662.

李崇银. 1985. 南亚季风槽(脊)和热带气旋活动与移动性 CISK 波. 中国科学 B 辑,15(7):667-674.

李崇银. 1995. 热带大气季节内振荡的几个基本问题. 热带气象学报,11(3):276-288.

李崇银,胡季. 1987. 东亚大气环流与厄尔尼若相互影响的一个分析研究. 大气科学,11:359-363.

李崇银,潘静. 2007. 南海夏季风槽的年际变化和影响研究. 大气科学,31(6):1049-1058.

李峰,丁一汇,鲍媛媛. 2008. 2003 年淮河大水期间亚洲北部阻塞高压的形成特征. 大气科学,32:469-480.

李建平,史久恩. 1993. 一百年来全球气候突变的检测与分析. 大气科学,(增刊):132-140.

李建平,曾庆存. 2005. 一个新的季风指数及其年际变化和与雨量的关系. 气候与环境研究,10(3):351-363.

李江南,王安宇,杨兆礼. 2003. 台风暴雨的研究进展. 热带气象学报,19(增刊):152-159.

李克让,林贤超. 1990. 近四十年来我国气温的长期变化趋势. 地理研究,9(4):26-36.

李克让,周春平,沙万英. 1998. 西太平洋暖池基本特征及其对气候的影响. 地理学报,53(6):511-518.

李丽,郑勇. 2008. 1996—2006 年韶关热带气旋暴雨统计分析. 广东气象,30(4):37-38.

李丽平,王盘兴,管兆勇. 2002. 大气季节内振荡研究进展. 南京气象学院学报,25(4):565-572.

李英,陈联寿,张胜军. 2004a. 登陆我国热带气旋的统计特征. 热带气象学报,20(1):14-29.

李英,陈联寿,王继志. 2004b. 登陆热带气旋长久维持与迅速消亡的大尺度环流特征. 气象学报,62(2):167-179.

李智才,宋燕,武永利,王沛涛. 2010. 东亚夏季风对山西省夏季降水的影响研究. 气候与环境研究,15(6):797-807.

励申申,寿绍文. 2000. 赤道东太平洋海温与我国江淮流域夏季旱涝的成因分析. 应用气象学报,11(3):331-338.

梁玲,李跃清,胡豪然等. 2009. RegCM3 模式对青藏高原温度和降水的模拟及检验. 气象科学,29(5):611-617.

廖清海,陶诗言. 2004. 东亚地区夏季大气环流季节循环进程及其在区域持续性降水异常形成中的作用. 大气科学,28(6):835-846.

廖荃荪,陈桂英,陈国珍. 1981. 北半球西风带环流和我国夏季降水. 长期天气预报文集. 北京:气象出版社:
　　103-114.

林爱兰,梁建茵,谷德军. 2008. 热带大气季节内振荡对东亚季风区的影响及不同时间尺度变化研究进展. 热
　　带气象学报,24(1):11-19.

林爱兰,梁建茵,李春晖. 2005. 南海夏季风对流季节内振荡的频谱变化特征. 热带气象学报,21(5):
　　542-548.

林学椿. 1995. 中国近百年温度序列. 大气科学,19(5):525-534.

刘舸,张庆云,孙淑清. 2007. 2006 年夏季西太平洋热带气旋活动的初步研究. 气候与环境研究,12(6):
　　738-750.

刘还珠,姚明明. 2000. 降水与副热带高压位置和强度变化的数值模拟. 应用气象学报,11(4):385-391.

刘小宁. 1999. 我国暴雨极端事件的气候变化特征. 灾害学,14(1):55-59.

刘晓东,江志红,罗树如等. 2005. RegCM3 模式对中国东部夏季降水的模拟试验. 南京气象学院学报,
　　28(3):351-359.

刘屹岷,吴国雄,刘辉等. 1999. 空间非均匀加热对副热带高压形成和变异的影响 III:凝结潜热加热与南亚高
　　压及西太平洋副高. 气象学报,57(5):525-538.

刘屹岷,吴国雄. 2000. 副热带高压研究回顾及对几个基本问题的再认识. 气象学报,58(4):500-512.

卢山,吴乃庚,薛登智. 2008. 南海季风槽影响下热带气旋暴雨增幅的研究. 气象,34(6):53-59.

陆其峰,潘晓玲,钟科等. 2003. 区域气候模式研究进展. 南京气象学院学报,26(4):557-565.

吕俊梅,琚建华,张庆云等. 2006. 热带西太平洋海温距平与 Rossby 波传播对 1993 和 1994 年东亚夏季风异
　　常影响的差异. 大气科学,30(5):977-987.

罗绍华,金祖辉. 1986. 南海海温变化与初夏西太平洋副热带高压活动及长江中下流汛期降水关系的分析.
　　大气科学,10(4):409-417.

闵锦忠,孙照渤,曾刚. 2000. 南海和印度洋海温异常对东亚大气环流及降水的影响. 南京气象学院学报,
　　23(4):543-548.

闵莉,张志刚,刘文菁等. 2008. 区域气候模式对地形影响东亚大气环流季节变化的数值模拟研究. 气象科
　　学,28(2):155-162.

秦爱民,钱维宏,蔡亲波. 2005. 1960—2000 年中国不同季节的气温分区及趋势. 气象科学,25(4):338-345.

任国玉,吴虹,陈正洪. 2000. 中国降水变化趋势的空间特征. 应用气象学报,11(3):322-330.

任国玉,徐铭志,初子莹等. 2005. 近 54 年中国地面气温变化. 气候与环境研究,10(4):717-727.

施能,朱乾根,吴彬贵. 1996. 近 40 年东亚夏季风及我国夏季大尺度天气气候异常. 大气科学,20(5):
　　575-583.

苏布达,姜彤,任国玉等. 2006. 长江流域 1960—2004 年极端强降水时空变化趋势. 气候变化研究进展,
　　2(1):9-14.

孙秀荣,端义宏. 2003. 对东亚夏季风与西北太平洋热带气旋频数关系的初步分析. 大气科学,27(1):67-74.

唐东昇,王建德,刘文泉. 1994. 夏季华南降水与水汽输送气流及大气加热场的关系. 南京气象学院学报,
　　17(2):148-152.

唐国利,林学椿. 1992. 1921—1990 年我国气温序列. 气象,18(7):3-6.

陶诗言等. 1980. 中国之暴雨. 北京:科学出版社:225.

屠其璞,邓自旺,周晓兰. 2000. 中国气温异常的区域特征研究. 气象学报,58(3):288-296.

王慧,丁一汇,何金海. 2006. 西北太平洋夏季风的变化对台风生成的影响. 气象学报,64(2):345-356.

王冀,江志红,严明良等. 2008. 1960—2005 年长江中下游极端降水指数变化特征分析. 气象科学,8(4):
　　384-388.

王黎娟,陈璇,管兆勇等. 2009. 我国南方洪涝暴雨期西太平洋副高短期位置变异的特点及成因. 大气科学,

9(5):1047-1057.

王黎娟,卢珊,管兆勇等. 2010. 台风"榴莲"陆上维持及暴雨增幅的大尺度环流特征. 气候与环境研究, **15**(4):511-521.

王黎娟,温敏,罗玲等. 2005. 西太平洋副高位置变动与大气热源的关系. 热带气象学报,**21**(5):488-496.

王鹏云. 1998. 台湾岛地形对台风暴雨影响的数值研究. 气候与环境研究,**3**(3):235-246.

王永波,施能. 2001. 夏季北大西洋涛动与我国天气气候的关系. 气象科学,**21**(3):271-278.

王允,张庆云,彭京备. 2008. 东亚冬季环流季节内振荡与 2008 年初南方大雪关系. 气候与环境研究,**13**(4):459-467.

卫捷,杨辉,孙淑清. 2004. 西太平洋副热带高压东西位置异常与华北夏季酷暑. 气象学报,**62**(3):308-315.

魏凤英. 1999. 现代气候统计诊断与预测技术. 北京:气象出版社:1999.

魏凤英. 2005. 不同时间尺度的因子在长江中下游夏季降水变化中的作用. 中国气象学会 2005 年年会论文集:1150-1155.

魏凤英,张先恭. 1988. 我国东部夏季雨带类型的划分及预报. 气象,**14**(8):15-19.

温克刚. 2008. 中国气象灾害大典(综合卷). 北京:气象出版社:522-655.

温敏,何金海,肖子牛. 2004. 中南半岛对流对南海夏季风建立过程的影响. 大气科学,**28**(6):864-875.

温敏,施晓晖. 2006. 1998 年夏季西太副高活动与凝结潜热加热的关系. 高原气象,**25**(4):616-623.

吴国雄,丑纪范,刘屹岷等. 2003. 副热带高压研究进展及展望. 大气科学,**27**(4):503-517.

吴国雄,刘还珠. 1999. 全型垂直涡度倾向方程和倾斜涡度发展. 气象学报,**57**(1):1-15.

吴国雄,刘屹岷,刘平. 1999. 空间非均匀加热对副热带高压带形成和变异的影响 I:尺度分析. 气象学报,**57**(3):257-263.

吴国雄,刘屹岷,宇婧婧等. 2008. 海陆分布对海气相互作用的调控和副热带高压的形成. 大气科学,**32**(4):720-740.

吴国雄,孟文. 1998. 赤道印度洋—太平洋地区海气系统的齿轮式耦合和 ENSO I. 资料分析. 大气科学,**22**(4):470-480.

谢志清,姜爱军,丁裕国等. 2005. 长江三角洲强降水过程年极值分布特征研究. 南京气象学院学报,**28**(2):267-274.

许武成,马劲松,王文. 2005. 关于 ENSO 事件及其对中国气候影响研究的综述. 气象科学,**25**(2).

杨辉,李崇银. 2005. 2003 年夏季中国江南异常高温的分析研究. 气候与环境研究,**10**(1):80-85.

杨修群. 1992. 赤道中东太平洋海温和北极海冰与夏季长江流域旱涝的相关. 热带气象学报,**8**(3):261-266.

杨义文,许力,龚振淞等. 2004. 2003 年北半球大气环流及中国气候异常特征. 气象,**30**(4):20-25.

姚才. 2003. 0103 号台风"榴莲"强度变化特征及暴雨成因的分析. 热带气象学报,**19**(增刊):180-188.

喻世华,陆盛元,卢春成等. 1986. 热带天气学概论. 北京:气象出版社:75-96.

翟盘茂,郭艳君,李晓燕. 2001. 1997/1998 年 ENSO 过程与热带大气季节内振荡. 热带气象学报,**17**(1):1-9.

翟盘茂,潘晓华. 2003. 中国北方近 50 年温度和降水极端事件变化. 地理学报,**58**(增刊):1-10.

翟盘茂,任福民. 1997. 中国近四十年最高最低温度变化. 气象学报,**55**(4):418-428.

翟盘茂,邹旭恺. 2005. 1951—2003 年中国气温和降水变化及其对干旱的影响. 气候变化研究进展,**1**(1):16-18.

张国宏,李智才,宋燕等. 2010. 中国降水量变化的空间分布特征与东亚夏季风. 干旱区地理,**34**(1):34-42.

张庆云,陶诗言. 1998. 亚洲中高纬度环流对东亚夏季降水的影响. 气象学报,**56**(2):199-211.

张庆云,陶诗言. 1999. 夏季西太平洋副热带高压北跳及异常的研究. 气象学报,**57**(5):539-548.

张庆云,陶诗言. 2003. 夏季西太平洋副热带高压异常时的东亚大气环流特征. 大气科学,**27**(3):369-380.

张韧,史汉生,喻世华. 1995. 西太平洋副热带高压非线性稳定性问题的研究. 大气科学,**19**(6):687-700.

张天宇,孙照渤,倪东鸿等. 2007. 近 45 a 长江中下游地区夏季降水的区域特征. 南京气象学院学报,**30**(4):

530-537.

张永领,程炳岩,丁裕国. 2003. 黄淮地区降水极值统计特征的研究. 南京气象学院学报,**26**(1):71-75.

张永领,高全洲,丁裕国等. 2006. 长江流域夏季降水的时空特征及演变趋势分析. 热带气象学报,**22**(2):162-168.

赵宗慈,罗勇. 1998. 二十世纪九十年代区域气候模拟研究进展. 气象学报,**560**(2):225-246.

中国气象局国家气候中心. 98 中国大洪水与气候异常. 北京:气象出版社:1999.

周建玮,王咏青. 2007. 区域气候模式 RegCM3 应用研究综述. 气象科学,**27**(6):702-708.

周连童,黄荣辉. 2003. 关于我国夏季气候年代际变化特征及其可能成因的研究. 气候与环境研究,**8**(3):274-290.

朱健,何海滨. 2008. 0604 和 0605 号台风的数值模拟与暴雨成因对比分析. 南京气象学院学报,**31**(4):530-538.

朱岩洪,陈联寿,徐祥德. 2000. 中纬度环流系统的相互作用及其暴雨特征的模拟研究. 大气科学,**24**(5):669-675.

祝从文,Nakazawa T,李建平. 2004. 大气季节内振荡对印度洋—西太平洋地区热带低压/气旋生成的影响. 气象学报,**62**(1):42-50.

Afiesimama E A,Pal J,Abiodun B J,*et al*. 2006. Simulation of west Africa monsoon using the RegCM3. Part I: Model validation and interannual variability. *Theoretical and Applied Climatology*,**86**:23-37.

Ambrizzi T,Hoskins B J,Hsu H H. 1995. Rossby wave propagation and teleconnection patterns in the Austral winter. *J. Atmos. Sci*,**52**:3661-3672.

Ambrizzi T,Hoskins B J. 1997. Stationary Rossby-Wave propagation in a baroclinic atmosphere. *Quarterly Journal of the Royal Meteorological Society*,**123**:919-928.

Angell J K. 1981. Comparison of variation in atmospheric quantities with sea temperature variation in the tropical eastern Pacific. *Mon. Wea. Rev.*,**109**:230-243.

Buffoni L,Mangeri M,Nanni T. 1999. Precipitation in Italy from 1833 to 1996. *Theoretical and Applied Climatology*,**63**:33-40.

Cavazos T. 1999. Large-scale circulation anomalies conducive to extreme precipitation events and derivation of daily rainfall in Northeastern Mexico and Southeastern Texas. *Journal of Climate*,**5**:1506-1523.

Chan J C L,Ai W,Xu J. 2002. Mechanisms responsible for the maintenance of the 1998 South China Sea summer monsoon. *J. Meteor. Soc. Japan*,**80**(5):1103-1113.

Chang C P,Lim H. 1988. Kelvin wave-CISK:A possible mechanism for 30~50 d oscillation. *J Atmos Sci*,**45**(11):1709-1720.

Chen L,Dong M,Shao Y. 1992. The characteristics of interannual variations on the East Asian monsoon. *Journal of the Meteorological Society of Japan*,**70**:397-421.

Chen Longxun,Zhou Xiuji,Li Weiliang,*et al*. 2004. Characteristics of the climate change and its formation mechanism in China in last 80 years. *Acta Meteorologica Sinica*,**62**(5):634-646.

Cooter E J,LeDuk K. 1993. Recent frost data trends in the northern United States. *Int J Climatology*,**15**:65-75.

Dickon M,Molinari J. 2002. Mixed Rossby-Gravity waves and western Pacific tropical cyclogenesis. part I: Synoptic evolution. *J Atmos Sci*,**59**(14):2183-2195.

Ding Y H. 1992. Summer monsoon rainfalls in China. *Meteor. Soc. Japan*,**70**(1):373-396.

Dunkrrton T J,Baldwin M P. 1995. Observation of 3~6 day meridional wind oscillations over the tropical Pacific,1973—1992:Horizontal structure and propagation. *J Atmos Sci*,**52**(10):1585-1601.

Easterling D R, Meehl G A, Parmesan C, et al. 2000. Climate extremes: Observation, modeling, and impacts. *Science*, **289**(22): 2068-2074.

Enomoto T, Hoskins B J, Matsuda Y. 2003. The formation mechanism of the Bonin high in August. *Quarterly Journal of the Royal Meteorological Society*, **587**: 157-178.

Gill A E. 1980. Some simple solutions for heat-induced tropical circulation. *Quart J R Met Soc*, **106**(449): 447-462.

Gong Daoyi, He Xuezhao. 2002. Interdecadal change in western Pacific subtropical high and climatic effects. *Acta Geographica Sinica*, **57**(2): 185-193.

Groisman P, Karl T, Easterling D, et al. 1999. Changes in the probability of extreme precipitation: Important indicators of climate change. *Climatic Change*, **43**: 243-283.

Guan Z Y, Yamagata T. 2003. The unusual summer of 1994 in East Asia: IOD teleconnections. *Geophysical Research Letters*, **30**(10): 1544-1547.

Guan Zhaoyong, Han Jie, Li Minggang. 2011. Circulation patterns of regional mean daily precipitation extremes over the middle and lower reaches of Yangtze River during Boreal summer. *Climate Research*, **50**: 171-185.

Guo Qiyun, Cai Jingning, Shao Xuemei, et al. 2003. Interdecadal variability of East-Asian summer monsoon and its impact on the climate of China. *Acta Geographica Sinica*, **58**(4): 569-576.

Hall J A, Matthews J, Karoly D J. 2001. The modulation of tropical cyclone activity in the Australian region by the Madden-Julian Oscillation. *Mon Wea Rev*, **129**(12): 2970-2982.

Hayashi Y. 1982. Space-time spectral analysis and its applications to atmospheric waves. *J Meteor Soc Japan*, **60**(1): 156-171.

He Jinhai, Zhou Bin, Wen Min, et al. 2001. Studies on subtropical high's vertical circulation structure and interannual variation features with the mechanism. *Adv Atmos Sci*, **18**(4): 497-510.

Horton B. 1995. Geographical distribution of changes in maximum and minimum temperatures. *Atmos. Res.*, **37**: 101-117.

Hoskins B J, Rodwell M J. 1996. Monsoons and the dynamics of deserts. *Quart. J. Roy. Meteor. Soc*, **122**: 1385-1404.

Hoskins B J, Sardeshmukh P D. 1988. The generation of global rotational flow by steady idealized tropical divergence. *J. Atmos. Sci*, **45**: 1228-1251.

Houghton J T, Ding Y, Griggs D J, et al. 2001. Climate Change 2001: The Scientific Basis. IPCC. Cambridge.

Hsu H-H, Weng C-H. 2001. Northwestward propagation of the intraseasonal oscillation in the Western North Pacific during the Boreal summer: Structure and mechanism. *J Climate*, **14**(18): 3834-3849.

Huang Gang. 2004. An index measuring the interannual variation of the East Asian summer monsoon-the EAP index. *Advances in Atmospheric Sciences*, **21**(1): 41-52.

Huang Ronghui, Sun fengying. 1994. Impacts of the thermal state and the convective activities in the tropical western warm pool on the summer climate anomalies in east Asia. *Scientia Atmospherica Sinica*, **18**(2): 141-151.

IPCC. 2001. *Climate change 2001: The science of climate change*. Houghton J T, Ding Y, Griggs D J, et al. (eds.), Contribution of Working Group I to the Third Assessment Report of the Intergovernmental Panel on Climate Change Cambridge. Cambridge University Press, United Kingdom and New York, NY, USA, 156-159.

Jeremy Pal. 2003. Examples of simulations with the latest version of the RegCM. Reported on the "ITCP Workshop on the Theory and Use of Regional Climate Model",ICTT,Italy.

Jin Zhifeng,Su Gaoli,Jian Genmei. 2001. The unseasonably cool summer of 1999 and its impacts on the crop growth and development in Zhejiang province. *Bulletin of Science and Technology*,17(4):20-24.

Jones P D,Raper S C B,Bradley R S. 1986. Northern Hemisphere surface air temperature variations:1851—1984. *Climate and Applied Meteorology*,25:161-179.

Kaiser D P,Qian Y. 2002. Decreasing trends in sunshine duration over China for 1954—1998: Indication of increased haze pollution. *Geophys. Res. Lett*,29:2042-2045.

Kalnay E,Kanamitsu M,Kistler R,*et al*. 1996. The NCEP/NCAR 40-year reanalysis project. *Bull Amer Meteor Soc*,77(3):437-471.

Karl T R,Jones P D,Knight R W,*et al*. 1993. A new perspective on recent global warming: Asymmetric trends of daily maximum and minimum temperature. *Bull. Amer. Meteor. Soc.*,74(6):1007-1023.

Karl T R,Kukla G,Razuvayev V N,*et al*. 1991. Global warming: Evidence for asymmetric diurnal temperature change. *Geophys. Res. Lett*,18:2253-2256.

Karl T R,Kukla G, Gavin J. 1984. Decreasing diurnal temperature range in the United States and Canada from 1941—1980. *J. Climate Appl. Meteor*,23:1489-1504.

Kemball-Cook S,Wang B. 2001. Equatorial waves and air-sea interaction in the boreal summer intraseasonal oscillation. *J Climate*,14(13):2923-2942.

Kosaks Y,Nakamura H. 2006. Structure and dynamics of the summertime pacific-japan teleconnection pattern. *Quarterly Journal of the Royal Meteorological Society*,182:2009-2030.

Krishnamurti T N,Subrahmanyan D. 1982. The 30~50 day mode at 850mb during MONEX. *J. Atmos. Sci*,39:2088-2095.

Krishnan R,Sugi M. 2001. Baiu rainfall variability and associates monsoon teleconnections. *J. Meteor. Soc. Japan*,79: 851-860.

Kurihara K,Kawahara M. 1986. Extremes of East Asian weather during the post ENSO years of 1983/84-Severe cold winter and hot dry summer. *Meteorological Society of Japan*,64:493-503.

Lau K-M,Peng L. 1987. Origin of low-frequency (intraseasonal) oscillations in the tropical atmosphere. Part I:Basic theory. *J Atmos Sci*,44(6):950-972.

Li Q,Liu X, Zhang H,*et al*. 2004. Detecting and adjusting on temporal inhomogeneities in Chinese mean surface air temperature datasets. *Adv. Atmos. Sci*,21:260-268.

Li X D,Zhu Y F,Qian W H. 2002. Spatiotemporal variations of summer rainfall over Eastern China during 1880—1999. *Adv Atmos Sci*,19(6):1055-1068.

Liang X,Wang W. 1998. Association between China monsoon rainfall and tropospheric jets. *Quart. J. Roy. Meteor. Soc*,124:2597-2623.

Liebmann B, Hedon H H. 1990. Synoptic-scale disturbances near the equator. *J Atmos Sci*,47(12):1463-1479.

Liebmann B,Hendon H H,Glick J D. 1994. The relationship between tropical cyclones of the western Pacific and Indian Oceans and the Madden-Julian oscillation. *J Meteor Soc Japan*,72(3):401-411.

Liebmann B,Smith C A. 1996. Description of a complete (interpolated) outgoing longwave radiation dataset. *Bull. Amer. Meteor. Soc*,77: 1275-1277.

Lin A,Li T. 2008. Energy Spectrum characteristics of boreal summer intraseasonal oscillations:Climatology and Variations during the ENSO developing and decaying phases. *J Climate*,**21**(23):6304-6320.

Liu Yimin,Wu Guoxiong,Ren Rongcai. 2004. Relationship between the subtropical anticyclone and diabatic heating. *J. Climate*,**17**:682-698.

Lu R Y,Oh J H,Kim B J. 2002. A teleconnection pattern in upper-level meridional wind over the North African and Eurasian continent in summer. *Tellus*,**54**:44-55.

Luo H B,Michio Yanai. 1984. The large-scale circulation and heat sources over the Tibetan Plateau and surrounding areas during the early summer of 1979,heat and moisture budgets. *Mon Wea Rev*,**112**(5):966-989.

Luo Huibang,Michio Yanai. 1984. The large-scale circulation and heat sources over the Tibetan Plateau and surrounding areas during the early summer of 1979. Part II:Heat and moisture budgets. *Monthly Weather Review*,**112**:966-989.

Madden R,Julian P R. 1971. Detection of a 40－50 day oscillation in the zonal wind in the tropical Pacific. *J Atmos Sci*,**28**(5):702-708.

Madden R A,Julian P R. 1972. Description of global-scale circulation cells in the tropics with a 40-50 day period. *Journal of the Atmospheric Sciences*,**29**(6):1109-1123.

Madden R A,Julian P R. 1994. Observations of the 40－50 day tropical oscillation:A review. *Mon Wea Rev*,**122**(5):814-837.

Manton M J,Della-Marta P M,Haylock M R,*et al*. 2001. Trends in extreme daily rainfall and temperature in Southeast Asia and the South Pacific:1961—1998. *Int J Climate*,**21**:269-284.

Masunaga H. 2007. Seasonality and regionality of the Madden-Julian oscillation,Kelvin wave,and equatorial Rossby wave. *J Atmos Sci*,**64**(12):4400-4416.

Murakami T. 1959. The general circulation and water vapor balance over the far East during the rainy season. *Geophys Magazine*,**29**(2):137-171.

Murakami T. 1979. Large-scale aspects of deep convective activity over the GATE area. *Mon Wea Rev*,**107**(8):994-1013.

Nakazawa T. 1986. Mean features of 30～60 day variations as inferred from 8 year OLR data. *J Meteor Soc Japan*,**64**(5):777-786.

Nitta T. 1987. Convective activities in the tropical western Pacific and their impact on the Northern Hemisphere summer circulation. *J. Meteor. Soc*,**65**:373-390.

North G R,Bell T L,Cahalan R F. 1982. Sampling errors in estimation of empirical orthogonal function. *Monthly Weather Review*,**110**(7):699-706.

Osborn T J,Hulme M,Jones P D,*et al*. 2000. Observed trends in the daily intensity of United Kingdom precipitation. *Int J Climate*,**20**:347-364.

Pal J S,Giogi F,Bi Xunqiang,*et al*. 2007. Regional climate modeling for the developing world:The ICTP RegCM3 and RegCNET. *Bull Amer Meteor Soc*,**88**:1395-1409.

Park C K,Schubert S D. 1997. On the nature of the 1994 East Asian summer drought. *Journal of Climate*,**10**(5):1056-1070.

Qian W H,Lin X. 2005. Regional trends in recent precipitation indices in China. *Meteorology and Atmospheric Physics*,**3**(4):193-207.

Rakhecha P R,Soman M K. 1994. Trends in the annual extreme rain fall events of 1 to 3 days duration over India. *Theoretical and Applied Climatology*,**48**:227-237.

Solomon S,Qin D,Manning M,*et al*. 2007. Climate Change 2007:The Physical Science Basis. IPCC,Cambridge.

Stone D A,Weaver A J,Zwiers F W. 1999. Trends in Canadian precipitation intensity. *Atmos ocean*,**2**:321-347.

Straub K H,Kiladis G N. 2003. Interactions between the boreal summer intraseasonal oscillation and higher-frequency tropical wave activity. *Mon Wea Rev*,**131**(5):945-960.

Takayabu Y N,Nitta T. 1993. 3~5 day-period disturbances coupled with convection over the tropical Pacific Ocean. *J Meteor Soc Japan*,**71**(2):221-245.

Teng H,Wang B. 2003. Interannual variations of the boreal summer intraseasonal oscillation in the Asian-Pacific region. *J Climate*,**16**(22):3572-3584.

Thompson D W,Wallace J M. 1998. The Arctic Oscillation signature in the wintertime geopotential height and temperature fields. *Geophysical Reseach Letters*,**25**(9):1297-1300.

Torrence C,Compo G P. 1998. A practical guide to wavelet analysis. *Bulletin of the American Meteorological Society*,**79**(1):61-78.

Tu Qipu,Deng Ziwang,Zhou Xiaolan. 2000. Studies on the regional characteristics of air temperature abnormal in China. *Acta Meteorologica Sinica*,**58**(3):288-296.

Wakabayashi S,Kawamura R. 2004. Extraction of major teleconnection patterns possibly associated with anomalous summer climate in Japan. *J. Meteor. Soc*,**82**: 1577-1588.

Wallace J M,Gutzler D S. 1981. Teleconnections in the geopotential height field during the Northern Hemisphere winter. *Monthly Weather Review*,**109**:784-812.

Wang L J,Guan ZY,He J H. 2008. The circulation background of the extremely heavy rain causing severe floods in Huaihe river valley in 2003 and its relationships to the apparent heating. *Scientia Meteorologica Sinica*,**2**:1-7.

Wang Lijuan,Guan Zhaoyong,Yu Bo,*et al*. 2009. Effects of diabatic heating on the short-term position variation of the west Pacific subtropical high during persistent heavy rain event in South China. Remote Sensing and Modeling of Ecosystems for Sustainability VI:San Diego.

Wang Lijuan,Lu Shan,Guan Zhaoyong,*et al*. 2010. Effects of low-latitude monsoon surge on the increase in downpour from tropical storm. *Bilis. J. Trop. Meteor*,**16**(2):101-108.

Wang Zunya,Ding Yihui,He Jinhai,*et al*. 2004. An updating analysis of the climate change in China in recent 50 years. *Acta Meteorologica Sinica*,**62**(2):228-236.

Wei Fengying,Cao Hongxing,Wang Liping. 2003. Climatic warming process during 1980s—1990s in China. *Journal of Applied Meteorological Science*,**14**(1):79-86.

Wen Min,He Jinhai,Tan Yanke. 2003. Movement of the ridge line of summer west Pacific Subtropical high and its possible mechanism. *Acta Meteor Sin*,**17**(1):37-51.

Wheeler M,Kiladis G N. 1999. Convectively coupled equatorial waves:Analysis of clouds and temperature in the wavenumber-frequency domain. *J Atmos Sci*,**56**(3):374-399.

Wheeler M,Kiladis G N,Webster P J. 2000. Large-scale dynamical fields associated with convectively coupled equatorial waves. *J Atmos Sci*,**57**(5):613-640.

Wu Y F,Huang R H. 1998. A possible approach to increasing the accuracy of long-rang weather forecast. Annual Report of Institute of Atmospheric Physics. *Chinese Academy of Science*,**7**:137-143.

Yamamoto R,Sakurai Y. 1999. Long-term intensification of extremely heavy rainfall intensity in recent 100 years. *World Resource Rev*,**11**(2):271-281.

Yanai M,Johnson R H. 1993. Impacts of cumulus convection on thermodynamic field. Emanuel K A,Raymond D J,Eds. The Representation of cumulus convection in numerical models of the atmosphere. *American Meteorological Society*,**46**:39-62.

Zhu B Z,Wang B. 1993. The 30~60 day convection seesaw between the tropical Indian and Western Pacific Oceans. *J Atmos Sci*,**50**(2):184-199.

Zhu Qiangen,He Jinhai,Wang Panxing. 1986. A study of circulation differences between East-Asian and Indian summer monsoons with their interaction. *Adv. Atmos. Sci.*,**3**(4):466-477.

第六章 中国西部极端气候事件分析

 **概 述**

　　全球变暖引发极端天气气候事件所造成的各类气象灾害已引起国际社会的广泛关注。但在全球变暖的背景下,不同区域极端天气气候事件往往表现为明显不同的变化特征。中国西部地区位于中国大陆深处,地形复杂,那里既有世界上海拔最高、地形最复杂的青藏高原,又有一望无际的戈壁沙漠,气候复杂多变。由于生存环境恶劣,长期以来气象观测资料稀少,特别是缺少适合于气候变化研究的长期观测资料。本章的作者利用尽可能获得的长期观测资料,围绕中国西部地区的极端事件,特别是青藏高原、新疆以及西南四川盆地及周边地区的极端天气气候事件在全球变暖背景下的时空变化特征开展了研究,得到了一系列有意义的结果。

　　本章的内容分为高原极端事件、新疆极端事件和西南地区极端事件三大部分。高原地区的极端事件部分,其内容涉及青藏高原强降水量的长期变化特征和高原代表站玉树站地面气温近 58 a 来的长期变化;新疆地区的极端事件部分,内容涵盖了新疆乌鲁木齐极端天气事件及其与区域气候变化的联系、新疆不同季节降水气候分区及其变化趋势以及新疆 0℃ 界限温度积温的长期变化特征;西南地区的极端事件则主要研究了西南地区小时极端降水的时空变化以及 2006 年川渝地区夏季极端干旱事件的成因。

6.1 引言

　　政府间气候变化专门委员会第一工作组(IPCC WGI)于 2007 年 2 月 1 日发布的第四次气候变化评价报告指出(秦大河等,2007),近 100 a(1906—2005 年)全球平均地表温度升高了 0.74℃,近 50 a 的线性增温率为 0.13℃/(10 a)。近 100 a 来中国年平均地表气温增加了 0.79℃(Ren 等,2003),1951—2001 年中国年平均气温整体上存在明显的上升趋势,51 a 期间平均气温约上升了 1.1℃。增温主要从 20 世纪 80 年代开始,且呈现出加快的趋势。然而,各个区域气温的响应变化不尽相同,如在中国,华北、东北和西北地区近代气温一直处于上升状态,而江淮、四川等地 80 年代以前以下降为主(陈隆勋等,1991),90 年代以后西南低温区才呈上升趋势(王遵娅等,2004)。与此同时,长江中上游地区近代夏季气温却一直呈明显下降趋势(王遵娅等,2004)。

　　全球变暖(IPCC,2001)引发极端天气气候事件所造成的各类气象灾害已引起国际社会的广泛关注。近几年来,国内外科学家对极端天气气候事件进行了大量的研究(龚道溢等,2004;赵庆云等,2005;胡宜昌等,2007),已得到了许多有意义的事实。Bonsal 等(2001)的研究表

明,过去几十年中,全球极端低温事件发生频率以及霜冻日数都有减少的趋势。严中伟等
(2000)的研究指出,近 40 多年来我国北方极端最低气温普遍上升 5~10℃,冬季寒潮减弱。
翟盘茂等(2003,2005)利用逐日资料分析发现我国北方夜间极端低温事件在减少,白天极端高
温在增加。王鹏祥等(2007)发现中国西北极端高温事件发生频率虽然变化趋势较一致,但显
著性明显不同,青海北部增加显著,西北东部和青海南部高原增加比较明显,而北疆和南疆地
区增加趋势较弱。

随着全球气候变暖,降水呈现出向极端化发展的趋势(IPCC,2007)。大量研究表明(Karl
和 Knight,1998;Gutowski 等,2007;Liu 等,2009),近年来在全球许多区域强降水呈现增加趋
势,而弱降水则明显减少。在中国大多数地区,弱(强)量级降水出现的频率趋于下降(增加)
(房巧敏等,2007;杨素英等,2008;林云萍和赵春生,2009),表明强降水对总降水量的贡献呈现
增大的趋势。但对于中国不同地区强降水变化趋势却存在较大差异。刘海文等(2010)利用华
北地区 44 个站近 50 a(1957—2006 年)的地面观测资料对华北地区各强度降水进行分析,发
现华北地区各强度降水都呈减少趋势,但暴雨以上量级的降水减少趋势并不显著。张婷等
(2009)对华南地区近 46 a(1960—2005 年)的汛期极端降水进行了分析,结果表明,华南前汛
期极端降水呈减少趋势而后汛期极端降水则显著增加。此外,张文等(2007)利用西北地区
125 个台站汛期(5—9 月)逐日降水资料分析得出,近 45 a(1960—2004 年)西北地区极端降水
发生频次呈现出增加的趋势。可见,在中国大多数地区极端降水以增加趋势为主,但在不同地
区和不同季节极端降水日数和降水量的变化趋势存在差异。Qian 等(2005)利用 494 个台站
1961—2000 年的降水资料,根据基于降水百分比、强度及持续性的不同阈值指数,发现黄河流
域和华北干旱出现的频率增加,东南地区(包括长江中下游)和新疆地区强降水事件增多。

青藏高原(以下简称高原)作为是世界上海拔最高和地形最复杂的高原,它几乎占据了我
国西部面积的一半。近几十年来随着人类排放温室气体的增加,高原的气温明显升高,且温室
气体排放加剧对高原气温变化的影响可能比全球其他地区更为显著(段安民,2006)。作为全
球气候变化的启动区和敏感区(汤懋苍和许曼春,1984;Yao,1991;冯松等,1998),研究高原气
温和降水极端事件的变化特征具有重要的意义。

近年来我国气象工作者利用台站气温资料对高原气温的研究已取得一些成果,吴绍洪等
(2005)对高原 1971—2000 年 30 a 的 77 个台站的气温资料进行分析,结果表明高原气温近
30 a 总体上是呈上升趋势。李生辰等(2006)利用高原地区 1971—2004 年 34 a 的 82 站的逐日
气温资料进行分析,指出高原大部分地区年平均气温、年最高和最低气温基本上是以增温的趋
势为主。韦志刚等(2003)利用 1962—1999 年 38 a 的站点资料分析了高原气温的年际和年代
际变化特征,得出高原地区呈升温趋势,20 世纪 80 年代以来,高原冬春气温的升温更为强烈,
同时还指出高原气温主要存在准 3 a、5~8 a 和准 11 a 的周期振荡。

由于高原台站少,特别是高原西部地区测站稀少且建站较晚,以往研究所用资料大多较短
(林振耀和赵昕奕,1996;蔡英等,2003;李林等,2003;韦志刚等,2003;吴绍洪等,2005;李生辰
等,2006;杨瑜峰等,2007),王堰等(2004)将高原上建站较晚的站与有较长观测资料的站求相
关,通过拟合办法将高原资料进行延长,以获得更长的资料,但同时也指出该拟合结果存在一
定的误差。许多研究表明(林振耀和赵昕奕,1996;蔡英等,2003;李林等,2003;杨瑜峰等,
2007),高原气温变化具有较强的空间一致性。玉树位于青海省西南部,地处青藏高原腹地,海
拔 3681.2 m,气候寒冷,年温差小,日温差大,是一个以牧为主,农牧结合的半农半牧县。同时

考虑到玉树站观测资料序列较长（1951 年至今），且环境受人为因素影响较小，因此选择玉树站作为青藏高原的代表站，以其气温序列作为研究对象，分析该站在不同季节和年平均气温的变化特征，以探讨青藏高原气温的长期变化特征。

新疆作为我国西部地区的另一个主要组成部分，其特有的地理位置和地貌格局形成了新疆特有的气候特征。大量研究表明（张家宝和史玉光，2002；施雅风，2003；薛燕等，2003；徐贵青和魏文寿，2004；毛炜峄等，2006；刘波和马柱国，2007），在全球变暖的大背景下，新疆气候也发生了明显变化。新疆气候变化与全球和全国气候变化趋势基本一致，但又具有明显的区域性特点，且有暖干向暖湿转型的信号（王绍武和董光荣，2002；胡汝骥等，2001；张家宝等，2002；施雅风等，2002；胡汝骥等，2002；韩萍等，2003；苏宏超等，2003；姜逢清和胡汝骥，2004；杨青和魏文寿，2004），气候变暖已经导致生态环境改变，并对农作物布局、结构都产生影响（刘德祥等，2005；王义祥等，2006；孙兰东和刘德祥，2007）。

但以往人们对新疆降水量增加的认识大多是从南、北疆、天山山区分别挑选 8 个气象代表站进行的（薛燕和冯国华，2003；韩萍等，2003；何清等，2003；徐贵青和魏文寿，2004；袁玉江等，2004），或从行政地域、流域等划分上来研究区域降水变化的（杨青和何清，2003；杨余辉等，2005；范丽红等，2006；辛渝等，2008），操作简单，但没有考虑参考点或参考区域间的相互联系，导致水平分布的气候要素变化有时出现无法解释的跳跃现象。还有一些对西北地区气候变化研究中，采用了 EOF、REOF 或聚类方法等（黄玉霞等，2004；范丽军等，2004；杨晓丹和翟盘茂，2005；刘吉峰等，2006；王劲松和魏锋，2007），但由于研究对象空间尺度相对太大，而只将新疆划分成了南、北两大区域，这与过去人为的南、北疆分区完全一致，新疆境内许多由地形差异产生的更小空间尺度分布特征并没有被揭示出来。所以长期以来有关新疆气象要素气候分区的认识存在一定程度的局限性和人为性。因此，本章还就新疆不同季节降水气候分区及其变化趋势、0℃界限温度积温的长期变化特征以及乌鲁木齐极端天气事件的变化特征及其与区域气候变暖的联系进行了详细探讨。

目前，国际国内大部分有关极端降水事件的研究都是使用的某特定区域日降水资料，对短时极端降水事件的研究更能有效地反映出极端事件的趋势（Kanae，2004）。短时极端降水也可能会给社会、经济造成损失，比如城市内涝、泥石流，所以分析极端降水是重要的。目前，美国和日本的一些学者（Fujibe，1988；Brooks 等，2000；Kanae 等，2004；Sen，2008）开始使用小时降水资料研究极端降水。国内，宇如聪等利用 1990—2004 年的小时降水资料对中国大陆区域的日变化特征进行了一些研究（Yu 等，2007），指出中国夏季降水日变化具有明显的区域性特征；Li 等研究过中国南方地区（主要是长江中下游及其以南地区）日降水的变化的季节性特征（Li 等，2008）。除此之外，北京市、天津市、湖南、中南半岛地区的夏季降水日变化特征都做过相关研究，而对于西南地区，此类研究相对较少。同时，之前国内极端降水的研究揭示了：四川盆地的极端降水有显著减少的趋势（Zhai 等，2005）；而持续 2 d 及其以上极端降水事件的频数在高原东侧地区有显著上升趋势，而四川盆地的部分地区则有显著下降趋势；青藏高原东南部到云贵高原西部地区有持续 3 d 以上的极端降水事件，其雨强频数变化趋势的空间分布相似（王志福和钱永甫，2009）。

西南地区特别是川、黔两省降水日变化很有特点——多夜雨，相当一部分地区的夜雨率在 50%～60%（徐裕华，1991），所以综合以上因素，本章还选取了西南地区的降水日变化作趋势研究。在多数情况下，雨时比雨量更好地反映夜雨规律，特别是在雨量日变化中，夜雨已不明显的那些较为干燥少雨的山区,或者是湿润山区的冬季或干季(林之光,1995),故应用西南112站的逐时降水资料,分析其降水时数、一小时雨强的季节变化趋势及其在白天和夜间不同的变化趋势,全面的研究西南地区的小时降水变化特征;特别分析了其极端降水时数、一小时雨强的季节变化趋势和各气候区白天、夜间极端降水时数年际变化。作为西南地区极端干旱事件的例子,本章还重点分析了2006年夏季发生在重庆、四川等地自有气象资料记录以来的最严重的干旱事件的成因。

6.2　资料和方法

6.2.1　本章用到的主要资料

(1)国家气候中心整编的1951—2006年全国160站月平均降水资料。

(2)国家气象信息中心气象资料室提供的高原地区自建站以来至2008年月平均气温资料和1961—2008年青海和西藏共48 a 48个台站的逐日降水。

(3)新疆气候中心提供的1961—2006年的88个观测站月降水量资料和1961—2005年的88个观测站逐日平均气温记录。

(4)西南地区逐时降雨资料由中国气象局国家气象信息中心收集的西南112站自记降水信息化资料基础上形成,并进行质量控制,大部分记录是1961—2000年。

(5)NCEP/NCAR再分析月平均数据资料集,包括纬向风、经向风、地面气压、位势高度和比湿,水平分辨率为$2.5° \times 2.5°$。

(6)NOAA全球逐月射出长波辐射(OLR)资料,空间分辨率为$2.5° \times 2.5°$,资料年代为1974—2006年。

(7)NOAA提供的逐月扩展重建海温ERSST(extended reconstructed sea surface temperature)资料,空间分辨率为$2.5° \times 2.5°$,资料年代为1854—2006年。

6.2.2　主要方法

(1)R/S事件时间序列分析方法

Hurst于1965年提出了一种时间序列分析方法,即R/S分析(王乃昂等,1999),Hurst等证明,如果所分析的时间序列是相互独立且方差有限的随机序列,即满足Gauss-Markov过程,则有Hurst指数$H = 1/2$,近年来已有不少研究将Hurst指数应用到气象上,以讨论未来变化趋势(郝慧梅和任志远,2006;王波雷等,2007;张国存和查良松,2008)。对于取值范围不同的Hurst指数,未来的变化趋势与过去关系分为以下几种情况:

1)当$H = 1/2$时,意味着序列未来与过去无关或短程相关,符合Gauss-Markov假设;

2)当$H > 1/2$时,意味着未来的趋势与过去一致,即过程具有持续性,且H值越接近于1,持续性就越强;

3)当$H < 1/2$时,意味着未来的趋势与过去相反,即该过程具有反持续性,且H值越接近于0,反持续性就越强。

(2)高原强降水标准的选取

近年来一些研究注意到在中国不适宜采用统一的强降水标准,而应根据地理差异,下垫面状况以及平均降水强度而定。许多研究采用了以日降水强度第 95 个百分位值的多年平均值为极端降水事件的阈值(Zhai 等,2005;张文等,2007)。但利用该方法对高原降水分析存在弊端,并不能完全适应高原特殊的降水分布特征①。寿绍文等(2006)根据中国各地降水的地理、气候特征以及各地抗御洪涝的自然条件给出各地暴雨的标准,华南、东北及西北地区分别以 24 h 降水量(R_{24})$\geqslant$80 mm、30 mm 和 25 mm 作为暴雨的临界值。

考虑到高原大部分地区在 4 月、10 月的气温在 0℃ 附近摆动(戴加洗,1990),降水形态复杂,故未对这 2 个月作考虑。因此选择 5—9 月作夏半年,11 月至次年 3 月作冬半年,分别以 $R_{24}\geqslant$25 mm 和 $R_{24}\geqslant$5 mm 作为高原夏、冬半年强降水的临界值。

(3)新疆降水气候区划方法

四季降水气候区划以 EOF 和 REOF(黄玉霞等,2004;范丽军等,2004;刘吉峰等,2006;王劲松和魏锋,2007)相结合为主,在进行区划的界线划定时,人为修正经 Kriging 插值的高特征向量等值线在复杂地形下的不合理弯曲现象,使之尽可能沿地形走向。各区平均降水量按划分的所在区域求算术平均。

对各分区平均降水量的变化采用线性趋势法估计,趋势的检验采用非参数化的 kendall-τ(辛渝等,2008)检验。区域平均降水量突变时间以累积距平曲线上的绝对值的最大值所对应的年份为准,突变时间的检验采用 t 检验(魏凤英,1999)与信噪比(SNR)(黄嘉佑,1995)综合判断,即两者均达到显著性检验水平才视为突变。信噪比的定义是:

$$\frac{S}{N} = \frac{|\bar{X}_a - \bar{X}_b|}{S_a + S_b} \tag{6.1}$$

式中,$\bar{X}_a$、$\bar{X}_b$ 和 S_a、S_b 分别是转折年份前后两阶段要素的平均值和标准差,规定 $\left|\frac{S}{N}\right|>1.0$ 时,可认为该要素在这个年份存在显著气候突变,否则突变不显著。

(4)大气热源的计算方法

大气热源的计算方案如下(Yanai 等,1973):

$$Q_1 = C_P \left[\frac{\partial T}{\partial t} + \boldsymbol{V} \cdot \nabla T + \omega \left(\frac{p}{p_0} \right)^\kappa \frac{\partial \theta}{\partial p} \right] \tag{6.2}$$

式中,Q_1 是单位质量大气中的热量源汇,$p_0=1000$ hPa,$\kappa=R/C_P$,其他为常用符号。式中右端三项分别表示局地变化项、水平平流项和垂直输送项。将式(6.2)用质量权重对整层大气积分,得:

$$\langle Q_1 \rangle = \frac{1}{g} \int_{p_t}^{p_s} Q_1 \mathrm{d}p = \frac{C_P}{g} \int_{p_t}^{p_s} \left[\frac{\partial T}{\partial t} + \boldsymbol{V} \cdot \nabla T + \omega \left(\frac{p}{p_0} \right)^\kappa \frac{\partial \theta}{\partial p} \right] \mathrm{d}p$$
$$= \langle Q_R \rangle + Q_{LP} + Q_{SH} \tag{6.3}$$

式中,p_s 是地面气压,p_t 是大气顶气压(计算中取 100 hPa),$\langle Q_1 \rangle$ 就是整层大气中单位面积气柱内 Q_1 的垂直积分。$\langle Q_1 \rangle$ 为正(负)时,表示气柱中总的是非绝热加热(冷却),也称之为大气热源(热汇)。$\langle Q_1 \rangle$ 中包含了气柱中的净辐射加热(冷却)$\langle Q_R \rangle$、降水的凝结潜热加热 Q_{LP} 和地面的感热加热 Q_{SH}。

(5)西南地区小时极端事件降水采取百分比阈值的空间分布和变化趋势来确定。以 1961—2000 年 40 a 中某测站所有降水时数最强的 5% 的降水量作为该测站极端小时降水量

① 周顺武,王传辉,吴萍等.青藏高原强降水日数的时空分布特征.干旱区地理,待发表。

的阈值。对降水序列的线性趋势、显著性检验还采用了 Kendall-tau 检验。Kendall-tau 检验是一种用于检验时间序列变化趋势的非参数检验方法。这种方法的优点在于它允许缺测值的存在,并且无需证明资料服从某一特定分布。

（6）文中还用到的统计方法主要包括:线性回归、相似分析(张运福等,2009)、线性趋势分析、Mann-Kendall 法(魏凤英,2007)、Morlet 小波变换分析(Torrence 和 Compo,1998)等气象常用统计方法。

6.3　青藏高原区域极端事件

6.3.1　青藏高原玉树站近 58 a 来的气温长期变化特征

6.3.1.1　玉树站近 58 a 气温变化趋势

图 6.1 分别给出玉树站春、夏、秋、冬和年平均的气温变化曲线图。由图可见,四个季节及其年平均气温均存在明显的上升趋势,这与以往多数对高原气温变化趋势研究得出的结论是一致的(李林等,2003;蔡英等,2003;吴绍洪等,2005;李生辰等,2006;杨瑜峰等,2007)。玉树春季平均气温为 3.97℃,平均趋势率为 0.21℃/(10 a),在年代际变化上,20 世纪 50—60 年代有所下降,70—80 年代略有下降,进入 80 年代以后气温迅速上升,年代间变化最大出现在 80—90 年代,增幅达 0.59℃(图 6.1a);夏季平均气温为 11.92℃,50—60 年代气温略呈下降趋势,此后气温呈明显的上升趋势,年代间变化最大出现在 20 世纪 90 年代末到 21 世纪初,增幅达 0.78℃(图 6.1b);秋季的年代际变化与夏季相似(图 6.1c),但 20 世纪 50—60 年代气温为下降趋势,80—90 年代变化不大,年代间变化最大也出现在 20 世纪 90 年代到 21 世纪初,增幅达 0.88℃;冬季气温在 20 世纪 90 年代以前气温变化不大,到 21 世纪初气温呈跳跃式上升,上升幅度达 2.25℃,这使得冬季为四季中变化最明显的季节,线性趋势为 0.42℃/(10 a)(图 6.1d);从年平均气温变化上看,平均上升率为 0.29℃/(10 a),与其他季节类似在 20 世纪 50—60 年代气温呈下降趋势,60 年代以后呈上升趋势,上升最快的时段为 90 年代末到 21 世纪初(图 6.1e)。

表 6.1 给出了玉树站四个季节和年平均气温平均值及不同年代的气温距平,由表 6.1 可知,玉树站夏季和冬季温差超过 18℃,在年代际变化上,20 世纪 80 年代以前各季节气温为负距平,到 90 年代以后表现出一致的正距平,所有季节气温都经历先下降后上升的趋势,这与王堰等(2004)和李廷勇(2004)的结论基本一致。表 6.1 中还可看出,春季平均气温在振荡中上升,上升幅度最小,21 世纪初比 20 世纪 50 年代上升了不到 1℃;冬季则为四季中上升幅度最大的季节,近 50 多年来气温上升了 2.72℃;夏、秋季和年平均气温上升幅度位于春冬之间。

综上所述,无论是年平均还是各季节平均,近 58 a 来玉树站气温都呈线性上升趋势,在 20 世纪 50—60 年代玉树站气温都存在一个弱的下降趋势,随后为上升趋势。除春季外,上升最快的阶段都出现在 20 世纪末到 21 世纪初,而春季在 20 世纪 80—90 年代为上升最快的阶段。

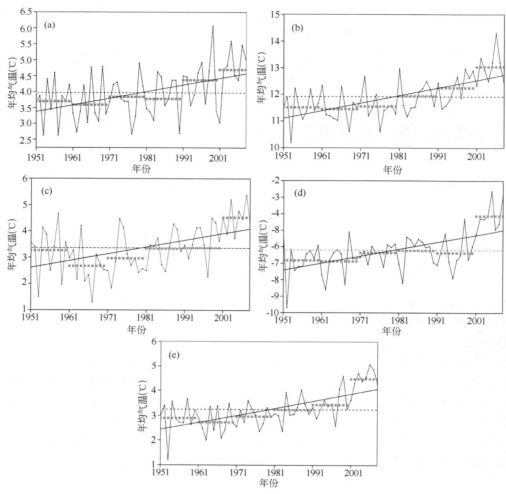

图 6.1　玉树站近 58 a 各季节及年平均气温变化曲线

(a)春季,(b)夏季,(c)秋季,(d)冬季,(e)年平均(单位:℃)

(细虚线表示平均温度,粗虚线表示年代平均温度,细实线代表线性趋势)

表 6.1　玉树站各季节和年平均在不同年代的气温距平(单位:℃)

	平均值	20 世纪 50 年代	60 年代	70 年代	80 年代	90 年代	2000—2008 年
春季	3.97	−0.27	−0.38	−0.13	−0.19	0.40	0.72
夏季	11.92	−0.41	−0.47	−0.37	0.02	0.33	1.12
秋季	3.36	−0.10	−0.69	−0.40	−0.03	0.28	1.16
冬季	−6.20	−0.63	−0.68	−0.16	0.03	−0.16	2.09
年平均	3.25	−0.35	−0.53	−0.28	−0.01	0.19	1.22

6.3.1.2 玉树站近58 a气温周期振荡

图6.2分别给出各季节及年平均气温的Morlet小波分析结果。由图可见,玉树站春季平均气温主要存在准5 a的周期;夏季气温的周期特征不明显,但在20世纪80年代以前以准3~4 a周期为主,在80年代还存在8~9 a周期振荡;秋季气温以准15~16 a的长周期最为显著,其次是准5~6 a的周期,该周期是从60年代中期开始的;冬季气温主要存在两个周期,长周期是以准20 a周期为主,短周期是以准5 a周期为主,同时还存在较弱的准11 a周期,该周期可能是受太阳黑子的影响(蔡英等,2004);年平均气温普遍存在准5 a的短周期和15~16 a的长周期,在60年代中期以前还存在准3 a的短周期。

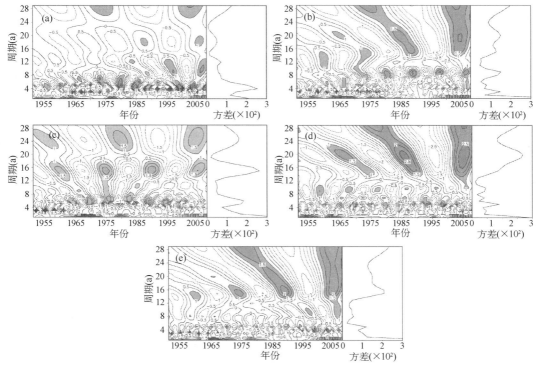

图6.2 各季节及年平均气温的小波变化系数的实谱和小波方差
((a)中阴影区表示小波系数大于1.0,(a)和(b)中纵坐标表示以年为单位的时间尺度)
(a)春季,(b)夏季,(c)秋季,(d)冬季,(e)年平均

综上可见,全年及各个季节气温的振荡周期普遍在20世纪60年代也就是在气温变化趋势发生转折的时期存在调整,同时准5 a的周期普遍存在各个季节中,这与韦志刚等(2003)和马晓波等(2003)的研究结果一致,尤以春、秋和冬季最为显著。而各季节长周期不一,冬季和年平均温度存在11 a以上的振荡信号。

6.3.1.3 玉树站近58 a气温变化的突变分析

气候突变是普遍存在于气候系统中的一个重要现象,利用Mann-Kendall方法对玉树站各季节及年平均气温进行突变检测(图6.3)。由图可见,春季气温从20世纪70年代初开始就呈现上升趋势,其UF和UB的交点出现在1993年,表明在90年代初期发生一次突变,其升温趋势显著;夏、秋季气温突变时间和显著升温阶段分布相似,均在 90 年代中期发生突变,说明在 90 年代后期增温明显;冬季气温的突变时间较其他季节略晚,出现在 90 年代末期,突变发生后升温趋势显著;年平均气温的突变点和升温趋势通过显著性检验的时间均在 90 年代末期。利用累计距平的方法诊断各季节和年平均气温突变的时间与该方法得到的突变时间基本一致(图略)。

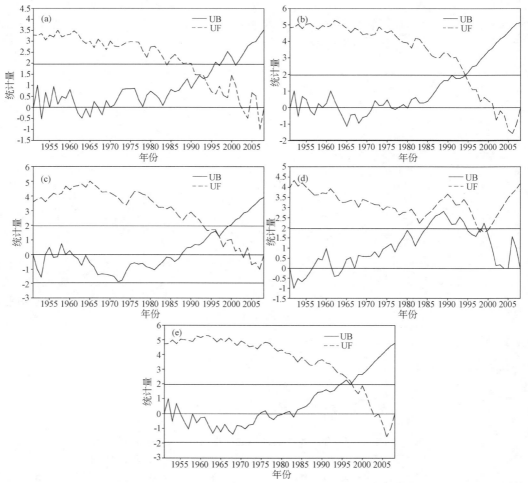

图 6.3　玉树站各季节及年平均气温 Mann-Kendall 统计曲线
(a)春季,(b)夏季,(c)秋季,(d)冬季,(e)年平均
(直线为 $\alpha=0.05$ 显著性水平临界值)

由此可见,除冬季外,各个季节在 20 世纪 80 年代呈现明显增温,这与李廷勇(2004)的认识基本一致,冬季在 60 年代就开始增温,升温趋势通过显著性水平的时间均在 90 年代中后期;夏季气温达到升温显著的时间最早,冬季最晚;气温突变现象在各个季节中均有发生,普遍出现在 20 世纪 90 年代,春季发生最早,发生在 90 年代初,随后是夏、秋和冬季发生在 90 年代末。

6.3.1.4　玉树站未来气温变化趋势

从以上分析可知,无论是年平均还是各个季节,玉树站气温均呈现出上升趋势,尤其是近10 a上升存在加速增温的趋势。那未来该站的气温趋势又如何呢?以下利用 Hurst 指数来判断其未来变化趋势。

表 6.2　玉树站各季节及年平均气温指标的 R/S 的分析结果

季节	春季	夏季	秋季	冬季	年平均
H 值	0.65	0.75	0.80	0.79	0.78

从表 6.2 中可以看出,玉树站四个季节及年平均气温的 Hurst 指数均大于 0.5,说明他们都将保持原来的增温趋势,其中以秋、冬季的增温趋势最强(分别为 0.80 和 0.79),年平均气温的 Hurst 指数为 0.78,春季增温趋势相对较弱(0.65)。这表明,该站不同季节的气温未来依旧保持不同程度的增温趋势。

6.3.2　近 48 a 来青藏高原强降水量的时空分布特征

6.3.2.1　高原强降水的空间分布特征

图 6.4 给出高原多年平均的夏、冬半年强降水量的空间分布,由图可见,高原夏半年强降水量呈现出由东南向西北递减的分布特征(图 6.4),这与夏半年降水总量的空间分布相似。高原东南部存在两个大值中心,一个位于东南部的波密站(90.12 mm),另一中心是位于雅鲁藏布江中游地区的日喀则站(57.54 mm)。强降水量最少的地区位于高原西北部,其中青海西北部的芒崖和冷湖站近 48 a 期间从未出现过大雨。

冬半年强降水量在青海东南部、西藏东北部及高原南侧边缘分别存在三个大值中心,而高原西部平均大雪量均在 0.1 mm 以下,尤其是在柴达木盆地多数台站近 48 a 来从未出现过大雪。简言之,高原冬半年强降水表现出以唐古拉山脉东段的高原腹地向四周递减的分布(图 6.4b)。

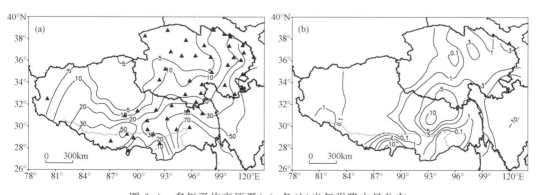

图 6.4　多年平均高原夏(a)、冬(b)半年强降水量分布
(▲为高原站点分布,黑色粗曲线为雅鲁藏布江,下同,单位:mm)

变差系数可以较好地反映降水的稳定性(张运福等,2007),定义为:降水的标准差/多年平均的降水量。由高原夏半年强降水量的变差系数分布(图略)可以看出,变差系数整体上呈现

出与强降水量反向分布的特征(两者相似系数为-0.44,通过0.01的显著性检验),高原南部两个强降水大值区分别对应着变差系数的两个低值区,而高原西北部的强降水低值区则对应变差系数的高值区。冬半年情况(图略)与夏半年相似,变差系数也是与强降水呈现反向分布(两者相似系数为-0.42,通过0.01的显著性检验)。表明在高原地区强降水越多的地区越稳定,而强降水越少的地区年际差异越显著。

分析夏、冬半年强降水量占总降水量的比例,其空间分布与降水总量的空间分布相似。夏半年强降水的百分比由东南向西北递减(图6.5a),到高原西北部几乎无大雨发生。同时注意到在雅鲁藏布江中上游还存在另一个强降水大值区,这是与高原降水总量空间分布不同的,说明在这些地区虽然降水总量虽然不多,但强降水所占比例较高。

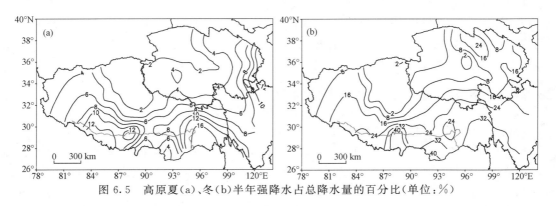

图6.5 高原夏(a)、冬(b)半年强降水占总降水量的百分比(单位:%)

在冬半年强降水量占总降水量的百分比大值区位于雅鲁藏布江流域和青海北部(图6.5b),呈现出由南和东北向西北递减的分布特征;降雪最少的高原西北部几乎无大雪发生。一般而言,总降水量的高(低)值区出现强降水的可能性也较大(小),然而在高原东南部的帕里站附近降雪偏少区存在异常,虽然降雪量都很少,但其强降水量占总降雪量的比例却较高,说明在帕里站降雪主要以强降雪的形式出现。

6.3.2.2 高原强降水量的时间演变特征

(1) 高原强降水量的季节特征

统计了整个高原冬、夏半年强降水量在各旬分布状况(图6.6),发现夏半年各旬都有可能发生强降水,其中在7月上旬至8月中旬出现强降水的几率均在10%以上,是高原强降水的主要集中期,且在7月下旬达到最高,占夏半年的14.16%,其次是8月上旬,表现出"7下8上"的分布特征,大雨量在6月中旬以前增加较慢,而到8月中旬以后则迅速减少。

在冬半年各旬强降水量的分布上(图6.6b),在11月上旬和3月中下旬的比例较高(均超过了10.0%),说明秋末春初是高原冬半年强降水的高发期,尤其是在3月下旬,是大雪主要出现时段(邹进上和曹彩珠,1989),占到冬半年的22.89%,而11月下旬至2月中旬出现大雪的几率最低,均在5.0%以下。

(2) 高原强降水量的年际变化特征

分析整个高原地区夏(冬)半年大雨(大雪)量的年际变化,近48 a来高原达到大雨量级的年平均降水量为1098.91 mm(图6.7a),且表现出明显的年际振荡,降水量最多(少)的年份在2007(1983)年,大雨量为1832.80 mm(466.2 mm);在其长期变化的线性趋势上,夏半年强降

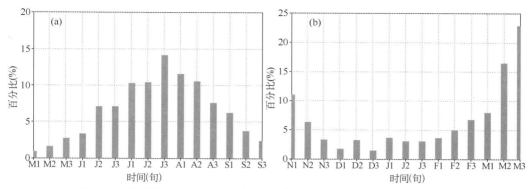

图 6.6　高原夏半年（a）和冬半年（b）各旬强降水量占总强降水量的比例
（横坐标为时间简写，第一字母为月份，第二数字为旬数；从左端 5 月第 1 旬，依次至右端为 3 月第 3 旬，单位：%）

水量呈微弱的下降趋势（−7.76 mm/（10 a））。虽然近几十年高原的降水整体上呈增加趋势（马晓波和胡泽勇，2005；格桑等，2008），但强降水（大雨）量反而减少。同时发现，高原强降水量与总降水量并无显著相关关系，由此可见，高原夏半年降水的增加主要是由于中雨及以下量级的降水增加所致。

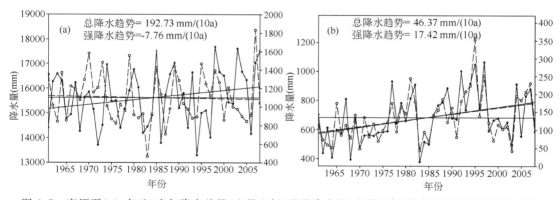

图 6.7　高原夏（a）、冬（b）半年降水总量（左纵坐标）及强降水量（右纵坐标）的年际变化及其线性趋势
（图中细实线为降水总量，虚线为强降水量，粗实线为多年平均降水量，单位：mm）

　　高原冬半年强降水也表现出明显的年际差异（图 6.7b），多年平均大雪量为 134.08 mm。强降水出现最多（少）的年份为 1995（2003）年，相应的大雪量达到 353.30（41.80）mm；从长期线性变化趋势上看，近 48 a 来冬半年高原大雪呈现出明显的增加趋势（17.42 mm/（10 a）），这与以往研究得出的近几十年来高原降雪量呈增加趋势的结论是一致的（韦志刚等，2003；黄一民和章新平，2007；格桑等，2008）。同时发现同期强降雪的增加趋势明显超过弱降雪（24h 降水＜5 mm）的增加趋势，而强降雪量与降雪总量存在较一致的年际变化，两者相关系数达到 0.81（通过了 0.001 的显著性检验）。可见冬半年降雪总量的增加可能主要是由于大雪的增加引起的。

　　由上面分析可知，在夏半年降水总量增加明显，而强降水量却呈现出微弱的下降趋势，在冬半年降水总量和强降水总量均表现为一致的增加趋势。图 6.8 给出夏、冬半年（强）降水总量变化趋势的逐旬演变特征。在夏半年，降水总量普遍以上升趋势为主，但增加幅度不大，均在 6%/(10 a)以下,而在 7 月下旬和 8 月上旬表现下降趋势。相对降水总量,强降水量的变化趋势各旬的差异较大,5 月下旬增加最快,达 21.45%/(10 a),5 月中旬次之。可见近年来 5 月强降水明显增加。强降水的下降的时段主要位于 7 月中旬到 9 月上旬,其中以 8 月上旬下降最为显著,下降趋势达 11.88%/(10 a),而该季节正处于高原强降水主要集中期(图 6.8a),是导致高原强降水整体上减弱的主要原因。夏半年降水总量与强降水相关显著的时段主要处于 7 月、8 月,在 5 月中上旬和 9 月相关性并不显著,可见在强降水偏少的旬里,强降水更具偶然性。

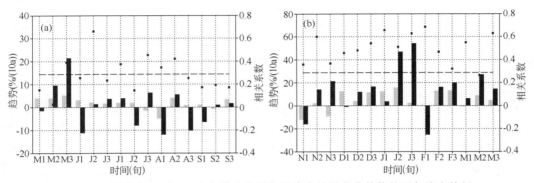

图 6.8 高原夏(a)、冬(b)半年降水总量与强降水总量变化趋势的逐旬演变特征
浅色柱状图为降水总量,深色柱状图为强降水量,单位:%/(10 a);实心点为各旬降水总量与强降水量的相关系数(右坐标),长虚线为 0.05 显著性检验临界值

在冬半年,无论是降雪总量还是强降雪量都以增加趋势为主(图 6.8b),降雪总量只在 11 月上、下旬为减少趋势,而强降雪只在 11 月上旬和 2 月上旬为减少趋势。与夏半年相比,冬半年降水增加和减少的幅度明显偏大,尤其在 1 月中、下旬平均每 10 a 增长在 50% 上下。与降雪总量相比,强降雪增加趋势明显偏强,进一步证实高原冬半年降雪总量的增加很大程度上取决于强降雪的增加。同时,在降雪总量与强降雪量各旬的相关关系上看,除 3 月中旬外,冬半年其他各旬均通过了 0.05 显著性检验的正相关,并有 11 月各旬通过了 0.01 的显著性检验。表明在冬半年降雪总量和强降雪量的年际变化具有较好的一致性。

(3)高原强降水量的突变特征

高原夏半年强降水量不同年代表现出不同的变化趋势,20 世纪 60 年代中期到 70 年代中期和 80 年代中期到 90 年代末表现为增加趋势,而 70 年代中期到 80 年代中期和 90 年代末到现在则呈减少趋势。各年代增加、减少趋势均不显著。利用 Mann-Kendall 检验方法分析高原强降水的突变特征,发现夏半年强降水量在近 48 a 里无明显突变。

高原冬半年强降水量存在明显的增加趋势,由其 Mann-Kendall 检验曲线上(图 6.9a)可见,自 20 世纪 60 年代中期以来强降水量呈现上升趋势,到 80 年代中期以后该增加趋势超过 0.05 显著性水平,表明到 80 年代中期以后大雪的增加趋势显著;其 UF 与 UB 曲线相交于 1976 年,且交点处于 0.05 信度区间,表明该增加趋势在 1976 年发生突变现象。

对比高原冬半年大雪在突变年(1976 年)前后各旬大雪量差异(图 6.9b),虽然突变后整体上较突变前有明显的增加,但主要增加时段为 12 月中下旬、1 月各旬、2 月中下旬以及 3 月中下旬,其中以 12 月中旬和 2 月中旬增长幅度最大,分别增长了 19.37 倍和 16.54 倍;而净增加量最大的时段在 3 月中下旬,分别增加了 179.22 mm/a 和 173.59 mm/a。相反在 11 月上旬及 2 月上旬出现不同程度的减少,尤其是在 2 月上旬。

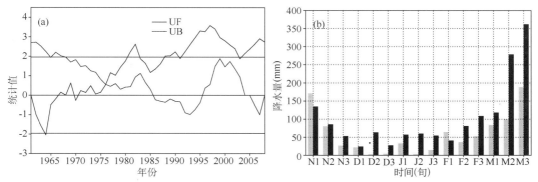

图 6.9　高原冬半年强降水量 Mann-Kendall 统计量曲线(a)及 1976 年前后冬半年各旬年平均强降水量(b)
(浅色柱状为 1976 年之前,深色柱状为 1976 年之后)

在突变前后高原冬半年年平均强降雪差值的空间分布(图略),从此可以看出,1976 年后高原东南部强降雪明显增多,存在三个增加的大值中心,分别位于高原东北部的德令哈站(3.43 mm)、高原腹地的杂多站(4.92 mm)和高原南侧的帕里站(11.45 mm)。而高原西北部则呈减少趋势,负值中心位于日喀则站(-1.05 mm)。可见,该突变主要是由高原东部降雪增加的影响。

(4) 高原强降水量的周期特征

为了展现高原夏半年强降水量的周期特征,利用 Morlet 小波变换分析去除线性趋势后的高原夏、冬半年的强降水量。高原夏半年强降水量(图 6.10a)存在明显的年际和年代际变化特征,普遍存在准 3 a 的演变周期,在 20 世纪 70 年代初期以后存在一个准 6 a 的年际振荡;此外在整个分析时段内还存在准 9~10 a 年代际振荡信号。

由高原冬半年强降水量 Morlet 小波分析结果(图 6.10b)可知,高原冬半年强降水量存在明显的年际和年代际分量,其中在 20 世纪 70 年代中后期到 90 年代中期存在着准 7~8 a 的年际振荡;而在整个分析时段内还普遍存在 15 a 左右的年代际周期,且该周期有逐渐增强的趋势。

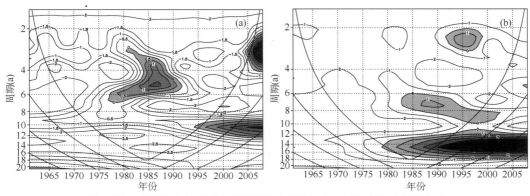

图 6.10　高原夏(a)、冬(b)半年强降水量 Morlet 小波局地功率谱分析

（5）高原强降水量变化趋势的空间分布

图 6.11 给出了高原夏、冬半年强降水量的线性变化趋势的空间分布,夏半年高原整体上强降水量增加与减少的站点基本相当(图 6.11a),其中在青海地区东北(东南)部以增加(减少)趋势为主,增加(减少)的趋势在 2 mm/(10 a)以上,而西藏地区则表现出西(东)部普遍以增加(减少)趋势为主。正是因为在强降水较多的青海东南部和西藏东部以减少趋势为主,使得高原整体上强降水量减少。

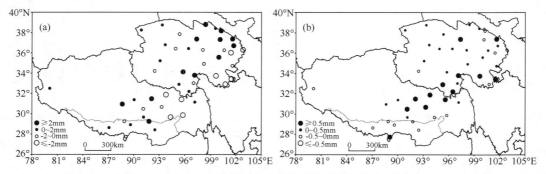

图 6.11　高原夏(a)、冬(b)半年强降水量变化趋势的空间分布(单位:mm/(10 a))

除雅鲁藏布江流域和个别边缘台站外高原冬半年大雪量多表现为增加的趋势(图 6.11b),其中在腹地地区,强降水量增加幅度最为明显,普遍增加趋势在 0.5 mm/(10 a)以上。强降水减少的地区多位于降雪量偏少的雅鲁藏布江流域和个别边缘地区,并且减少趋势并不明显,均在 0.5 mm/(10 a)以下,从而导致近几十年来高原整体上强降雪的增加。

6.4　新疆地区极端事件

6.4.1　乌鲁木齐极端天气事件及其与区域气候变化的联系

6.4.1.1　乌鲁木齐市极端天气事件

（1）极端天气事件变化趋势

对于极端天气事件中暴雨的定义使用新疆本地标准,即日降水量大于 24 mm 定义为暴雨日,其他极端天气的标准均参考中国气象局制定的标准(表 6.3)。

表 6.3　各类极端天气事件标准

极端天气事件	标　准
暴雨	日降水量大于 24 mm 定义为暴雨日
高温	日最高气温高于 35℃定义为高温日
低温	日最低气温低于−20℃定义为低温日
大风	日最大风速大于 17 m/s 定义为大风日
暴雪	日降雪量大于 12 mm 定义为暴雪日
浓雾	由于空气中水汽凝结或凝华而导致能见度小于 500 m 时定义为浓雾事件

极端天气事件	标　准
雷暴	出现闪电或雷声时定义为雷暴事件
沙尘暴	由于沙尘原因导致水平能见度小于 1km 时定义为沙尘暴事件
冰雹	出现坚硬的球状、锥状或形状不规则的固态降水,雹核一般不透明,外面包有透明的冰层,或由透明的冰层与不透明的冰层相间组成,定义为冰雹事件。

　　图 6.12 给出自 1976 年以来,乌鲁木齐主要极端天气事件的出现频率。由图可看出,近 30 多年来,乌鲁木齐的低温、大风和雷暴事件减少趋势明显,平均 10 a 分别减少 4.8 d、4.0 d 和 2.1 d。沙尘暴事件和浓雾事件也呈减少趋势,但趋势不明显。暴雨、高温和暴雪事件的出现频率,整体呈略增加的趋势,但可看出 20 世纪 90 年代以后,暴雨和暴雪事件的这种增加趋势更为显著。乌鲁木齐市出现冰雹的几率很小,32 a 间仅 7 a 有冰雹出现,平均每 4.6 a 出现一个降雹年,共降雹 8 d。冰雹在 20 世纪 80 年代出现最多,其出现次数占总次数的 50%(图略)。

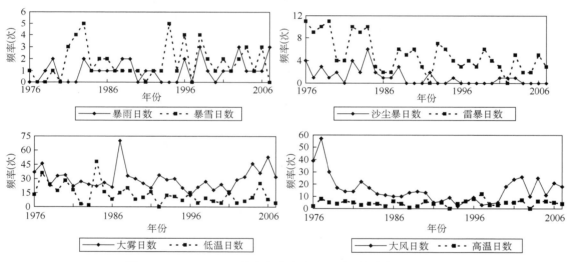

图 6.12　1976—2007 年乌鲁木齐主要极端天气事件出现频率

　　此外,从极端天气事件出现的年际变化来看,浓雾、大风、低温、高温、雷暴等事件均具有较大的变化幅度,最大变幅均在 10 次以上,尤其是浓雾,其年际变化可达 58 次(1987 年为 70 次,1996 年仅为 12 次)。暴雨、暴雪、沙尘暴、冰雹等事件的年际变化幅度均较小。

　　(2)周期性特征

　　为了了解不同频率的时间分布特征,本研究对标准化的乌鲁木齐极端天气事件频次序列进行 Morlet 小波分析。图 6.13 显示了各类极端事件的 Morlet 小波分析结果。

　　①暴雨事件:变化周期主要集中在高频区,准 5 a 的主周期信号在 20 世纪 90 年代趋于减弱,2000 年以后该周期重新加强。中频区 20 世纪 80 年代后期出现较弱的准 10 a 周期。从周期变化趋势来看,乌鲁木齐正处在多暴雨时期。

　　②暴雪事件:周期变化在高频区表现明显,准 5 a 周期出现不连续,在 20 世纪 70 年代中

期至 80 年中期最强,80 年代后期至 90 年初期逐渐减弱,90 年代中期以后周期信号较难分辨。

③雷暴事件:周期在低、高频区均有表现。较弱准 17 a 的周期信号稳定存在;高频区准 6 a 周期于 20 世纪 80 年代中期逐渐缩短为 5 a 周期,2000 年后该周期消失。

④沙尘暴事件:周期变化表现在中频区,存在一个弱的准 9 a 周期信号。

⑤高温事件:周期在中、高频区均有表现。中频区准 9 a 周期和高频区准 5 a 周期,均开始于 20 世纪 80 年代中期。准 9 a 周期维持较弱,准 5 a 周期在 20 世纪 90 年代中后期较强,后逐渐减弱,从年代际周期变化趋势看,乌鲁木齐即将进入少高温天气时段。

⑥大风事件:周期变化在低、中、高频表现均较明显。低频区存在明显的准 30 a 周期。中频区存在准 13 a 周期,该周期进入 2000 年后有所减弱,准 6 a 周期在 20 世纪 70 年代后期至 80 年代中期较强,后逐渐减弱,2000 年之后消失。

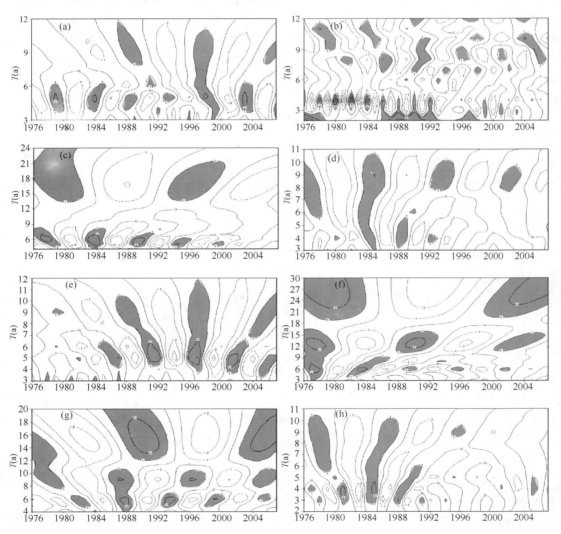

图 6.13　乌鲁木齐极端天气事件的周期性特征(阴影为正值区)

(a)暴雨;(b)暴雪;(c)雷暴;(d)沙尘暴;(e)高温;(f)大风;(g)浓雾;(h)低温

⑦浓雾事件:周期在中、高频区均有表现。中频区准 15 a 周期稳定存在,准 9 a 周期和准 5 a 周期在 20 世纪 80 年代中期至 90 年代末较强。

⑧低温事件:周期信号主要集中在高频区,准 4 a 周期和弱的准 9 a 周期均在 20 世纪 90 年代初期后消失。90 年代中期开始,无明显的周期信号。

6.4.1.2　近 50 a 来乌鲁木齐气候变暖状况

图 6.14 为乌鲁木齐市自 1976 年以来的气温变化序列。可看出,乌鲁木齐市的年平均气温、年平均最高气温和年平均最低气温均有升高的趋势,但升温幅度并不对称,年平均最低气温的增温幅度最大,为 0.92℃/(10 a),年平均最高气温的增温幅度为 0.38℃/(10 a)。

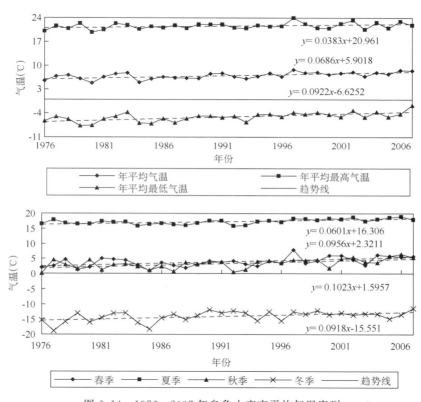

图 6.14　1976—2007 年乌鲁木齐市平均气温序列

从各季节的气温变化趋势来看,升温幅度又以秋季为最大,达 1.02℃/(10 a),其次是春季,为 0.96℃/(10 a),冬季为 0.92℃/(10 a),夏季相对较弱,为 0.60℃/(10 a)。表明,乌鲁木齐区域气候增暖是由秋、春、冬季最低气温的升高造成的,这一结论与前人的研究结论一致(张家宝和史玉光,2002)。

6.4.1.3　极端天气事件与区域气候变暖的可能联系

全球气候变暖已经成为一种共识,乌鲁木齐的气候变化具有同样的趋势(张家宝和史玉光,2002)。区域气候变暖与极端天气事件之间是否存在某种联系,是一个值得探讨的问题。表 6.4 给出的是 1976—2007 年乌鲁木齐年平均气温与各种极端天气事件发生频率的相关系数.从中可发现如下事实。

(1)年平均气温与高温日数的正相关系数超过95%的信度标准,其与低温、沙尘暴日数的负相关系数均超过99%的信度标准。而年平均气温与其他灾害性天气事件如暴雨、暴雪、大雾、大风和雷暴的相关性并不明显。

(2)在各类极端天气事件之间,雷暴与大风,沙尘暴与低温日之间的正相关系数超过0.05的信度标准,雷暴与沙尘暴日数之间的正相关系数超过99%的信度标准。几类极端天气事件之间的高相关性在一定程度上反映了其内在的联系,如:雷暴是一种短时强对流天气,其发生时常伴有短时大风出现,而大风又是沙尘暴的重要启动条件,因此,雷暴与大风,雷暴与沙尘暴之间的高相关性正反映了其内在的这一联系。沙尘暴与低温日之间的高相关性反映了冬、春季强冷空气活动常引发沙尘暴,强冷空气活动频繁必然导致低温日数增加,由此导致的沙尘暴事件也相应增加。

由前文分析可知,乌鲁木齐区域气候的增暖表现为非对称性特征,以秋、春季最低气温的上升为最明显。乌鲁木齐秋、春季区域气候变暖与冷空气活动的频繁程度有一定的联系。一方面,冷空气活动的减少必然导致极端低温事件和强沙尘暴事件的减少,这种后果对冬、春季平均最低气温增加将起到正的贡献。同时,高温天气事件的增多对夏季平均最高气温的上升也有一定的影响,这些变化的结果部分地抬升了区域的平均气温。当然,导致气候变暖的因素有很多,极端事件的变化只是其中的因子之一。从另一个角度上看,气候平均值的改变可能会直接影响到温度极端值的变化,例如温度平均值的变化会直接影响到极端高温/低温事件出现的频率和强度。对于符合正态分布的温度,其平均值的上升可以导致新的高温事件。

表 6.4   乌鲁木齐年平均气温与极端天气事件的相关系数

(** 表示信度超过99%标准;* 表示信度超过95%标准)

	暴雨日	暴雪日	大风日	高温日	浓雾日	低温日	沙尘暴日	雷暴日
年平均气温	0.13	0.17	−0.06	0.38*	−0.09	−0.57**	−0.52**	−0.31
暴雨日	1.00	0.16	−0.19	−0.34	0.00	−0.15	−0.09	−0.14
暴雪日		1.00	−0.21	−0.15	−0.12	−0.31	−0.08	0.03
大风日			1.00	0.12	0.30	0.30	0.27	0.41*
高温日				1.00	−0.10	0.06	−0.24	−0.27
大雾日					1.00	0.08	−0.02	−0.05
低温日						1.00	0.43*	0.34
沙尘暴日							1.00	0.54**
雷暴日								1.00

气候变率的改变是导致极端气候事件发生变化的另一个原因,为了进一步分析乌鲁木齐区域气候变暖与极端天气事件的变化差异,计算了年平均气温以及与其有较强相关性的高温、低温、沙尘暴等事件在不同年代的气候平均态和气候变率(表6.5)。

表 6.5   乌鲁木齐年平均气温与高温、低温、沙尘暴等极端天气事件的年代际变化特征

年份	年均气温(℃) (标准差(℃))	年均高温天数(d) (标准差(d))	年均低温天数(d) (标准差(d))	年均沙尘暴天数(d) (标准差(d))
1976—1985 年	6.33 (0.98)	4.30 (1.73)	41.20 (12.08)	9.10 (4.55)
1986—1995 年	6.81 (0.63)	3.80 (2.15)	32.90 (12.08)	5.60 (2.11)
1996—2005 年	7.66 (0.59)	5.50 (3.07)	25.70 (10.32)	7.00 (3.32)

可见近 32 a 来,乌鲁木齐区域年平均气温保持平稳上升态势,平均低温天数与其存在一致性减少的趋势。乌鲁木齐区域年平均气温的年代际变率呈下降态势,极端事件的年代际气候变率也存在一致性上升(如高温)或下降(如低温)趋势。年平均沙尘暴天数与年平均气温的年代际变化趋势缺乏一致性。由此说明,极端事件的出现是一较为复杂的问题,区域气候变暖、气温变率的变化都是导致其出现的可能因素。

6.4.2　新疆不同季节降水气候分区及变化趋势

6.4.2.1　新疆降水量场的分区

首先按四季将新疆 88 个站 46 a 的标准化降水量资料组成矩阵,然后进行主成分分析与旋转主成分分析并分区。

（1）旋转特征向量个数的确定

参加旋转的特征向量个数非常重要,既要考虑一定准则,也要根据实际情况。按照 Cattell 理论,将 EOF 分析得到的特征值依自然序数的变化绘成图形,选择最后一个显著转折点之前的主分量进行方差最大正交旋转,是常用的方法之一。四季前八个特征值的方差贡献如表 6.6 所示,所有特征值按从大到小随自然序数的变化见图 6.15。可见,冬季特征值收敛快,减小最快(前两个累积方差贡献率也最大),可以选用最少的特征向量来描述降水量的变化。相反,对夏季降水量场而言,变化复杂,特征值分散,需要选用相对较多的特征向量来描述。春秋季的变化介于冬、夏之间。因此根据 Screen 准则、North 特征值误差范围,对冬季降水量场可以选用前三个载荷向量进行正交旋转,夏季选用前五个,春、秋选用前四个。然后依照旋转主因子分析的原理,按高载荷区的地理分布,对新疆不同季节的降水进行气候区划。旋转后,荷载向量反映了降水量的空间分布特征,高荷载集中在某一较小区域上。旋转后的方差贡献则反映出旋转的特征向量所占的比重(表 6.6)。

表 6.6　不同季节前八个 PC 和 RPC 对总方差的贡献率(%)

季节	方差贡献率	主成分序号							
		1	2	3	4	5	6	7	8
冬季	PC	26.7	19.4	6.4	5.1	4.0	3.7	3.4	3.1
	RPC	19.4	12.5	9.1	6.9	6.9	4.2	4.0	4.0
春季	PC	30.3	12.6	7.9	5.3	4.8	3.7	3.4	3.1
	RPC	14.7	11.2	10.6	7.7	6.2	5.8	5.2	4.1
夏季	PC	23.4	15.2	7.5	5.6	4.2	3.7	3.5	3.1
	RPC	17.0	11.0	7.9	9.0	6.0	5.6	5.7	3.5
秋季	PC	23.1	17.1	7.7	5.2	4.7	4.0	3.7	3.2
	RPC	12.5	11.4	10.1	9.8	6.3	4.1	3.8	3.6

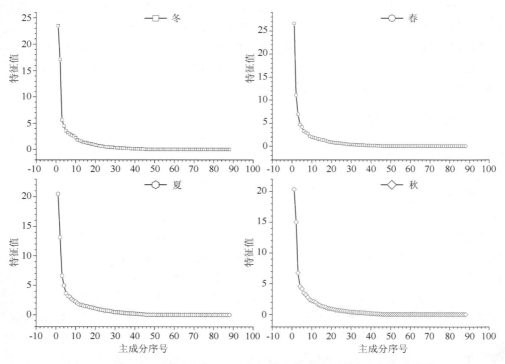

图 6.15　新疆四季降水量场 EOF 分析特征值随自然数序列的变化曲线

（2）新疆四季降水量整体空间异常特征

标准化处理后的四季降水量经过经验正交函数分析（EOF），其载荷向量（LV）能较好地反映降水量的整体空间异常特征，见图 6.16～图 6.19。除春、秋南、北疆第一载荷场都有极小范围的负值外，全区四季基本为一致的正值。这显然与大尺度的天气系统有关，表明尽管新疆高山、盆地、绿洲交错分布，地形复杂，气候差异大，但在一定程度上还是受某些因子共同影响和控制的，造成全疆降水一致偏多或偏少。第二载荷场均表现为以天山山脉为界的南、北疆（包括天山山脉与大部分东疆盆地）反向的变化，说明高耸的天山山脉的阻挡是造成南、北疆降水变化差异的原因。但南北分界线随季节的移动主要在境内天山山脉西部、中部等呈一致的南北移动，其中冬与夏分界线位置相当，春与秋相当，且春秋季南北分界线较冬夏季略偏南。第三载荷场表现为南、北疆东、西方向上的反向变化，这一型的空间分布随季节变化较前两个量场复杂许多。一是反映了西风环流在翻越新疆西部各参差不齐的山脉或隘口进入盆地后，西风强度变化所引起的降水量的东西差异变化；二是当影响新疆降水的主导天气系统位置偏东时造成的东西差异，对南疆偏东、偏北地区而言，则是气流沿着阿尔泰山脉翻越中天山隘口时，其中一支分支气流进入罗布泊造成的东西差异（李江风，1991）；三是来自东南路的水汽输送，由河西走廊 700 hPa 以下的低空东风携带的水汽输入吐鲁番盆地、塔里木盆地所引起的东西差异变化（张学文和张家宝，2006）。四季前三个载荷向量场最显著的区别是范围大小或高载荷值中心区域不同。

冬季第一载荷向量最大值区在北疆西北部的裕民，说明这一区域是新疆冬季降水偏多或偏少变率最大区域；第二载荷向量绝对值的最大值区位于天山南坡的轮台。但值得注意的是·

这一型除了南北反向为主要特征外,北疆西部的博尔塔拉河谷及艾比湖盆地与北疆其他地区也是反向变化的,即冬季降水量南、北疆整体呈反位相变化时,北疆西部的博尔塔拉河谷与南疆降水变化趋势一致。这一型突出了冬季北疆背风河谷的地形降水作用类似于由于天山山脉的阻隔对南疆降水变化的影响作用;第三载荷向量场最大值位于东疆的哈密,它主要表现为北疆北部、北疆西部一南疆西南部与东疆及天山南北坡两侧、南疆塔里木盆地等大部分地区的东西反向变化特征。

春季第一载荷向量场最大值位于天山北坡的精河,说明这一区域是新疆春季降水偏多或偏少变率最大区域;第二载荷向量最大值位于南疆西北部的阿克苏;第三载荷向量场的绝对值的最大值位于南疆西南部的莎车,它主要表现为南疆西南部一南疆西北部、北疆北部一北疆西北部与北疆西部的博尔塔拉河谷、天山南北两侧、南疆塔里木盆地、东疆等大部分地区的反向变化。

夏季第一载荷向量场最大值位于南疆西南部的叶城、泽普一带,其次是北疆西部的温泉等极小区域内,表明夏季这些区域降水偏多或偏少的变率大于同期新疆其他地区;第二载荷向量绝对值的最大值位于北疆北部的吉木乃、阿勒泰、布尔津一带;第三载荷向量绝对值的最大值位于南疆北部的焉耆一带,它表明北疆西北部及其沿天山一带、西天山、南疆西北、南疆西南等地与其他地区的反向变化。

秋季第一载荷向量最大值位于南疆西北部的拜城一带,是新疆秋季降水偏多或偏少变率最大区域;第二载荷向量绝对值最大值位于北疆西北部的塔城、裕民一带;第三载荷向量场的绝对值最大值位于托克逊一带,这一型的东西界线与夏季第三载荷向量场的结构相似,但分界线以西的范围要小于夏季相应的载荷分布。

图 6.16　标准化后的冬季降水量前三个载荷向量场(a)第一载荷向量,(b)第二载荷向量,(c)第三载荷向量

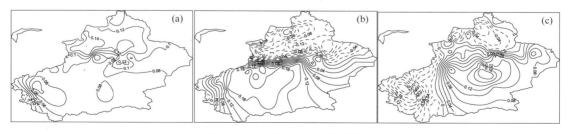

图 6.17　同图 6.16,但为春季

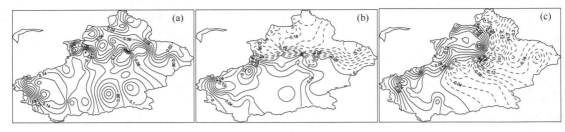

图 6.18　同图 6.16,但为夏季

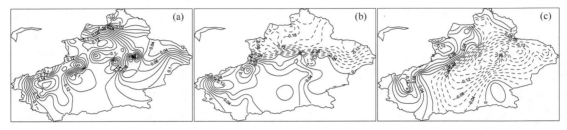

图 6.19　同图 6.16,但为秋季

（3）新疆四季降水异常的次区域特征

根据上文,不同季节取不同的 REOF 展开的空间模态分布来分析。

①冬季

第一空间模(图 6.20a)最显著特征是绝对值大值区在南疆大部(特征向量＞0.8 所包围的区域,下同),其次在境内天山西部以及北疆西部。最大中心在阿克苏、喀什、柯坪、皮山,这些地方是新疆冬季降水异常相关性最好、最敏感区域,相关程度由南疆盆地西北部向北疆西部下降。它突出的是南疆盆地、北疆西部与全疆其他地区的反向变化特征。与冬季 EOF 的第二模态特征有相似之处。

第二空间模(图 6.20b)大值区位于准噶尔盆地以北几乎与天山平行的北疆北部以及伊犁河谷(＞0.8),最大中心在哈巴河、托里、莫索湾、新源、巴音布鲁克,表明这些地方是新疆冬季降水异常的第二个最敏感区域。该型突出北疆北部与西天山山区降水相关性最好,呈极其显著的一致变化趋势,沿着天山山脉,相关程度自西向东逐渐下降。除南疆西南部外,"零值"分界线大致与横亘在新疆中部的天山山脉平行,也与冬季 EOF 第三载荷向量的分布相似,突出了整个天山山脉对其两侧降水的不同影响作用。

第三空间模(图 6.20c)大值区在中天山南北两侧及其偏东、偏南区域,最大中心在淖毛湖、红柳河。它表明中天山一带及其南北两侧与东疆地区降水量之间的相关性最好。除南疆西南部山区以及北疆阿尔泰山区外,基本为全疆一致的变化。

根据冬季异常降水相关程度的高低、前三个空间模 0.6 以上等值线的范围,冬季有三个次区域(图 6.20a),分别为南疆区、北疆西部—北疆区、中天山南北两侧—东疆区,简称 1 区、2 区、3 区。

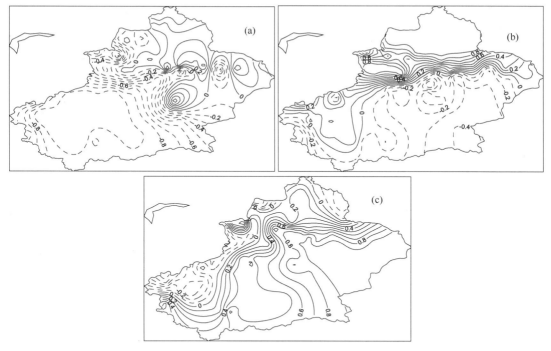

图 6.20　冬季 REOF 前三个空间模态
(a)第一空间模；(b)第二空间模；(c)第三空间模

②春季

第一空间模(图 6.21a)大值区位于北疆大部区域(＞0.8),分布广,最大中心在天山北坡的沙湾一带,是北疆春季降水异常的第一敏感区域。它所反映的是北疆大部降水异常相关性最好,相关程度向西以及向南沿着天山山脉逐渐降低,甚至成反相关(北疆西部的博尔塔拉河谷以及南疆西部一致与它相反)。

第二空间模(图 6.21b)大值区位于南疆塔里木盆地北部及其偏东地区(＞0.8),分布也极广,最大中心在天山南坡的焉耆,是新疆春季降水异常的第二个敏感区。它反映的主要特征是南疆北部降水异常相关性最好,相关程度随着空间范围的扩大不断降低。

第三空间模(图 6.21c)大值区范围极小,位于北疆西部"迎风面"的伊犁河谷以及"背风面"的博尔塔拉河谷(＞0.8),最大中心在霍尔果斯、巩留,这一带的降水异常相关性最好。它大致反映的是新疆春季降水异常区呈东北一西南向的反向变化,其"零值"分界线大致与南天山与天山山脉走向平行(东天山除外)。

第四空间模(图 6.21d)大值区范围也极小,位于南疆西南部昆仑山以北地区,表明这一带相关性最好。最大敏感中心在降水稀少的皮山。

根据上述相关程度的高低以及前四个空间模 0.6 以上等值线空间范围,春季主要有四个次区域(图 6.24b),分别为北疆大部—东疆区、南疆北部—南疆东南部区、北疆西部区、南疆西南部区,简称 1 区、2 区、3 区、4 区。另外还有两个极小的特殊区域,即 5 区、6 区。

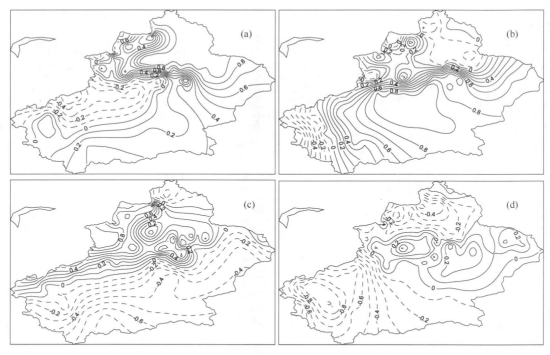

图 6.21　春季 REOF 前四个空间模态
(a)第一空间模;(b)第二空间模;(c)第三空间模;(d)第四空间模

③夏季

第一空间模(图 6.22a)反映的是南疆、北疆西部、北疆西北部等新疆大部分地区降水量呈一致的变化,但南疆西南部这种降水异常相关性最好(大值区>0.8),最大中心在岳普湖,是新疆夏季降水异常最敏感区域。它主要突出了天山山脉的作用。

第二空间模(图 6.22b)十分零散,大值范围(>0.8)比第一模态小得多,主要反映的是北疆西北部、东疆、南疆南部等大部分地方与天山山区、北疆东部、南疆北部等呈反向结构的特征。这一型降水异常在北疆西部与北部相关性最好,最大中心在额敏(盆地),是新疆夏季降水的第二敏感区域。它主要突出了西北气流进入北疆后所引起的降水强度的变化。

第三空间模(图 6.22c)主要反映的是北疆北部、东疆以及南疆北部等与南北疆偏西地区的反向结构特征,突出了阿勒泰山脉的地形作用。这种降水异常相关性在北疆偏东地区最好,最大敏感中心在伊吾、七角井等,大值范围(>0.8)与第二空间模相近。

第四空间模很复杂,主要反映的是东疆盆地、阿尔金山及其沿山一带的南疆偏东地区与北疆准噶尔盆地、南疆塔里木盆地北部等的反向变化。此空间结构在新疆偏东、偏南地区(大值区>0.8)降水异常相关性最好,最大敏感中心在夏季降水异常稀少的东疆盆地——托克逊。

第五空间模主要反映的是天山山区、北疆沿天山一带等与新疆东南部以及北疆北部等地方的反向结构变化,其中天山山区降水异常的相关性最好(大值区>0.8),最大敏感中心在乌鲁木齐。该型主要的"零值"界线也与南天山、天山山脉走向一致,反映了山脉的存在所引起的降水异常分布不同的地理特征。

因此根据上述不同区域相关程度的高低以及前五个空间模态>0.6 等值线所围的区域,

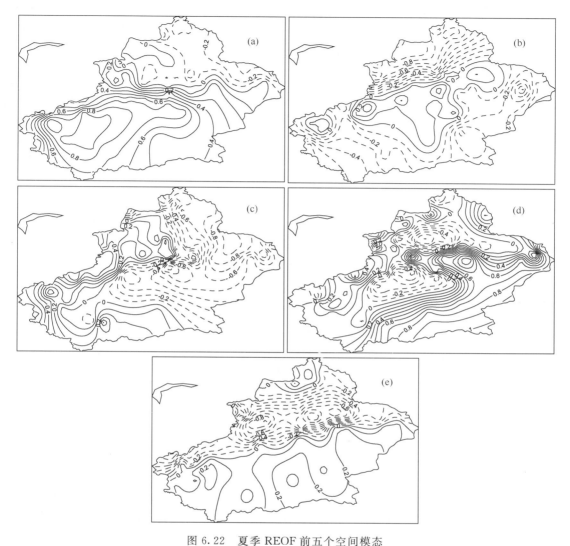

图 6.22　夏季 REOF 前五个空间模态

(a)第一空间模;(b)第二空间模;(c)第三空间模;(d)第四空间模;(e)第五空间模

夏季降水气候区主要分为如图 6.24c 所示的五个区域,分别是南疆西南部区、北疆西部—北部区、北疆东部区、东疆盆地—南疆偏东区、北疆沿天山—天山山区,简称 1 区、2 区、3 区、4 区、5 区。另外还有两个特别的带状区域,分别在中天山南坡与南天山中,即 6 区、7 区。

④秋季

第一空间模态的整体特征与夏季相似,这可能与夏、秋季区域降水异常特征具有一定持续性有关。基本反映的是以南疆为代表,新疆大部分地区降水量异常呈一致的变化,但南疆降水异常相关性较好的范围(>0.8)远大于夏季,基本包括了南疆大部分地区,其中巴楚是秋季降水异常最敏感中心。该型仍然突出了天山山脉对南、北疆降水的影响作用。

第二空间模态主要反映的是中天山、东疆以及南、北疆两大盆地等大部分地区降水量的一致变化,其中,中天山与东疆降水异常的相关性最好(>0.8),巴轮台是最敏感中心。

第三空间模态主要反映的北疆大部地区、南疆西南部与南疆塔里木盆地及其以东地区的反向变化特征。北疆西部与西北部降水异常相关性最好,昭苏是最大敏感中心。同夏季第五模态相似,该型的"零值"分界线也与南天山、天山山脉的走向一致,突出了大地形对降水变化的影响。

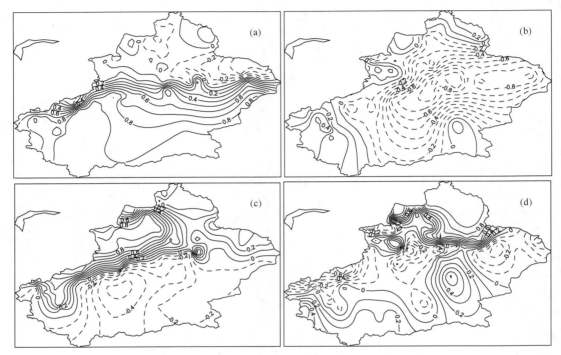

图 6.23　秋季 REOF 前四个空间模态
(a)第一空间模;(b)第二空间模;(c)第三空间模;(d)第四空间模

第四空间模态比前三个复杂许多,主要反映的是北疆北部、南疆东北部以及南疆南部与其他地区的反向变化;另外一个特征是北疆大部与北疆西部的博尔塔拉河谷的反向变化。此型降水异常相关性最好区域在北疆北部与北疆西北部(大值区>0.8),其中福海是最大敏感响应中心。该型突出了西北气流在翻越塔尔巴哈台山进入北疆所引起的降水异常变化特征。

同理,根据相关性高低以及旋转后各模态荷载值>0.6 等值线所包围的范围,秋季有四个区,分别是南疆区、中天山—东疆区、北疆西部—北疆西北部区以及北疆北部区,简称 1 区、2 区、3 区、4 区,见图 6.24d。另外,该型在塔城盆地也有一个比较特殊的区域,即 5 区。

综上所述可见,不论从 EOF 还是 REOF 分析均能反映出新疆降水的空间结构变化总体与天山山脉的走向有关,这与传统的经典分区一致。另外采用这种方法所获得的降水气候分区基本是沿着境内众多高低不同的山脉或盆地,不仅突出了特殊地形的作用,也反映了影响新疆降水天气系统的主要移动路径、四季平均流场特征(李江风,1999)以及影响南北疆大降水的两条重要水汽输入(张学文和张家宝,2006)路径等,这在客观上反映了这种降水气候分区的正确性。其中,夏季降水的分区数最多也最复杂,这主要与同期中小尺度天气较多有关;而冬季最少也最简单,是因为此时主要受单一的蒙古高压持续影响;春秋介于其中。

有两点值得关注:一是除春季 REOF 第一模态的大值区域相对其他季节第一模态绝对值

的大值区域明显偏小且在北疆外,其余三季第一模态绝对值大值区均在南疆,特别是集中在南疆西南部等沿南天山一带。二是由于通过旋转后的方差贡献可了解特征向量对总方差的贡献(魏凤英,1999),因此从四季不同主成分 RPC 贡献率大小比较可见,除春季按北疆大部—东疆、南疆东南部—北部、北疆西部、南疆西部依次减小外,其余三季前三位排序基本与此相反:即按南疆西南部、北疆西部—北部、中天山两侧或其东部等依次减小。上述说明南疆西南部是新疆冬、夏、秋季降水异常具有指示意义的最独特的、也是彼此间具有密切联系的气候区域。

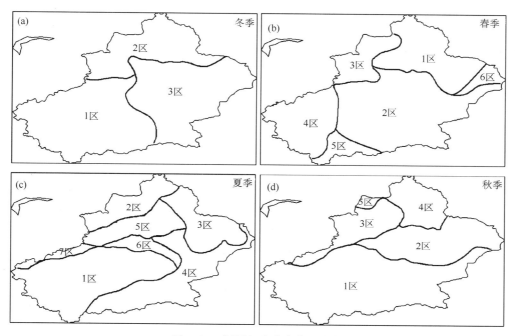

图 6.24　新疆各季降水分区分布

6.4.2.2　不同降水分区的平均降水量、线性变化趋势及其突变时间

(1) 各区域四季降水气候特征

新疆独特的"三山夹两盆"的地形决定了四季降水变化在全区一致基础上既有南北疆差异又有南、北疆的东西差异;另外,还有由于境内其他大小不一、走向各异的山体所造成的更小的局域性变化特征。从图 6.24 不同季节降水气候分区及表 6.7 中相应的区域平均降水量可见:新疆降水山区多,盆地少,西部多,东部少,北疆多,南疆少。其中,新疆冬季降水量主要以天山西部、北疆西部、北部最多。虽然这一区域的面积仅约占全疆的 1/4,但平均降水总量却是其余地区之和的一倍左右,可见这一区域冬季降水对新疆冬季降水量值的影响极大。该区也是新疆冬季主要的积雪稳定区域;春季降水量主要以天山西部、北疆西部、西北部最多(面积虽小,但平均降水总量相当于南疆、天山山区以及东疆偏北地区平均降水量之和),与冬季降水量值的平均空间分布特征相似。其次是北疆北部、北疆沿天山一带以及北疆东部;夏季降水量主要以天山山区最多。虽然夏季降水量多的区域覆盖面积小,但降水总量所占绝对比重大,区域平均最多降水量(天山山区)是最少平均量(东疆盆地—阿尔金山脉以西地区)的 7 倍左右,因此夏季山区降水是南、北疆山前"绿洲"地带主要的灌溉来源;秋季降水量总体来看,主要分布

在南天山、天山西部以及北疆西部、西北部,其中又以北疆西北部降水量最多,其次是北疆北部。由此可见,各季区域平均降水量多的面积都远小于降水量少的面积,降水量少是新疆大部分地区,特别是盆地的典型特征,而且降水量大值区域随季节而异。

(2)各区域四季降水量的长期变化趋势

从各个区域不同季节平均降水量的变化趋势(表6.7)可见,除秋季北疆西北部(5区,秋季平均降水量最多的区域)极小部分的降水略呈不显著的减少倾向外,其余均呈增加趋势,而且新疆降水量的增加大部分体现在冬、夏两季降水量的大范围显著增加上,特别是夏季降水增加范围最广,大部分子区域的增加率明显高于其他季节。这与冬、夏季新疆这些地区上空的大气可降水量(APW)的增加有关(史玉光和孙照渤,2008)。

冬季平均降水量占全疆绝对比重最多的北疆西部与北疆北部(2区),降水量的平均增加率也是最大的,中天山南北坡以及东疆(3区)次之。这两大区域的增加趋势均达0.01以上的显著性水平。而冬季降水量极少的南疆大部分地区增加趋势并不显著。

春季平均降水量占全疆降水量比重相对最小的2区、6区是显著增加的,但是增加率很小;而春季降水量占全疆绝对比重最多的北疆西部与北部(3区)等却没有显著的增加。

夏季除北疆偏东地区以及天山南坡等局部很少地区平均降水量没有显著的增加趋势外,其余均显著增加,其中天山山区与南疆盆地显著性水平达0.05以上。夏季平均降水量越大的地方(即天山山区)增率也越大。这是造成近年新疆境内湖泊水位呈上升趋势(姜逢清和胡汝骥,2004)的原因之一。

秋季降水量仅在北疆西部、天山西部、南天山等新疆偏西地区(3区)是显著增加的,增率也最大。其余无明显增加趋势。

由上可见,北疆西部、西天山等新疆偏西地区除春季降水量增加趋势不显著外,其余三季均显著增加,是新疆降水增加最显著区域。也就是说,以往许多研究认为中国西北偏西地区降水量的增加(姜逢清和胡汝骥,2004;杨晓丹和翟盘茂,2005),确切地说,主要就是这些沿山区域,而降水稀少的盆地,降水量并没有大范围显著增加。

(3)各区域四季降水量的突变时间

根据四季不同区域平均降水量绘制了各区域的降水量累积距平图(图略),然后结合 t 检验、信噪比对累积距平"转折点"进行显著性统计检验,以确定每个区的降水突变时间。若 $|t| > t_\alpha$(α 是显著性检验水平)或信噪比>1.0时则认为该时刻在 α 水平上的突变是显著的,见表6.7。

①冬季降水量显著增加的区域(2区、3区)均在1985年同时突变。

②从长期变化趋势看,北疆东部(3区)以及天山南坡(6区)等部分地区的夏季降水量虽增加趋势不显著,但也与全疆其他地方类似,降水曾发生了显著的突变。大部分地区夏季降水量的突变时间与冬季一致,与以往研究的新疆或新疆某些区域年降水突变增加时间(薛燕和冯国华,2003;范丽红等,2006)以及新疆年平均气温的突变升高时间接近(薛燕和冯国华,2003;辛渝等,2007)。说明新疆大部分地区冬夏降水的突变增加与冬夏平均气温的突变升高(何清等,2003;薛燕和冯国华,2003;徐贵青和魏文寿,2004;辛渝等,2007)还是受某一共同因素所制约的。但是在大的气候变化背景下,北疆偏东地区(6区)夏季降水量的突变时间(1982年)早于这一时期以及天山南坡、南天山等地的突变时间(1989—1990年)略晚于这一时期,这种差别是值得研究的。

③春季平均降水量少的南疆地区(2 区)以及东天山偏北地区(6 区)均从 20 世纪 80 年代陆续出现了降水增加的显著突变。从长期变化趋势看,尽管南疆西南部(4 区)增加趋势不显著,但却是突变最早且突变次数最多的区域;东天山以北地区(6 区)突变(1987 年)最晚。可见,春季降水量的突变时间自西南向东北逐渐后推。而春季降水量较多的北疆地区,不仅平均降水量没有显著增加趋势,而且也没有发生过显著突变。

④秋季降水量除南疆大部以及北疆西北部的小部分区域降水量没有发生过突变外,其余(指北疆大部)均出现过突变,而且北疆北部、中天山山区及其以东地区虽然区域平均降水量的增加趋势不显著,但却是突变最早(1977—1978 年)的地区。秋季降水量显著增加的北疆西部以及南天山山区(3 区),降水的突变最晚(1997 年),可见这一区域秋季平均降水量的增加主要体现在近 10 a。

表 6.7　新疆四季各分区平均降水量、平均降水量的线性变化趋势及其突变时间

分区	平均降水量 (mm)				平均降水量变化趋势 mm/(10 a)				平均降水量突变时间 (年)			
	冬	春	夏	秋	冬	春	夏	秋	冬	春	夏	秋
1 区	6.0	54.2	39.1	10.3	0.7	2.3	4.2**	0.6	—	—	1986***	—
2 区	29.1	14.6	64.1	24.6	4.2***	1.3**	4.0*	0.8	1985***	1984**	1986***	1978**
3 区	9.8	74.6	69.9	48.4	1.9***	1.9	2.5	3.1**	1985***	—	1982**	1997***
4 区		26.2	19.2	44.1		2.4	1.8*	1.6	1981**/1989**		1980**/1986**	1977**
5 区		12.3	130.5	69.8		0.2	7.4**	−0.7			1986***	
6 区		9.9	40.4			1.5*	2.5			1987**	1989**	
7 区			93.8				6.3*				1990***	

注:"平均降水量变化趋势"栏中数字右上角"*"表示线性趋势的显著性水平达 0.10 以下的 Kendall-τ 检验,"**"表示达 0.05 以下,"***"表示达 0.01 以下;"平均降水量"栏中"—"表示没有显著的突变。

由上可见,总体而言,北疆大部分地区冬夏降水量几乎同时于 20 世纪 80 年代中期突变增加,而南疆大部分地区却是在春、夏突变增加,这是造成南疆沙尘暴、扬沙或浮尘天气从 80 年代以来减少(何清等,2003;姜逢清和胡汝骥,2004)的原因之一。

6.4.3　新疆近 45 a 0℃界限温度积温变化特征

6.4.3.1　日平均气温稳定通过 0℃界限温度

(1)≥0℃初日、终日、初终间日数、积温的空间分布

新疆日平均温度≥0℃初日,由南向北,由盆地向山区推迟,南疆塔里木盆地西南部喀什、和田一带及吐鲁番盆地最早,为 2 月下旬初,塔里木盆地东部推迟到 2 月下旬末。北疆伊犁河谷西部最早,为 3 月上旬末;准噶尔西南部为 3 月中旬末,塔城盆地和阿勒泰山山前平原为 3 月下旬。山区,通过 0℃的日期可推迟到 4 月上、中旬(图略)。

平均温度≥0℃终日和初日相反,由北向南,由山区向盆地推迟,吐鲁番盆地和南疆塔里木盆地最迟,为 11 月下旬;哈密盆地为 11 月中旬;北疆伊犁河谷最晚为 11 月下旬,准噶尔盆地和塔城盆地为 11 月上旬,北部提前到 10 月下旬;山区 10 月上旬就可通过 0℃终日(图略)。

≥0℃初终间日数,南疆塔里木盆地西南部和吐鲁番盆地最长,达 275～286 d;北疆伊犁河谷西部最长,为 259 d;准噶尔盆地为 230～240 d,北部阿勒泰和西部塔城盆地<230 d,山区<200 d;天山深处大西沟只有 97 d(图略)。

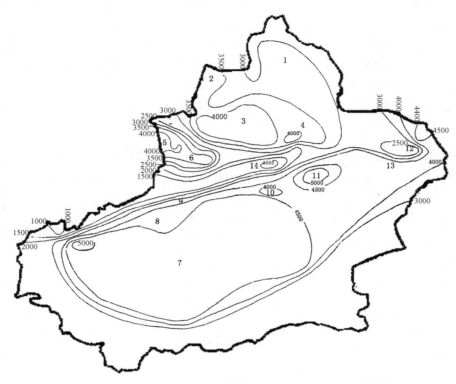

图 6.25　日平均气温≥0℃积温(℃·d)分布图

从图 6.25 中可以看出:≥0℃积温除北疆个别地区和山区<2500 ℃·d外,绝大部分都在3000 ℃·d以上。吐鄯托盆地为 4986～5885 ℃·d,南疆塔里木盆地多在 4500 ℃·d以上,其中阿图什为 5096 ℃·d;北疆准噶尔盆地西南部和伊犁河谷西部多为 4000～4472 ℃·d。北部阿勒泰和西部塔城盆地以及伊犁河谷东部多在 3000～3984 ℃·d;东疆除巴里坤、伊吾为2557～2633 ℃·d,其余都在 4342 ℃·d以上,淖毛湖高达 4748 ℃·d。

综上所述:0℃初、终日,初终间日数和积温的共同分布规律为由南向北,由盆地向山区初日推迟,终日提前,初终间日数缩短,积温减少。

(2)≥0℃期间初日、终日、初终间日数、积温的年际变化

从表 6.8 可以看出:≥0℃的初日各区域变化趋势不一致,北疆(除伊犁河河谷)、天山山区和哈密盆地都呈推迟的趋势。南疆、伊犁河河谷、淖毛湖盆地呈提前的趋势。由一次线性趋势拟合所得的变化倾向率可知:哈密盆地和准噶尔盆地西南部每 10 a 推迟 0.4 d,天山山区每10 a 推迟 0.31 d,阿勒泰山前平原每 10 a 推迟 0.26 d。准噶尔盆地东部每 10 a 推迟 0.1 d,塔城变化不大;吐鲁番每 10 a 提早 2.3 d,焉耆、塔里木盆地、拜城每 10 a 提早 0.9～1.0 d,伊犁河河谷、阿克苏河流域、淖毛湖每 10 a 提早 0.3～0.6 d,

≥0℃的终日各区域变化趋势一致,都呈推迟的趋势。由一次线性趋势拟合所得的变化倾

向率可知:北疆和淖毛湖盆地每10 a推迟1.4 d以上,天山山区每10 a推迟1.2 d,南疆和哈密盆地每10 a推迟1.1 d以下。推迟最多是阿勒泰山前平原每10 a推迟3.3 d,其次为塔城盆地每10 a推迟2.9 d,最少为哈密盆地。

表6.8　新疆14区域≥0℃初、终日、持续日数和积温气候倾向率(℃/a)

区名	初日(d/a)	终日(d/a)	间隔日数(d/a)	积温(℃/a)
阿勒泰山前平原	0.0257	0.3349	0.2028	5.6367
塔城	0.0001	0.2879	0.2876	8.9641
准噶尔盆地西南部	0.0424	0.1659	0.1728	5.8171
准噶尔盆地东部	0.0094	0.2653	0.2445	4.7642
伊犁河河谷东部	−0.0311	0.1675	0.2443	6.3503
伊犁河河谷西部	−0.0567	0.1398	0.2026	6.0689
吐鲁番	−0.2266	0.097	0.3218	4.1493
塔里木盆地	−0.0895	0.1105	0.2176	1.6182
阿克苏河流域	−0.0278	0.043	0.0623	1.9996
拜城	−0.0862	0.0988	0.1846	1.8284
焉耆	−0.1004	0.0372	0.1486	1.5285
淖毛湖	−0.037	0.1402	0.1787	8.9313
哈密	0.0511	0.0254	0.0348	0.8199
天山山区	0.0308	0.12	0.0935	4.092
全疆			0.212	4.3122

≥0℃初终间隔日数各区域趋势是一致的,均呈现增加趋势。由一次线性趋势拟合所得的变化倾向率可知:全疆范围内每10 a增加2.1 d,最多是吐鲁番盆地每10 a增加3.2 d,其次为塔城盆地每10 a增加2.9 d,最少为哈密盆地每10 a增加0.3 d。

≥0℃期间的积温各区域趋势是一致的,均呈现增加趋势。由一次线性趋势拟合所得的变化倾向率可知:全疆范围内每10 a增加43.1℃,最多是塔城盆地每10 a增加89.6℃,其次为淖毛湖盆地每10 a增加89.3℃,最少为哈密盆地每10 a增加8.2℃。

(3)≥0℃初日、终日、初终间日数、积温的年代际变化

从表6.9中看出:≥0℃的初日各区域随年代变化趋势不一致,南北疆差异明显,北疆随年代变化构成早、晚交替;南疆各年代总体呈现提前的趋势,只有20世纪80年代与70年代相比略有推迟;东疆总体变化不大。

阿尔泰山山前平原、天山山区≥0℃期间初日20世纪70年代、80年代提前,90年代和2001—2005年推迟;准噶尔盆地、伊犁河谷、淖毛湖盆地、塔城盆地≥0℃期间初日随年代构成"早晚"交替;吐鲁番盆地≥0℃期间初日随年代变化趋势为提前;塔里木盆地(含阿克苏河流域)、拜城盆地除80年代略有推迟外,总体趋势为提前;焉耆盆地20世纪70—90年代变化不大,2001—2005年明显提前;哈密盆地随年代变化不大。

≥0℃的初日 20 世纪 90 年代与 60 年代相比南疆和北疆阿尔泰山山前平原提前,其他各地推迟;2001—2005 年与 20 世纪 60 年代相比阿尔泰山山前平原推迟,准噶尔盆地和哈密没有变化,其余各地提前。最多为吐鲁番盆地 11 d,其次为伊犁河谷西部 10 d。

≥0℃的终日各区域随年代变化总体呈推迟趋势。

阿尔泰山山前平原、吐鲁番、天山山区≥0℃的终日随年代呈推迟趋势,其他各区除 20 世纪 80 年代略有提前外,均呈推迟趋势。

≥0℃的终日 20 世纪 90 年代与 60 年代相比,除阿克苏河流域和焉耆盆地变化不大,其余各地推迟,最多为天山山区 8 d,其次为伊犁河谷 6 d;≥0℃的初日 2001—2005 年与 20 世纪 60 年代相比全疆各地均推迟,最多为伊犁河谷和塔城 13～14 d,其次为准噶尔盆地 12 d。

表 6.9　日平均气温稳定通过 0℃ 的初日、终日变化表(月一日)

区名	20 世纪 60 年代初日	70 年代初日	80 年代初日	90 年代初日	2001—2005 年	60 年代终日	70 年代终日	80 年代终日	90 年代终日	2001—2005 年
阿尔泰山山前平原	4—1	3—29	3—27	3—29	4—4	10—26	10—29	10—29	10—29	11—6
塔城盆地	3—25	3—25	3—20	3—26	3—23	11—1	11—1	11—6	11—5	11—14
准噶尔盆地	3—16	3—23	3—15	3—19	3—16	11—3	11—6	11—5	11—7	11—15
伊犁河谷西部	3—7	3—12	3—8	3—12	2—25	11—14	11—24	11—15	11—20	11—27
伊犁河谷东部温凉区	3—13	3—16	3—12	3—19	3—6	11—8	11—17	11—8	11—14	11—22
塔里木盆地(除阿克苏河流域)	2—21	2—21	2—24	2—19	2—16	11—21	11—25	11—23	11—24	11—30
阿克苏河流域	2—26	2—25	2—28	2—27	2—19	11—19	11—21	11—20	11—19	11—23
拜城盆地	3—4	3—3	3—5	3—3	2—25	11—14	11—15	11—11	11—15	11—21
焉耆盆地	3—6	3—6	3—6	3—6	2—25	11—13	11—14	11—8	11—13	11—18
吐鲁番盆地	2—26	2—22	2—23	2—18	2—15	11—20	11—21	11—21	11—21	11—26
哈密盆地	3—4	3—11	3—6	3—5	3—4	11—12	11—15	11—9	11—13	11—15
天山山区	4—6	4—4	3—28	3—29	4—3	10—16	10—22	10—22	10—24	10—24
淖毛湖盆地	3—6	3—13	3—7	3—9	3—2	11—9	11—11	11—7	11—13	11—16

从表 6.10 中看出:≥0℃初终间隔日数各区域随年代变化趋势不一致,总体呈延长趋势。准噶尔盆地随年代变化构成"长短"交替,但总体呈延长趋势。阿尔泰山山前平原,塔城盆地 20 世纪 90 年代略有缩短,总体呈延长趋势。伊犁河谷,塔里木盆地及周边 80 年代缩短,总体呈延长趋势。淖毛湖盆地哈密盆地 70—80 年代缩短,20 世纪 90 年代至 2005 年稳定增加。吐鲁番随年代稳定延长。

≥0℃初终间隔日数 20 世纪 90 年代与 60 年代相比伊犁河谷东部、阿克苏河流域及哈密盆地缩短,伊犁河谷西部和焉耆盆地没有变化,其他各区延长。2001—2005 年与 20 世纪 60 年代相比全疆各区均延长,最长为伊犁河谷 23 d,其次为吐鲁番和塔城 18～16 d,最短为哈密为 3 d。

　　≥0℃ 期间的积温各区域随年代变化趋势不一致,总体呈延长趋势。阿尔泰山山前平原、塔城盆地、准噶尔盆地、伊犁河谷东部温凉区、吐鲁番盆地积温随年代稳定增加。伊犁河谷西部,塔里木盆地及周边 20 世纪 80 年代与 70 年代相比减少,总体呈延长趋势。淖毛湖盆地 70 年代缩短,80 年代至 2005 年稳定增加。哈密盆地随年代变化构成"长短"交替,但总体呈延长趋势。天山山区、焉耆盆地 20 世纪 70—80 年代减少,90 年代至 2005 年稳定增加。

　　≥0℃ 期间的积温 20 世纪 90 年代与 60 年代相比焉耆盆地、阿克苏河流域及哈密盆地减少,其他各区均增加。2001—2005 年与 60 年代相比全疆各区均增加,最多为淖毛湖盆地 366.9 ℃·d,其次塔城 343.9 ℃·d,最短为天山山区 52.9 ℃·d。

表 6.10　日平均气温稳定通过 0℃ 的初终间日数(d)、积温(℃·d)变化表

区名	初终间日数					积温				
	60年代	70年代	80年代	90年代	2001—2005年	60年代	70年代	80年代	90年代	2001—2005年
阿尔泰山山前平原	209	215	217	215	216	3207.8	3242.7	3273.5	3371.2	3409.8
塔城盆地	221	222	231	224	237	3403.5	3473.0	3533.4	3655.3	3747.4
准噶尔盆地	233	229	236	234	245	3923.3	3944.0	3971.8	4069.7	4139.5
伊犁河谷西部	253	257	253	253	276	3938.3	3985.4	3964.8	4064.9	4268.3
伊犁河谷东部温凉区	240	246	242	215	262	3300.5	3363.9	3363.9	3434.5	3624.3
塔里木盆地(除阿克苏河流域)	273	276	271	278	287	4598.1	4641.4	4544.4	4612.1	4838.6
阿克苏河流域	268	269	265	266	278	4249.9	4274.2	4211.5	4238.4	4402.3
拜城盆地	256	257	252	258	270	3770.8	3773.5	3712.4	3773.1	3889.8
焉耆盆地	253	253	247	253	267	4031.9	3981.7	3928.5	3975.4	4182.5
吐鲁番盆地	268	271	272	275	285	5452.2	5512.6	5582.9	5612.7	5689.3
哈密盆地	254	249	248	253	257	4435.1	4400.9	4415.5	4341.2	4567.3
天山山区	193	202	209	209	204	2198.5	2106.4	2079.8	2289.8	2251.4
淖毛湖盆地	249	243	245	250	260	4665.7	4580.5	4764.2	4841.6	5032.6

6.4.3.2　气候变化对农业生产的影响

　　气候变暖使作物生长期延长,冬播期有所推迟,春播期也较过去提前,种植制度在发生变化。作物品种的熟性由早熟向中晚熟发展。单产增加,品质提高,多熟制向北推移,复种指数提高。

　　气候变暖使作物生长期气温升高,干热风危害加剧,缩短养分积累时间,降低品质和产量。温度升高会使目前一些受温度限制的害虫活动范围扩大,同时 0℃ 初终间日数延长使一

些病虫害发生的起始时间提前,使多世代害虫繁殖代数增加,一年中危害时间延长,从而影响农业生产。

气候变暖,使蒸腾增加,加重了牧草需水的胁迫,使牧区天然草场退化和沙化,产草量和质量下降,草场生产能力降低,直接威胁畜牧业的可持续发展。

气候变暖与农业生产、生态环境、社会发展、经济建设关系十分密切,其影响利弊并存。因此,要掌握、遵循、充分利用气候变化规律,提高人们对气候变暖的应对能力,研究防御对策,趋利避害,使农业生产获取最佳效益。

6.5 西南地区极端事件

6.5.1 2006年川渝地区夏季极端干旱事件的成因分析

6.5.1.1 川渝地区夏季干旱年和降水偏多年的确定

选取 28°—32°N,105°—110°E 范围内恩施、达县、酉阳、重庆、南充、内江这六个站代表川渝地区,干旱年和降水偏多年由该地区的旱涝指数确定。规定以每年这六个站夏季降水总量的标准化距平作为川渝地区夏季旱涝指数,定义旱涝指数小于−1的为降水偏少年,大于1的为降水偏多年。

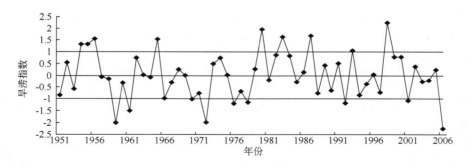

图 6.26 1951—2006 年川渝地区旱涝指数的年际变化

由旱涝指数的时间变化曲线(图6.26)可见,川渝地区夏季降水的年际和年代际变化特征十分明显,旱涝频繁发生,2006年是川渝地区1951年以来降水最少的一年,造成该地严重干旱。由于所利用的计算热源的资料为1961—2006年的,所以只考虑20世纪60年代以来川渝地区夏季降水的异常,其相应年份如下:

干旱年:1961年,1972年,1976年,1978年,1992年,2001年,2006年;

降水偏多年:1965年,1980年,1983年,1987年,1993年,1998年。

6.5.1.2 2006年夏季东亚环流特征分析

研究表明,干旱过程常常是某种状态异常环流型持续发展和长期维持的结果(陶诗言和徐淑英,1962;毕慕莹,1990;卫捷等,2004;牛宁和李建平,2007)。对于2006年夏季川渝地区特大干旱必然与同期的大气环流形势持续异常有关,下面从整层水汽输送、垂直运动、中高纬环流及西太平洋副热带高压(以下简称西太副高)以及南亚高压等几个方面进行讨论。

（1）整层水汽场特征

大气中水汽输送和收支是研究全球大气环流持续和变化的一个重要方面,因为水汽是形成降水的必要条件之一。图 6.27 表示的是 2006 年夏季整层积分水汽通量距平场。2006 年夏季,西南气流与南面过来的越赤道气流汇合,沿着阿拉伯海、孟加拉湾、中南半岛经云南、广西上空进入我国,然后继续向北输送至川渝上空,还有一部分水汽继续向东输送至南海,和南海水汽汇合后经广东进入我国然后再继续向北输送至川渝地区上空,形成东南一西北向的水汽输送,可以看出水汽输送到我国境内时量级突然迅速变小。多年平均场上(图略),川渝地区夏季上空水汽输送来源与 2006 年夏季基本类似,只是量级明显偏大。在图 6.27 上,川渝地区上空出现了比较强的西北一东南向的水汽输送偏差,表明与常年相比,川渝地区上空来自南方的暖湿气流水汽输送减弱,从而造成降水的水汽供应减弱,推进了川渝地区夏季干旱的发展。

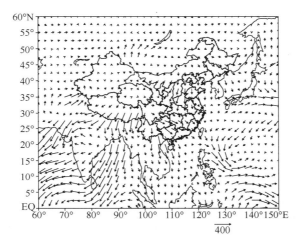

图 6.27　2006 年夏季整层水汽通量距平场（单位:kg/(m·s)）

（2）垂直运动特征

要在某地形成降水,还须满足垂直运动条件,即水汽在降水地区辐合上升,在上升中绝热膨胀冷却凝结成云。图 6.28 表示的是 2006 年夏季沿 28°—32°N 纬向垂直环流距平场及垂直速度 ω 距平场。常年夏季沿 28°—32°N 纬向垂直环流(图略),青藏高原上空的气流分为两支,一支上升到对流层高层时转为向西的气流,在 75°E 附近形成一闭合的垂直环流,另一支在对流层中层沿着青藏高原东侧地形下沉到对流层低层。在低层,靠近青藏高原东侧地区有一上升气流并在 120°E 附近下沉,由此可以看到,受青藏高原大地形的影响,川渝地区的气流比较多变,在低层和对流层高层有上升运动,而在对流层中层盛行下沉运动。由图 6.28 可见,气流发生很大的异常,整个青藏高原上空上升运动明显减弱,虽然在 110°E 附近有一接近闭合的垂直环流,但是速度很小,可以说整个夏季川渝地区上空均盛行微弱的下沉气流,表明与常年相比,川渝地区的上升运动减弱,下沉运动明显加强,非常不利于该地的降水形成。

（3）中高纬度及西太副高特征

2006 年夏季 500 hPa 位势高度场(图 6.29)显示,中高纬环流都比较平直,常年出现在乌拉尔山附近的脊和欧洲浅槽都不明显,我国北方地区环流也比较平直,东亚大槽比较浅,东亚地区盛行纬向环流,西太副高较常年明显偏强,面积偏大,脊线位于 28°N 附近,明显偏北,西

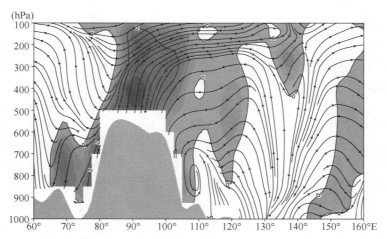

图 6.28　2006 年夏季沿 28°—32°N 纬向垂直环流距平场及垂直速度 ω 距平场
（阴影区表示 ω>0，单位：0.01 Pa/s）

伸明显，整个亚洲地区基本处于正距平的控制之下，川渝地区大部分时间在西太副高的控制之下，盛行下沉运动，不利于该地降水形成。

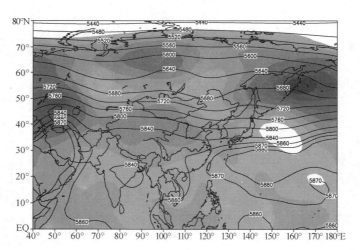

图 6.29　2006 年夏季 500 hPa 位势高度场分布（单位：gpm）
（阴影区为位势高度正距平）

（4）南亚高压特征

夏季南亚高压是对流层上部和平流层低层的一个强大而稳定的反气旋环流系统，在 100 hPa 最强，它对北半球大气环流和我国天气气候，特别是对我国夏季大范围旱涝分布及亚洲的天气气候均有重要影响。图 6.30 表示的是 2006 年夏季 100 hPa 高度场分布。2006 年夏季南亚高压脊线位于 32°N 附近，较常年偏北，强度明显偏强，其主体控制了西亚至我国的大部分地区。川渝地区整个夏季几乎都受南亚高压的持续控制，由于南亚高压与西太平洋副热带高压进退有一定制约关系，具有相向而行，相背而去的特点（陶诗言和朱福康，1964；张琼和吴国雄，2001），当南亚高压向东伸展时，西太副高常西进。2006 年夏季南亚高压偏强且位置偏北偏东,这有利于西太副高北抬西伸,从而持续控制川渝地区,使得该地降水明显减少。

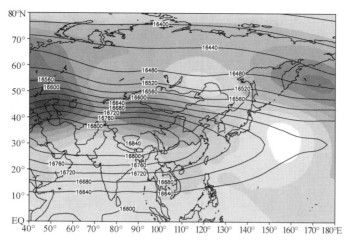

图 6.30　2006 年夏季 100 hPa 位势高度场

(单位:gpm,阴影区为位势高度正距平)

6.5.1.3　下垫面热力特征

以上从水汽输送、垂直运动、中高纬环流及西太副高、南亚高压等几个方面对 2006 年夏季的环流形势进行了分析,由分析可以发现,2006 年西太副高异常偏北、偏强,下面从热力异常的角度简要分析这种异常。

参考以往的研究工作(Yanai 等,1973;黄荣辉和孙凤英,1994;简茂球等,2004),我们选取区域(80°—100°E,27.5°—37.5°N)和(120°—150°E,10°—20°N)平均的大气热源〈Q_1〉分别代表青藏高原和热带西太平洋暖池区(以下简称西太暖池)的大气热源,以 1977—2006 共 30 a 的平均值作为气候平均,并与 2006 年进行比较。由图 6.31a 可以看出,气候平均状态下,青藏高原上空在 3 月中旬大气开始为热源,随后逐渐加强,到 7 月份达到最高值,以后逐渐减弱,这一演变趋势与以前的计算结果(陈隆勋和李维亮,1983)较为一致,而 2006 年热源则表现了很大的异常,于 5 月底 6 月初热源达到最高值,此后从 6 月初到 8 月,热源均在气候平均状态之下,说明 2006 年夏季青藏高原主体大气热源较往年异常偏弱;图 6.36b 显示,在气候平均状态下,西太暖池上空大气在 3 月为很小的热汇,到 4 月转为热源后,强度逐渐增强,可以看出 2006 年西太暖池热源有很大的异常波动,在 3 月中旬到 5 月初均在气候平均态之下,从 6 月初,热源快速上升到 6 月底热源值超过气候平均态值,一直到 8 月,热源强度基本在气候平均态之上说明西太暖池上空的热源相对于多年平均值在 7 月、8 月基本为异常偏强。

图 6.32 表示的是 2006 年夏季热源距平场和 OLR 距平场,总体上看来,强加热中心与强对流区是吻合的。青藏高原南部到孟加拉国为热源负距平区,中心值达 -120 W/m^2,对应 OLR 正值区,表明夏季高原凝结潜热是减弱的,根据数值模拟结果(赵声蓉等,2003),当青藏高原凝结潜热减弱时,西太副高加强且位置偏北;在高原西北以西地区到巴基斯坦、印度半岛北部到孟加拉湾西北部均为正距平区,中心值达 90 W/m^2,对应 OLR 负值区,表示此处对流较活跃;从我国华南经台湾岛到菲律宾北部以东的洋面上存在一正热源距平区,这在 OLR 距平场图也得到很好的验证,表明 2006 年夏季在菲律宾附近地区对流非常活跃,西太暖池上空

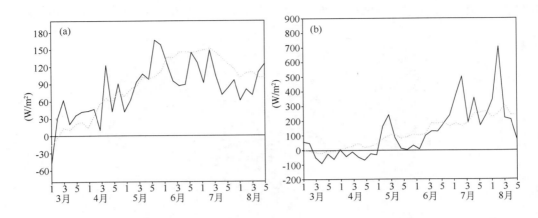

图 6.31　青藏高原上空(80°—100°E,27.5°—37.5°N)(a)和西太暖池区(120°—150°E,
10°—20°N)垂直积分的大气热源的逐候演变,实线为 2006 年大气热源,
点线为 1977—2006 年的平均(单位:W/m²)

对流活动较强。黄荣辉等(1994)在研究夏季热带西太暖池上空对流活动强弱与夏季西太副高位置的关系时指出,暖池上空对流活动强,使得位于热带西太平洋热源增强,从而使得 Hadley 环流增强,并且,它的下沉区偏北,从而造成西太副高偏北,这与 2006 年夏季西太副高特征相吻合。由此可见,2006 年夏季高原热源偏弱,菲律宾附近的西太暖池热源偏强,可能正是引起 2006 年夏季西太副高偏北、偏强的重要原因之一。

　　通过对 2006 年夏季发生在川渝地区典型的特大干旱事件进行分析,发现 2006 年夏季西太平洋副热带高压偏北、偏强,而 2006 年夏季青藏高原热源异常偏弱,菲律宾附近的西太暖池热源偏强,可能正是引起 2006 年夏季西太平洋副热带高压偏北、偏强的重要原因之一。为进一步验证结论的普遍性,我们将进一步讨论川渝地区夏季降水异常年份,西太平洋副热带高压的变化及其与热源的关系。

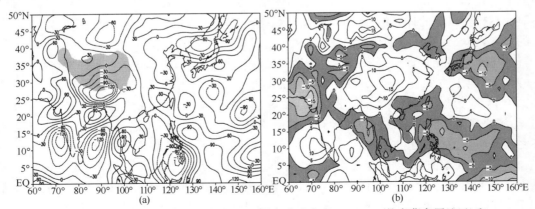

图 6.32　2006 年夏季热源距平场(a)(阴影部分为高度>3000 m 的青藏高原地区)和
OLR 距平场(b)(阴影区为负距平区)(单位:W/m²)

　　图 6.33 是川渝地区夏季干旱年与降水偏多年 500 hPa 位势高度的合成差值场。在旱年(图略),朝鲜半岛山东半岛附近存在一值为 5 gpm 正距平中心,说明西太副高偏北,川渝地区

大部分均在此正距平控制之下；而我国华南中南半岛及南海区域存在一个负距平中心。降水偏多年(图略)，山东半岛和朝鲜半岛及其日本以西的西太平洋上存在一个大于 5 gpm 的负距平区，而在我国华南经中南半岛、孟加拉湾有一宽广的正距平区，这种形势有利于北方冷空气与西南暖湿气流在川渝地区交汇，造成该地降水偏多，这些特征均与干旱年的距平特征相反。旱涝年的合成差值(图 6.33)表明，在旱年，朝鲜山东半岛存在 500 hPa 上位势高度正距平区，并通过了 90% 的置信度检验；而在我国南海、中南半岛、印度半岛等地方存在一宽广的负距平区，也通过了置信度检验。

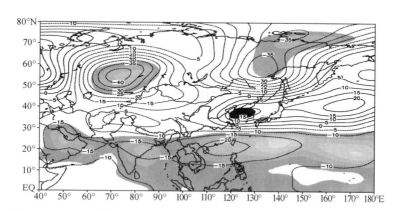

图 6.33　夏季干旱年与降水偏多年 500 hPa 位势高度合成差值(单位：gpm)
(阴影部分表示通过超过 90% 置信度检验的区域)

图 6.34 给出了川渝地区夏季干旱年和降水偏多年热源的合成差值场。在干旱年(图略)，高原东部向东延伸到长江流域一带和向南到孟加拉国均为负距平区，中心值达 −80 W/m²，说明这些地区热源偏弱；从巴基斯坦到印度半岛主要为正距平区，中心值为 40 W/m²；从中南半岛北部经我国华南到菲律宾以东的洋面上存在一宽广的正距平区，说明西太暖池热源偏强，对流活动活跃，这些特征均和 2006 年夏季热源距平(图 6.32a)的分布特征基本类似。而降水偏

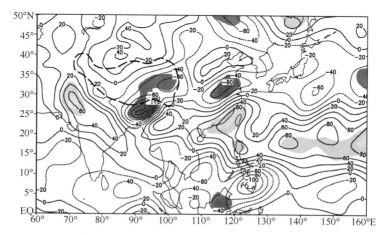

图 6.34　夏季干旱年与降水偏多年垂直积分热源的合成差值(单位：W/m²)
(阴影部分表示通过超过 95% 置信度检验的区域)

多年距平场（图略）和干旱年的距平场分布基本相反,高原东部向东到长江流域一带向南到孟加拉国基本为正距平区,达 60 W/m^2;巴基斯坦到印度半岛中北部为负距平区,达-20 W/m^2;而菲律宾以东的洋面上有一宽广的负距平区。旱涝年的合成差值（图 6.34）表明,在旱年,高原东部到孟加拉国地区上空热源是异常偏弱的,并通过了 95% 的置信度检验;而我国华南到菲律宾以东的西太暖池上热源偏强,大部分地区通过了置信度检验;此外,在巴基斯坦、印度中北部地区热源偏强。由此可以看出,在干旱年,热带西太平洋上空热源异常偏强,高原东部和孟加拉国地区上空热源异常偏弱。

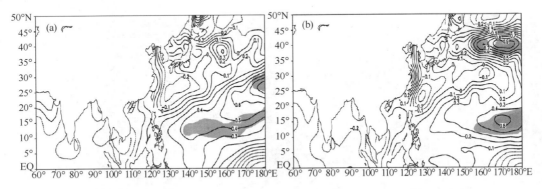

图 6.35　前期冬季(a) 和春季(b)干旱年和降水偏多年海温的合成差值场（单位:℃）

（阴影部分表示通过超过 95% 信度检验的区域）

图 6.35 是前期冬季、春季干旱年和降水偏多年海温的合成差值。前期冬季（图 6.35a）,西太平洋暖池附近存在很明显的通过显著性检验的 SSTA 正异常区,根据黄荣辉等(1994)的研究,由于暖池的 SST 较高,菲律宾至南海的上升气流相对增强,副热带高压位置相对偏北,此外在日本附近的西北太平洋地区存在正 SSTA,根据吕俊梅等(2007)的研究结果其吸引作用也是副热带高压偏北。在春季（图 6.35b）,在菲律宾以西的西太平洋上存在宽广的正 SSTA,并在以东的洋面上通过了 $\alpha=0.05$ 的显著性水平检验,其通过显著性水平检验区域的位置比前期冬季偏东,并且在日本以东的太平洋地区有比较大范围通过显著性水平检验的区域,这些特征均与图 6.34 有着较好的对应关系,在前期西太平洋海温出现异常暖的地方对应夏季强热源。

西太副高作为东亚夏季风环流系统的重要成员,其位置和强度的变化影响我国雨带的变化。黄荣辉等(1988)认为非绝热加热是季风建立和维持的重要机制,西太副高的形成及活动与非绝热加热有密切关系,它的南北移动和东西进退在很大程度上取决于非绝热加热的空间分布。王黎娟等(2005)在研究 1998 年 6 月西太副高与大气热源的关系时发现,副热带地区的非绝热加热对西太副高有很重要的作用。巩远发等(1998)用数值试验研究了 1979 年 6 月中旬西太副高北进西伸的天气过程中青藏高原热源和热带西太平洋理想热源的作用,结果表明高原的热力作用主要表现在对副高北侧锋区的形成、锋区的强度有较大影响;理想热源的作用大约在 4 d 以后影响我国东部的副热带高压和中高纬度环流。青藏高原热源和西太平洋暖池区热源的异常通过影响西太平洋副热带高压的南北进退从而影响了川渝地区夏季降水的变化。

6.5.2　1961—2000 年西南地区小时降水时空变化特征

6.5.2.1　降水时数、一小时雨强的季节变化趋势分析

由于西南地区地处季风区,降水的季节性差异较大,有必要做不同季节的趋势分析;雨强和时数是决定降水总量的两个要素,故分析了西南地区各季节降水时数和一小时雨强的年际变化趋势(图 6.36),反映近 40 a 西南不同地区不同季节的变化趋势。

冬季(图 6.36a),川东地区、云南大部分地区、重庆地区的降水时数有明显增加趋势;而云南南部地区的降水时数有下降趋势。同时,云南地区和川东部分地区的一小时雨强有明显增加趋势;川南部分地区和重庆地区的一小时雨强有下降趋势;其中,川南个别站点的一小时雨强下降趋势通过了显著性检验。春季(图 6.36b),云南地区、贵州最南端个别站点的降水时数有增加趋势;其中,云南个别站点的增加趋势通过了显著性检验;四川中东部大部分地区和重庆地区的降水时数有明显的下降趋势。同时,重庆地区、贵州部分地区的一小时雨强有下降趋势;川东地区和云南地区有增加趋势的站点和有减少趋势的站点数较为接近。夏季(图 6.36c),贵州北部、重庆地区、四川大部分地区的降水时数有增长趋势;而云南地区、贵州南部和四川中部部分地区有下降趋势。同时,除四川中部部分站点外,西南其余大部分地区的一小时雨强都有增加趋势,且云南、贵州和川西的相当一部分站点的增加趋势通过了显著性检验。秋季(图 6.36d),有较完整资料站点中除了云南西北部和四川个别站点的降水时数有较明显的增长趋势,西南其余大部分地区的降水时数都有明显的下降趋势;其中,川东地区大部分站点和贵州南部个别站点的下降趋势都通过了显著性检验。同时,云南大部分地区,贵州和四川部分地区的一小时雨强有增加趋势,虽然很多站点增加趋势并不明显,但云南南部相当部分站点的增加趋势通过了显著性检验;重庆地区,四川大部分地区的一小时雨强有下降趋势。全年(图 6.36e),重庆地区、川西南地区、云南北部的降水时数有增加趋势;而云南南部、贵州大部和川东有下降趋势。同时,除川东有减少趋势外,西南其余大部分地区的一小时雨强都有增加趋势,且云南、贵州和川西的相当一部分站点的增加趋势通过了显著性检验。

从以上分析可以看出,西南大部分地区的降水时数和强度在不同季节,表现出了不同的变化趋势。比如:川东地区的降水时数在冬季和夏季有较为明显的增加趋势,而在秋季有显著的下降趋势;云南北部的降水时数在冬季、春季、秋季有较为明显的增加趋势,而在夏季显示出明显的下降趋势。

年小时降水和一小时雨强变化趋势与各季节相比较可看出,除了云南西北部和川东地区受春秋降水时数变化趋势的影响,年降水时数变化趋势与夏季相反外,年降水时数、一小时雨强趋势变化与夏季的变化趋势较为接近。

6.5.2.2　白天和夜间降水时数的季节变化趋势分析

由于西南地区,特别是四川盆地,很多地方的夜雨率可达 $60\%\sim70\%$;且考虑到时数比雨量更能反映夜雨的特征,故分析了西南地区白天和夜间的降水时数趋势(图 6.37)。

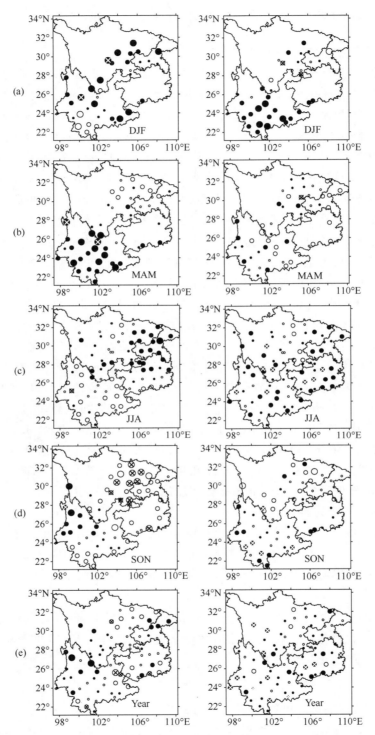

图 6.36　西南地区降水时数（左图）、平均强度（右图）的季节变化趋势空间分布图

实心（空心）圆圈表示增加（减少）趋势；大、中、小圈分别表示变化趋势≥7.5%/(10 a)，≤7.5%/(10 a)且≥2.5%/(10 a)，

≤2.5%/(10 a)；标注×号的站点表示通过了 0.05 标准显著性水平检验

冬季(图 6.37a),云南北边地区、川东、重庆地区的白天和夜间降水时数都有较为明显的增加趋势;云南南端地区白天和夜间都有较明显的减少趋势。春季(图 6.37b),云南地区,贵州南端的白天和夜间降水时数有明显增加趋势;而川东地区和重庆地区的白天和夜间降水时数有减少趋势。夏季(图 6.37c),除了贵州南部地区白天的降水时数有明显的减少趋势,而夜间的降水时数有较弱的增加趋势外,西南其余大部分地区白天、夜间变化趋势较为一致:川东、重庆地区、川西部分地区、贵州北部白天和夜间的降水时数都有增加趋势;而云南地区和四川中部部分地区白天和夜间的降水时数都有明显的减少趋势。秋季(图 6.37d),四川中东部地区、重庆地区、云南南部、贵州地区白天降水时数有减少趋势,其中川东的减少趋势显著;云南

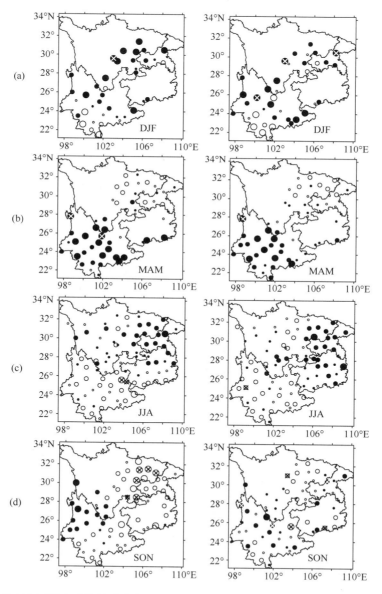

图 6.37　西南地区降水时数的季节变化(左边:白天;右边:夜间)趋势分布图(图例同图 6.36)

西北部有增加趋势;同时,重庆地区、贵州部分地区、云南大部分地区夜间有增加趋势,个别站点的增加趋势通过了显著性检验;川东地区夜间仍有减少趋势。

　　对比西南季节降水总时数变化趋势(图 6.36),可以看出:贵州南部夏季白天降水时数有下降趋势,夜间降水时数有增加趋势,而其总降水时数是下降趋势;重庆地区秋季白天降水时数有下降趋势,夜间降水时数有增加趋势,而其总降水时数是下降趋势。总体来看,西南地区各季总时数的变化趋势主要反映白天的特征。

6.5.2.3　极端降水时数、一小时雨强的季节变化趋势

　　用相对阈值法定义了极端降水阈值。冬季(图 6.38a),川东、重庆地区和云南的极端降水

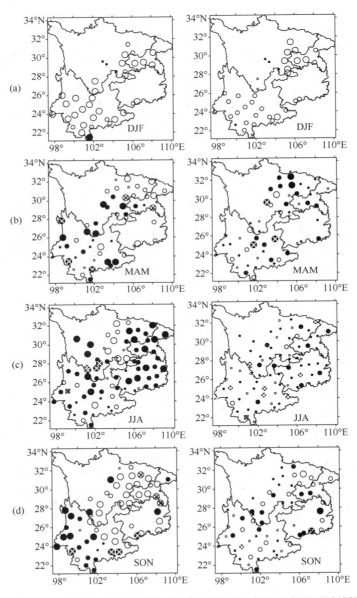

图 6.38　西南地区极端小时降水频数,强度的季节变化趋势分布图(图例同图 6.36)

时数都有减少趋势,其一小时雨强变化趋势和时数变化趋势较为一致。春季(图6.38b),川东南部分地区和重庆地区西部、云南大部分地区极端降水时数有明显的增加趋势,其中云南大部分站点的增加趋势通过了显著性检验;川东北、重庆地区大部、贵州南端有减少趋势。同时,川东大部分地区、重庆地区南部,云南大部分地区极端降水一小时雨强有增加趋势;其中云南、川东个别站点增加趋势通过了显著性检验。夏季(图6.38c),除了四川中部、云南小部分地区,西南大部分地区极端降水时数有明显的增加趋势;其中,川西南区域的增加趋势通过了显著性检验。同时,西南大部分地区的极端降水一小时雨强都有增加趋势,其中云南、贵州、四川的部分站点的增加趋势通过了显著性检验。秋季(图6.38d),云南大部分地区的极端降水时数有增加趋势,其中部分站点的增加趋势通过了显著性检验;四川大部和重庆地区,贵州部分地区,云南东北部地区都呈明显的减少趋势,其中,川东和重庆地区个别站点的减少趋势通过了显著性检验。同时,有增加趋势的站点和减少趋势的站点数量上差不多,且分布较散,个别站点的增加趋势通过了显著性检验。

西南地区极端降水时数和一小时雨强的变化趋势季节差异较大。雨量集中的夏季,西南大部分区域极端降水时数明显增多,且极端降水的一小时雨强也有小幅增加。而雨量较少的冬季,西南地区极端降水时数明显减少,极端降水的一小时雨强也明显减小。

西南地区极端降水时数各季节变化趋势与降水总时数的特征有较大差别。比如降水集中的夏季:云南大部分地区和贵州南部总体降水时数是有下降趋势(图6.36c),而其极端降水时数有增加趋势(图6.38c);而川东、川西南、重庆地区等地区的极端降水时数比总体降水时数增加趋势更加显著。同时,除冬季外,其他季节极端降水一小时雨强的增加趋势较总体一小时雨强更明显,范围更广。

6.5.2.4　不同气候区的白天和夜间的极端降水时数变化趋势

为了更清楚地了解西南地区极端降水白天和夜间降水时数变化趋势的区域差异,参考REOF方法分区结果,考虑资料完整情况,选取了八个代表站分别表示西南的八个不同气候区进行分析。由于川西高原气候区的站点资料缺失较多,故未找到合适的代表站。最终选取玉溪—滇南气候区、雅安—川西高原东部气候区、望谟—滇黔交界气候区、阆中—四川盆地东部气候区、成都—四川盆地西部气候区、贡山—滇西气候区、彭水—黔渝交界气候区、会理—四川和云南交界的凉山气候区,站点所在的具体位置见图6.39。

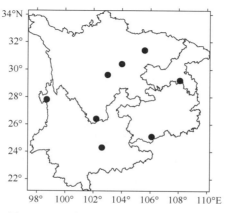

图6.39　西南地区各气候区代表站分布

　　除了贡山、成都站,其他的六个代表站总的年极端降水总时数以及分别在白天、夜间的极端降水时数的增加或减少趋势都不明显(表 6.11):贡山站的年极端降水时数和白天降水时数分别达到约 6 次/(10 a)和 3 次/(10 a),通过了 0.1 的显著性水平;而其夜间的增加趋势也较明显,达到了约 3 次/(10 a)。成都站的年极端降水总时数下降趋势达到了 2 次/(10 a),其白天和夜间的年极端降水时数也有明显的下降趋势,都达到了 1 次/(10 a),但都没有通过显著性检验,其他六站趋势相对较不明显。

表 6.11　西南各代表站极端小时降水频数变化趋势(单位:次/(10 a))

代表站	24h	白天(6:00—18:00)	夜间(18:00—6:00)
玉溪	0.14	0.18	−0.08
雅安	−0.08	−0.61	0.41
望谟	0.02	−0.46	0.53
阆中	0.3	−0.13	0.44
成都	−2.03	−1.05	−1.03
贡山	<u>5.67</u>	<u>3.27</u>	2.96
彭水	−0.01	−0.69	0.69
会理	0.73	0.42	0.3

注:下划线表示通过 0.1 水平的显著性检验。

　　中心化后,这些站点的年极端降水时数显示出振动幅度较大的年际振荡,其中大多数代表站白天年极端降水时数振幅较夜间大。从图 6.40 中也可以看出:雅安、成都、贡山、会理、彭水、望谟代表站的年极端降水总时数的变化曲线与其夜间更为接近;这些站的极端降水主要发生在夜间,占到多年极端降水总时数的 55%～74%。阆中代表站白天和夜间极端降水时数变化曲线与总时数曲线三线重合较好;而玉溪代表站夜间和白天极端降水时数的变化曲线在大多数年份位相相反,年极端降水总时数变化曲线受白天和夜间共同影响;阆中、玉溪代表站,白天和夜间多年平均极端降水时数都较接近。

6.6　结论

　　我国西部地区地形复杂,有世界上海拔最高、地形最复杂的青藏高原和一望无际的戈壁沙漠,气候复杂多变。由于人类生存环境恶劣,一直以来缺少气象观测资料,特别是适用于气候变化研究的长期观测资料。本章内容利用我国西部地区尽可能获得的气温和降水等长期观测资料,紧紧围绕全球变暖背景下我国广大西部地区极端气候天气事件的时空变化特征开展了深入系统的研究,得到了以下主要结论。

　　(1)地处高原腹地且有较长观测记录的玉树站在高原地区具有很好的代表性,通过对其近 58 a 温度资料的分析,发现:玉树站无论是年平均还是各季节平均气温在 20 世纪 50—60 年代都存在一个弱的下降趋势,随后表现出上升趋势;除春季气温在 20 世纪 80—90 年代为上升最快的时期外,其他季节上升最快的阶段都在 20 世纪末到 21 世纪初。玉树站各季和年平均气温普遍在 20 世纪 60 年代存在调整,各个季节气温的年际振荡普遍具有准 5 a 的周期,尤以

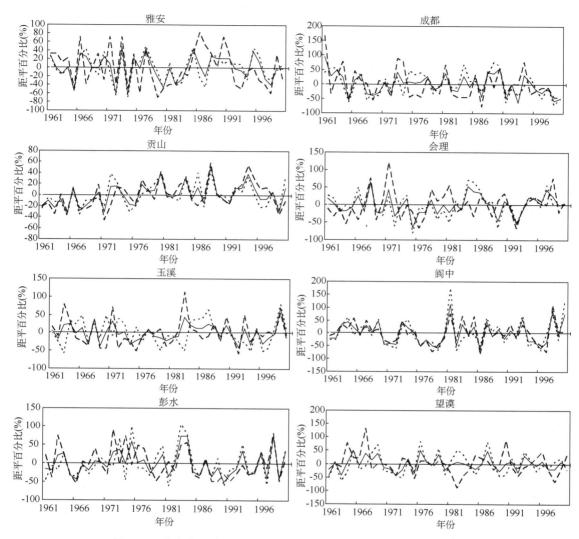

图 6.40　各气候区代表站白天（长虚线）、夜间（短虚线）和全天（实线）
极端降水时数距平百分率年际变化曲线

春、秋和冬季最为明显；而各季节长周期不一，冬季和年平均温度存在 11 a 以上的振荡信号。各个季节中平均气温的长期变化均存在突变现象，普遍发生在 20 世纪 90 年代，春季发生最早，发生在 90 年代初，夏、秋和冬季发生在 90 年代中后期。

（2）在夏、冬半年高原强降水主要发生在降水总量较多的地区，夏半年大雨出现的量呈现出由东南向西北递减的空间分布，冬半年大雪量级的降水则表现出由高原腹地向四周递减的分布特征，强降水越少的地方年际变化越显著，而强降水越多的地方越稳定。高原夏半年强降水主要集中在 7 月上旬至 8 月下旬，以 7 月下旬强降水量最多。冬半年强降水量主要集中在秋初和春末。全区夏半年强降水呈微弱的减少趋势，强降水的减少的时段主要在 7 月中旬到 9 月上旬；而冬半年表现为强的增加趋势，增幅最大的时段在 1 月中下旬，该增加趋势在 1976 年发生突变，突变后 12 月中旬和 2 月中旬增长幅度最大，分别增长了 19.37 倍和 16.54 倍；而净增加量最大的时段在 3 月中下旬,分别增加了 179.22 mm/a 和 173.59 mm/a,且该突变主要是受高原东部强降雪增加影响的。近 48 a 来,夏、冬半年强降水量均表现出明显的年际变化,夏(冬)半年强降水量存在准 3 a、准 6 a(准 7～8 a)的年际振荡以及准 10～11 a(准 15 a)的年代际振荡周期。夏半年强降水量变化趋势在空间上分布差异显著,青海区东北(东南)部以增加(减少)趋势为主,西藏区则普遍表现出西(东)部增加(减少)趋势;冬半年,除在雅鲁藏布江流域和个别地区表现为一定的减少趋势外,高原多数台站冬半年强降水呈现出较明显的增加趋势。

(3)近 32 a 来,乌鲁木齐的低温、大风和雷暴事件减少趋势明显,沙尘暴、浓雾事件呈略减少趋势;暴雨、高温和暴雪事件整体呈略增加的趋势,但 20 世纪 90 年代以后,暴雨和暴雪事件的增加趋势表现更为显著。浓雾、大风、低温、高温、雷暴等事件均具有较大的年际变化;暴雨、暴雪、沙尘暴、冰雹等事件的年际变化幅度均较小。乌鲁木齐区域气候的增暖表现为非对称性特征,以秋、春、冬季最低气温的上升最为明显。乌鲁木齐年平均气温和高温、低温、沙尘暴等极端事件之间存在较强的相关性,这些与温度相关的极端天气事件的变化与区域气候变暖关系密切。乌鲁木齐冬、春季区域气候变暖与冷空气活动的频繁程度有一定的联系。冷空气活动的减少必然导致极端低温事件和强沙尘暴事件的减少,这对冬、春季平均最低气温增加有一定的影响。

(4)根据 Cattlle 理论、North 特征值误差范围以及 Screen 准则,选择不同个数的旋转载荷向量对新疆 1961—2006 年 88 个气象站四季平均降水量进行了 EOF/REOF 分析,并为四季降水研究找到了适合的分区方案,结果表明:新疆四季降水量整体异常均表现为全疆一致多(少),或北疆多(少)南疆少(多),或西多(少)东少(多)三种基本结构,而且四季同向变化所占方差贡献率均为最大,表明四季降水异常均受某种共同影响因子制约是第一位的。新疆大部分地区降水量的显著增加主要体现在冬夏季的显著增加上,与上空的大气可降水量的增加有关,夏季平均降水量越多的区域增率也越大。秋季降水量的显著增加仅限于北疆西部、西天山、南天山山区。春季降水量的显著增加仅限于塔里木盆地至天山山区及其以东地区,以及东天山以北等小部分地区。北疆西部是新疆降水量显著增加最明显的区域,除春季外,其余三季均显著增加。新疆大多数地区冬、夏平均降水量的突变增加几乎与新疆年平均气温的突变升高同步。除北疆春季降水量未发生显著突增外,其余地区均在 20 世纪 80 年代发生过突增,但突变时间不一。北疆北部、中天山至东天山南北两侧的秋季降水量几乎同时在 70 年代末发生突变,是新疆季节降水量突变最早的区域,而北疆西部秋季降水量的突变增加比偏东地区晚 30 a 左右,是新疆季节降水量突变最晚的区域。

(5)新疆日平均气温≥0℃初、终日,持续日数和积温的共同分布规律为由南向北,由盆地向山区初日推迟,终日提前,持续日数缩短,积温减少。新疆近 45 a 来日平均气温稳定通过 0℃的初日北疆(除伊犁河河谷)、天山山区和哈密盆地推迟。南疆、伊犁河河谷、淖毛湖盆提前;终日推迟。初终间日数、积温变化均呈增加的趋势,最多是塔城盆地每 10 a 增加 89.6 ℃·d,最少为哈密盆地每 10 a 增加 8.2 ℃·d。在年代际变化中,全疆≥0℃的初日各区域随年代变化趋势不一致,南北疆差异明显,北疆随年代变化构成早晚交替,南疆各年代总体呈现提前的趋势,东疆总体变化不大。≥0℃的终日各区域随年代变化是推迟的。全疆初终间隔日数随年代延长,积温随年代增加。2001—2005 年增加更为明显。2001—2005 年与 20 世纪 60 年代相比全疆各区均增加,最多为淖毛湖盆地 366.9 ℃·d,其次塔城 343.9 ℃·d,最短为天山山区 52.9 ℃·d。

(6)西南地区地形复杂且各地气象条件不同,降水时数和强度变化趋势存在明显的地域性和季节性。雨量集中的夏季,大部分区域极端降水时数明显增多,且极端降水一小时雨强也有小幅加大;而雨量较少的冬季,极端降水时数明显减少,极端降水一小时雨强也明显减小。除冬季外,极端降水一小时雨强的增加趋势比平均降水一小时雨强的增加趋势更加明显。冬季极端降水时数有减少趋势,夏季大部分地区有增加趋势。从夏秋季极端降水时数年际变化趋势上看,夏季极端降水时数有增加趋势(2%/(10 a)),且存在 20 a 左右的年代际变化;秋季则无明显趋势(0.02%/(10 a))。极端降水雨强趋势上有,冬季大部分地区有减少趋势;春季大部分地区以增加为主;夏季有显著增加趋势,但增幅较小;秋季有增加趋势的站点和减少趋势的站点数量上差不多。

(7)2006 年夏季川渝地区特大干旱与大气环流特征异常有关系。2006 年夏季由南向北的水汽输送较常年偏弱;西太平洋副热带高压较常年异常偏强,脊线位置明显偏北,川渝地区受高压系统影响盛行下沉气流,中高纬环流场则表现为乌拉尔山地区和东北亚区域无明显阻塞高压形势,冷空气活动比常年弱;南亚高压比常年偏北、偏强,持续控制川渝地区。2006 年夏季青藏高原热源偏弱,西太暖池区的热源偏强,这可能是引起西太平洋副热带高压偏强、偏北的重要原因。

参考文献

毕慕莹. 1990. 近四十年来华北干旱的特点及成因. 旱涝气候研究进展.北京:气象出版社:23-321.

蔡英,李栋梁,汤懋苍等. 2003. 青藏高原近 50 年来气温的年代际变化. 高原气象,**22**(5):464-470.

陈隆勋,李维亮. 1983. 亚洲季风区夏季大气热量收支//1981 年全国热带夏季风学术会议文集. 昆明:云南人民出版社:86-101.

陈隆勋,邵永宁,张清芬等.1991.近四十年我国气候变化的初步分析. 应用气象学报,**12**(2):164-173.

戴加洗. 1990. 青藏高原气候. 北京:气象出版社.

段安民,吴国雄,张琼等. 2006. 青藏高原气候变暖是温室气体排放加剧结果的新证据. 科学通报,**51**(8):989-992.

范丽红,崔彦军,何清等. 2006. 新疆石河子地区近 40 a 来气候变化特征分析. 干旱区研究,**23**(2):334-338.

范丽军,韦志刚,董文杰. 2004. 西北干旱区地气温差的时空特征分析. 高原气象,**23**(3):360-367.

房巧敏,龚道溢,毛睿. 2007. 中国近 46 年来冬半年日降水变化特征分析. 地理科学,**27**(5):711-717.

冯松,汤懋苍,王冬梅. 1998. 青藏高原是我国气候变化启动区的新证据. 科学通报,**43**(6):633-636.

龚道溢,韩晖. 2004. 华北农牧交错带夏季极端气候的趋势分析. 地理学报,**59**(2):230-238.

巩远发,纪立人. 1998. 西太平洋副热带高压中期变化的数值试验 I.青藏高原热源的作用. 热带气象学报,**14**(2):106-112.

巩远发,纪立人. 1998. 西太平洋副热带高压中期变化的数值试验 II 热带西太平洋热源的作用. 热带气象学报,**14**(3):201-207

韩萍,薛燕,苏宏超. 2003. 新疆降水在气候转型中的信号反应. 冰川冻土,**25**(2):179-182.

郝慧梅,任志远. 2006. 近 50 a 固阳县气候的 Hurst 分析. 干旱区研究,**23**(1):119-125.

何清,杨青,李红军. 2003. 新疆 40 a 来气温、降水和沙尘天气的变化. 冰川冻土,**25**(4):423-427.

胡汝骥,樊自立,王亚俊等. 2001. 近 50 a 新疆气候变化对环境影响评估. 干旱区地理,(2):97-103.

胡汝骥,马虹,樊自立等. 2002. 新疆水资源对气候变化的响应. 自然资源学报,**17**(1):22-27.

胡宜昌,董文杰,何勇. 2007. 21 世纪初极端天气气候事件研究进展. 地球科学进展,**22**(10):1066-1075.

黄嘉佑. 1995. 气候状态变化趋势与突变分析. 气象,**21**(7):54-57.

黄荣辉,李维京. 1988. 夏季热带西太平洋上空的热源异常对东亚上空副热带高压的影响及物理机制. 大气科学(特刊):107-116.

黄荣辉,孙凤英. 1994. 热带西太平洋暖池的热状态及其上空的对流活动对东亚夏季气候异常的影响. 大气科学,**18**(2):141-151.

黄一民,章新平. 2007. 青藏高原四季降水变化特征分析. 长江流域资源与环境,**16**(4):537-542.

黄玉霞,李栋梁,王宝鉴等. 2004. 西北地区近 40 年年降水异常的时空特征分析. 高原气象,**23**(2):245-25.

简茂球,罗会邦,乔云亭. 2004. 青藏高原东部和西太平洋暖池区大气热源与中国夏季降水的关系. 热带气象学报,**20**(4):354-364.

姜逢清,胡汝骥. 2004. 近 50 年来新疆气候变化与洪、旱灾害扩大化. 中国沙漠,**24**(1):35-40.

李江风. 1991. 新疆气候. 北京:气象出版社:54-68,14.

李兰,杜军,白素琴等. 2009. 新疆近 45 年 0℃界限温度积温变化特征分析. 中国农业气象,**30**(S2):181-184.

李林,朱西德,秦宁生等. 2003. 青藏高原气温变化及其异常类型的研究. 高原气象,**22**(5):524-530.

李生辰,徐亮,郭英香等. 2006. 近 34 a 青藏高原年气温变化. 中国沙漠,**26**(1):27-34.

李生辰,徐亮,郭英香等. 2007. 近 34 a 青藏高原年降水变化及其分区. 中国沙漠,**27**(2):307-314.

李廷勇. 2004. 青藏高原 50 年来气候变化初步研究. 西南师范大学硕士论文,13-20.

林云萍,赵春生. 2009. 中国地区不同强度降水的变化趋势. 北京大学学报,(2):18-25.

林振耀,赵听奕. 1996. 青藏高原气温降水变化的空间特征. 中国科学 D 辑,**26**(4):354-358.

林之光. 1995. 地形降水气候学. 北京:科学出版社.

刘波,马柱国. 2007. 过去 45 年中国干湿气候区域变化特征. 干旱区地理,**30**(1):7-15.

刘德祥,董安祥,邓振镛. 2005. 中国西北地区气候变暖及其对农业影响的研究. 自然资源学报,**20**(1):1-7.

刘德祥,董安祥,陆登荣. 2005. 中国西北地区近 43 年气候变化及其对农业生产的影响. 干旱地区农业研究,**23**(2):195-200.

刘海文,丁一汇. 2010. 华北汛期日降水特性的变化分析. 大气科学,**34**(1):12-22.

刘吉峰,李世杰,丁裕国等. 2006. 一种用于中国年最高(低)气温区划的新的聚类方法. 高原气象,**24**(6):966-973.

刘银峰,徐海明,雷正翠. 2009. 2006 年川渝地区夏季干旱的成因分析. 大气科学学报,**32**(5):686-694.

吕俊梅,张庆云,陶诗言等. 2007. 东亚夏季风强弱年大气环流和热源异常对比分析. 应用气象学报,**18**(4):442-450.

马晓波,胡泽勇. 2005. 青藏高原 40 年来降水变化趋势及突变的分析. 中国沙漠,**25**(1):137-139.

马晓波,李栋梁. 2003. 青藏高原近代气温变化趋势及突变分析. 高原气象,**22**(5):507-512.

毛炜峰,江远安,李江风. 2006. 新疆北部的降水量线性变化趋势特征分析. 干旱区地理,**29**(10):797-802.

牛宁,李建平. 2007. 2004 年中国长江以南地区严重秋旱特征及其同期大气环流异常. 大气科学,**31**(2):254-264.

秦大河,陈振林,罗勇等. 2007. 气候变化科学的最新认知. 气候变化研究进展,**3**(2):63-73.

施雅风. 2003. 中国西北气候暖干向暖湿转型的特征和趋势探讨. 第四纪研究,**23**(2):153-164.

施雅风,沈永平,胡汝骥. 2002. 西北气候由暖干向暖湿转型的信号、影响和前景初步探讨. 冰川冻土,**24**(3):219-226.

史玉光,孙照渤. 2008. 新疆大气可降水量的气候变化特征及其变化. 中国沙漠,**28**(3):519-525.

寿绍文,励申申,王善华等. 2006. 天气学分析(第二版). 北京:气象出版社.

苏宏超,魏文寿,韩萍. 2003. 新疆近 50 年来的气温和蒸发变化. 冰川冻土,**25**(2):174-177.

孙兰东,刘德祥. 2007. 西北地区热量资源变化及其对农业种植结构的影响. 地球科学进展,**22**(特刊):61-67.

汤懋苍,许曼春. 1984. 祁连山区的气候变化. 高原气象,**3**(4):21-33.

陶诗言,徐淑英. 1962. 夏季江淮流域持久性旱涝现象的环流特征. 气象学报,**32**(1):1-10.

陶诗言,朱福康. 1964. 夏季亚洲南部 100 毫巴流型的变化及其与太平洋副热带高压进退的关系. 气象学报,
　　　34(4):385-395.

王波雷,马孝义,范严伟等. 2007. 近 51 a 西安气候变化的 R/S 分析. 干旱区资源与环境,**21**(12):121-125.

王传辉,周顺武,李慧. 2010. 近 58 a 来玉树站气温变化特征. 高原山地气象研究,**30**(2):6-11.

王传辉,周顺武,唐晓萍. 2011. 近 48 年青藏高原强降水量的时空分布特征. 地理科学,**31**(4):470-477.

王劲松,魏锋. 2007. 西北地区 5—9 月极端干期长度异常的气候特征. 中国沙漠,**27**(3):514-519.

王黎娟,温敏等. 2005. 西太平洋副高位置变动与大气热源的关系. 热带气象学报,**21**(5):488-496.

王乃昂,赵晶,高顺尉. 1999. 东亚季风边缘区气候代用指标的分形比较及其意义. 海洋地质与第四纪地质,
　　　19(4):59-65.

王鹏祥,杨金虎. 2007. 中国西北近 45 年来极端高温事件及其对区域性增暖的响应. 中国沙漠,**27**(7):
　　　649-655.

王绍武,董光荣. 2002. 中国西部环境评估.中国西部环境特征及其演变(第一卷). 北京:科学出版社.

王堰,李雄,缪启龙. 2004. 青藏高原近 50 年来气温变化特征的研究. 干旱区地理,**27**(1):41-46.

王义祥,翁伯琦,黄毅斌. 2006. 全球气候变化对农业生态系统的影响及研究对策. 亚热带农业研究,**2**(3):
　　　203-208.

王志福,钱永甫. 2009. 中国极端降水事件的频数和强度特征. 水科学进展,**20**(1).

王遵娅,丁一汇,何金海等. 2004. 近 50 年来中国气候变化特征的再分析. 气象学报,**62**(2):228-236.

韦志刚,黄荣辉,董文杰. 2003. 青藏高原气温和降水的年际和年代际变化. 大气科学,**27**(2):157-170.

卫捷,张庆云,陶诗言. 2004. 1999 年及 2000 年夏季华北严重干旱的物理成因分析. 大气科学,**28**(1):
　　　125-137.

魏凤英. 1999. 现代气候统计诊断与预测技术. 北京:气象出版社:37-41,43-44,63-66,88-128,49-50,66-68,
　　　132-134.

魏凤英. 2007. 现代气候统计诊断与预测技术(第二版). 北京:气象出版社.

吴绍洪,尹云鹤,郑度等. 2005. 青藏高原近 30 年气候变化趋势. 地理学报,**60**(1):3-11.

辛渝,陈洪武,李元鹏等. 2008c. 新疆北部高温日数的时空变化特征及多尺度突变分析. 干旱区研究,**25**(3):
　　　438-446.

辛渝,陈洪武,张广兴等. 2008 a. 博州气候暖湿化中若干其他气候特征的变化. 中国沙漠,**28**(3):526-536.

辛渝,崔彩霞,张广兴等. 2008b. 博州不同级别降水及极端降水事件的时空变化. 中国沙漠,**28**(2):362-369.

辛渝,毛炜峰,李元鹏等. 2009. 新疆不同季节降水气候分区及变化趋势. 中国沙漠,**29**(5):948-959.

辛渝,张广兴,俞建蔚等. 2007. 新疆博州地区气温的长期变化特征. 气象科学,**27**(6):610-617.

徐贵青,魏文寿. 2004. 新疆气候变化及其对生态环境的影响. 干旱区地理,**27**(1):14-18.

徐裕华. 1991. 西南气候. 北京:气象出版社.

薛燕,冯国华. 2003. 半个世纪以来新疆降水和气温的变化趋势. 干旱区研究,**20**(2):127-130.

严中伟,杨赤. 2000. 近几十年我国极端气候变化格局. 气候与环境研究,**5**(3):267-272.

杨青,何清. 2003. 西天山山区气候变化与灌区绿洲气候效应. 冰川冻土,**25**(3):336-341.

杨青,魏文寿. 2004.新疆现代气候变化特征及趋势分析//陈邦柱,秦大河主编. 气候变化与生态环境研讨会
　　　论文集. 北京:气象出版社:202-209.

杨素英,孙凤华,马建中. 2008. 增暖背景下中国东北地区极端降水事件的演变特征. 地理科学,**28**(2):
　　　224-228.

杨霞,赵逸丹,李圆圆等. 2009. 乌鲁木齐极端天气事件及其与区域气候变化的联系. 干旱区地理,**32**(6):
　　　867-873.

杨晓丹,瞿盘茂. 2005. 我国西北地区降水强度、频率和总量变化. 资源与环境,23(6):24-26.

杨余辉,魏文寿,杨青等. 2005. 新疆三工河流域山地、平原区气候变化特征对比分析. 干旱区地理,28(4): 320-324.

杨瑜峰,江灏,牛富俊等. 2007 青藏高原暖季与冷季气温的时空演变分析. 高原气象,26(3):496-502.

袁玉江,何清,喻树龙. 2004. 天山山区近40 a 降水变化特征与南、北疆的比较. 气象科学,24(2):220-226.

瞿盘茂,潘晓华. 2003. 中国北方近50 年温度和降水极端事件变化. 地理学报,58(增刊):1-10.

张国存,查良松. 2008. 南京近50 年来气候变化及未来趋势分析. 安徽师范大学学报(自然科学版),31(6): 580-584.

张焕,瞿盘茂,唐红玉. 2011. 1961—2000 年西南地区降水变化特征. 气候变化研究进展,7(1):8-13.

张家宝,史玉光. 2002. 新疆气候变化及短期气候预测. 北京:气象出版社:1.

张家宝,史玉光,杨青等. 2002. 新疆气候变化及短期气候预测研究. 北京:气象出版社:71-145.

张琼,吴国雄. 2001. 长江流域大范围旱涝与南亚高压的关系. 气象学报,59(5):569-577.

张婷,魏凤英. 2009. 华南地区汛期极端降水的概率分布特征. 气象学报,67(3):442-451.

张文,寿绍文,杨金虎等. 2007. 近45 a 来中国西北汛期降水极值的变化分析. 干旱区资源与环境,21(12): 126-132.

张学文,张家宝. 2006. 新疆气象手册. 北京:气象出版社:92-96.

张运福,胡春丽,赵春雨等. 2009. 东北地区降水年内分配的不均匀性. 自然灾害学报,18(2):89-94.

赵庆云,张武,王式功等. 2005. 西北地区东部干旱半干旱区极端降水事件的变化. 中国沙漠,25(6): 904-909.

赵声蓉,宋正山,纪立人. 2003. 青藏高原热力异常与华北汛期降水关系的研究. 大气科学,27(5):881-893.

邹进上,曹彩珠. 1989. 青藏高原降雪的气候学分析. 大气科学,13(4):400-409.

左敏,陈洪武,王蕾等. 2011. 基于MODIS 的和田河夏季漫流监测分析. 干旱区研究,28(3):438-448.

Bonsal B R,Zhang X B,Vincent L A,et al. 2001. Characteristics of daily and extreme temperature over Canada. *Climate*,**5**(14):1959-1976.

Brooks H E,Stensrud D J. 2000. Climatology of heavy rain events in the United States from hourly precipitation observations. *Mon. Wea. Rev.*,**128**:1194-1201.

Fujibe F. 1988. Diurnal variations of precipitation and thunderstorm frequency in Japan in the warm season, *Pap. Meteor. Geophys.*,**39**:7994.

Gutowski W J,Kozak K A,Arritt R W. 2007. A possible constraint on regional precipitation intensity changes under global warming. *Journal of Hydrometeorology*,**8**(1):1382-1369.

IPCC. 2001. *Climate change 2001:The Science of Climate Change. Contribution of Working Group I to the Third Assessment Report of the Intergovernmental Panel on Climate Change.* Houghton J T,Ding Y, Griggs D J,Nuguer M,val'lderLinden P J,Maskdl X D K and Johnson C A (eds.). Cambridge University Press,Cambridge. United Kingdom an New York,NY,USA.,156-159.

IPCC. 2007. *Summary for Policymakers of Climate Change 2007:The Physical Science Basis. Contribution of Working Group I to the Fourth Assessment Report of the Intergovenmental Panel on Climate Change.* Cambridge:Cambridge University Press.

IPCC. 2007. The physical science basis. Summary for policymakers of climate change 2007. Cambridge.

Kanae S,Oki T,Kashinda A. 2004. Changes in hourly heavy precipitation at Tokyo from 1890 to 1999. *Journal of the Meteorological Society of Japan*,**82**:241-247.

Liu S C,Fu C B,Shiu C J. 2009. Temperature dependence of global precipitation extremes. *Geophysical Research Letters*,**36**(4):L17702.

Qian W,Lin X. 2005. Regional trends in recent precipitation indices in China. *Meteorology and Atmospheric*

Physics, **90**(2):193-207.

Ren G,Xu M,Tang G,*et al*. 2003. Climate changes of the past 100 years in China. *Climate Change Newsletter*,4-5.

Sen Roy S. 2008. A spatial analysis of extreme hourly precipitation patterns in India. *International Journal of Climatology*,**29**: 345-355.

Thomas R Karl,Richard W Knight. 1998. Secular trends of precipitation amount,frequency,and intensity in the United States. *Bulletin of the American Meteorological Society*,**79**(2):231-241.

Torrence C,Compo G P. 1998. A practical guide to wavelet analysis. *Bull. Amer. Metero. Soc*,**79**(1):61-78.

Yanai M,Esbensen S and Chu J H. 1973. Determination of bulk properties of tropical cloud clusters from large-scale heat and moisture budgets. *J. Atmos. Sci*,**30**(4):611-627.

Yao Tandong,Xie Zichu,Wu Xiaoling. 1991. Climatic change since little ice age recorded by the dunde ice cap. *Science in China*(B),**34**(6): 760-767.

Yu R,Zhou T J,Xiong A. 2007a. Diurnal variations of summer precipitation over contiguous China. *Geophys Res Lett*. , **34**:L01704. doi:10. 1029/2006GL028129

Zhai P M, Zhang X B, Pan X H and Wan H. 2005. Trends in total precipitation and frequency of daily precipitation extremes over China. *J. Climat*. ,**18**(4):1096-1108.

第七章 极端天气气候事件的灾害性影响评估概述

 概 述

　　随着气候变化的不断加剧,我国的极端天气气候事件频繁发生。同时,我国社会经济的迅速发展,社会经济各部门对灾害性尤其极端天气气候事件越来越敏感。探讨极端天气气候事件近几十年的影响特点,开展影响评估方法研究,将对防灾减灾以及气象灾害风险管理、制定适应措施提供重要的参考依据。

7.1 引言

　　作为世界上气象灾害最严重的国家之一,我国因气象灾害造成的平均每年经济损失占全部自然灾害损失的 70% 以上。我国气象灾害具有灾种多、突发性强、发生频率高、影响范围广、时空分布不均匀、灾害损失重等特点。全球变暖背景下,极端天气气候事件的频率和强度都在增加,我国的气象灾害呈明显上升趋势。20 世纪 90 年代以来,因各种气象灾害造成的平均每年的农作物受灾面积达 4800 多万公顷,受灾人口约 3.8 亿人次,直接经济损失达 1800 多亿元,约占国内生产总值的 2.7%。

　　我国地域范围广,气候条件复杂,与极端天气气候事件本身的发生发展规律相比,我们更关注极端天气气候事件的负面影响,即这类事件的发生可能会造成多大的人员伤亡和经济损失。因此,本章首先关注了我国因极端天气气候事件带来的总体经济损失,使用气象灾害综合损失指数分析了近 20 a 来的气象灾害损失变化趋势,划分了不同年份的灾害等级。其中,热带气旋作为破坏力最大的一种极端事件,对其造成的灾害损失进行了着重介绍,同时探讨了热带气旋本身的活动特征与其带来的损失之间的相互关系。这些结果可为防灾减灾提供一些理论基础和科学依据。

　　减少以及避免极端天气气候事件带来的损失,必须使用科学合理的方法评估其影响。因此,如何科学合理评估极端天气气候事件的影响是一个非常重要的研究课题。目前,在灾害影响评估方面已有一些研究成果:(1)干旱灾害方面,既有运用气象干旱指标和农业经济损失指标的统计分析(郭建平等,2001;张强和高歌,2004;马柱国和任小波,2007;张永等,2007;邹旭凯和张强,2008),也有运用作物模型进行的机理研究(赵艳霞和 2001;孙宁和冯利平,2005;王春乙,2010;Zhao 等,2011);(2)低温影响方面,目前的研究多集中在气候变化规律、作物种植区域界限的变化和物候对气候变暖的响应方面,取得了很多研究成果(沙万英等,2002;葛全胜等,2003;郑景云等,2003;宋艳玲等,2004;徐雨晴等,2005);(3)高温热浪影响方面,水稻和玉米开花期的高温天气可能会影响花粉授精,灌浆结实期的高温可能会导致生育期缩短,降低结实率,最终影响产量(邓振镛等,2009;章国材,2010),孙宁和冯利平(2005)分别利用 Wheat

SM 和 APSIM-Wheat 评估了北京地区热害和干旱对冬小麦产量造成的风险;(4)公路路面温度与极端天气影响方面,大致可以归纳为两类,一是理论分析法,即根据气象学和传热学的基本原理采用数值分析方法建立路面温度场的预测模型;二是统计分析法,即通过大量的实测数据进行回归分析,建立路面温度同当地气温、太阳辐射等环境气象要素之间的定量关系;(5)冰冻天气影响方面,世界上许多国家都对电线积冰进行了不同研究(Poots,1996),可将这些研究归纳为三类:数值模式、基于风洞试验模式和基于野外观测模式;(6)冰雹影响方面,冰雹灾害的发生与雹云移动路径的关系十分密切,冰雹灾害风险在空间上往往具有线状、片状及跳跃状的分布特点(陈静等,2011),研究多采用 GIS 支持下的空间评估方法对冰雹灾害风险进行评价(罗培,2007;扈海波等,2008)。

本章运用概率统计对极端事件包括干旱、低温、高温热浪、冰冻天气以及冰雹的影响分别进行了评估。在冰雹影响评估中还引入风险概念,综合考虑孕灾环境和承灾体,对新疆阿克苏地区进行了冰雹风险区划。

7.2　资料和方法

7.2.1　资料

本章所用数据主要分为气象数据、灾情数据、经济数据及数字高程 DEM 数据。

(1)气象数据

在冰冻天气影响中用到 1961—2008 年平均全国雾凇、雨凇日数,冰冻厚度;热带气旋灾害研究选用了上海台风研究所 1984—2008 年"CMA-STI 热带气旋最佳路径数据集"和美国联合飓风警报中心(Joint Typhoon Warning Center,简称 JTWC)1984—2007 年热带气旋最佳路径资料;低温和高温灾害分析中分别采用了新疆和江苏两个典型区域的气温资料进行分析;在冰雹灾害部分选取了更小范围区域——新疆阿克苏地区进行分析;除此之外,本章还用到农业气象试验站的作物生育期资料。

表 7.1　第七章主要采用气象数据

气象要素	范围	时间	站点数	章节
雾凇、雨凇日数,冰冻厚度	全国	1961—2008 年	603	7.1.3
冰雹日数	阿克苏	1959—2007 年	10	7.1.4
年气温 10℃初日资料	新疆	1971—2005 年	71	7.2.2
日平均气温	江苏	1951—2005 年	11	7.2.3
热带气旋最佳路径	全国	1984—2008 年	—	7.3.1

(2)灾情数据

本章在分析气象灾害总体损失时用到《中国民政统计年鉴》1989—2008 年全国自然灾害和地震损失;农业干旱分析部分用到全国 28 个省(自治区)1951—2007 年的农作物受旱面积和农作物播种面积;冰雹灾害分析中选用了新疆阿克苏地区 1984—2007 年冰雹灾害普查资料;另外,热带气旋灾害研究采用的 1984—2008 年热带气旋 TC 灾害数据(不包括港澳台)由中国民政部提供。

除此之外,新疆阿克苏地区易损性分析中选用了 2008 年新疆统计年鉴中的阿克苏地区的经济数据;为了使不同年份的经济损失具有可比性,热带气旋灾害部分采用了逐年平均的 CPI 资料(来自 MeasuringWorth 的网站(www. measuringworth. com));同时,在对新疆阿克苏地区敏感性分析中还用到 DEM 数字高程模型及土地利用。

7.2.2 方法

本章所用的统计方法主要有归一化法、线性倾向估计法、聚类分析法、经验正交函数法(Empirical Orthogonal Function,简称 EOF)(魏凤英,1999)和"拉开档次"法。冰雹灾害区划依据自然灾害区划的原则,根据气象灾害系统的构成,从孕灾环境、致灾因子、受灾体三个方面建立灾害区划的各项指标,并进行相应的敏感性、危险性、易损性区划(史培军,1991)。另外,本章还提出严重/特大干旱频率、界限温度 10℃初日、育性转换安全期等灾害评估指标。

由于篇幅限制,下文仅对几种方法进行介绍。

(1)归一化方法

$$x_{ij}{}^* = \frac{x_{ij}}{\sum_{i=1}^{n} x_{ij}} \tag{7.1}$$

式中,$x_{ij}{}^*$ 是归一化后的指标观测值,x_{ij} 是指标原观测值。采用这种归一化处理的方法具有较多优点,如单调性、差异不变性、缩放无关性、总量恒定性,尤其是总量恒定性对综合评价具有重要影响。

(2)"拉开档次"法

"拉开档次"法的基本思想是:权重系数应当是各个指标在指标总体中变异程度和其对其他指标影响程度的度量,权重的原始信息应当直接来源于客观环境,因此,应根据各指标所提供的信息量的大小来决定相应指标的权重系数。该方法具有比较完善的数学理论和方法。

设气象灾害损失综合评价指标为 y_i,取如下线性函数:

$$y_i = w_1 x_{i1} + w_2 x_{i2}, \quad i = 1989,1990,\cdots,2008 \tag{7.2}$$

式中,x_{i1},x_{i2} 分别为死亡人口和直接经济损失的归一化值,w_1,w_2 为各自的权重系数。

记 $\mathbf{Y} = \begin{bmatrix} y_{1989} \\ y_{1990} \\ \vdots \\ y_{2008} \end{bmatrix}$, $\mathbf{A} = \begin{bmatrix} 7.0194 & 2.7345 \\ 8.4982 & 3.0730 \\ \vdots & \vdots \\ 2.0284 & 6.5463 \end{bmatrix}$, $\mathbf{W} = \begin{bmatrix} w_1 \\ w_2 \end{bmatrix}$

则 $\mathbf{Y} = \mathbf{AW}$。

根据拉开档次法原理,求 $\mathbf{H} = \mathbf{A}^\mathrm{T} \mathbf{A}$ 的最大特征值所对应的标准特征向量并将其归一化即可求得 $w_1 = 0.52$,$w_2 = 0.48$,此二值即为权重系数,可见死亡人口所占的权重大于直接经济损失所占的权重。将 w_1、w_2 代入式(7.2)即得到 1989—2008 年气象灾害损失综合评价指标值,见表 7.2。

(3)严重/特大干旱频率

本章以严重/特大干旱频率指标表示我国极端农业干旱的分布。严重/特大干旱频率的计算步骤如下。

① 分别统计各省严重/特大旱灾年发生年数 Y_I

"农业干旱预警等级标准"(张玉书等,2007)中,轻旱、中旱、严重旱灾和特大旱灾的 S_I(作物受旱率)分别是 5%～10%,11%～20%,21%～40%,≥41%。根据此标准,本章把严重/特大旱灾发生频率定义为作物受旱率达到严重旱灾或特大旱灾标准的年份之和除以总年份的百分比。其中,严重旱灾年发生年份定义为作物受旱率达到严重旱灾级别的年份,包括特大旱灾年份。计算方法如下:

$$Y_I = \sum Y_i \tag{7.3}$$

式中,Y_i——区域内 S_I 达到某旱灾级别的年份;

Y_I——区域内 S_I 达到某旱灾级别的总年份。

② 统计各省严重/特大旱灾年发生频率 F_I

$$F_I = \frac{Y_I}{Y_0} \times 100\% \tag{7.4}$$

式中,F_I——I 旱灾级别的发生频率;

Y_0——区域内统计的所有年份。

(4) 育性转换安全期

育性转换安全期是指低温风险概率小于等于某一阈值的时段。在高温热浪对作物影响中用到该评估指标。

表 7.2　高程影响度表

高程(m)	影响度值	高程(m)	影响度值
>3500	0.1	1500～2000	0.9
2500～3500	0.3	1200～1500	0.7
2000～2500	0.5	<1200	0.3

本章为了确定两优培九制种的育性转换安全期,以 20% 的低温风险概率作为育性转换安全期的最低阈值标准;分别以 15% 和 10% 的低温风险概率作为育性转换安全期的基本阈值标准和最高阈值标准。由于培矮 64S 的育性敏感持续时间约 10 d,因此当育性转换安全期的持续时间≥3 旬或其以上时,可以完全满足两优培九制种的需要;当育性转换安全期的持续时间为 2 旬时,基本满足两优培九制种需要;育性转换安全期的持续时间≤1 旬时,不适于两优培九制种。

同样,抽穗扬花安全期是指高温风险概率小于等于某一阈值的时段。本章以 25% 的高温风险概率作为抽穗扬花安全期的基本阈值标准;以 15% 的高温风险概率作为抽穗扬花安全期的最高阈值标准。

其中,低温风险概率指在统计年限内,某一候内出现连续 3 d 或 3 d 以上日均温≤24℃的低温年份占所有统计年份的百分率;而高温风险概率指在统计年限内,某一候内出现连续 3 d 或 3 d 以上日均温≥30℃的高温年份占所有统计年份的百分率。

(5) 界限温度 10℃初日

界限温度 10℃初日是指 5 d 滑动的日平均气温稳定通过 10℃的初日。为便于统计计算,以 1 月 1 日为起点,1 月 1 日记为 1,2 月 2 日计为 33,依次转换成日序资料。

（6）冰雹风险区划

（a）冰雹灾害敏感性分析

孕灾环境通常被理解为风险载体对破坏或损害的敏感性（蒋庆丰和游珍,2005）。受该地区的地理环境影响,使得灾害发生的频率、强度等随着影响因子的不同发生变化,对于冰雹灾害主要包括:地形因子、下垫面因子、地理因子（纬度）、大气环流等。从世界范围来看,冰雹主要发生在中纬度大陆地区,而阿克苏地区正处于中纬度地带,属于西风带,受大气环流影响,天气系统多由西向东或由西北向东南移动,该区冰雹总的移动方向多由西向东或由西北向东南移动,故地理因子（纬度）、大气环流因子对阿克苏地区来说差异不大。

地形因子中主要考虑高程因素。一般认为在海拔 2000 m 以下时,降水是随海拔升高而增大,到海拔 2000 m 左右时,降水量最大,之后随海拔升高降水量减少,降雹有相似关系,在 1000～1500 m 增加明显,2000 m 达到最大值（孙旭映等,2008;王瑾和刘黎平,2008）。通过考察新疆 104 个测站的高程与冰雹日数的关系,发现最大值在 1900 m 左右,故对阿克苏的高程按表 7.2 进行分类,对 1 km×1 km 的栅格赋予影响度值,建立地形因子图层 d_1。

在分析下垫面因子时,将土地利用图进行 1 km×1 km 的栅格化处理,并将下垫面分为绿地、水体、半裸地、沼泽、冰川、荒地、沙地七类,分别对每个栅格按 0.9,0.7,0.5,0.3,0.1,0.1,0.1 赋值,建立下垫面因子图层 d_2。

根据阿克苏地区的主要冰雹路径（刘毅,2002;王志新,2006）,将冰雹路径投影到与以上两个因子图层相同的坐标上,并对路径进行 1 km,5 km,10 km,20 km 四级缓冲区分析,得出雹云四级影响范围,进行 1 km×1 km 的栅格化处理后,分别按 0.9,0.7,0.5,0.3,其他区域按 0.1 赋予影响度值,建立主要冰雹路径因子图层 d_3。

用 ArcGIS 的地图代数功能对以上三个因子图层进行叠加运算,按模型式（7.5）计算每个栅格的敏感性指数 D,得到阿克苏敏感性区划结果。

$$D = 0.3d_1 + 0.35d_2 + 0.35d_3 \tag{7.5}$$

（b）冰雹灾害危险性分析

致灾因子又称之为灾变因子,主要反映了灾害本身的危险性程度,一般被描述为危险性。包括灾害发生频率、强度、影响范围等。本章提取了 1959—2007 年阿克苏地区的 10 个气象站点建站以来的冰雹日数,计算降雹频率。根据各个站点的经纬度形成点层矢量文件,将降雹频率作为站点矢量文件属性数据,按 1 km×1 km 的分辨率对各站点采用反距离权重法插值,并按表 7.3 进行分类赋值,得到降雹频率因子图层 d_1。但由于阿克苏地区属于冰雹多发区,冰雹灾害又具有局地性的特点,所以冰雹经常降落在测站之外,结合 1984—2007 年发生冰雹灾害的数据,计算各个乡镇的雹灾次数。根据雹灾发生的地点形成点层矢量文件,将雹灾次数作为乡镇点矢量属性数据,采用 1 km×1 km 的分辨率对各站点进行反距离权重法插值,并按表 7.4 进行分类赋值,得到雹灾次数因子图层 d_2。将两个因子图层按模型式（7.6）进行叠加运算,得到各栅格的危险性指数 F。

$$F = 0.5 d_1 + 0.5d_2 \tag{7.6}$$

（c）冰雹灾害易损性分析

虽然受灾体并不是造成灾情的直接动力,但它对灾情产生相对的扩大或缩小。在一定灾变条件下受灾体的抗御能力及其损毁程度被称为易损性,受灾体易损性评价的主要任务是受灾体在遭受各种等级的自然灾害侵袭时的承受能力、破坏状态和破坏损失率进行评价（高庆华,2007)。主要反映受灾体的脆弱性、承灾能力和可恢复性,主要包括受灾体的种类、范围、数量、密度、价值等(罗培,2007)。也以社会经济条件定性反映区域的易损性。阿克苏地区是全国棉花生产基地和多种经济作物的产地,灾害损失主要以农业为主,耕地是重要的受灾体之一。利用阿克苏地区土地分类图,进行 1 km×1 km 栅格化处理,对耕地、林地、城镇、草地、水体、荒地、冰川、沙漠八类受灾体分别赋予 0.9,0.7,0.7,0.5,0.3,0.1,0.1,0 影响度,形成土地分类因子层 l_1 参与运算。

表 7.3 冰雹频率影响度表

降雹频率(d/a)	影响度值	雹灾次数(次/a)	影响度值
0~1.29	0.1	0~1.9	0.1
1.30~1.48	0.3	2.0~3.9	0.3
1.49~1.67	0.5	4.0~5.9	0.5
1.68~1.86	0.7	6.0~8.0	0.7
>1.86	0.9	>8.0	0.9

人口、经济水平在灾害发生时也成为受影响的主体。因此,对于阿克苏地区的冰雹灾害选取人口和 GDP 作为受灾体的特征指标,但由于人口及 GDP 是以县为单元的统计数据,考虑到在实际情况中,人口往往集中于城乡区域,GDP 也产生于城乡及团场所在区域,而对于远离城乡的沙漠、冰川等地带几乎无人居住,也无法产生经济效益,所以借助 ArcGIS 空间分析功能,采用 Kernel 计算法,以乡镇点层矢量文件为基础,建立人口密度图、GDP 密度图,再进行重分类,分别形成人口密度因子层 l_2 和 GDP 密度因子层 l_3。

建立模型式(7.7),对三个因子图层进行代数运算,得出各个栅格的易损性指数 L。

$$L = 0.4l_1 + 0.3l_2 + 0.3l_3 \tag{7.7}$$

(d) 冰雹灾害风险区划

根据阿克苏地区的实际情况,考虑其敏感性、危险性和易损性的关系,分别给各图层赋予权重 0.3,0.3,0.4,建立模型式(7.8),对三个图层按栅格进行叠加分析,并得到综合值 R,按表 7.4 进行等级划分,最终得到阿克苏地区的冰雹灾害风险区划图。

$$R = 0.3D + 0.3F + 0.4L \tag{7.8}$$

表 7.4 冰雹灾害风险性等级

综合值 R	风险性	综合值 R	风险性
0~0.23	极低风险区	0.52~0.70	高风险区
0.24~0.38	低风险区	>0.71	极高风险区
0.39~0.51	一般风险区		

7.3 气象灾害损失分析

7.3.1 近 20 a 中国气象灾害损失变化趋势分析

7.3.1.1 气象灾害损失综合指数

运用归一化方法对 1989—2008 年的气象灾害死亡人口和直接经济损失两个指标值进行归一化处理(其中,直接经济损失按可比价格折算后再归一化),结果见表 7.5。

表 7.5　1989—2008 年气象灾害损失归一化处理值

年份	死亡人口	直接经济损失
1989	7.0194	2.7345
1990	8.4982	3.0730
1991	8.4770	5.9073
1992	6.7646	3.9097
1993	7.2128	3.9678
1994	7.6951	6.0395
1995	6.4580	5.0997
1996	8.1468	7.2122
1997	3.7632	4.8553
1998	6.4297	7.4529
1999	3.4944	4.9510
2000	3.5427	5.1145
2001	2.9825	4.8213
2002	3.3634	4.3286
2003	2.2879	4.5795
2004	2.6452	3.6934
2005	2.7242	4.7006
2006	3.7279	5.8250
2007	2.7384	5.1878
2008	2.0284	6.5463

由图 7.1 可看出,死亡人口和经济损失指标值随时间的变化趋势是不一致的,单一用其中的一个指标无法来全面描述气象灾害的影响。因此,本节运用集成指标进行评估对灾害进行综合评估,其核心问题是指标集成时权重系数的确定。大多评估工作中采用主观方法来确定,即根据人们主观上对各评价指标的重要性的认识来确定其权重系数(郭亚军,2008)。最简单的方法就是等权重,即认为每个指标在综合指标中的重要性是一样的。本节采用一种客观的确定权重系数的方法——"拉开档次"法,确定多个指标的权重,得到 1989—2008 年气象灾害损失综合评价指标值(表 7.5)。

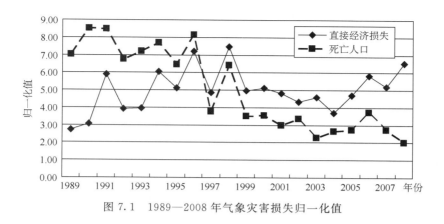

图 7.1　1989—2008 年气象灾害损失归一化值

7.3.1.2　近 20 a 气象灾害损失变化趋势

如图 7.2 所示，以 1999 年为界，1989—1998 年的气象灾害综合损失比较大，而 1999—2008 年的综合损失显著减小。前 10 a 的气象灾害损失综合指标平均值为 6.08，且年际变化大，后 10 a 的平均值为 3.92，下降了近 36％，且年际变化明显减小。

我们把综合评价指标值和死亡人口、直接经济损失两个单一指标值随时间的变化进行对比，见图 7.3。

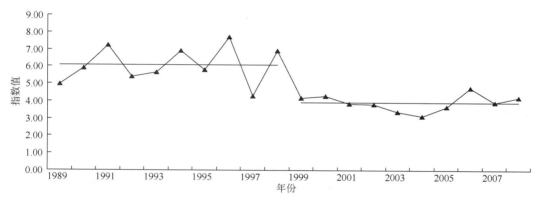

图 7.2　气象灾害综合损失指数年际变化

由图 7.3 可看出气象灾害导致的人口死亡数在近 20 a 中呈明显的下降趋势。从死亡人口绝对数上来看，前 10 a 每年平均死亡 5975 人，后 10 a 平均每年死亡 2504 人，下降了 58.1％。直接经济损失在前 10 a 总体呈上升趋势，后 10 a 中前期比较平稳，后期又呈上升趋势。前 10 a 气象灾害损失中死亡人口占主导地位，后 10 a 直接经济损失占主导地位。从图中还可看出，气象灾害综合损失最大年份是 1996 年，当年台风灾害造成的经济损失和人员伤亡都非常大，其次为 1991 年，气象灾害综合损失最小年份是 2005 年。但从死亡人口看，最多年是 1990 年，最少年是 2008 年；从直接经济损失看最大年是 1998 年，这一年夏季，长江流域和松花江流域发生了严重的暴雨洪涝，最小年是 1989 年。

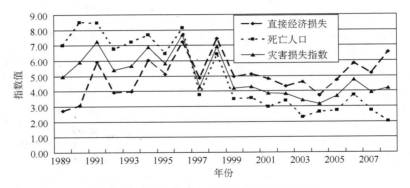

图 7.3 灾害损失归一化和综合指数的对比

7.3.1.3 近 20 a 气象灾害损失等级划分

运用快速聚类分析法对综合指数进行分级,分成四级(分为重灾年、中灾年、轻灾年和微灾年,见表 7.6 和图 7.4)。可看出,比较严重的几个灾年是 1991 年、1994 年、1996 年、1998 年,这几年为重灾年;而 1990 年、1992 年、1993 年、1995 年为中灾年;1989 年、1997 年、1999 年、2000 年、2006 年、2008 年为轻灾年;其余年份为微灾年。值得关注的是令人印象深刻的年初发生雨雪冰冻灾害的 2008 年,从综合指数来看并未列入重灾年甚至中灾年,主要原因是虽然2008 年气象灾害引起的直接经济损失在近 20 a 中排第三位,但因灾死亡人口却为 20 a 里最少的,所以综合指标评定的结果为轻灾年。

表 7.6 气象灾害综合损失指数聚类分析

年份	综合指数值	聚类结果
1989	4.96	2
1990	5.89	3
1991	7.24	4
1992	5.39	3
1993	5.66	3
1994	6.9	4
1995	5.81	3
1996	7.7	4
1997	4.29	2
1998	6.92	4
1999	4.19	2
2000	4.3	2
2001	3.87	1
2002	3.83	1
2003	3.39	1
2004	3.15	1
2005	3.67	1
2006	4.73	2
2007	3.91	1
2008	4.2	2

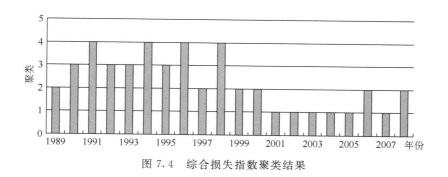

图 7.4 综合损失指数聚类结果

7.3.2 热带气旋灾害损失分析

7.3.2.1 全国特点分析

（1）损失概况

为了使不同年份因 TC 导致的直接经济损失具有可比性，首先我们利用 CPI 资料将各年份的损失调整至 2008 年的人民币水平。图 7.5 给出了 1984—2008 年因 TC 导致的直接经济损失，实线和虚线分别表示未经调整的和调整后的直接经济损失。经 CPI 调整前和调整后的年均 TC 造成的直接经济损失分别为 289 亿和 370 亿（2008 年人民币水平），可见，经 CPI 调整后的 TC 直接经济损失比张强等（2009）的 287 亿大很多，因为张强等（2009）使用的是国内生产总值平减指数（GDP deflator），与我们所得到的调整前的数值相差不大。随着经济的飞速发展，CPI 的逐年变化较大，对调整后的灾害数值影响较大。尤其是 2008 年（国务院发展研究中心课题组，2009），1—11 月 CPI 同比就累计上涨 6.3%。

虽然与未经调整的损失相比，经 CPI 调整的损失随年份的上升幅度有所下降，但是两种情况下 TC 直接经济损失都有显著的上升趋势，并且都通过 95% 的信度检验（本节所用的显著性检验方法是 Mann-Kendall 检验（Kundzewicz 和 Robson，2002）。另外从图 7.5 中可以看出，TC 在 1994 年、1996 年、2005 年、2006 年和 2008 年均造成了较大的损失。需要指出的是这些年份的极大值往往是由于个别极端事件造成，比如 1994 年的 9417 号台风 Fred，1996 年的 9608 号台风 Herb，2005 年的 0509 号台风 Matsa 及 2006 年的 0604 号台风 Bilis 等。

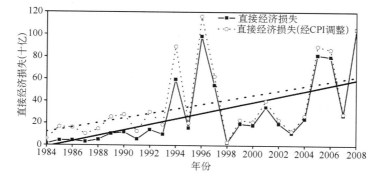

图 7.5 1984—2008 年因 TC 导致的直接经济损失（细线，单位：十亿）以及相应的线性趋势线（粗线），其中两条变化趋势线都已通过 95% 的信度检验

　　20世纪80年代,随着改革开放的到来,中国经济迎来了前所未有的迅速发展,与以往相比,同样强度的TC所造成的灾害将越来越大。因此,仅用CPI调整经济损失是有局限的,必须考虑到人民生活的贫富变化(Pielke等,1998,2008)。可以分别利用GDP(图7.23)和人均GDP对直接经济损失进行调整,二者得到了非常相似的结果(图7.6),因为近30 a来我国的人口基本上呈线性缓慢增长(后者图略)。图7.6中所用的直接经济损失未经CPI调整,因为国内生产总值GDP也是未经调整的。经过计算可以得到TC平均每年造成的直接经济损失占国内生产总值(GDP)的0.4%,与张强等(2009)所得的0.38%非常接近,也说明了我们所得到的年均损失与张强等(2009)的差别主要来自人民币的调整。从图7.6中可以看到,与TC的直接经济损失的绝对值变化相反,经调整后的直接经济损失占国内生产总值的比例随时间实际上有减少的趋势,虽然在统计上减少趋势不显著。由此可以推断,图7.5中直接经济损失绝对值的增长趋势主要来自于经济发展因素,这与张强等(2009)的结论一致。

　　众所周知,直接经济损失数据的获得存在很大的不确定性,因为主要来自各级政府的估算。而另一方面,死亡人数的统计要比获得直接经济损失数据容易得多,也应该相对准确。图7.7给出了死亡人数的变化趋势。TC平均每年导致的死亡人数为505人,比张强等(2009)的结果偏多。该时间序列表明,死亡人数随时间有减少趋势,并且统计上通过95%的信度检验。考虑到死亡人数的相对准确性,从与直接经济损失的百分比的一致变化上我们可以认为我国TC直接经济损失数据在研究其变化趋势方面是有意义的。

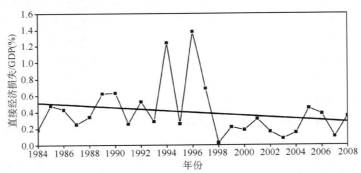

图7.6　1984—2008年因TC导致的直接经济损失占GDP的百分比(细线,单位:%)
以及相应的线性趋势线(粗线)(图中趋势线未通过95%的信度检验)

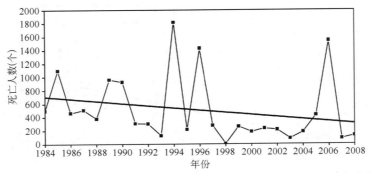

图7.7　1984—2008年因TC导致的死亡人数(细线,单位:个)以及相应的
线性趋势线(粗线)(图中趋势线已通过95%的信度检验)

（2）热带气旋登陆个数、登陆时的强度、陆上持续时间总体变化

TC 灾害与 TC 活动本身的特征有密切的关系。本节将用 TC 登陆个数、登陆时的强度、陆上持续时间来作为登陆 TC 活动指数。换言之，这些参数是用来表征登陆 TC 的变化趋势的，并不表示 TC 灾害由这些因子决定。需要指出的是，虽然台风所的资料中已经考虑了大量我国的观测资料，但是仅从一套资料出发可信度有所保留，因此将分析 JTWC 资料作为参考。图 7.8 给出了 1984—2008 年台风所与 1984—2007 年 JTWC 资料 TC 登陆个数的演变情况。1984—2008 年依据台风所资料共有 162 个 TC 登陆我国，1984—2007 年依据 JTWC 资料共有 140 个 TC 登陆我国。从图中可以看出，两套资料的 TC 登陆个数随时间的变化趋势不大。二者都存在一定的年际变化，其中 JTWC 资料有微弱的下降趋势，未达到显著水平。对于登陆 TC 而言，台风所和 JTWC 资料在如图所示时间序列中的年平均登陆个数分别为 6.5 个和 5.8 个。这与李英等（2004）所做结果（8 个）相比偏少，原因在于他们的统计包含了登陆前已减弱为热带低压的 TC。在两套资料共同占有的 24 a（1984—2007 年）内，有 11 a 为台风所资料登陆个数偏多，有 5 a 为 JTWC 资料登陆个数偏多，有 8 a 二者相同。从图中不难看出，台风所资料 TC 登陆个数总量明显多于 JTWC 资料 TC 登陆个数总量，1985—1989 年为台风所资料 TC 登陆个数偏多；而 JTWC 的年 TC 登陆个数出现偏多的年份主要分布在 1990—1998 年。TC 登陆的个数与 TC 出现的频数密切相关，任福民等（2008）对 TC 出现频数的规律进行了研究。他们认为对于台风所资料 20 世纪 90 年代以前 TC 偏多主要在于台风所资料整编时对各业务中心的 TC 资料采用合并的原则，而 JTWC 资料 1989 年以后特别是 1993—2003 年 TC 偏多、偏强是因为 1988 年飞机探测停止、对 Dvorak 定强技术使用上存在明显的差别以及风速平均时段的差异等。而图 7.8 中自 2000 年以后，台风所资料所得 TC 登陆个数明显大于 JTWC 资料所得 TC 登陆个数，且两种资料的年际变化有较好的对应关系，都是值得进一步深入探讨和分析的问题。

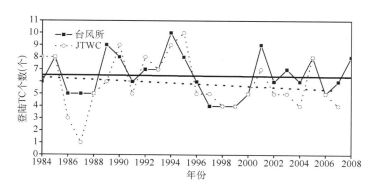

图 7.8　1984—2008 年根据台风所的登陆 TC 个数（细实线，单位：个）以及相应的线性趋势线（粗实线）、1984—2007 年根据 JTWC 的登陆 TC 个数（细虚线，单位：个）以及相应的线性趋势线（粗虚线），两条变化趋势线都未通过 95% 的信度检验

因 TC 造成的灾害还和 TC 登陆时的强度有关。本节所指的某一 TC 登陆时的强度定义为它首次登陆中国大陆或海南岛那一时刻的 TC 强度。需要指出的是，JTWC 资料中的强度是以一分钟平均的最大风速，而台风所的最大风速是两分钟平均值，因此在比较它们值的大小时要谨慎。图 7.9 显示 1984—2008 年台风所与 1984—2007 年 JTWC 资料 TC 登陆时的强度

随时间的变化情况。计算可得 1984—2008 年台风所资料平均每个 TC 登陆时的强度为 29.9 m/s,而 1984—2007 年 JTWC 资料平均每个 TC 登陆时的强度为 31.2 m/s。根据 JTWC 资料,TC 登陆时的强度在过去的 24 a 中呈现缓慢增长(未通过显著性检验)的趋势,而由台风所资料所得到的 TC 登陆时的强度随时间变化不明显,但二者都存在较强的年际变化。

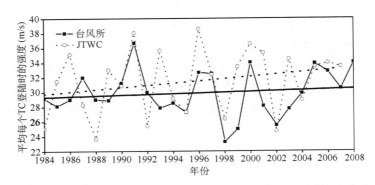

图 7.9 1984—2008 年根据台风所的平均每个 TC 的登陆时强度(细实线,单位:m/s)以及相应的线性趋势线(粗实线)、1984—2007 年根据 JTWC 的平均每个 TC 的登陆时强度(细虚线,单位:m/s)以及相应的线性趋势线(粗虚线),两条变化趋势线都未通过 95% 的信度检验

图 7.10 表示 1984—2008 年根据台风所资料所得的登陆 TC 陆上持续总时间以及 1984—2007 年根据 JTWC 资料所得的登陆 TC 持续总时间。本节所指的某一年的 TC 陆上持续总时间定义为该年所有 TC 登陆时刻至陆上减弱为热带低压或入海之间的时间间隔之和(若有多次登陆,则取在陆上的维持时间求和)。从变化趋势上来看,根据台风所资料,TC 陆上持续总时间有缓慢的上升趋势(未通过显著性检验),而根据 JTWC 资料,TC 陆上持续总时间变化不大。另外从图中可求得 1984—2008 年台风所资料 TC 年平均陆上持续总时间为 101.2 h,1984—2007 年 JTWC 资料 TC 年平均陆上持续总时间为 81.6 h,不难看出,利用台风所资料所求总持续时间长于 JTWC 所得结果。同时我们还计算了 1984—2008 年台风所资料和 1984—2007 年 JTWC 资料平均每个 TC 陆上持续时间,分别为 15.6 h 和 14.0 h。对比李英等(2004)所做工作,她们认为 1970—2001 年 164 个 TC 的陆上维持时间平均为 31 h。本节和

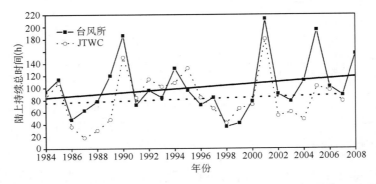

图 7.10 1984—2008 年根据台风所的登陆 TC 陆上持续总时间(细实线,单位:h)以及相应的线性趋势线(粗实线)、1984—2007 年根据 JTWC 的登陆 TC 陆上持续总时间(细虚线,单位:h)以及相应的线性趋势线(粗虚线),两条变化趋势线都未通过 95% 的信度检验

李英等结果的差异,主要原因来自于二者对持续时间的定义不同,李英等(2004)将陆上维持时间定义为登陆时刻至陆上消失或入海之间的时间间隔,即强度为热带低压及其以下的 TC 也被包含在内,因此维持时间较长。因此,我们看到 TC 登陆以后,在陆地上平均维持 TC 强度不到一天。

Emanuel(2005)认为,TC 衰减的快慢与 TC 强度成反比,即强(弱)TC 减弱慢(快)。为此,我们将两组资料分别按强度计算 TC 在陆地上维持的时间。表 7.7 给出了 1984—2007 年根据上海台风研究所(左)、JTWC(右)的 TC 登陆时强度与登陆后陆上持续时间的关系。在 1984—2007 年的 24 a 中,台风所资料和 JTWC 资料分别共有 154 个、140 个登陆 TC 样本。将 1984—2007 年台风所资料的 154 个登陆 TC,按登陆强度分为四个等级(单位:m/s):(15,25]、(25,35]、(35,45]、(45,55],得到相应的持续时间(单位:h):11.2、18.0、17.9、22.0。同样的方法,将 JTWC 资料所得的 140 个登陆 TC 按其登陆时的强度分为四个等级(单位:m/s):(15,30]、(30,45]、(45,60]、(60,75],并计算出相应强度等级的平均每个 TC 登陆后的陆上持续时间为(单位:h):11.9、15.5、19.8、30.0。不难看出,登陆 TC 基本满足登陆时强度越大,登陆后陆上持续时间越长,即 TC 陆上维持时间长短与强度有一定关系。

表 7.7　1984—2007 年根据台风所(左)、JTWC(右)的 TC 登陆时强度与登陆后陆上持续时间

上海台风研究所			JTWC		
登陆时强度 (m/s)	样本量 (个)	平均每个 TC 陆上 持续时间(h)	登陆时强度 (m/s)	样本量 (个)	平均每个 TC 陆上 持续时间(h)
(15,25]	60	11.2	(15,30]	74	11.9
(25,35]	72	18.0	(30,45]	55	15.5
(35,45]	19	17.9	(45,60]	10	19.8
(45,55]	3	22.0	(60,75]	1	30.0

总的来说,虽然从台风所和 JTWC 资料所得的各变量(登陆我国的 TC 个数、登陆强度、陆上持续总时间)的趋势有一些不同,但都没有显著的变化趋势。这也说明了图 7.5 中直接经济损失绝对值的增长趋势主要来自经济发展因素。在台风所资料中,过去 25 aTC 登陆强度和频数基本没有变化,而持续时间有弱的上升趋势。必须指出的是,TC 的总体破坏力(个数、登陆时的强度和陆上持续总时间)在近 25 a 中没有明显的下降趋势,但是图 7.6、图 7.7 所表示的因灾造成的直接经济损失占 GDP 的百分比和死亡人数(后者通过显著性检验)都下降,可以说明政府近年来所做的防灾减灾工作(防范应急措施、提高登陆台风预报精度和提高公民防范意识等)已经发挥了一定的作用。

7.3.2.2　沿海省份热带气旋灾害分析

我们前面提到,热带气旋的活动随时间的演变和发展在空间范围内具有一定的地区性差别,因此需要进一步分析这些 TC 活动的地区性特征。为此,我们把 TC 登陆地区从南到北按行政区分为:海南、广东、福建和浙江。

(1)沿海省份灾害情况

图 7.11 表示 1984—2008 年海南、广东、福建、浙江经 GDP 调整后的因 TC 导致的直接经济损失。海南、广东、福建、浙江四省在 1984—2008 年年均经 GDP 调整后的因 TC 导致的直

接经济损失占全国总的因 TC 导致的直接经济损失的 7.3%、25.0%、11.5%、22.0%。可以看出我们所选的四个省份的年均灾害总和占全国总 TC 灾害的 65.8%。从图中可知,广东省的经济损失呈现明显的下降趋势(已通过 95% 信度检验),福建和浙江的直接经济损失有减少的趋势,但统计上不显著,而海南的直接经济损失变化不大。这与图 7.6 的全国总体相对直接经济损失的变化趋势基本一致。

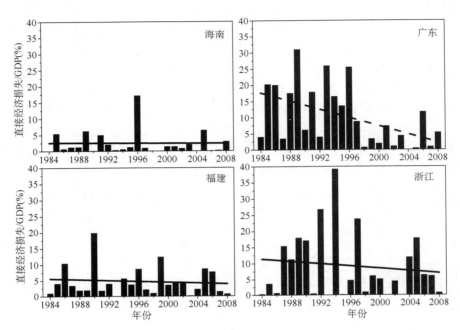

图 7.11　1984—2008 年海南、广东、福建、浙江因 TC 导致的直接经济损失占 GDP 的百分比(单位:%(已放大 100 倍))以及相应的线性趋势线,虚线代表已通过 95% 的信度检验,实线代表未通过 95% 的信度检验

　　同样,我们也统计了 1984—2008 年海南、广东、福建、浙江因 TC 导致的死亡人数(图 7.12)。可以计算出海南、广东、福建、浙江四省 1984—2008 年因 TC 导致的年均死亡人数占全国因 TC 导致的总死亡人数的 2.5%、18.4%、18.2%、29.0%,四省合计占全国总死亡人数的 68.1%。四省在 25 a 中死亡人数均有不同程度下降,与图 7.7 的全国总体死亡人数的变化趋势一致,但这些下降趋势都未通过 95% 的信度检验。我们知道,死亡人数的变化除了与各级政府防台减灾的成效有关外,还与 TC 活动的本身变化趋势有一定的关系。下面我们就分别讨论登陆 TC 频数,TC 登陆时的强度,TC 登陆后持续时间等变化特点。

　　(2) 沿海省份的 TC 登陆频数、登陆强度、陆上持续时间

　　本部分以台风所资料为例,因为台风所资料中考虑了我国的大量观测资料,与 JTWC 资料比较,我们认为应该比较准确。

　　登陆频数是反映 TC 活动的一个重要因子。在同一时间段内,其他因素不变的条件下,往往登陆 TC 频数越多,TC 活动所产生的影响越大。如图 7.13 所示,根据台风所资料得到的海南、广东、福建、浙江四省 1984—2008 年年均登陆 TC 频数分别为 1.4 个、3.0 个、1.4 个、1.0 个,张强等(2009)得到 1983—2006 年年均登陆频数分别为 1.3 个、2.9 个、1.2 个、0.9 个,二

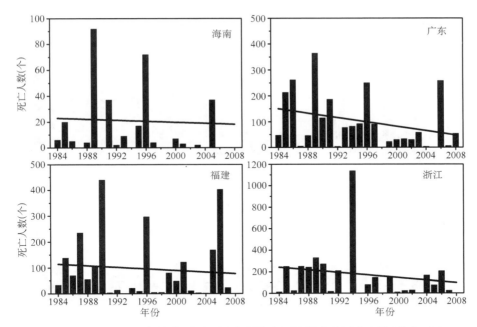

图 7.12 1984—2008 年海南、广东、福建、浙江因 TC 导致的死亡人数（单位：个）
以及相应的线性趋势线，说明同图 7.11

者相比，非常接近。不难看出每年在广东省登陆的 TC 频数都是在浙江登陆的 TC 频数的 3
倍，但是根据图 7.11 分析可知广东年均经 GDP 调整后的因 TC 导致的直接经济损失占全国
总的因 TC 导致的直接经济损失的百分比与浙江相差不大（仅高出两个百分点），根据图 7.12
还可以得出浙江省因 TC 导致的年均死亡人数占全国因 TC 导致的总死亡人数的百分比是广
东省的 1.6 倍。因此可以推断虽然每年在东南沿海地区登陆的 TC 少于在华南地区登陆的
TC，但是在东南地区登陆的 TC 一旦登陆就会造成相当大的损失。另外从图中还可以看出海南
TC 登陆频数变化趋势不明显，广东 TC 登陆频数有一定的下降趋势，总的来说这与杨玉华等
（2009）的关于登陆我国华南地区的 TC 频数明显减少结果一致；而在东南沿海地区，福建 TC 登
陆频数变化不明显，浙江 TC 登陆频数则有明显的上升趋势，已通过了 95％的显著水平。可以发
现，华南和华东沿海地区的这种相反的变化趋势导致全国的总体趋势变化不大（图 7.8）。

　　TC 登陆时的强度也是反映 TC 活动的一个重要参数，因此与 TC 灾害密切相关。可求出
海南、广东、福建、浙江四省平均每个 TC 登陆时的强度分别为 30.8 m/s、29.4 m/s、29.5 m/s、
35.0 m/s。可以看出，虽然登陆浙江的 TC 频数较少，但是其平均强度超过台风强度，因此一
旦有 TC 登陆，其登陆时的强度与其他省相比偏强，这就能很好地解释浙江省在登陆 TC 的频
数偏少的情况下，因 TC 所造成的直接经济损失和死亡人数却能接近甚至超过其他省份。即
登陆 TC 强度较强是登陆 TC 造成损失严重的一个重要原因。从图 7.14 还可以看出，自
1984 年以来，在海南省平均每个 TC 登陆时的强度有明显的下降趋势（已通过 95％的信度检
验），广东省的登陆 TC 强度也有所下降，而在浙江省平均每个 TC 登陆时的强度有一定的上
升趋势，但均没有通过显著性检验。这种相反的变化趋势导致全国的总体 TC 强度的变化趋
势在统计上不显著（图 7.9）。

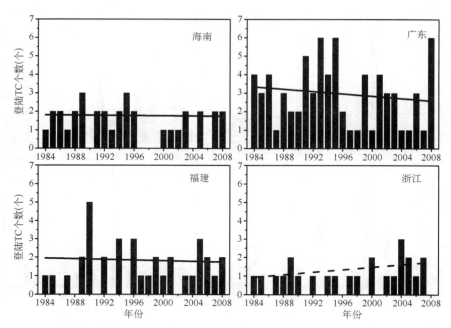

图 7.13　根据台风所 1984—2008 年海南、广东、福建、浙江的登陆
TC 频数(单位:个)以及相应的线性趋势线,说明同图 7.11

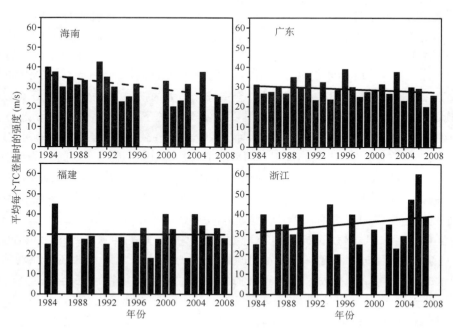

图 7.14　根据台风所 1984—2008 年海南、广东、福建、浙江四省平均每个 TC
登陆时的强度(单位:m/s)以及相应的线性趋势线,说明同图 7.11

　　另外我们可以看到,登陆浙江的 TC 最强,其平均强度达到台风强度。主要有两个原因
(陈联寿和丁一汇,1979):1)登陆广东和海南的 TC 有一部分是在南海生成,它们没有足够时
间加强,而影响福建和浙江的 TC 绝大多数生成于西北太平洋上,在比较温暖的洋面上得到了
较长时间的加强发展;2)登陆福建南部、广东和海南岛的 TC 在登陆之前都会受到不同程度的
海岛地形(台湾、菲律宾等)的影响,而登陆福建北部和浙江的 TC 往往受到地形影响不大,直
接经过日本以南和台湾以北的开阔洋面。

　　另一个表征 TC 活动的参数是 TC 登陆后在各省的陆上持续时间。图 7.15 给出了根据
台风所资料 1984—2008 年海南、广东、福建、浙江四省平均每个登陆 TC 陆上持续时间。计算
可得海南、广东、福建、浙江四省平均每个 TC 陆上持续时间分别为 6.7 h、6.9 h、10.5 h、
13.1 h。同样表明虽然浙江、福建二省登陆 TC 不多,但是一旦有 TC 登陆,将会维持较长时
间,从而造成较大的人员伤亡和财产损失。这是 TC 在东南沿海登陆造成严重损失的另一个
重要原因。可以看出,海南、广东和浙江三省的登陆 TC 陆上持续时间都没有显著的变化趋
势,而福建省的登陆 TC 陆上持续时间增加通过 95% 显著性水平。值得注意,所统计的各省
TC 持续时间往往并不能很好地反映全球变暖背景下地区性 TC 活动的演变趋势,因为所选取
的区域仅局限在一个省。不少 TC 越过华南和东南沿海这四个省后,还将继续向内陆地区移
动。所统计的福建 TC 持续时间的增加可能与在该省内减弱消亡的 TC 频数减少有关。

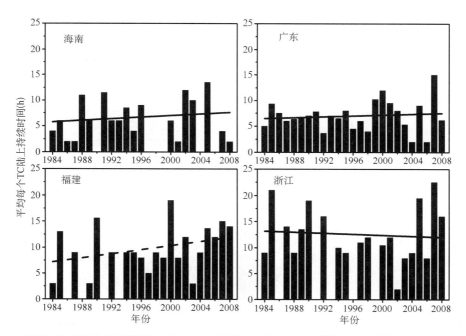

图 7.15 根据台风所资料 1984—2008 年海南、广东、福建、浙江四省平均每个登陆
TC 陆上持续时间(单位:h)以及相应的线性趋势线,说明同图 7.11

　　根据以上的分析,我们可以看到,在自 1984 年以来的 25 a 中,各省无论是相对直接经济
损失还是死亡人数都与全国总体的变化趋势一致,除了海南的相对直接经济损失变化不大外,
其余基本上都呈现减少的趋势,并且广东的相对直接经济损失的减少趋势通过 95% 的显著性
检验。从 TC 登陆频数、登陆时的强度和陆上持续时间来看,海南登陆 TC 强度有下降趋势,

福建登陆 TC 的持续时间有增加的趋势,而在浙江登陆 TC 频数有增加的趋势。不难看出,沿海四省的登陆 TC 活动趋势与 Wu 等(2005)关于西北太平洋上 TC 盛行路径向西偏移的趋势非常一致,即影响福建和浙江的 TC 有加强的趋势。如前所述(龚道溢和何学兆,2002),这种地区性的盛行路径变化与西北太平洋副热带高压西进的趋势有关。最近,Zhou 等(2009)发现副高西进可能是印度洋和西太平洋上海温升高趋势造成的。另一方面,在东南沿海地区,虽然福建登陆 TC 的持续时间和浙江登陆 TC 的频数有上升趋势,而 TC 灾害(直接经济损失百分比和死亡人数)有下降的趋势,这也说明了近年来应对 TC 灾害所做的工作取得了一定效果。

7.4 极端事件影响评估

7.4.1 中国 1951—2007 年农业干旱的特征分析

依据中国自然区划(赵济,2001)和各地经济发展水平的不同,并保持省界完整性,将全国分为七大区域(不含香港、澳门和台湾),见表 7.8。

表 7.8 中国七大区域

分区	区域范围
东北区	黑龙江、吉林、辽宁
华北区	河北、山西、河南、山东
长江中下游区	浙江、江苏、福建、安徽、江西、湖北、湖南
华南区	广东、广西、海南
内蒙古区	内蒙古
西北区	新疆、青海、甘肃、宁夏、陕西
西南区	西藏、四川、重庆、贵州、云南

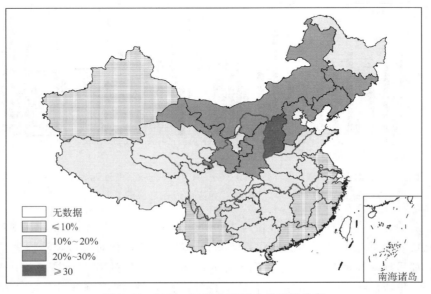

图 7.16 1951—2007 年我国农业干旱分布

7.4.1.1　农业干旱的空间分布

山西、内蒙古、陕西、河北、辽宁、吉林和甘肃的多年平均受旱率都达到 20％,其中山西省是农业干旱最严重的省份,平均受旱率是 32.1％。由此可见,我国农业干旱主要分布在华北、东北和西北东部地区。这些地区都是气象干旱较严重的地区(中国气象局,中国灾害性天气气候图集,2008)。这是因为农业与气候紧密联系,除设施农业外,自然降水是这些地区农业生产的主要水源,尤其是在灌溉设备不完备的地区。据统计,山西省 1997—2005 年平均灌溉率仅有 28.29％,在东北、华北、西北地区中是倒数第三位(邱晓华,1998—2007),这是该省农业干旱最严重的一个原因。

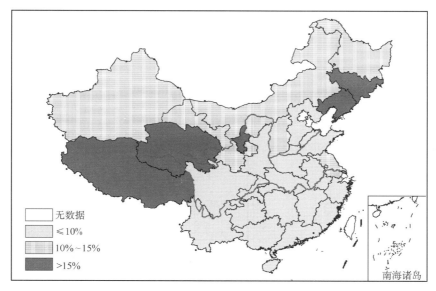

图 7.17　1951—2007 年我国历年农业干旱的年际变化分布

7.4.1.2　农业干旱的年际变化

农业干旱年际变化以受旱率变差系数来表示,该值能反映某地区的农业干旱的波动情况,这对防旱抗旱非常重要。因为受旱率较高且波动较小的地区只有加强抗旱措施才能避免或者减少干旱对粮食生产的负面影响。长江以南区域的年际变化较小,都在 10％以下。长江以北华北大部的年际变化也在 10％以下。河北、陕西、内蒙古、甘肃和山西的平均受旱率最大,而且受旱率变差系数较小,因此这五省(区)是农业干旱最严重的地区。

7.4.1.3　农业干旱的变化趋势

东北区、内蒙古区、西北区和西南区的农业干旱存在显著的加重趋势,其中东北区和内蒙古区的趋势为极显著增加。该事实揭示了我国北方干旱化正在加剧(郭建平等,2001)。干旱在北方主要农业区有不同程度的扩大(王志伟和翟盘茂,2003;马柱国和符淙斌,2006),造成了我国北方生态环境的恶化,内蒙古东部,近 10 a 沙漠化使科尔沁沙漠以每年 2.4％的速度扩展(符淙斌和温刚,2002)。但同属北方地区的华北区的受旱率的变化趋势不显著,其原因可能与人类活动有关,例如灌溉次数和灌溉量的增加有效地减小了干旱对农业的负面影响(薛昌颖等,2003)。长江中下游和华南地区的农业干旱都有加重趋势,但趋势不显著(图略)。

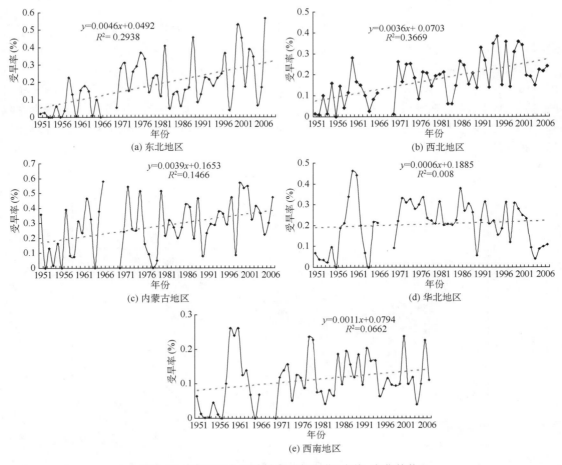

图 7.18　我国五大区受旱率历年变化(虚线:变化趋势)

7.4.1.4　1979 年前后农业干旱的变化

我国东部季风区降水量在 1979 年发生了突变,即 1979 年后长江中下游和东北地区的夏季降水量增加,华南和华北地区的降水量减少,其原因是 1979 年前低层水汽可以输送到东部季风区的中蒙边境,即水汽可以输送到华北地区,长江中下游受副高控制。1979 年后有较多水汽输送到长江中下游地区,不能到达华北地区(钱维宏等,2007)。本节把农业干旱以 1979 年为界分成两个阶段进行分析,发现长江中下游的部分地区(安徽和湖北)以及河南和福建的农业干旱有所减缓。除上述四省外,其他省(市、区)的农业干旱都在加重,加重程度最大的地区分布在内蒙古、西北东部和华北、东北部分地区。

7.4.1.5　极端农业干旱分布

我国极端农业干旱包括严重农业干旱和特大农业干旱,分别用严重旱灾发生频率和特大旱灾发生频率来反映。严重农业干旱主要分布在长江以北,集中在东北、华北、内蒙古、西北东部和西南北部地区,其中,山西、内蒙古和陕西的严重旱灾频率最高(图 7.20 a),而浙江和新疆无严重旱灾发生。

特大农业干旱与严重农业干旱的分布基本一致,山西和内蒙古两省(区)的特大旱灾频率

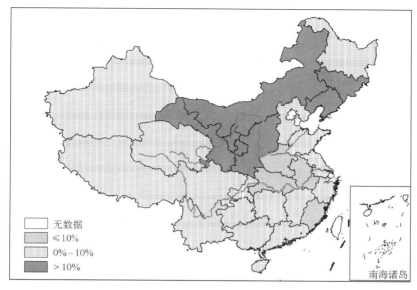

图 7.19　我国农业干旱的多年变化

最高,不同之处在于,陕西省特大旱灾的频率有所下降(图 7.20b)。华北、内蒙古和西北东部不仅是农业干旱最严重的地区,而且是极端农业干旱最严重的区域。

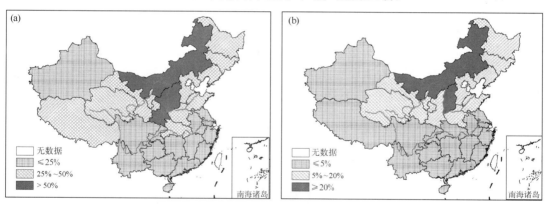

图 7.20　1951—2007 年极端农业干旱分布
(a)严重农业干旱;(b)特大农业干旱

7.4.2　新疆界限温度 10℃ 初日变化及其对冬麦生育期的影响评估

7.4.2.1　新疆界限温度 10℃ 初日的空间分布特征

由新疆日平均气温稳定通过 10℃ 平均初日的地理分布(图 7.21)来看,北疆日平均气温稳定通过 10℃ 平均初日有 2 个迟中心,一个在和布克赛尔附近,中心最小值为 130,即 5 月 10 日,表明该地区 10℃ 平均初日出现在 5 月中旬;另一个在北塔山附近,中心最小值为 140,即 5 月 20 日,表明该地区 10℃ 平均初日出现在 5 月下旬。北疆其余大部地区 10℃ 平均初日的最小值为 100,即 4 月 10 日,表明该地区 10℃ 平均初日出现在 4 月中旬之后。南疆日平均气温稳定通过 10℃ 平均初日有 3 个较早的区域,即吐鄯托盆地、焉耆盆地及喀什地区与和田地区,中心最大值为90,即4月1日,表明这些地区10℃平均初日出现在3月下旬;南疆其余大部地区0℃平均初日的平均值在90~100,表明该地区的10℃平均初日出现在4月上旬。

图7.21 新疆日平均气温稳定通过0℃平均初日的地理分布

7.4.2.2 新疆界限温度10℃初日的年际变化规律

1971—2005年新疆71个气象站日平均气温稳定通过10℃平均初日年际变化(图7.22),日平均气温稳定通过10℃的平均初日基本呈逐渐提早的趋势。最早出现在2000年为4月8日,最迟出现在1982年为4月29日,最早的年份比最迟的年份提前了21 d。

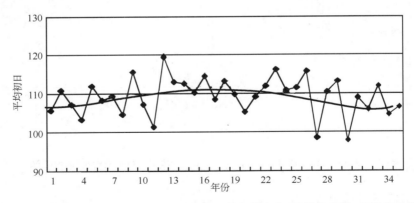

图7.22 新疆日平均气温稳定通过0℃平均初日的年际变化(折线为实况,曲线为6阶拟合)

7.4.2.3 日平均气温稳定通过10℃的初日对冬麦发育期的影响

为分析新疆日平均气温稳定通过10℃的初日对冬麦发育期的影响,从新疆种植冬麦的14个气象站1981—2005年气温10℃初日资料中,分别选取了3个早年和3个迟年,统计了各站3个早年与迟年冬小麦返青—成熟的各生育期的平均差值。由该表可见,各站早年比迟年

的冬小麦各平均生育期普遍提前,其中返青期塔城、伊犁地区、库车的早年较迟年偏晚 1～8 d,
其余各站提前 4～11 d;起身期塔城、库车、喀什的早年较迟年偏晚 2～7 d,轮台、和田接近常
年,其余各站提前 4～11 d;拔节期乌苏早年较迟年偏晚 3 d,其余各站提前 2～16 d;抽穗期库
车早年较迟年偏晚 1 d,其余各站提早 1～15 d;成熟期乌苏、巴楚的早年较迟年分别偏晚 3 d
与 1 d,喀什接近常年,其余各站提早 2～11 d。由 14 站的发育期的平均值可见,各发育期分别
提前 2～6 d。

表 7.9　新疆 14 站 10℃ 初日迟年与早年冬小麦物候期平均差值(d)

站名	返青	起身	拔节	抽穗	成熟
塔城	−1	−4	16	15	8
乌苏	5	9	−3	11	−3
伊宁	−2	6	4	9	9
新源	−1	14	3	9	8
乌兰乌苏	3	19	8	10	4
昌吉	3	8	3	11	11
库车	−8	−7	11	−1	2
轮台	1	0	3	5	4
阿克苏	2	1	2	3	5
巴楚	5	1	5	1	−1
喀什	5	−2	2	2	0
莎车	11	5	5	5	5
和田	1	0	3	5	5
若羌	4	1	−6	−1	−1
平均值	2	4	4	6	4

7.4.3　两优培九在江苏地区安全、高产制种的气象技术分析

7.4.3.1　低温分布特征

(1) 低温风险概率

采用上述 11 个站点 1951—2005 年的日均温资料,以候为统计单位,分析各站点在统计年
限内,某一候内出现连续 3 d 或 3 d 以上日均温≤24℃的低温年份占所有统计年份的百分率,
结果如表 7.10 所示。

由表 7.10 可以看出:(a)每候的低温风险概率基本上随着纬度的减小而减小;(b)在 6—
9 月的统计时段内,7 月第 4 候—8 月第 3 候这一中间时段低温风险概率较小,基本上都<
10.0%,最小达到 0.0%,而越向两端低温风险概率越大,最大甚至达到 73.3%;(c)大部分地
区低温风险概率都是 0.0% 的时期是 8 月第 2 候。

表 7.10   江苏各站低温风险概率(%)

站点	时间(候)															
	35	36	37	38	39	40	41	42	43	44	45	46	47	48	49	50
赣榆	62.2	37.8	24.4	24.4	13.3	6.7	4.4	0.0	6.7	2.2	8.9	15.6	28.9	33.3	44.4	73.3
徐州	26.2	14.3	14.3	11.9	16.7	4.8	0.0	2.4	7.1	0.0	9.5	16.7	21.4	31.0	47.6	71.4
射阳	66.7	37.5	39.6	27.1	27.1	2.1	6.3	4.2	2.1	2.1	4.2	10.4	27.1	25.0	39.6	64.6
淮阴	47.9	37.5	25.0	25.0	14.6	4.2	6.3	2.1	6.3	0.0	4.2	14.6	25.0	31.3	52.1	64.6
盱眙	33.3	24.4	24.4	15.6	8.9	4.4	2.2	0.0	2.2	0.0	4.4	8.9	20.0	17.8	40.0	55.6
东台	55.1	38.8	30.6	16.3	16.3	6.1	2.0	4.1	2.0	0.0	4.1	14.3	18.4	16.3	32.7	61.2
高邮	41.7	33.3	20.8	12.5	10.4	2.1	2.1	2.1	0.0	2.1	4.3	10.6	17.0	14.9	25.5	53.2
南通	47.1	31.4	29.4	13.7	15.7	2.0	2.0	2.0	2.0	2.0	3.9	7.8	7.8	15.7	19.6	51.0
南京	37.3	25.5	19.6	11.8	9.8	3.9	0.0	2.0	0.0	0.0	2.0	5.9	13.7	11.8	23.5	43.1
溧阳	36.7	20.4	16.3	8.2	8.2	0.0	0.0	2.0	0.0	0.0	2.0	6.1	8.2	16.3	18.4	46.9
苏州	39.4	15.2	12.1	3.0	15.2	3.0	0.0	0.0	0.0	0.0	0.0	6.1	3.0	6.1	12.1	45.5

注:1月第1候表示为1候,1月第2候表示为2候,……,2月第1候表示为7候,……,以此类推。

(2)不同阈值标准下的育性转换安全期

由表 7.10 得出各站低温风险概率≤20%,≤15%,≤10%的时段,此时段即为三个不同阈值标准下的育性转换安全期,见表 7.11。

表 7.11   江苏各站低温风险概率≤20%,≤15%,≤10%的时段(候)

站点	20%			15%			10%		
	起始时间(候)	结束时间(候)	时段长(d)	起始时间(候)	结束时间(候)	时段长(d)	起始时间(候)	结束时间(候)	时段长(d)
赣榆	39	46	40	39	45	35	40	45	30
徐州	36	46	55	36	45	50	40	45	30
射阳	40	46	35	40	46	35	40	45	30
淮阴	39	46	40	39	46	40	40	45	30
盱眙	38	48	55	39	46	40	39	46	40
东台	38	48	55	40	46	35	40	45	30
高邮	38	48	55	38	46	45	40	45	30
南通	38	49	60	38	47	50	40	47	40
南京	37	48	60	38	48	55	39	46	40
溧阳	37	49	65	38	47	50	38	47	50
苏州	36	49	70	37	49	65	38	48	55
北部	39	46	40	39	46	40	40	45	30
中部	38	48	55	39	46	40	40	46	35
南部	37	49	65	38	48	55	38	47	50

注:北部、中部和南部分别指江苏北部、江苏中部和江苏南部地区;相应的起止时期和时段长是该区几个站的平均值。

由表 7.11 可以看出：

（a）江苏北部地区该时段的平均起始时间比江苏中部地区晚，而中部地区又比南部地区晚；结束时间则是北部地区最早，南部地区最晚；持续时间南部地区长于中部地区，中部地区又长于北部地区；

（b）具体而言，对不同阈值标准来说，阈值标准是 20% 时，盱眙及盱眙以南地区时段的开始时间从北到南由 7 月第 2 候提前到 6 月第 6 候，盱眙以北地区除徐州为 6 月第 6 候外其余地区多为 7 月第 3 候；结束时间盱眙及盱眙以南地区除南通、溧阳和苏州为 9 月第 1 候外其余地区都是 8 月第 6 候，盱眙以北是 8 月第 4 候，越向北此时段开始时间越晚而结束时间越早，显然相应的时段长度自南向北不断缩短，阈值标准是 15% 和 10% 时，也有类似的规律；

（c）对同一个地方来说：随着阈值标准的升高，基本上时段开始时间推迟了而结束时间却提前了，这意味着阈值标准越高该地的安全时段越短。从表 7.11 可以看出，各地在低温风险概率≤20%，≤15%，≤10% 的三情况下都能达到高标准，完全满足制种的需要。

7.4.3.2　高温分布特征

（1）高温风险概率

以候为统计单位，统计各站点在统计年限内，某一候内出现连续 3 d 或 3 d 以上日均温≥30℃ 的高温年份占所有统计年份的百分率即高温风险概率，见表 7.12。

由表 7.12 可以看出：（a）每一候的高温风险概率基本上随着纬度的降低而增大；（b）对同一个地方来说，在统计时段内其高温风险概率成近似正态分布：中间时段高温风险概率高，最高达 36.7%，向两端逐渐减小，最小为 0.0%；（c）高温风险概率最高的时段基本上出现在 7 月中、下旬。

表 7.12　江苏各站高温风险概率(%)

站点	时间（候）															
	35	36	37	38	39	40	41	42	43	44	45	46	47	48	49	50
赣榆	0.0	0.0	2.2	8.9	2.2	4.4	8.9	8.9	8.9	2.2	0.0	2.2	0.0	0.0	0.0	0.0
徐州	2.4	7.1	7.1	9.5	9.5	19.0	21.4	16.7	7.1	11.9	4.8	2.4	2.4	2.4	0.0	0.0
射阳	0.0	0.0	8.3	8.3	8.3	6.3	10.4	4.2	6.3	4.2	0.0	2.1	2.1	0.0	0.0	0.0
淮阴	0.0	2.1	8.3	10.4	14.6	10.4	20.8	14.6	6.3	4.2	4.2	0.0	6.3	0.0	0.0	0.0
盱眙	0.0	2.2	15.6	17.8	22.2	17.8	26.7	13.3	8.9	6.7	0.0	4.4	4.4	2.2	2.2	0.0
东台	0.0	2.0	14.3	12.2	20.4	12.2	16.3	12.2	10.2	6.1	4.1	0.0	8.2	2.0	2.0	0.0
高邮	0.0	2.1	10.4	12.5	20.8	10.4	25.0	14.6	17.0	4.3	4.3	4.3	0.0	2.1	0.0	0.0
南通	0.0	0.0	9.8	9.8	17.6	11.8	15.7	7.8	9.8	7.8	5.9	0.0	3.9	0.0	2.0	0.0
南京	2.0	5.9	13.7	15.7	29.4	27.5	33.3	35.3	23.5	23.5	15.7	5.9	7.8	2.0	3.9	2.0
溧阳	0.0	6.1	20.4	28.6	36.7	28.6	34.7	26.5	22.4	16.3	22.1	4.1	8.2	0.0	4.1	2.0
苏州	3.0	6.1	21.2	30.3	30.3	21.2	33.3	36.4	18.2	15.2	15.2	9.1	9.1	6.1	0.0	0.0

（2）不同阈值标准下的抽穗扬花安全期

根据表7.12得出高温风险概率≤15%和≤25%的时段，这两个时段即为不同阈值标准下的抽穗扬花安全期（表7.13）。在同一个阈值标准下，各个地方之间的时段开始时间相差较大，特别是阈值标准为15%时，开始时间6月，7月，8月的都有，这是因为在统计中进行了处理。由于有的地方高温风险概率≤15%或≤25%的时段存在中间有间隔的两个时段（即两个时段之间风险概率较高，超过了15%或25%），但从表7.11可知育性转换安全期的时段开始时间多在7月第3候、第4候，而抽穗开花期又应该在育性敏感期后，所以两个时段中，只有第二个时段可能成为抽穗扬花安全期，因此，只保留了第二个时段，使得开始时间在7月、8月。而有的地方中间无间隔时段，开始时间就在6月。表7.11是分析、处理过后的结果。江苏地区秋季降温快，11个站秋季的高温风险概率都很低，所以在15%和25%两个阈值标准下的抽穗扬花安全期可达到统计资料末期。

从表7.13可以看出：

（a）江苏北部地区抽穗扬花安全期的平均起始时间比中部地区平均起始时间早，而中部地区又比南部地区早很多；结束时间则江苏北部、江苏中部和江苏南部地区都一样，都是9月第2候；

（b）具体而言，阈值标准为15%时，气候角度的抽穗扬花安全期的开始时间是：南京以北地区基本上是7月第6候和8月第1候，而南京及南京以南地区甚而到8月第4候；阈值标准为25%时，开始时间南京以北地区多为6月第5候，而南京及南京以南地区则为8月第1候。各地的结束期无论在的15%还是25%的阈值标准下都是9月第2候；

（c）对同一地方而言，阈值标准越高则抽穗扬花安全期的起始时间越迟。

表7.13　江苏各站高温风险概率≤15%和≤25%的时段（候）

站点	15%		25%	
	起始时间（候）	结束时间（候）	起始时间（候）	结束时间（候）
赣榆	35	50	35	50
徐州	43	50	35	50
射阳	35	50	35	50
淮阴	42	50	35	50
盱眙	42	50	42	50
东台	42	50	35	50
高邮	42	50	35	50
南通	42	50	35	50
南京	46	50	43	50
溧阳	46	50	43	50
苏州	46	50	43	50
北部	39	50	35	50
中部	42	50	35	50
南部	46	50	43	50

7.4.3.3　江苏地区两优培九制种的播种期安排

上面从气候角度分别给出了不同阈值标准下的育性转换安全期和抽穗扬花安全期的起止时间。但是,在制种生产安排时,必须同时考虑满足这两个条件,制种才能获得成功,即必须对育性转换敏感期与抽穗开花期的时间差,不育时段与安全开花时段起止期的不同配置等因素作综合分析。因此,下文提出的安全转育期就是综合分析的结果,而不是单一的指标。

显然,对于两优培九制种,育性安全转换条件比花期安全条件更为重要,因为育性安全转换条件是否满足,关系到种子的纯度质量即关系到种子能否使用的问题,而抽穗开花的条件好坏,只是影响到制种产量的高低,即使开花期天气得不到完全满足也不至于完全失败。因此,本节在综合考虑各地制种安排时,对育性安全期的要求较严格,要求育性转换安全期的气候时段是低温风险概率≤10%的时段,而对开花安全期,则只要求开花安全期的气候时段是高温风险概率≤15%的时段。

（1）考虑抽穗扬花安全期的育性转换安全期

由于培矮64S的温度敏感期在抽穗前20～10 d(李兆芹和姚克敏,2003),根据表7.11和表7.13两个安全期的气候时段可推求综合考虑了抽穗扬花安全期后的育性转换安全期。

推求时是将表7.11中阈值标准为10%的时段与表7.13中阈值标准为15%的时段进行综合分析的。得到考虑了抽穗扬花安全期的育性转换安全期,见表7.14。(a)北部地区的育性转换安全期平均起始时间和中部地区一样,为7月第4候,但比南部地区的平均起始时间早4候,南部地区为8月第2候;平均结束时间北部地区最早,为8月第3候,中部地区次之,为8月第4候,南部地区最晚,为8月第5候;相应各个地区育性转换安全期的平均持续时间中部

表7.14　江苏各站考虑抽穗扬花安全期的育性转换安全期(候)

站点	起始时间(候)	结束时间(候)	时段长(d)
赣榆	40	45	30
徐州	41	45	25
射阳	40	45	30
淮阴	40	45	30
盱眙	40	46	35
东台	40	45	30
高邮	40	45	30
南通	40	47	40
南京	44	46	15
溧阳	44	47	20
苏州	44	48	25
北部	40	45	30
中部	40	46	35
南部	44	47	20

地区最长,为 35 d,南部和北部较短,北部为 30 d,南部最短,为 20 d。(b)具体而言,开始时间南京及南京以南地区都是 8 月第 2 候,南京以北地区则多为 7 月第 4 候、第 5 候;结束时间南京是 8 月第 4 候,南京以南地区是 8 月第 5 候、第 6 候,南京以北地区多为 8 月 3 候、4 候。除南京外,其余各站的育性转换安全期持续时间都≥20 d,因此都能满足两优培九的制种需要。其中溧阳持续时间最短,只有 20 d。(c)将表 7.14 中考虑了抽穗扬花安全期后的育性转换安全期与表 7.11 中只从单一气候角度考虑的阈值标准为 10% 的育性转换安全期相比较发现:基本上南京以南地区考虑了抽穗扬花安全期后的育性转换安全期开始时间都推迟了,从 7 月第 3 候推迟到了 8 月第 2 候,而南京以北地区则基本上没推迟。这是因为南京、溧阳、苏州这些地区 7 月下旬 8 月上旬的高温天气较苏北,苏中地区多,不利于抽穗扬花,因此安全转育期始期应相应后延,避开这些高温天气,而苏北地区 8 月上旬高温天气不多,综合考虑后对其始期影响不大。两个表中结束时间无变化。相应的育性转换安全期持续时间在考虑了抽穗扬花安全期后缩短了,但南京以北地区变化不大。

(2)培矮 64S 的最佳播种期

分析多年的实际观测资料表明,培矮 64S 的播始天数平均为 80 d,因此可以根据表 7.12 中考虑了抽穗扬花安全期后的育性转换安全期推求播种期,见表 7.15。

从表 7.15 可知:(a)江苏南部地区的播种始期比中部、北部地区晚。北部、中部地区平均播种始期是 5 月第 4 候,南部地区平均播种始期是 6 月第 2 候;各地的平均播种末期北部地区是 6 月第 1 候,中部地区是 6 月第 2 候,南部地区则是 6 月第 3 候;(b)具体而言,南京以北地区最早播种期在 5 月第 4 候,南京以南则到了 6 月第 2 候,而最晚播种期南京以北地区是 6 月第 2 候,南京以南地区是 6 月第 3 候。

表 7.15 江苏各地培矮 64S 的最佳播种期(候)

站点	始期(候)	末期(候)
赣榆	28	31
徐州	29	31
射阳	28	31
淮阴	28	31
盱眙	28	32
东台	28	31
高邮	28	31
南通	28	33
南京	32	32
溧阳	32	33
苏州	32	34
北部	28	31
中部	28	32
南部	32	33

7.4.4　公路路面温度分析和极端天气影响

7.4.4.1　路面温度理论分析方法

欧美各国、日本、南非在路面温度方面开始研究得较早，研究的内容也较丰富。1957年开始，美国学者Barber首先用无限表面的介质温度周期性变化时热传导方程的解来确定路面最高温度。Barber将路面视为均质半无限体，推导出路面温度场的计算公式，计算误差一般在0～3℃，个别超过6℃。

Schenk于1963年开发了利用有限差分方法求解一维热传导方程的FORTRAN Ⅳ程序。1969年，Pretorious(1969)在他的博士论文中也采用了有限元法对层状路面结构温度场进行了研究。1972年，Williamson(1972)对这个程序进行了一系列改进，使其能够计算温度的日变化情况。同年，基于加拿大西部两个实验路段四种路面结构一个冬季的路面温度实测数据和气象资料，Christison和Andenson(1972)对低温环境条件下的路面温度状况进行了研究。以一维热传导方程为基础，建立了利用有限差分方法求解沥青路面温度状况的预估模型。

Hall和Barrow(1988)针对天气变化是否会影响速度，流量和道路占用的关系，阐述了影响恶劣天气高速公路交通业务，认为不同天气条件需要不同参数的函数关系来描述。这一结果有一些重要的影响，为开发高速公路新的事故监测检测、流动性占用、天气性质影响道路交通提供了定量基础。

1997年，Sass开发了一个对丹麦公路站点滑溜路面状况进行自动预测的数值预报系统，这个系统已在丹麦气象研究所答询业务中投入运行，目前200个公路站点每小时的新的预报，可在5h前作出。

Hermansson于2000年建立了一个仿真模型，用于计算高温条件下的沥青路面温度场(Hermansson,2000;秦健和孙立军,2005)。在仿真模型中，入射入路表和从路表发出的长波辐射分别由气温和路表温度计算得到，入射的短波辐射被路表吸收的部分则由路表的反射率计算得到，而路表温度的对流损失也可以通过风速、气温和路表温度算得，可以模拟路面温度场的日变化。

国内对于地温方面的研究起步较晚，于近十几年才开始逐步受到重视，并且取得了一定的成果。1982年，严作人(1984)视路面结构为层状，从气候学和传热学基本原理出发，用解析法对一维水泥混凝土路面温度场进行了深入研究，分析了不同基层材料对路面温度场的影响，提出的气温和太阳辐射量模拟函数仅对正常天气有一定的准确性。1992年，吴赣昌(1992，1997)也视路面为层状体系，系统的研究了二维沥青混凝土路面结构温度场，但是计算过程复杂，工程应用比较少。

刘熙明等(2004)应用能量守恒方法，考虑太阳短波辐射、大气和地面长波辐射、感热和潜热等能量之间的平衡，建立了一种较为实用的路面温度预报模型，但当雨日或无日照时，结果较差。

2007年，贾璐、孙立军等根据传热学基本理论和导热微分方程相关理论，建立了沥青路面温度场内部节点和在不同边界条件下边界节点的温度离散方程，通过有限差分法，实现了对于受到自然环境影响的沥青路面二维非稳态复杂温度场的数值预估。此方法较为准确地模拟不同季节复杂边界条件下的沥青路面温度场变化情况，且具有较高的精度。

为了使公路路面温度预测业务化,朱承瑛等(2008)在沪宁高速公路的高密度、长时间序列的观测资料基础上,采取能量守恒方法,在太阳短波辐射、大气和地面长波辐射、感热和潜热等参数化方案,提出了一种应用于沥青高速公路路面温度逐时滚动预报数值模型。模型的多日平均绝对误差为 1.32℃,预报误差在±3℃以内的频率高达 85.2%,表明模型具有较高的预报水平。

7.4.4.2 路面温度统计分析方法

为了弥补理论分析方法输入参数多、计算繁琐和精度不够高等缺点,很多学者也开始用统计分析的方法来研究路面温度的预测。1976 年,日本的近藤佳宏和三补裕二对两种不同厚度的沥青混凝土路面的温度分布状况做了一年的实测工作,并采用回归分析方法研究路面温度与气温之间的关系。研究表明,路面结构内不同深度处最高或最低温度与路表温度或气温呈线性关系。Huber 于 1994 年对五个地区的气温和由热平衡方程计算得到的路表温度进行了回归分析,建立了计算路表最高温度的确定型公式,模型的参数包括日最高气温和纬度。如果要计算路面某一深度处的最高温度则再需加入距路表的深度参数即可。

2000 年,Lukanen 等(2000)使用 40 个观测地点的路面温度等实测数据,通过回归分析方法陆续建立了 BELLS 和 BELLS2 模型,用于修正 FWD(落锤式弯沉仪)测得的弯沉和由弯沉反算得到的沥青层模量时所需的路面温度。BELLS 和 BELLS2 模型所需要的环境参数分别为前 5 d 的平均气温和前 1 d 的平均气温。

国内对于路表温度统计方法的研究也是比较多的,早在 1980 年,景天然和严作人等(1980)就在同济大学校内路段上对水泥混凝土路面进行了系统的温度状况测定。并根据大量实测资料建立了路面顶面温度与气温、与气温和太阳辐射热、与地温的回归方程。黄立葵等(2005)对京珠高速公路段上的布点实测数据进行了分析,并使用 7 月下旬的实测数据进行逐步线性回归,以日最高气温、前一天的平均气温、日太阳辐射峰值和前一天的最低气温为主要参数,得到了计算沥青路面 12 mm 处温度的预估模式。

燕成玉等(2008)利用多元回归统计模型,建立了四季节分型温度预报方程,且用 850 hPa分型值为逐步订正值,根据常规温度与水泥、沥青路面温度的相关特点,预报水泥、沥青路面的温度。

7.4.4.3 极端天气影响

用统计分析方法需要大量的实测数据,且模型不具有地域的普适性。但其却克服了参数多、计算繁琐等缺点。在气象资料和材料的热学参数可以准确获得的条件下,模型具有较高的预测精度。但是实际操作中的这些参数都是近似估算的,大大降低了模型的精确度。另外,理论模型形式复杂,输入参数多且不易获得,求解过程也较为繁琐。总的来说,两种方法各有利弊,统计方法实用性更大。

从实际业务角度上,在公路高密度、长时间序列的观测资料基础上,用地表热量平衡方程或统计方程,提出应用于沥青高速公路路面温度逐时滚动预报数值模型并具有较高的预报水平,是今后公路、交通运输与管理、气象等部门所面临的重要课题之一。如果路面温度预报模型与中尺度数值预报产品相结合,与复杂地形中的公路状况相结合,与地面和太空的多个信息源相结合,输出未来 24 h 甚至更长时间的路面温度预报和路面运行状况,进行暴雨洪涝、高温热浪、低温冷害、大雪冰雹等极端天气监测预警,将会获得更好的预防公路气象灾害效果。

7.4.5 中国冰冻天气的气候特征及影响评估

7.4.5.1 冰冻天气的时空分布特征

（1）雾凇和雨凇的空间分布

冰冻天气由雨凇和雾凇组成，但雨凇和雾凇日数的空间分布有所不同。雾凇主要出现在长江以北地区，东北、华北、黄淮、江淮西部、江南北部、西北大部以及内蒙古大部、四川南部、贵州西部、福建东南部等地一般有 1～5 d，其中，黑龙江西南部和北部、内蒙古东北部、北疆及部分高山区年雾凇日数在 10 d 以上。北疆是我国雾凇日数最多的地区，部分地区超过 30 d。长江以南地区除了江南北部及贵州西部、福建东部外，大部分地区较少出现雾凇（图 7.23）。

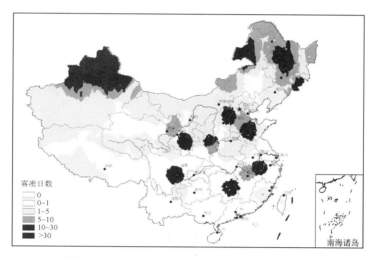

图 7.23 1961—2008 年平均全国雾凇日数（d）

雨凇主要分布在西北地区东南部、黄淮西部、江汉、江南中西部、西南地区东部等地，其中西南地区东部尤其是贵州中西部的年雨凇日数在 5 d 以上（图 7.24）。年雨凇日数最多的台站是四川峨眉山气象站，平均每年出现 134.6 d，其次是湖南南岳站 62.27 d，第三位是贵州威宁站 48.8 d。北方地区的雨凇较少，干旱地区尤其少见。北方雨凇最多地方是甘肃通渭华家岭，多年平均 25.7 d。新疆西北部和吉林长白山区雨凇日数也相对较多。

（2）冰冻日数的分布特征

我国大部分地区都有冰冻天气出现，东北中部、华北东部、西南地区东南部以及新疆北部、内蒙古东北部、甘肃南部、陕西中部、安徽南部等地年平均冰冻日数在 10 d 以上。冰冻日数最多的台站是四川峨眉山，平均每年出现 148.0 d，其次是吉林天池 95.8 d，第三位是山西五台山 89.2 d。

我国冰冻天气主要发生在 11—3 月，1 月的频数最大，12 月次之。冬季（12—2 月）的冰冻日数最多，全国大部分地区都有冰冻发生，新疆北部、内蒙古东部局地、四川南部局地冻日数有 5～10 d，新疆北部的部分地区在 10 d 以上。春季和秋季冰冻天气发生频数相对较小。春季，冰冻天气主要发生在吉林东南部、山西北部。秋季，冰冻天气主要发生在山西北部和吉林东南部。夏季（6—8 月）冰冻的发生频数最小，我国大部分地区没有冰冻发生，只有高海拔地区受

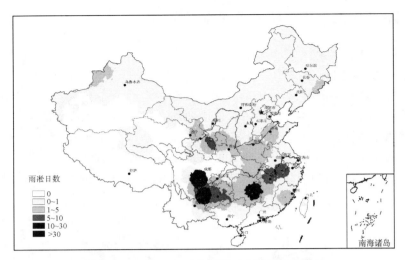

图 7.24　1961—2008 年平均全国雨凇日数(d)

地形影响有冰冻发生。

　　冰冻天气的危害程度与冰冻天气持续时间有关。最长持续冰冻日数在 10 d 以上的区域位于东北中部以及新疆北部、内蒙古东部、陕西中部、四川南部、湖南。全国最长连续冰冻日数出现在高海拔地区,四川峨眉山从 1969 年 11 月 11 日至 1970 年 4 月 6 日共持续 144 d(图 7.25)。

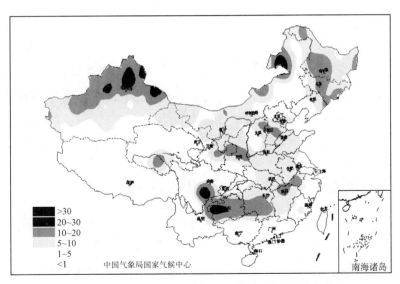

图 7.25　1961—2008 年全国最长连续冰冻日数(d)分布

　　冰冻天气受地形、地貌影响较大。一般而言,山区比平原多,高山最多。年冰冻日数 30 d 以上的台站海拔高度都在 500～3100 m。随着海拔高度的增加,冰冻天数也有增加趋势,最大冰冻日数出现在海拔 3084.6 m 的峨眉山,但海拔 3100 m 高度以上站点出现冰冻天气日数不超过 20 d。雾凇受海拔高度影响比雨凇更为显著。

7.4.5.2　冰冻天气对电线积冰厚度的影响

（1）电线积冰厚度的气候分布

由于冰冻天气导致的电线积冰对电网的安全运行威胁很大，电线积冰厚度的空间分布规律尤其是重冰区的区划对输电线路的设计具有重要意义。电线积冰厚度较严重的区域主要位于东北东南部及山西北部、山东西部、安徽南部、重庆东部、湖北西部等地，其中重庆东部和湖北西部最为严重。

1961—2008 年全国电线积冰最大厚度的空间分布与多年平均冰冻厚度、冰冻日数、最长持续冰冻日数的空间分布具有一致性（图 7.26）。最大厚度在 20 mm 以上的区域主要出现在东北东南部及内蒙古东北部、河北南部等地。全国最大冰冻厚度出现在 2004 年 12 月 28 日湖南南岳。影响电线积冰厚度的因素较多，如地形地貌、地理环境、海拔高度、风向、风速等（王守礼，1994）。由于本节所用资料来自气象站点的电线结冰观测，而气象站点大多数位于人口居住地，海拔高度较低或受城市下垫面影响，不能完全反映我国冰冻强度的空间分布情况。

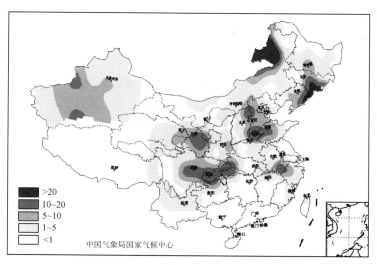

图 7.26　1961—2008 年最大电线积冰厚度（mm）的空间分布

（2）冰冻日数及电线积冰最大厚度的变化趋势

在全球变暖的气候背景下，冰冻天气的发生频次和强度的变化特征值得关注。对 1961—2008 年全国年冰冻日数做 EOF 分析，EOF 第一模态贡献为 46.0%，第二模态方差贡献为 8.2%，第三模态的方差贡献为 6.3%。EOF 第一模态的空间特征为全国大部分地区一致性变化，其中新疆北部、黑龙江、吉林、山西北部等地变化振幅较大。新疆、甘肃、辽宁南部、黄淮、西藏南部的部分地区有反位相的变化特征（图略）。EOF 第一模态对应的时间序列在 20 世纪 80 年代末从正位相转变为负位相，表明全国大部分地区年冰冻日数有减少的趋势。年冰冻日数最大值 11.2 d 发生在 1964 年。

1961—2008 年全国年最大积冰厚度的长期变化趋势分析表明，全国大部分地区年最大积冰厚度有增加趋势，尤其是东北南部以及贵州、湖南、安徽南部等地；但华北西部、黄淮西部、江淮西部等地的年最大积冰厚度有减小趋势（图 7.27）。

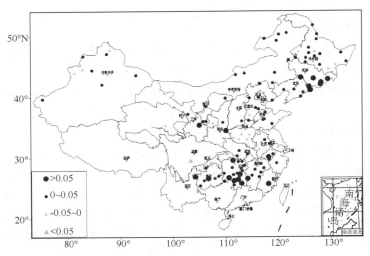

图 7.27　全国年最大积冰厚度变化趋势的分布图

（3）积冰厚度与气象要素的关系

电线积冰主要受气象条件影响，是由温度、湿度、冷暖空气对流、环流以及风等因素共同作用的物理现象。根据结冰时气象条件的不同，结冰可分为雨凇、雾凇（粒状和晶状）、湿雪及混合凇等形式。水滴（或雾滴）的体积、水滴的过冷却程度、周围环境的温度、风速和风向以及空气中液态水含量等因素可共同导致电线上形成不同类型的积冰。一般情况下，雨凇积冰是"湿"增长过程，附着能力强，密度大；而雾凇积冰是"干"增长过程，附着能力弱，在外界力的作用下容易脱落，密度也较小；混合凇则是"干"和"湿"增长交替进行的过程，密度介于雨凇和雾凇之间。大多数情况下，导线结冰属于混合凇形式。

将连续的有雾凇或雨凇的日数归为一次结冰过程。平均积冰厚度随着连续冰冻日数的增加呈增长趋势，故将前期冰冻日数作为一个预报因子。研究选择与积冰过程密切相关的气象要素，包括厚度观测当天及前 1～3 d 的日平均气温、最低气温、最高气温、相对湿度、风速和降水量，分别计算积冰厚度与它们之间的偏相关系数，结果表明：在气温的各项指标中，日最低气温和日最高气温与积冰厚度的关系较日平均气温好；厚度观测当天及前 1～2 d 的日最低气温与厚度呈显著正相关关系，即日最低气温越低，厚度越大。其中，厚度观测当天的日最低气温与厚度之间的相关关系最显著，前 1～3 d 的日最高气温与冰厚呈显著负相关关系，即日最高气温越高，冰厚越小，厚度观测前 1 d 相对湿度与冰厚呈显著正相关关系，厚度观测当天及前 1～3 d 日风速和日降水量与冰厚均呈显著正相关关系。这些分析表明，电线积冰观测当天和前 1～3 d 比较，观测前 1 d 的各项气象要素与冰厚相关关系最好。

图 7.28 显示厚度观测前 1 d 的日最低气温、相对湿度、风速、降水量与冰厚的关系。可见，前 1 d 的日最低气温主要分布在 -20～0℃，随着冰冻厚度的增加，日最低气温越集中在 0℃附近；相对湿度主要集中在 75% 以上范围内，标准冰厚 20 mm 以上的电线积冰相对湿度集中在 90% 以上；日平均风速主要集中在 0～15 m/s，标准冰厚 20 mm 以上的日平均风速普遍在 10 m/s 以下；日降水量分布在 0～30 mm，主要集中在 20 mm 以下。总体来看，标准冰厚在 60 mm 以上时，电线积冰观测前 1 d 的气象要素分布较为集中，日最低气温在 0℃附近，相对湿度为 100%，日平均风速不足 5 m/s，日降水量不足 10 mm。

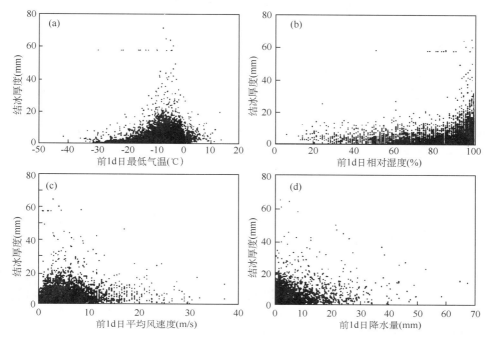

图 7.28　积冰厚度与厚度观测前 1 d 各气象要素关系
(a)日最低气温；(b)日相对湿度；(c)日平均风速；(d)日降水量

（4）电线积冰厚度等级的 ANN 模拟

根据前面的相关分析,基于 BP 算法建立电线积冰厚度 ANN 判别分析模型。预报因子为前期冰冻日数,预报前 1 d 的日最低气温、日相对湿度、日平均风速和日降水量(对应输入层的 5 个神经元),预报量为标准冰厚≥10 mm 的电线积冰厚度(对应输出层的 1 个神经元)。建模的训练样本共 286 个,占总样本的 78%;检验样本共 80 个,占总样本的 22%。对所建模型进行评估,相对误差的绝对值范围 1.39%～97.66%,平均为 30.2%。将电线积冰厚度分为 6 个等级(分别为 0～10 mm,10～20 mm,20～30 mm,30～40 mm,40～60 mm,>60 mm),对照模拟等级与实测等级,准确率为 81.3%。预报高于实测 1 个等级的样本为 6 个,占 7.5%;预报低于实测 1 个等级以上的样本共 9 个,占 11.3%。这表明,ANN 判别分析模型能够基本模拟出标准冰厚在 10 mm 以上的电线积冰厚度等级,可为较强的电线积冰过程预测预估以及电力部门的应急决策服务提供一定依据。

然而,ANN 模型对极端高值低估明显,最高低估 4 个等级,表明 ANN 模型需要改进的空间仍然很大。模型对积冰厚度极值的低估现象,表明 ANN 模型尚未能充分刻画积冰厚度与气象要素之间的复杂关系。由于冰冻过程是几个气象要素共同作用下的结果,为了改进 ANN 模型,对不同积冰厚度等级对应的气象要素组合进行进一步分析,用以检测气象要素组合和积冰厚度之间的关系。具体将积冰厚度分为 4 个等级(0 mm,0～20 mm,20～40 mm 和 40 mm 以上),分别分析气象要素组合(即日最低气温与日相对湿度、日最低气温与日平均风速、日最低气温与日降水量、日相对湿度与日平均风速)之间的关系。

分析表明相同的气象要素条件,可能对应各种不同的积冰厚度。

7.4.6 基于 GIS 的阿克苏地区冰雹灾害风险区划及评价

7.4.6.1 研究区概况

（1）阿克苏地区自然地理环境

新疆阿克苏地区位于（78°02′—84°07′E，39°31′—42°40′N），地处天山中段南麓、塔克拉玛干沙漠的北缘。地势北高南低，西高东低，自西北向东南倾斜。西北部和北部是天山山系，向南、向东、向西南伸出的大小山脉构成了山区沟谷的复杂地形，北部山区南侧至塔里木河流域分布着广阔的山前平原，海拔 1000 m 左右，地形地貌比较复杂，高山、河谷、盆地、沼泽、沙丘、平原交错，南部有大片沙漠，地表性质差异悬殊。特殊的地形分布和 5—8 月该地区热量与水汽条件充分，极易形成以对流云、冷云核、云系云区为主的冰雹云产生降雹，从而成为我国的冰雹高发区之一（张家宝和邓子风，1987；张振宪，1992；康凤琴，2007）。

（2）阿克苏地区的社会经济环境

阿克苏地区国土面积 1.31×10^5 km²，人口 2.37×10^6 人（2008 年新疆统计年鉴）。主要农作物有水稻、小麦、棉花等。阿克苏绿洲土地肥沃，水资源和光照充足，热量丰富，无霜期可长达 7 个月，环境适宜棉花生长。在国家政策的支持下，阿克苏地区已建成全国商品棉基地，是全国特大型棉花生产基地和中国长绒棉和彩棉之乡，成为新疆主要的棉花产地之一，棉花是当地经济发展的支柱产业。但 5—8 月是冰雹高发期，而此时处于棉花出苗、现蕾和开花期，如果受到冰雹的袭击，棉苗被折断、棉铃被打落，会造成产量下降，严重的可能会使局部棉田绝收，给农业生产带来了巨大的经济损失。另外，本区还种植红富士苹果、小白杏、香梨等多种经济作物，如果受灾，经济损失严重。为防御冰雹，阿克苏地区目前有人工防雹人员 650 人，雷达 4 部，火箭发射击架 182 部，高炮 106 门，每年投入到防雹的经费占到全疆防雹经费的 1/3。

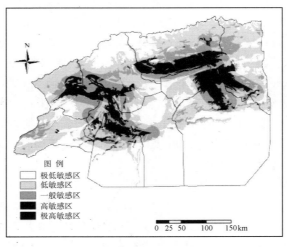

图 7.29 阿克苏地区冰雹灾害敏感性区划

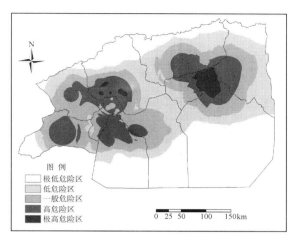

图 7.30　阿克苏地区冰雹灾害危险性区划

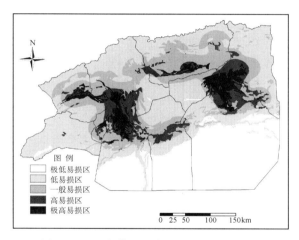

图 7.31　阿克苏地区冰雹灾害易损性区划

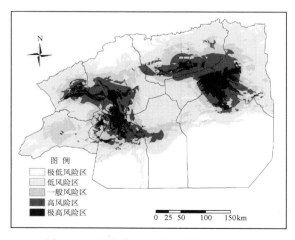

图 7.32　阿克苏地区冰雹灾害风险区划

7.4.6.2　区划结果评价分析

可以对阿克苏地区冰雹灾害进行各种区划(图7.29～图7.32)。若综合灾害、人员、经济等因素,最终可将阿克苏地区划分为五个风险区(图7.32)。

(1)极高风险区

主要分为东西两大区域,位于库车西南部、新和东部和沙雅北部的渭干河流域的大部分地区,拜城南部的木扎尔特河流域一带,乌什中部托什干河流域一带,温宿西南部、阿克苏市和阿瓦提县北部沿阿克苏河流域一带及1团、2团、3团所在区域。这些地区处于河流区域,水汽充足,大片农田分布其中,下垫面热力性质不一,当冷空气过境后,残余冷空气堆积在山谷形成高压区,白天山脊向阳坡加热快,形成相对低压区,加上雹暴移动发展过程中受地理环境的影响和日射增温的差异,冰雹频发,由于这些地区是农业密集、人口密度大、经济发展较快的区域,冰雹发生后,造成的损失最为严重。

(2)高风险区

主要位于库车西南部库车河流域一带,拜城中部绿洲盆地到南部低山区的过渡带,沙雅北部的草甸、林地平原区,温宿西南部的帕克勒克苏河、台兰河流域,乌什中部的托什干河谷地带,阿克苏市和阿瓦提县北部的冲积绿洲平原一带,以及阿拉尔垦区的7团、8团、9团、16团所在区域。这些地区或是处于山间盆地或是靠近山区及河流,在西风气流的作用下,在地形的影响下,易产生强对流天气,发生冰雹;该区多为人口密度较大、农牧业较多的区域,冰雹发生的频率也较高,发生灾害往往造成的经济损失较为严重。

(3)一般风险区

主要位于库车中部及南部冲积平原的库车河流域的部分地区,拜城中部盆地到北部天山山区的过渡草原带,温宿中部的林地、草地一带,乌什北部沿天山山区的山前高覆盖草地一带,柯坪中部的柯坪盆地,阿克苏市西部及阿拉尔东部垦区。这些地区或是山区与乡村的边界地带,冰雹发生频率相对稍高,或是牧区,发生冰雹后,灾后损失相对较大。

(4)低风险区

主要位于库车北部、东部大部分地区,拜城和温宿中部到北部、从绿洲盆地到北部天山山区的过渡带,温宿南部托什干河冲积平原,乌什北部草原区、南部低山区,柯坪东南部喀什噶尔河冲积平原地区,阿瓦提中部绿洲平原与沙漠交错地带,阿克苏北部与新和西部盐碱地带,沙雅西北及中部塔里木河河谷平原地区。该区冰雹发生相对较少,农牧业不太密集,雹灾损失要低一些。

(5)极低风险区

主要位于阿克苏地区北部天山山区,拜城、温宿北部的冰川和永久积雪区,柯坪西部盐碱地和沙地一带,阿瓦提、阿克苏、沙雅南部的塔克拉玛干沙漠。该区处于沙漠地带或是永久积雪区,人地稀少,冰雹发生频率低,雹灾损失很轻。

7.4.6.3　对策与建议

根据各分区的特征,应对不同的区域采取不同的措施和方案,以最适宜的方案进行最大限度的防灾减灾。对极高风险区和高风险区加大防雹措施力度,作为重点治灾区域,减少经济损失。对于一般风险区或低风险区采取经济简易的防灾方案,避免损失。从时间上来看,在阿克苏地区冰雹一般集中发生于5—9月,占全年的80.87%,而5—6月为冰雹高发月份,是防雹重点时段。可以采取以下措施进行冰雹灾害的防治。

（1）改变下垫面条件可以减小冰雹灾害的发生几率，可以通过在宜林地植树造林，增加这一地区的植被覆盖率，改善生态与环境，加强环境治理。以此抑制或减弱热力对流的产生，从冰雹发生的源头上防雹减灾。

（2）深入研究冰雹的产生机理，提高冰雹预报时效性，准确率是当前防雹的重点工作。

（3）建立灾害性天气警报系统，广泛通过媒体及时发布。使社会各界和广大人民群众提前采取防御措施，避免和减轻灾害损失，从而减少经济损失、人员伤亡。

（4）对农业加强防雹措施，增加抗雹作物品种面积，扩种成熟期适中的作物品种，人为避开或减小冰雹高发期对作物的影响，对成熟作物及时抢收。

（5）实行人工防雹，在现有条件的基础上促进人工防雹作业体系的不断完善。增加建立人工防雹点，加强防雹队伍建设，提高作业催化能力（向明燕等，2007），增加布点密度，设定固定炮点和活动炮点，调整炮位布局，减少空档，增强人工防雹作业的防灾效果。

7.5　总结

（1）气象灾害损失：单独用死亡人口指标或直接经济损失指标都不能很好地表征气象灾害损失，而一般常用的根据死亡人口和直接经济损失的绝对值进行分级的方法在二者不同步协调时就很难处理。利用综合损失指数来表征气象灾害损失程度则避免了这些缺点，并能客观地描述气象灾害的损失情况，揭示出随时间变化的特点：1989—1998 年气象灾害综合损失比较大，而 1999—2008 年综合损失则显著减小；气象灾害导致的人口死亡数在近 20 a 中呈明显的下降趋势；直接经济损失在前 10 a 总体呈上升趋势，后 10 a 中前期比较平稳，后期又呈上升趋势；前 10 a 气象灾害综合损失中死亡人口占主导地位，后 10 a 直接经济损失占主导地位；1991 年、1994 年、1996 年、1998 年为重灾年；而 1990 年、1992 年、1993 年、1995 年为中灾年。

（2）热带气旋灾害：1984—2008 年均 6.5 个 TC（不包括登陆时减弱为热带低压及其以下强度的 TC）登陆，登陆时的平均强度为 29.9 m/s，在陆地上平均维持 TC 强度达 15.6 h，年均造成 505 人死亡和 370 亿元（2008 年人民币水平）的直接经济损失，占 GDP 的 0.4%。其中，全国总的绝对直接经济损失呈显著上升趋势，主要是经济的快速增长造成。在过去 25 a 中，总的 TC 登陆个数、登陆时强度和陆上维持时间均没有显著的变化趋势，而 TC 造成的直接经济损失占 GDP 的百分比以及死亡人数均有下降的趋势，特别是死亡人数的下降趋势通过了置信度 95% 的统计检验。在过去 25 a 中，海南 TC 的登陆强度呈下降趋势，福建 TC 陆上持续时间有增加的趋势，浙江 TC 登陆频数有增加的趋势。这种变化趋势与 Wu 等（2005）发现的西北太平洋上 TC 盛行路径的变化基本一致，可能与全球变暖有关，需要进一步深入的研究。

（3）干旱影响：我国农业干旱主要分布在华北、东北和西北东部地区。农业干旱的主要分布区域在气象干旱较严重的地区。长江以南区域的年际变化较小，都在 10% 以下。长江以北地区华北大部的年际变化也在 10% 以下。河北、陕西、内蒙古、甘肃和山西的平均受旱率最大，而且受旱率变差系数较小，因此这五省（区）是农业干旱最严重的地区；东北区、内蒙古区和西北区的农业干旱存在显著的加重趋势，其中东北区和内蒙古区的趋势为极显著增加。该事实揭示了我国北方干旱化正在加剧。1979 年前后的农业干旱在长江中下游的部分地区（安徽和湖北）以及河南和福建有所减缓。除上述四省外，其他省（区、市）的农业干旱都在加重，加重程度最大分布在内蒙古区、西北东部和华北、东北部分地区;严重农业干旱和特大农业干旱分布基本一致,主要分布在长江以北,集中在东北、华北、内蒙古和西北东部。华北、内蒙古和西北东部不仅是农业干旱最严重的地区,而且是极端农业干旱最严重的区域。

(4)低温影响:北疆日平均气温稳定通过10℃平均初日有两个迟中心,一个在和布克赛尔附近,该地区10℃平均初日出现在5月中旬;另一个在北塔山附近,该地区10℃平均初日出现在5月下旬。北疆其余大部地区10℃平均初日出现在4月中旬之后。南疆日平均气温稳定通过10℃平均初日有三个较早的区域,即吐鄯托盆地、焉耆盆地及喀什地区与和田地区,这些地区10℃平均初日出现在3月下旬;南疆其余大部地区0℃平均初日出现在4月上旬;随着气候的增暖,新疆日平均气温稳定通过10℃的初日有提前趋势,尤其20世纪90年代以来偏早的趋势更加明显;10℃平均初日出现早的年份比迟的年份冬小麦各平均生育期普遍提前2～6 d。

(5)高温影响:江苏北部和中部地区的育性转换安全期平均起始时间都为7月第4候,比南部地区的平均起始时间早4候;北部地区的平均结束时间最早,为8月第3候,中部地区次之,南部地区最晚;江苏南部地区的播种始期是6月第2候,比中部、北部地区晚;北部、中部和南部地区平均播种末期分别是6月第1候、6月第2候和6月第3候。

(6)冰冻天气影响:我国大部分地区都有冰冻天气出现,东北中部、华北东部、西南地区东南部以及新疆北部、内蒙古东北部、甘肃南部、陕西中部、安徽南部等地年平均冰冻日数在10 d以上。我国冰冻天气主要发生在11—3月,1月的频数最大,12月次之;1961—2008年全国电线积冰最大厚度的空间分布与多年平均冰冻厚度、冰冻日数、最长持续冰冻日数的空间分布具有一致性。最大厚度在20 mm以上的区域主要出现在东北东南部及内蒙古东北部、河北南部等地;厚度观测当天及前1～2 d的日最低气温与厚度呈显著正相关关系,即日最低气温越低,厚度越大;前1 d的日最低气温主要分布在-20～0℃,随着冰冻厚度的增加,日最低气温越集中在0℃附近;相对湿度主要集中在75%以上范围内,日平均风速主要集中在0～15 m/s,日降水量分布在0～30 mm,主要集中在20 mm以下。

(7)冰雹影响:极高风险区主要分为东西两大区域,位于库车西南部、新和东部和沙雅北部的渭干河流域的大部分地区,拜城南部的木扎尔特河流域一带,乌什中部托什干河流域一带,温宿西南部、阿克苏市和阿瓦提县北部沿阿克苏河流域一带及1团、2团、3团所在区域;高风险区主要位于库车西南部库车河流域一带,拜城中部绿洲盆地到南部低山区的过渡带,沙雅北部的草甸、林地平原区,温宿西南部的帕克勒克苏河、台兰河流域,乌什中部的托什干河谷地带,阿克苏市和阿瓦提县北部的冲积绿洲平原一带,以及阿拉尔垦区的7团、8团、9团、16团所在区域。

参考文献

陈静,韩军彩,阎访等. 2011. 石家庄冰雹灾害特征及风险区划. 安徽农业科学,39(3):1575-1577,1597.
陈联寿,丁一汇. 1979. 西太平洋台风概论. 北京:科学出版社.
陈云峰,高歌. 2010. 近20年我国气象灾害损失的初步分析. 气象,36(2):76-80.
邓振镛,徐金芳,黄蕾诺等. 2009. 我国北方小麦干热风危害特征研究. 安徽农业科学,37(20):9575-9577.
符淙斌,温刚. 2002. 中国北方干旱化的几个问题. 气候与环境研究,7(1):22-29.
高俊灵. 2009. 新疆界限温度10℃初日变化及其对冬小麦生育期的影响. 中国农业气象,30(增1):120-122.
高庆华,马宗晋,张业成等. 2007. 自然灾害评估. 北京:气象出版社.

葛全胜,郑景云,张学霞等. 2003. 过去 40 年中国气候与物候的变化研究. 自然科学进展,**13**(10):1048.

龚道溢,何学兆. 2002. 西太平洋副热带高压的年代际变化及其气候影响. 地理学报,**57**(2):185-193.

郭建平,高素华,毛飞. 2001. 中国北方地区干旱化趋势与防御对策研究. 自然灾害学报,**10**(3):32-36.

郭亚军. 2008. 综合评价理论、方法及应用. 北京:科学出版社.

国务院发展研究中心课题组. 2009. 2008 年 CPI 分析及对 2009 年变动趋势的预测. 发展研究,**3**:1-14.

扈海波,董鹏捷,熊亚军等. 2008. 北京奥运期间冰雹灾害风险评估. 气象,**34**(12):84-89.

黄立葵,贾璐,万剑平等. 2005. 沥青路面温度状况的统计分析. 中南公路工程,**25**(3):8-10.

贾璐,孙立军. 2007. 沥青路面温度场数值预估模型. 同济大学学报(自然科学版),**35**(8):1039-1043.

蒋庆丰,游珍. 2005. 基于 GIS 的南通市自然灾害风险区划. 灾害学,**20**(2):110-114.

景天然,严作人. 1980. 水泥混凝土路面温度状况的研究. 同济大学学报(自然科学版),**3**:35-38.

景元书,王贵军,朱承瑛. 2009. 公路路面温度分析和极端天气影响. 中国科技信息,**8**:21-22.

康凤琴,张强,郭江勇. 2007. 中国西北区冰雹的气候特征. 干旱区研究,**24**(1):83-86.

李丽华,陈洪武,毛炜峰等. 2010. 基于 GIS 的阿克苏地区冰雹灾害风险区划及评价. 干旱区研究,**27**(2):224-229.

李英,陈联寿,张胜军. 2004. 登陆我国热带气旋的统计特征. 热带气象学报,**20**(1):14-23.

李兆芹,姚克敏. 2003. 培埃 64S 在泰国的育性气候适应性及其安全制种的播期研究. 南京气象学院学报,**26**(6):829-836.

刘熙明,喻迎春,雷桂莲等. 2004. 应用辐射平衡原理计算夏季水泥路面温度. 应用气象学报,**15**(5):623-628.

刘毅,沈焕琦,谢文菲. 2002. 阿克苏地区西部防雹联防作业可行性研究. 新疆气象,**25**(4):30-32.

罗培. 2007. GIS 支持下的气象灾害风险评估模型. 自然灾害学报,**16**(1):38-44.

马柱国,符淙斌. 2006. 1951—2004 年我国北方干旱化的基本事实. 科学通报,**51**(20):2429-2439.

马柱国,任小波. 2007. 1951—2006 年中国区域干旱化特征. 气候变化研究进展,**3**(4):195-201.

钱维宏,符娇兰,张玮玮等. 2007. 近 40 年中国平均气候与极端气候变化的概述. 地球科学进展,**22**(7):673-684.

秦健,孙立军. 2005. 国外沥青路面温度预估方法综述. 中外公路,**25**(6):19-23.

邱晓华. 1998—2007. 中国统计年鉴. 北京:中国统计出版社.

任福民. 2008. 近五十年影响中国热带气旋活动的观测研究. 博士学位论文. 北京:中国科学院大气物理研究所,81-161.

沙万英,邵雪梅,黄玫. 2002. 20 世纪 80 年代以来中国的气候蓟暖及其对自然区域界限的影响. 中国科学,**2**(4):317-326.

史培军,方修琦. 1991. 论 90 年代的地理科学——挑战、机遇、选择与对策. 地域研究与开发,**10**(3):6-10.

宋艳玲,张强,董文杰. 2004. 气候变化对新疆地区棉花生产的影响. 中国农业气象,**25**(3):35-40.

孙宁,冯利平. 2005. 利用冬小麦作物生长模型对产量气候风险的评估. 农业工程学报,**21**(2):106-110.

孙旭映,渠永兴,王坚. 2008. 地理因子对冰雹形成的影响. 干旱区研究,**25**(3):452-456.

王春乙,张雪芬,赵艳霞. 2010. 农业气象灾害影响评估与风险评价. 北京:气象出版社.

王瑾,刘黎平. 2008. 基于 GIS 的贵州省冰雹分布与地形因子关系分析. 应用气象学报,**19**(5):627-634.

王守礼. 1994. 影响电线覆冰因素的研究与分析. 电网技术,**18**(4):18-24.

王志伟,翟盘茂. 2003. 中国北方近 50 年干旱变化特征. 地理学报,**58**(增刊):61-68.

王志新,陶燕州,王拥政. 2006. 阿克苏东部冰雹天气发生规律与降雹日分布特征. 新疆气象,**29**(4):23-24.

魏凤英. 1999. 现代气候统计诊断与预测技术. 北京:气象出版社:42-46.

吴赣昌. 1992. 沥青路面二维层状体系温度场分析. 中国公路学报,**5**(4).

吴赣昌. 1997. 半刚性基层沥青路面温度场的解析理论. 应用数学与力学学报,**18**(2):169-176.

向明燕,范丽红,海米提·依米提等. 2007. 新疆近 45 年气象灾害及其防御措施. 干旱区研究,**24**(5):
　　712-716.

邢开瑜,景元书,胡凝. 2011. 江苏地区两优培九高产制种的安全期分析. 中国农业气象,**32**(2):255-261.

徐雨晴,陆佩玲,于强. 2005. 近 50 年北京树木物候对气候变化的响应. 地理研究,**3**(4):55-60.

薛昌颖,霍治国,李世奎等. 2003. 灌溉降低华北冬小麦干旱减产的风险评估研究. 自然灾害学报,**12**(3):
　　131-136.

严作人. 1984. 层状路面的温度体系场分析. 同济大学学报,(3):12-16.

燕成玉,李延江,吴杰. 2008. 水泥及沥青路面温度的预报. 中国气象学会 2008 年年会论文集.

杨玉华,应明,陈葆德. 2009. 近 58 年来登陆中国热带气旋气候变化特征. 气象学报,**67**(5):689-696.

张家宝,邓子风. 1987. 新疆降水概论. 北京:气象出版社:373-382.

张强,高歌. 2004. 我国近 50 年旱涝灾害时空变化及监测预警服务. 科技导报,(7):21-24.

张永,陈发虎,勾晓华等. 2007. 中国西北地区季节间干湿变化的时空分布——基于 PDSI 数据. 地理学报,
　　62(11):1142-1152.

张玉书,纪瑞鹏,陈鹏狮等. 2007. 中华人民共和国国家标准农业干旱预警等级. 北京:中国标准出版社.

张振宪. 1992. 阿克苏地区冰雹特点、成因及防御对策. 阿克苏科技,**2**(4):29-32.

章国材. 2010. 气象灾害风险评估与区划方法. 北京:气象出版社.

赵海燕,张强,高歌等. 2010. 中国 1951—2007 年农业干旱的特征分析. 自然灾害学报,**19**(4):201-206.

赵济. 2001. 中国自然地理. 北京:高等教育出版社:184-187.

赵珊珊,高歌,张强等. 2010. 中国冰冻天气的气候特征. 气象,**36**(3):1-5.

赵艳霞,王馥棠,裘国旺. 2001. 冬小麦干旱识别和预测模型研究. 应用气象学报,**12**(2):234-241.

郑景云,葛全胜,赵会霞. 2003. 近 40 年中国植物物候对气候变化的影响研究. 中国农业气象,**24**(1):28-36.

中国气象局. 2008. 中国灾害性天气气候图集. 北京:气象出版社.

朱承瑛,景元书,严明良. 2008. 高速公路路面温度模型及其预报系统的研究. 南京:南京信息工程大学硕士
　　学位论文.

邹旭凯,张强. 2008. 近半个世纪我国干旱变化的初步研究. 应用气象学报,**14**(6):679-687.

Christison J T,Anderson K. 1972. The Response of Asphalt Pavements to Low Temperature Climatic Envi-
　　ronments. In *Proceeding of the 3rd International Conference on the Structural Design of Asphalt Pave-
　　ments*.

Emanuel K. 2005. Increasing destructiveness of tropical cyclones over the past 30 years. *Nature*,**436**:
　　686-688.

Hall F L,Barrow D. 1988. Effects of weather and the relationship between flow and occupancy on freeways.
　　Transportation Research Record,**1194**:55-63.

Hermansson A. 2000. Simulation model for calculating pavement temperature including maximum tempera-
　　ture. *Transportation Research Board 79th Annual Meeting*,Washington DC.

Huber G A. 1994. *Weather Database for the SUPERPAVE Mix Design System*. In Strategic Highway Re-
　　search Council. Washington DC.

Kundzewicz Z W,Robson A. 2002. Detecting trend and other changes in hydrological data. Rep. WCDMP-45,
　　Rep. WMO-TD 1013,157. World Meteorol Org,Geneva,Switzerland.

Lukanen E. 2000. Temperature Predictions and Adjustment Factors for Asphalt Pavement,in FHWA-RD-98-
　　085.

Pielke R A,Gratz J,Landsea C W,*et al*. 2008. Normalized hurricane damages in the United States:1900—
　　2005. *Nat Hazards Rev*,**9**:29-42.

Pielke R A,Gratz J,Landsea C W. 1998. Normalized hurricane damages in the United States:1925—1995.

Wea Forecasting, **13**:621-631.

Poots G. 1996. *Ice and Snow Accretion on Structures*. Taunton：Research Studies Press.

Pretorius P. 1969. *Consideration for Pavements Containing Soil-Cement Base*. University of California Berkley：Berkley.

Williamson R H. 1972. Effects of environment on pavement temperatures. In *Proceeding of the 3rd International Conference on Structural Design of Asphalt Pavements*.

Wu L,Wang B,Geng S. 2005. Growing typhoon influence on East Asia. *Gephys Res Lett*. **32**：L18703,doi：10. 1029/2005GL022937.

Zhang J,Wu L,Zhang Q. 2010. Tropical cyclone damages in China under the background of global warming. *J. Trop. Meteorol*.,**27**(4)：442-454.

Zhang Q,Wu L,Liu Q. 2009. Tropical cyclone damages in China 1983—2006. *Bull Amer Mete Soc*,**90**：485-495.

Zhao H Y,Gao G,Yan X D,*et al*. 2011. Risk assessment of agricultural drought using the CERES-Wheat model：A case study of Henan plain, China. *Clim Res*,**50**:247-256.

Zhou T,Yu R,Zhang J,*et al*. 2009. Why the Western Pacific Subtropical High has extended westward since the late 1970s. *J Climate*,**22**:2199-2215.